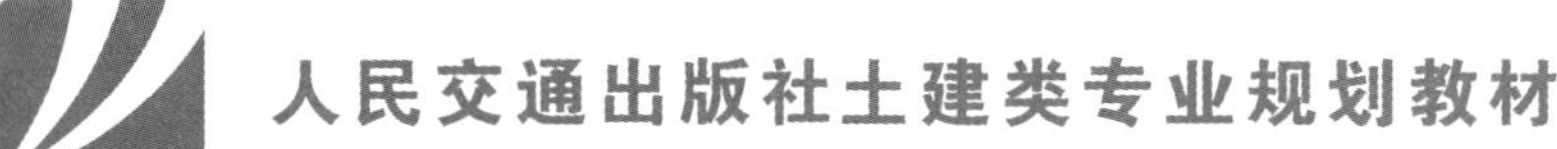
人民交通出版社土建类专业规划教材

钢结构构造与识图

（第2版）

主　编　马瑞强　朱　平　庞建军
主　审　杨建林

人民交通出版社股份有限公司
北　京

内 容 提 要

本书根据《建筑制图标准》《房屋建筑制图统一标准》《建筑结构制图标准》《钢结构设计制图深度和表示方法》《门式刚架轻型房屋钢结构技术规范》《钢结构设计标准》《高层民用建筑钢结构技术规程》和《空间网格结构技术规程》等现行标准、规范编写,涵盖了识读钢结构施工图所需的基本知识。书中提供了轻型门式刚架、多层与高层钢结构、空间网格结构等常见钢结构施工图纸,有助于读者快速掌握识图技能。

本书可作为高等院校土木工程专业的教材,也可供从事钢结构设计与施工的工程技术人员参考。

图书在版编目(CIP)数据

钢结构构造与识图 / 马瑞强, 朱平, 庞建军主编.—2 版.—北京:人民交通出版社股份有限公司, 2021.8

ISBN 978-7-114-16619-8

Ⅰ.①钢… Ⅱ.①马… ②朱… ③庞… Ⅲ.①钢结构—建筑构造②钢结构—建筑制图—识图 Ⅳ.①TU391 ②TU758.11

中国版本图书馆 CIP 数据核字(2020)第 098690 号

书　　名:钢结构构造与识图(第 2 版)
著 作 者:马瑞强　朱　平　庞建军
责任编辑:李　坤
责任校对:孙国靖　卢　弦
责任印制:张　凯
出版发行:人民交通出版社股份有限公司
地　　址:(100011)北京市朝阳区安定门外外馆斜街 3 号
网　　址:http://www.ccpcl.com.cn
销售电话:(010)59757973
总 经 销:人民交通出版社股份有限公司发行部
经　　销:各地新华书店
印　　刷:中国电影出版社印刷厂
开　　本:787×1092　1/16
印　　张:15
字　　数:360 千
版　　次:2010 年 9 月　第 1 版
2021 年 8 月　第 2 版
印　　次:2021 年 8 月　第 2 版　第 1 次印刷　总第 12 次印刷
书　　号:ISBN 978-7-114-16619-8
定　　价:48.00 元

前　言

土木工程施工图是土木工程技术人员表达工程结构物的书面语言。熟练掌握钢结构施工图的基本知识并正确识读钢结构施工图纸，是从事钢结构工程施工的技术人员必备的基本技能。

钢结构是“天然”的装配式结构，以其强度高、抗震性能好、施工周期短等优点，在我国工程建设中所占比例呈快速上升的趋势。对于刚参加钢结构工程建设的技术人员，也有希望了解钢结构房屋建筑的基本构造、准确识读建筑施工图纸的迫切需求。帮助技术人员快速识读钢结构施工图，是编写本书的初衷。

本书根据《建筑制图标准》《房屋建筑制图统一标准》《建筑结构制图标准》《钢结构设计制图深度和表示方法》《门式刚架轻型房屋钢结构技术规范》《钢结构设计标准》《高层民用建筑钢结构技术规程》和《空间网格结构技术规程》等现行标准、规范进行编写，涵盖了识读钢结构施工图所需的基本知识。

本书不追求知识的全面系统性，要注重知识的实用性。书中主要讲解了轻型门式刚架、多层及高层钢结构、空间网格结构等常见钢结构施工图的基本知识和识读方法。在编写过程中，尽量采用图文并茂的形式，将相关知识呈现给读者，使读者对所学内容有更加清晰的认识，体会学习的趣味、提高学习的效率。

书中列举的常见钢结构构造做法与施工图，选自设计单位的施工图或标准图，为了方便读者阅读，编者对部分施工图作了一些必要的修改，在此谨向设计者表示感谢。限于时间和编者的水平，不当甚至错误之处在所难免，请广大读者批评指正。

本书第 1 版自 2010 年 9 月出版以来，已累计印刷了 11 次。本书的编写开创了“钢结构构造与识图”这样一个名词与课程，这既让编者感到欣喜，同时也为书中的不当甚至错误之处感到惶恐。此次修订，对第 1 版进行了大幅增删，使其定位更加明确，知识更加实用。

本书由马瑞强、朱平、庞建军担任主编，朱小峰、何林生、胡田亚、郭猛、曹兰芝、崔晶生、赵东黎、祖庆芝等参与了编写工作。本书由杨建林主审。

为更好地为读者答疑解惑，特建立 QQ 群：369704803。加群时，请输入图书封底的 ISBN 书号信息。

编　者

2021 年 1 月

目　录

第1章　钢结构概述 …… 1
1.1　钢结构的发展与现状 …… 1
1.2　钢结构的应用 …… 3
第2章　钢结构材料 …… 8
2.1　钢结构用钢材的分类 …… 8
2.2　结构用钢材的品种与规格 …… 13
第3章　钢结构机械连接 …… 24
3.1　钢结构连接概述 …… 24
3.2　钢结构用螺栓与锚栓 …… 25
3.3　普通螺栓连接 …… 26
3.4　高强度螺栓连接 …… 31
3.5　钢结构其他机械连接方式 …… 33
第4章　钢结构焊接 …… 37
4.1　焊缝连接 …… 37
4.2　焊缝常用符号 …… 43
4.3　焊接材料与表示方法 …… 56
第5章　钢结构施工图识读基础 …… 62
5.1　钢结构设计制图阶段划分及深度 …… 62
5.2　结构施工图识读注意事项 …… 63
5.3　钢结构施工图的组成 …… 65
5.4　钢结构施工图的幅面规格与比例 …… 69
第6章　轻型门式刚架 …… 73
6.1　轻型门式刚架结构概述 …… 73
6.2　轻型门式刚架柱脚锚栓构造 …… 79
6.3　轻型门式刚架梁与刚架柱构造 …… 90
6.4　吊车梁与牛腿构造 …… 108
6.5　轻型门式刚架檩条与墙梁构造 …… 110
6.6　柱间支撑与屋面支撑构造 …… 118

6.7 雨篷与排水设施构造 …… 128
6.8 压型钢板、保温夹心板构造 …… 130
6.9 门式刚架施工图的内容 …… 140
第7章 多层与高层民用钢结构 …… 145
7.1 多层与高层民用钢结构概述 …… 145
7.2 多层与高层民用钢结构的柱脚构造 …… 150
7.3 多层与高层民用钢结构的柱构造 …… 161
7.4 多层与高层民用钢结构的梁构造 …… 166
7.5 多层与高层民用钢结构的梁柱节点构造 …… 173
7.6 多层与高层民用钢结构的支撑构造 …… 188
第8章 网格结构 …… 197
8.1 网格结构概述 …… 197
8.2 网架结构 …… 201
8.3 网架配件 …… 203
8.4 网架构配件连接 …… 212
8.5 网架支座 …… 217
8.6 网架与屋面板连接 …… 218
8.7 网架检修马道 …… 220
8.8 管桁架 …… 221
8.9 管桁架结构分类与节点形式 …… 223
8.10 管桁架相贯线焊接 …… 226
8.11 管桁架连接 …… 228

第 1 章 钢结构概述

1.1 钢结构的发展与现状

1.1.1 钢结构的发展

钢是铁碳合金,人类采用钢结构的历史与炼铁、炼钢技术的发展历史密不可分。早在春秋时期,我国已发明铸铁技术。现代所知的早期铸铁器件如江苏六合铁丸,湖南长沙铁臿、铁鼎等,其铸造年代都在公元前 6 世纪左右,这与《左转》昭公二十九年(公元前 513 年)“赋晋国一鼓铁以铸刑鼎”的记载相符。商周时期高度发展的青铜冶铸业,从生产能力到矿石燃料整备、筑炉、制范技术,为铸铁技术的发明和迅速发展提供了前提。最初的铸铁件,形制与同类青铜铸件相近。铁矿石由竖炉熔炼,得到铁水后直接用陶范铸造。早期的铸铁都是高碳低硅的白口铁,性脆硬,易断裂。为使铸铁能制作生产工具,战国前期发明了韧性铸铁,通过脱碳热处理和石墨化热处理,分别获得脱碳不完全的白心韧性铸铁和黑心韧性铸铁。

公元 65 年(汉明帝时代),我国已成功地用锻铁为铁环,环环相扣成链,建成了世界上最早的铁链悬索桥——霁虹桥(图 1-1)。霁虹桥是云南省博南古道上的重要桥梁,横跨于永平县西部杉阳镇岩洞村和保山市水寨乡平坡村之间的澜沧江上。霁虹桥全长 106m,宽 3.7m,净跨 60 余米,由 18 根铁索组成,铁索两端固定在澜沧江两岸的峭壁上,桥的两端建有一亭和两座关楼。

我国古代建有许多铁质建筑物,如公元 694 年在洛阳建成的“天枢”,高 35m,直径 4m,顶有直径为 11.3m 的“腾云承露盘”,底部有直径约 16.7m、用来保持天枢稳定的“铁山”,相当符合力学原理。公元 1061 年(宋代)在湖北荆州玉泉寺建成的铁塔(图 1-2),目前依然存在。这些结构都表明,中国对铁的应用,曾处于世界领先地位。

图 1-1 霁虹桥(又名兰津桥)

图 1-2 玉泉寺建成的 13 层铁塔

西方国家中的英国最早将铁作为建筑材料,但在 1840 年以前,还只采用铸铁来建造拱桥。1840 年以后,随着铆钉连接和锻铁技术的发展,铸铁结构逐渐被锻铁结构取代,1846—1850 年在英国威尔士修建的布里塔尼亚桥是这方面的典型代表。该桥共有 4 跨(70m + 140m + 140m + 70m),每跨均为箱形梁式桥,由锻铁型板和角铁经铆钉连接而成。1855 年英国人发明贝氏转炉炼钢法,1865 年法国人发明平炉炼钢法,1870 年成功轧制出工字钢,工业化大批量生产钢材的时代来临,强度高且韧性好的钢材开始在建筑领域逐渐取代锻铁材料,自 1890 年以后成为金属结构的主要材料。20 世纪初焊接技术的出现,以及 1934 年高强度螺栓连接的出现,极大地促进了钢结构的发展。

1.1.2 钢结构的现状

中华人民共和国成立以后,钢结构在重型厂房、大跨度公共建筑、铁路桥梁以及塔桅结构中得到一定程度的发展。我国几个大型钢铁联合企业如鞍钢、武钢和包钢等钢厂的炼钢、轧钢和连铸车间等都采用钢结构。公共建筑方面,1975 年建成的跨度达 110m 的三向网架的上海体育馆、1962 年建成直径为 94m 的圆形双层辐射式悬索结构的北京工人体育馆(图 1-3)、1967 年建成双曲抛物面正交索网的悬索结构的浙江体育馆;桥梁方面,1957 年建成的武汉长江大桥和 1968 年建成的南京长江大桥(图 1-4)均采用了铁路公路两用双层钢桁架桥;塔桅结构方面,广州、上海等地都建造了高度超过 200m 的多边形空间桁架钢电视塔,如 1977 年北京建成的环境气象塔是一个高达 325m 的 5 层纤绳三角形杆身的钢桅杆结构。但由于受到钢产量的制约,钢结构仅被使用在其他结构不能代替的重大工程项目中,严重制约了钢结构在我国的发展。

图 1-3 北京工人体育馆

图 1-4 南京长江大桥

改革开放以来,我国经济建设有了日新月异的发展,钢铁产量逐年增加。自 1996 年超过 1 亿吨以来,一直位列世界钢产量的首位,成为钢铁大国。我国的建筑结构用钢政策,从"限制使用"改为"积极合理地推广应用",钢结构应用的领域有了较大的扩展。高层和超高层房屋、多层房屋、单层轻型房屋、体育场馆(图 1-5)、影剧院(图 1-6)、航站楼(图 1-7)、火车站(图 1-8)、城市桥梁和大跨度公路/铁路桥梁(图 1-9)、粮仓以及海上采油平台等大多采用钢结构。

我国钢结构的快速发展举世瞩目,其中国家体育场、国家游泳馆、CCTV 新台址、国家大剧院、北京首都国际机场 T3 航站楼、北京南站、北京电视中心、广州新白云国际机场、上海虹桥交通枢纽、杭州东站等钢结构建筑的建成,更标志着我国的大跨度空间钢结构已进入世界先进行列。桥梁方面,九江长江大桥、上海卢浦大桥、南京长江三桥、武汉天兴洲大桥和京沪高速铁路南京大胜关大桥等桥梁的建造,标志着我国已有能力建造现代化的桥梁。

图1-5　国家体育场(鸟巢)

图1-6　国家大剧院

图1-7　北京首都国际机场T3航站楼

图1-8　南京火车站

图1-9　桥梁结构

1.2　钢结构的应用

钢结构主要分为工业钢结构、住宅钢结构、高层钢结构、空间钢结构和桥梁钢结构5大类。钢结构是指用钢板和热轧、冷弯或焊接型材通过连接件连接而成的能承受和传递荷载的结构形式。钢结构由于其自身的特点和结构形式的多样性,随着我国国民经济的迅速发展,应用范围越来越广。

1.2.1 钢结构厂房

吊车起重量较大或工作较繁重的车间的主要承重骨架一般采用钢结构(图1-10)。结构形式多为由钢屋架和阶形柱组成的门式刚架或排架结构,也有采用网格结构做屋盖的结构形式。

钢结构重量小,不仅对大跨结构有利,对屋面活荷载特别小的小跨结构也有优越性。因为当屋面可变荷载较小时,小跨结构的自重也成为一个重要因素。冷弯薄壁型钢屋架在一定条件下的用钢量可比钢筋混凝土屋架的用钢量还少。轻钢结构(图1-11)的结构形式有实腹变截面门式刚架、冷弯薄壁型钢结构(包括金属拱形波纹屋盖)以及钢管结构等。

图1-10 普钢工业厂房

图1-11 轻钢门式刚架

1.2.2 大跨结构

结构跨度越大,结构自重在荷载中所占的比例就越大,减小结构的自重就更加重要。钢材强度高而结构自重小的优势特别适用于大跨结构(图1-12),因此钢结构在大跨空间结构和大跨桥梁结构中得到了广泛的应用。所采用的结构形式有空间桁架、网架、网壳、悬索(包括斜拉体系)、张弦梁(图1-13)、实腹或格构式拱架和框架等。

图1-12 火车站站台

图1-13 济南西客站的张弦梁

1.2.3 多层和高层建筑

由于钢结构的综合效益指标良好,在国外多、高层民用建筑中得到了广泛的应用,国内也正在逐步扩大应用。多、高层民用建筑结构形式主要有多层框架、框架-支撑结构(图1-14)、框架-核心筒结构(图1-15)、悬挂结构、巨型框架结构等。

图 1-14 框架—支撑结构

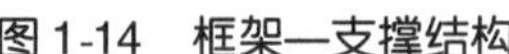

图 1-15 框架—核心筒结构

1.2.4 高耸结构

高耸结构包括各种塔架和桅杆结构，如广播、通信和电视发射用的塔架，高压输电线路的塔架(图 1-16)和桅杆等。

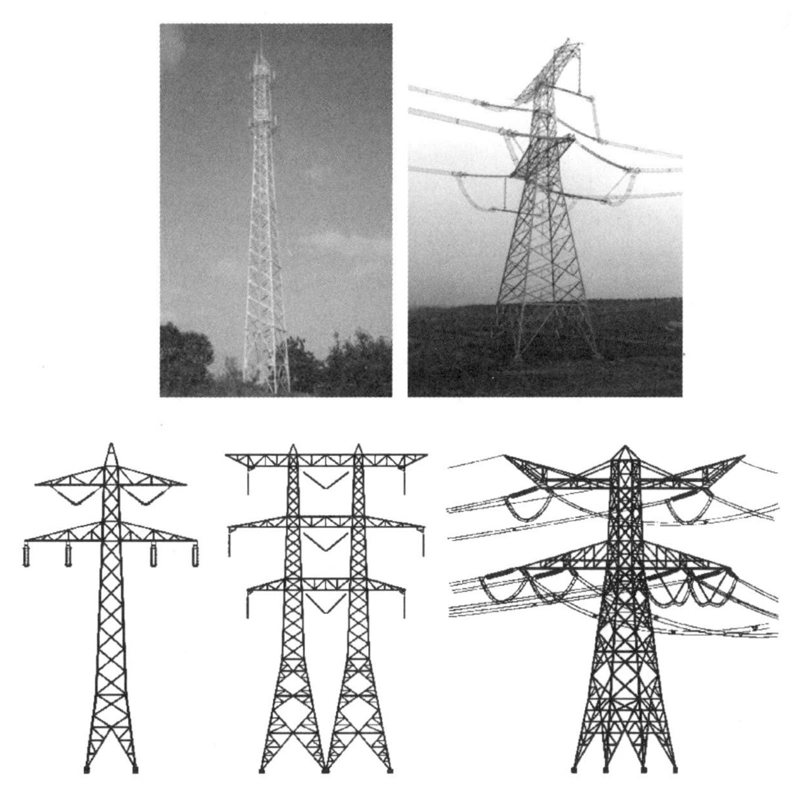

图 1-16 输电塔架

1.2.5 钢与混凝土的组合结构

钢构件和板件受压时必须满足稳定性要求，一般不能充分发挥钢材强度高的作用，而混凝土适于受压不适于受拉，将钢材和混凝土并用，使两种材料充分发挥各自的长处，钢和混凝土的组合结构是合理的结构。此类结构形式广泛应用于高层建筑、大跨桥梁、工业厂房和地铁站台柱等。

1.2.6 可拆卸的结构

钢结构重量小，可用螺栓来连接，因此适用于需要搬迁的结构，如各种野外作业的生产和生活临时用房的骨架等。建筑施工中，钢筋混凝土结构施工用的模板和支架（图1-17），以及建筑施工用的脚手架等也大量采用钢材制作。

图1-17 施工用支架

1.2.7 容器和其他构筑物

工业生产中大量采用钢板做成的容器结构（图1-18），包括油罐、煤气罐、高炉、热风炉等。经常使用的皮带通廊栈桥、管道支架、锅炉支架、海上采油平台等结构也常采用钢结构。

图1-18 容器结构

1.2.8 受动力荷载影响的结构

由于钢材具有良好的韧性，公路、铁路的大型桥梁（图1-19），以及设有大型吊车的工业厂房中的吊车梁往往由钢制成。对于抗震能力要求较高的工程结构，也适宜采用钢结构。

图 1-19　南京大胜关大桥

第 2 章　钢结构材料

2.1　钢结构用钢材的分类

2.1.1　钢材的分类

钢材的分类方式很多,通常有以下几种分类方式(图 2-1)。

1)按冶炼时脱氧程度分类

按脱氧程度不同,钢分为沸腾钢(代号为 F)、半镇静钢(代号为 b)、镇静钢(代号为 Z)和特殊镇静钢(代号为 TZ),镇静钢和特殊镇静钢的代号一般省去不写。

(1)沸腾钢

炼钢时仅加入锰铁进行脱氧,脱氧不完全,钢液中还有较多金属氧化物,浇铸钢锭后钢液冷却到一定的温度,其中的碳与金属氧化物发生反应,生成大量一氧化碳气体外逸,引起钢液激烈沸腾,因而这种钢材称为沸(Fei)腾钢,其代号为"F"。

(2)镇静钢

炼钢时一般用硅脱氧,也可采用锰铁、硅铁和铝锭等作为脱氧剂,脱氧完全。钢液中金属氧化物很少或没有,在浇铸钢锭时钢液会平静地冷却凝固,这种钢称为镇(Zhen)静钢,其代号为"Z"。镇静钢组织致密,气泡少,偏析程度小,各种力学性能比沸腾钢优越。可用于受冲击荷载的结构或其他重要结构。

(3)半镇静钢

用少量的硅进行脱氧,脱氧程度介于沸腾钢和镇静钢之间,钢液浇筑后有微弱沸腾现象。这种钢称为半(ban)镇静钢,代号为"b"。半镇静钢是质量较好的钢。

(4)特殊镇静钢

比镇静钢脱氧程度更充分彻底的钢称为特(Te)殊镇(Zhen)静钢,代号为"TZ"。特殊镇静钢的质量最好,适用于特别重要的结构工程。

2)按化学成分分类

(1)碳素钢

化学成分主要是铁,其次是碳,故也称碳钢或铁碳合金,其含碳量为 0.02% ~2.06%。碳素钢除了铁、碳外还含有极少量的硅、锰和微量的硫、磷等元素。

碳素钢按含碳量不同可分为:①低碳钢:含碳量小于 0.25%;②中碳钢:含碳量为 0.25% ~0.60%;③高碳钢:含碳量大于 0.6%。

(2)合金钢

合金钢是在炼钢过程中,为改善钢材的性能,特意加入某些合金元素而制得的一种钢。

常用合金元素有硅、锰、钛、钒、铌、铬等。

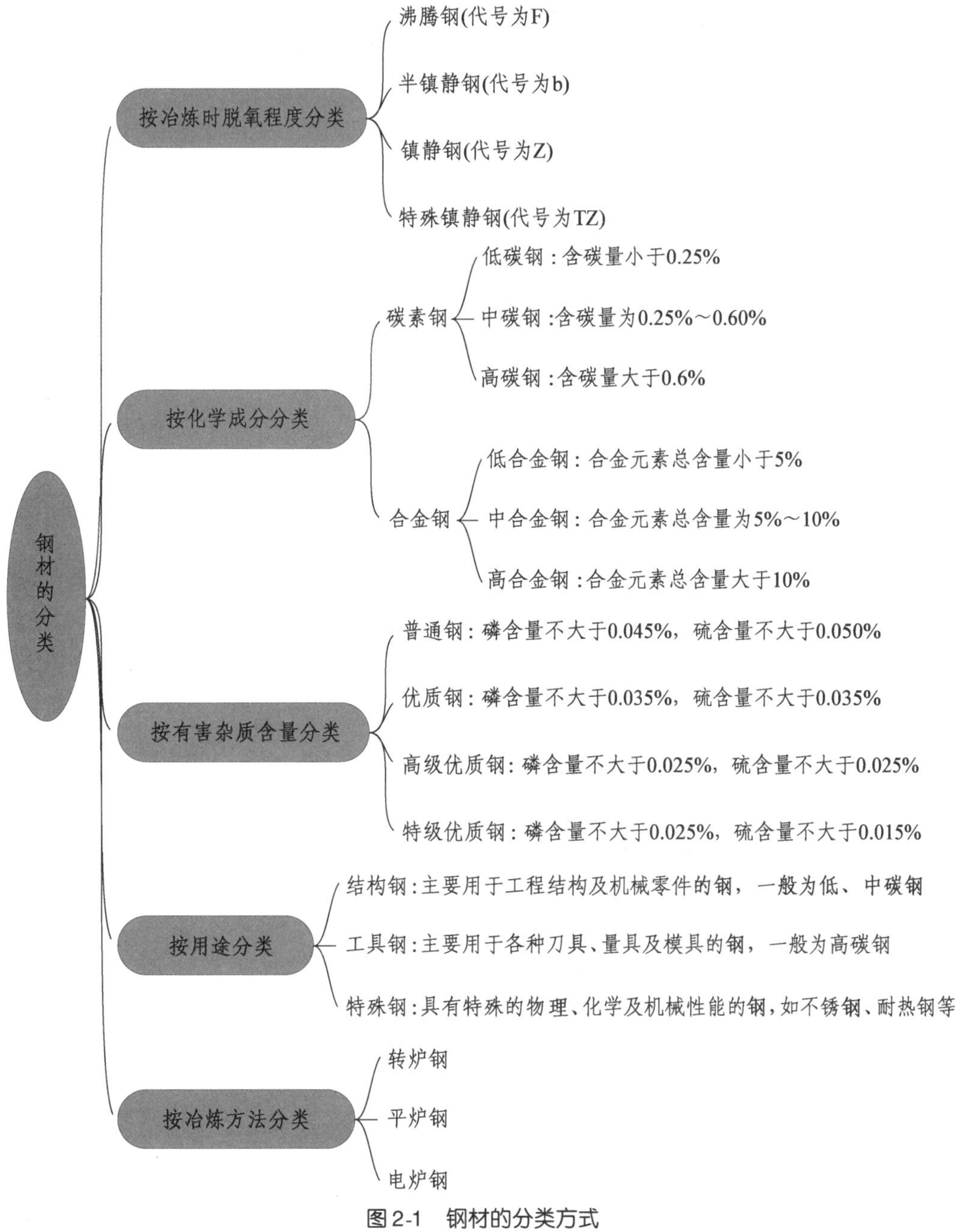
钢材的分类
按冶炼时脱氧程度分类
沸腾钢(代号为F)
半镇静钢(代号为b)
镇静钢(代号为Z)
特殊镇静钢(代号为TZ)
按化学成分分类
碳素钢
低碳钢：含碳量小于0.25%
中碳钢：含碳量为0.25%～0.60%
高碳钢：含碳量大于0.6%
合金钢
低合金钢：合金元素总含量小于5%
中合金钢：合金元素总含量为5%～10%
高合金钢：合金元素总含量大于10%
按有害杂质含量分类
普通钢：磷含量不大于0.045%，硫含量不大于0.050%
优质钢：磷含量不大于0.035%，硫含量不大于0.035%
高级优质钢：磷含量不大于0.025%，硫含量不大于0.025%
特级优质钢：磷含量不大于0.025%，硫含量不大于0.015%
按用途分类
结构钢：主要用于工程结构及机械零件的钢，一般为低、中碳钢
工具钢：主要用于各种刀具、量具及模具的钢，一般为高碳钢
特殊钢：具有特殊的物理、化学及机械性能的钢，如不锈钢、耐热钢等
按冶炼方法分类
转炉钢
平炉钢
电炉钢

图 2-1　钢材的分类方式

按合金元素总含量不同，合金钢可分为：①低合金钢：合金元素总含量小于 5%；②中合金钢：合金元素总含量为 5% ~10%；③高合金钢：合金元素总含量大于 10%。

建筑结构上所用的钢材主要是碳素钢中的低碳钢和合金钢中的低合金钢。

2.1.2　建筑结构用钢的分类

钢结构用的钢材主要有 4 个种类，即碳素结构钢、低合金高强度结构钢、高层建筑结构用钢板、优质碳素结构钢。

钢铁产品牌号的表示,通常采用大写汉字拼音字母、化学元素符号和阿拉伯数字相结合的方法表示。为了便于国际交流和贸易的需要,也可以采用大写英文字母或国际惯例表示符号。常用汉字拼音字母或英文字母表示产品名称、用途、特性和工艺要求时,一般从产品名称中选取代表性的汉字的汉语拼音的首位字母或英文单词的首位字母。当和另一产品所取字母重复时,改取第二个字母或第三个字母,或同时选取两个(或多个)汉字和英文单词的首位字母。

1)碳素结构钢

(1)牌号及其表示方法

《碳素结构钢》(GB/T 700—2006)规定,牌号由 Q + 数字(屈服点数值单位为 MPa) + 质量等级符号(如 A、B、C、D) + 脱氧方法符号(如 F、b)4 个部分组成。其中以"Q"代表屈(Qu)服点;屈服点数值(σ_s)共分 195N/mm^2、215N/mm^2、235N/mm^2、255N/mm^2 和 275N/mm^2 五种;质量等级以硫、磷等杂质含量由多到少,分别用 A、B、C、D 符号表示;脱氧方法以 F 表示沸腾钢、b 表示半镇静钢、Z 表示镇静钢、TZ 表示特殊镇静钢;Z 和 TZ 在钢的牌号中予以省略。Q235 钢的表示法如图 2-2 所示。

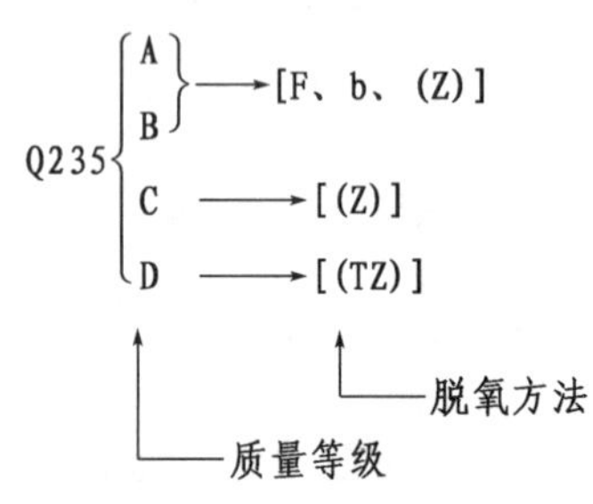
Q235
A
B
[F、b、(Z)]
C
[(Z)]
D
[(TZ)]
脱氧方法
质量等级

图 2-2 Q235 钢的表示法

以建筑钢结构中使用的 Q235 钢为例,A、B 两级钢的脱氧方法可以是 Z、b、F;C 级钢的仅有 Z,D 级钢的仅有 TZ。

按其冲击韧性和硫、磷杂质含量由多到少分为 A、B、C、D 四个质量等级,由 A 到 D 表示质量由低到高,各级要求如下:

A 级——提供 S、P、C、Mn、Si 化学成分和 f_u、f_y、δ_5(δ_{10}),根据买方需要可提供 180°冷弯试验,但无冲击功规定,含碳量和含锰量不作为交货条件。

B 级——提供 S、P、C、Mn、Si 化学成分和 f_u、f_y、δ_5(δ_{10}),冷弯 180°试验。还提供 +20°C 时冲击功 $A_k \geqslant 27$J。

C 级——除与 B 级要求一样外,还提供 0°C 时冲击功 $A_k \geqslant 27$J。

D 级——除与 B 级要求一样外,还提供 -20°C 时冲击功 $A_k \geqslant 27$J。

Q235 钢常见表示法和代表的含义示例见表 2-1。

Q235 钢常见表示法和代表的含义示例 表 2-1

表示法	含义
Q235A	屈服强度为 235MPa,质量等级为 A 级的镇静钢
Q235Ab	屈服强度为 235MPa,质量等级为 A 级的半镇静钢
Q235AF	屈服强度为 235MPa,质量等级为 A 级的沸腾钢
Q235B	屈服强度为 235MPa,质量等级为 B 级的镇静钢
Q235C	屈服强度为 235MPa,质量等级为 C 级的镇静钢
Q235D	屈服强度为 235MPa,质量等级为 D 级的特殊镇静钢

(2)碳素结构钢技术性能与应用

根据《碳素结构钢》(GB/T 700—2006),随着牌号的增大,对钢材屈服强度和抗拉强度的要求增大,对伸长率的要求降低。

不同牌号的碳素钢在土木工程中有不同的应用范围:

Q195——强度不高，塑性、韧性、加工性能与焊接性能较好，主要用于轧制薄板和盘条等。

Q215——与 Q195 钢基本相同，其强度稍高，大量用作管坯、螺栓等。

Q235——强度适中，有良好的承载性，又具有较好的塑性和韧性，可焊性和可加工性也较好，是钢结构常用的牌号，大量制作成型钢和钢板，用于建造房屋和桥梁等。

Q255——强度高、塑性和韧性稍差，不易冷弯加工，可焊性较差，主要用作铆接或栓接结构，以及钢筋混凝土的配筋。

Q235 是建筑工程中最常用的碳素结构钢牌号，其既具有较高强度，又具有较好的塑性、韧性，同时还具有较好的可焊性。Q235 良好的塑性可保证钢结构在超载、冲击、焊接、温度应力等不利因素作用下的安全性，因而 Q235 能满足一般钢结构用钢的要求。

Q235A——通常用于只承受静荷载作用的钢结构；

Q235B——适用于承受动荷载焊接的普通钢结构；

Q235C——适用于承受动荷载焊接的重要钢结构；

Q235D——适用于低温环境使用的承受动荷载焊接的重要钢结构。

2）低合金高强度结构钢

低合金高强度结构钢是在钢的冶炼过程中添加少量的几种合金元素（含碳量均不大于 0.02%，合金元素总量不大于 0.05%），使钢的强度明显提高。合金元素有硅（Si）、锰（Mn）、钒（V）、铌（Nb）、铬（Cr）、镍（Ni）及稀土元素等。

（1）牌号及其表示方法

根据《低合金高强度结构钢》（GB/T 1591—2018），低合金高强度结构钢分为 Q295、Q355、Q390、Q420 和 Q460 共五个牌号，其符号的含义和碳素结构钢牌号的含义相同。每个牌号根据硫、磷等有害杂质的含量，分为 A、B、C、D 和 E 五个等级。Q355、Q390、Q420 和 Q460 是《钢结构设计标准》（GB 50017—2017）中采用的钢种。这三种钢都包含有 A、B、C、D、E 五个质量等级，和碳素钢一样，不同的质量等级是按对冲击韧性（夏比 V 形缺口试验）的要求来区分的。

质量等级分为五级，由 A 到 E 表示质量由低到高，各级要求如下：

A——提供 P、S、C、Mn、Si、V、N_b、Ti 化学成分和 f_u、f_y、δ_5（δ_{10}），根据买方需要提供 180°冷弯试验。无冲击功要求。

B——提供 P、S、C、Mn、Si、V、N_b、Ti 化学成分和 f_u、f_y、δ_5（δ_{10}）、180°冷弯试验 +20℃时冲击功 $A_k \geqslant 34$J。

C——除与 B 级要求一样外，还提供 0℃时冲击功 $A_{kv} \geqslant 34$J。

D——除与 B 级要求一样外，还提供 -20℃时冲击功 $A_{kv} \geqslant 34$J。

E——除与 B 级要求一样外，还提供 -40℃时冲击功 $A_{kv} \geqslant 27$J。

低合金高强度结构钢常见表示法和代表的含义示例见表 2-2。

低合金高强度结构钢常见表示法和代表的含义示例 表 2-2

表 示 法	含 义
Q355D	屈服强度为 355MPa，质量等级为 D 级的特殊镇静钢
Q390C	屈服强度为 390MPa，质量等级为 C 级的镇静钢
Q420E	屈服强度为 420MPa，质量等级为 E 级的特殊镇静钢

(2)技术性能与应用

低合金高强度结构钢主要用于轧制各种型钢、钢板、钢管及钢筋,广泛用于钢结构和钢筋混凝土结构中,特别适用于各种重型结构、高层结构、大跨度结构及桥梁工程等。

(3)高层建筑结构用钢板

高层建筑结构用钢板一般为 Q235GJ(Q355GJ、Q235GJZ、Q355GJZ)—C(D、E),GJ 为高(Gao)层建(Jian)筑用钢的拼音首字母。

质量等级:C 级为 -0℃冲击功 A_{kv} ≥34J;D 级为 -20℃冲击功 A_{kv} ≥34J;E 级为 -40℃冲击功 A_{kv} ≥34J。

Z 为厚度方向性能级别 Z15、Z25 和 Z35 的缩写,并增加两个级别的 Q390、Q420 高层建筑结构用钢板。

2.1.3 钢结构用钢的选择

钢结构选材应遵循技术可靠、经济合理的原则,综合考虑结构的重要性、荷载特征、结构形式、应力状态、连接方法、钢材厚度、价格和工作环境等因素,选用合适的钢材牌号和材性。

承重结构采用的钢材应具有屈服强度、伸长率、抗拉强度、冲击韧性和硫、磷含量的合格保证,对焊接结构尚应具有碳含量(或碳当量)的合格保证。焊接承重结构以及重要的非焊接承重结构采用的钢材还应具有冷弯试验的合格保证。当选用 Q235 钢时,其脱氧方法应选用镇静钢。

焊接材料熔敷金属的力学性能应不低于相应母材标准的下限值或满足设计要求。当设计或被焊母材有冲击韧性要求规定时,熔敷金属的冲击韧性应不低于设计规定或对母材的要求。

对直接承受动力荷载或振动荷载且需要验算疲劳的结构,或低温环境下工作的厚板结构,宜采用低氢型焊条或低氢焊接方法。

对 T 形、十字形、角接接头,当其翼缘板厚度等于大于 40mm 且连接焊缝熔透高度等于大于 25mm 或连接角焊缝高度大于 35mm 时,设计宜采用对厚度方向性能有要求的抗层状撕裂钢板,其 Z 向性能等级不应低于 Z15(或限制钢板的含硫量不大于 0.01%);当其翼缘板厚度等于大于 40mm 且连接焊缝熔透高度等于大于 40mm 或连接角焊缝高度大于 60mm 时,Z 向性能等级宜为 Z25(或限制钢板的含硫量不大于 0.007%)。钢板厚度方向性能等级或含硫量限制应根据节点形式、板厚、熔深或焊高、焊接时节点拘束度,以及预热后热情况综合确定。

结构按调幅设计时,钢材性能应符合《钢结构设计标准》(GB 50017—2017)第 10.1.5 条规定。

有抗震设防要求的钢结构,可能发生塑性变形的构件或部位所采用的钢材应符合《钢结构设计标准》(GB 50017—2017)第 3.5.2 条规定。

冷成型管材(如方矩管、圆管)和型材,及经冷加工成型的构件,除所用原料板材的性能与技术条件应符合相应材料标准规定外,其最终成型后构件的材料性能和技术条件尚应符合相关设计规范或设计图纸的要求(如延伸率、冲击功、材料质量等级、取样及试验方法)。冷成型圆管的外径与壁厚之比不宜小于 20;冷成型方矩管不宜选用由圆变方工艺生产的钢管。

《钢结构设计标准》(GB 50017—2017)规定承重结构采用的钢材应具有抗拉强度、伸长率、屈服强度和硫、磷含量的合格保障,对焊接结构还应具有碳含量的合格保证。焊接承重结构以及重要的非焊接承重结构采用的钢材还应具有冷弯试验的合格保证。钢结构的种类繁多，性能差别很大，适用于承重结构的钢只有少数的几种，如碳素钢中的Q235钢，低合金钢中的Q355钢、Q390钢、Q420钢、Q460钢。需验算疲劳的钢材选择见表2-3。

需验算疲劳的钢材选择　　表2-3

结构类别	结构工作温度❶(℃)	要求下列低温冲击韧性合格保证		
		0℃	-20℃	-40℃
要求验算疲劳的焊接结构或构件	$-20 < t \leq 0$	Q235C Q355C	Q390D Q420D	—
	$t \leq -20$	—	Q235D Q355D	Q390E Q420E
要求验算疲劳的非焊接结构或构件	$t \leq -20$	Q235C Q355C	Q390D Q420D	—

对处于外露环境，且对耐腐蚀有特殊要求或在腐蚀性气体和固态介质作用下的承重结构，宜采用Q235NH、Q355NH和Q415NH牌号的耐候结构钢，其性能和技术条件应符合《耐候结构钢》(GB/T 4171—2008)的规定。

2.2 结构用钢材的品种与规格

钢结构构件一般宜直接选用型钢，可减少制造工作量，降低造价。型钢尺寸不合适或构件大时可用钢板制作，构件间可直接连接或通过连接钢板进行连接。

2.2.1 钢板和钢带

建筑钢结构使用的钢板(钢带)按轧制方法有冷轧板和热轧板的区分。有关钢板和钢带的不同，在于成品形状，钢板是指平板状、矩形的，可直接轧制或由宽钢带剪切而成的板材(图2-3)。

图2-3　钢板

钢带是指成卷交货，宽度大于或等于600mm的宽钢带(宽度小于600mm的称为窄钢

❶结构工作温度：对露天和非采暖房屋的结构，取建筑物所在地区室外最低日平均温度；对采暖房屋内的结构，考虑到采暖设备可能发生临时故障，使室内的结构暂时处于室外的温度中，偏于安全，可按室外最低日平均温度提高10℃取用，也可经合理的研究确定。

带),见图2-4。按板厚划分则有薄板、厚板、特厚板,厚度小于4mm的为薄钢板,厚度4~60mm的为厚钢板(也有将4.5~20mm称为中厚板,20~60mm称为厚板的),厚度大于60mm的称为特厚板。

图2-4 钢带

热轧钢板是建筑钢结构应用最多的钢材之一,《碳素结构钢和低合金结构钢热轧钢板和钢带》(GB/T 3274—2017)规定了相应的技术条件,适用范围为厚4~200mm的热轧厚钢板和厚度大于4~25mm的热轧钢带,钢的牌号和化学成分以及力学性能应符合《碳素结构钢》(GB/T 700—2006)和《低合金高强度结构钢》(GB/T 1591—2018)的规定,交货状态是热轧或热处理状态,钢板应四边剪切后交货。

钢板的供应规格如下:

厚钢板:厚度4.5~60mm,宽度600~3000mm,长度4~12m;

薄钢板:厚度0.35~4mm,宽度500~1500mm,长度0.5~4m;

扁钢:厚度4~60mm,宽度12~200mm,长度3~9m。

钢板截面的表示方法是在符号“-”后加“厚度×宽度×长度”(单位为mm)。

标记示例:-12×800×2100意为厚12mm、宽800mm、长2100mm的钢板。

随着焊接结构使用钢板厚度的增加,要求钢板在厚度方向(Z向)有良好的抗层状撕裂性能,因而出现了厚度方向性能钢板。钢板轧制过程对厚钢板来说,显然会导致钢材各向异性,在长度、宽度和厚度三方向的钢材屈服点、抗拉强度、伸长率、冷弯性能等各项指标,以厚度方向(Z向)为最差,尤其是塑性和冲击韧性。这样当结构局部构造中形成有板厚方向的拉力作用时(主要是焊接应力),很容易出现沿平行于钢板表面层间的层状撕裂。

当焊接承重结构为防止钢材的层状撕裂而采用Z向钢时,其材质应符合现行国家标准《厚度方向性能钢板》(GB/T 5313—2010)的规定。适用于板厚为15~150mm,屈服点不大于500MPa的镇静钢板。要求内容有两方面:含硫量的限制和厚度方向断面收缩率的要求值。并以此分为Z15、Z25、Z35三个级别。

厚钢板常用作大型梁、柱等实腹式构件的翼缘和腹板,以及节点板等;薄钢板主要用来制造冷弯薄壁型钢;扁钢可用做焊接组合梁、柱的翼缘板,以及各种连接板、加劲肋等。

2.2.2 轧制H型钢和焊接H型钢

H型钢与工字钢的区别:

(1)翼缘宽,故有宽翼缘工字钢的说法。

(2)翼缘内表面无斜度,上下表面平行。

(3)从材料分布形式来看,工字钢截面中材料主要集中在腹板及相连的翼缘,越向两侧延伸,钢材越少,而轧制 H 型钢中,材料分布侧重在翼缘部分。

因此 H 型钢的截面几何特性明显优于传统的工、槽、角钢及它们的组合截面,使用有较好的经济效益。

H 型钢的规格标记:"H"后加"截面高度 h 值 × 宽度 b 值 × 腹板厚度 t_1 值 × 翼缘厚度 t_2 值"(图 2-5)。

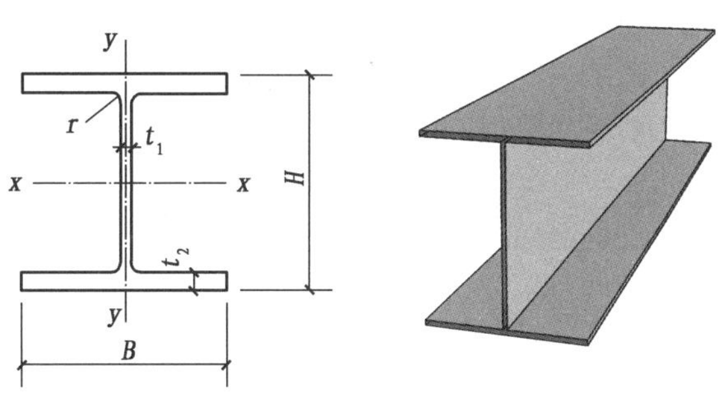
y
r
t_1
x
x
H
t_2
y
B

图 2-5　H 型钢示意图

H-高度;B-宽度;t_1-腹板厚度;t_2-翼缘厚度;r-圆角半径

标记示例:H800 × 300 × 14 × 26 意为截面高 800mm、翼缘宽 300mm、腹板厚 14mm、翼缘厚 26mm 的 H 型钢。

按现行国家标准《热轧 H 型钢和剖分 T 型钢》(GB/T 11263—2017),H 型钢分为四类,其代号如下:宽翼缘 H 型钢——HW(W 为 Wide 首字母),中翼缘 H 型钢——HM(M 为 Middle 首字母),窄翼缘 H 型钢——HN(N 为 Narrow 首字母),薄壁 H 型钢——HT(T 为 Thin 首字母)。

标记示例:HW300 × 300 意为截面高 300mm、翼缘宽 300mm 的宽翼缘 H 型钢。

2.2.3　矩形管

矩形管是一种中空的长条钢材,又称扁管、扁方管或方扁管(图 2-6)。在抗弯、抗扭强度相同时,重量较小,所以广泛用于制造机械零件和工程结构。

图 2-6　矩形管示意图

矩形管的分类:钢管分无缝钢管和焊接钢管(有缝管)、热轧无缝方管、冷拔无缝方管、挤压无缝方管、焊接方管。

其中焊接方管又分为:

(1)按工艺分——电弧焊方管,电阻焊方管(高频、低频),气焊方管,炉焊方管。

(2)按焊缝分——直缝焊方管、螺旋焊方管。

2.2.4 角钢

角钢是传统的格构式钢结构、桁架式结构中应用最广泛的轧制型材,有等边角钢和不等边角钢两大类。根据《热轧型钢》(GB/T 706—2016)的规定,角钢的型号以其肢长表示,通常角钢的长度为4~19m。

等边角钢也称等肢角钢,其规格以"边宽×边厚"的毫米数表示。我国目前生产的等边角钢,其肢宽为20~200mm。

不等边角钢(也称不等肢角钢)是两边互相垂直且宽度不等的热轧长条钢材。其规格以"∟长边宽×短边宽×边厚"的毫米数表示(图2-7)。不等边角钢的肢宽为∟25mm×16mm~∟200mm×125mm。

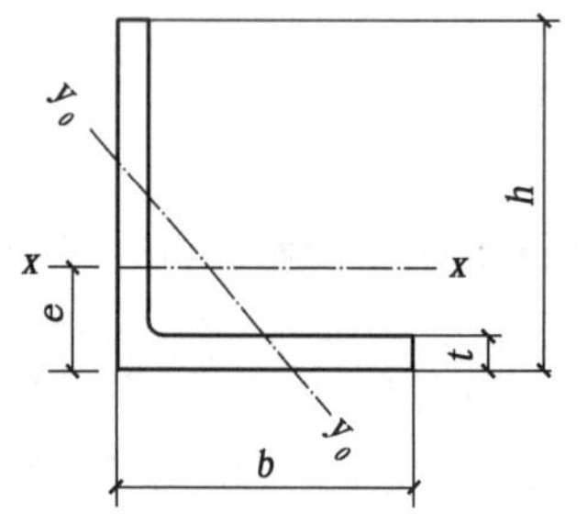
y0
x
x
h
e
t
y0
b

图2-7 角钢示意图

h-高度;b-宽度;t-厚度

标记示例:∟100×80×8意为长边宽100mm、短边宽80mm、边厚8mm的不等边角钢。∟100×10意为肢宽100mm、厚10mm的等边角钢。

2.2.5 工字钢

工字钢正如其名称所示,是一种截面为工字形型材,上下翼缘是齐头的。因轧制工艺需要,传统的工字钢的翼缘部分外伸长度受到限制,同时翼缘内表面必须有倾斜度(1:6)、翼缘外薄而内厚,造成工字钢在两个主平面内的截面特性(惯性矩、截面模量和回转半径)相差很大,一般应用中较难充分发挥钢材强度。随着轧制H型钢的出现,工字钢逐渐被淘汰(图2-8)。

工字钢分为普通工字钢和轻型工字钢两种,其型号用截面高度(单位为cm)表示,20号以上普通工字钢根据腹板厚度和翼缘宽度的不同,同一号工字钢又有a、b或a、b、c三种区别,其中a类腹板最薄、翼缘最窄,b类腹板较厚、翼缘较宽,c类腹板最厚、翼缘最宽。

同样高度的轻型工字钢的翼缘要比普通工字钢的翼缘宽而薄,腹板也较薄,故重量较小、截面回转半径略大。规格以工字钢符号(轻型时前面加注"Q")和截面高度(cm)表示,如I 50a(普通)、QI 50(轻型)。两种工字钢的高度相同时,其宽度大体相当,而轻型工字钢的翼缘和腹板稍薄。

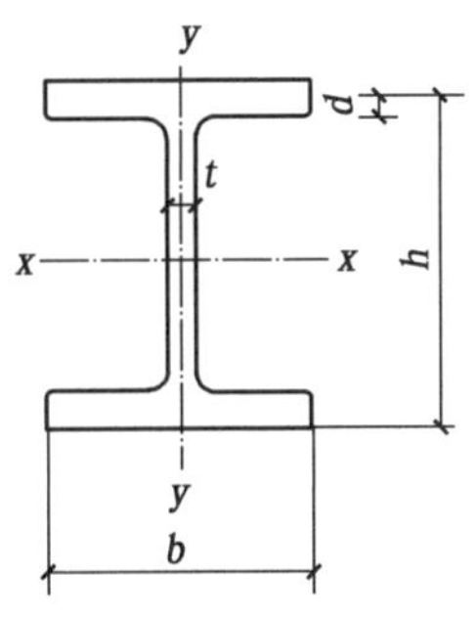

y
d
t
x
x
h
y
b

图 2-8　工字钢示意图

h-高度；*b*-宽度；*d*-翼缘厚度；*t*-腹板厚度

我国生产的普通工字钢规格有 I10～63a；20 或 32 号以上时同一型号中又分为 a、b 或 a、b、c 规格，其中每级的腹板和相应翼缘宽度递增 2mm。轻型工字钢规格有 QI 10～70b；18～30 号和 70 号有翼缘宽度和厚度或腹板厚度略为增大的 a 或 a、b 规格。

2.2.6　槽钢

热轧槽钢（图 2-9）是截面为凹槽形、翼缘内侧有斜度的热轧长条钢材，有热轧普通槽钢和轻型槽钢两种。与工字钢一样是以截面的高度表示型号，主要用于建筑结构、车辆制造和其他工业结构。[14 以下多用于建筑工程作檩条；[30 以上可用于桥梁结构作受拉力的杆件，也可用作工业厂房的梁、柱等构件，槽钢还常常和工字钢配合使用。

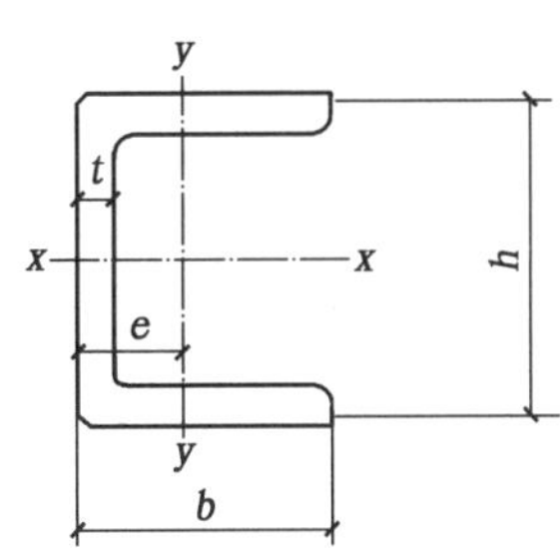

y
t
x
x
h
e
y
b

图 2-9　槽钢示意图

h-高度；*b*-宽度；*t*-厚度

从[14 开始，有 a、b 或 a、b、c 规格的区分，其不同之处在于腹板厚度和翼缘宽度。槽钢翼缘内表面的斜度（1∶10）比工字钢要平缓，紧固连接螺栓比较容易。型号相同的轻型槽钢比普通槽钢的翼缘要宽且薄，腹板厚度亦小，截面特性更好一些。

热轧轻型槽钢[25Q 的含义：25 表示外廓高度为 25cm，Q 是汉语拼音“轻”的拼音字首。同样号数时，轻型者由于腹板薄及翼缘宽而薄，因而截面积小但回转半径大，能节约钢材减小自重。不过轻型系列的实际产品较少。

（1）槽钢型号前面可加符号“[”，型号后边右上角可加符号“#”，如[32c#。

（2）在普通槽钢中，[16～[22 的槽钢，如型号右边没有标码，可视为 b 型槽钢。

（3）槽钢分普通型和轻型，与同一型号的普通槽钢相比，轻型槽钢的腰厚尺寸较小、重量较小。

(4)槽钢规格范围为[5~[40。

2.2.7 剖分T型钢

剖分T型钢分为三类,其代号如下:宽翼缘剖分T型钢——TW(W为Wide首字母);中翼缘剖分T型钢——TM(M为Middle首字母);窄翼缘剖分T型钢——TN(N为Narrow首字母)。

剖分T型钢由对应的H型钢沿腹板中部对等剖分而成。剖分T型钢的规格标记为:"T"后加"截面高度h值×宽度b值×腹板厚度t_1值×翼缘厚度t_2值"(图2-10)。

标记示例:T248×199×9×14意为截面高248mm、翼缘宽199mm、腹板厚9mm、翼缘厚14mm的T型钢。

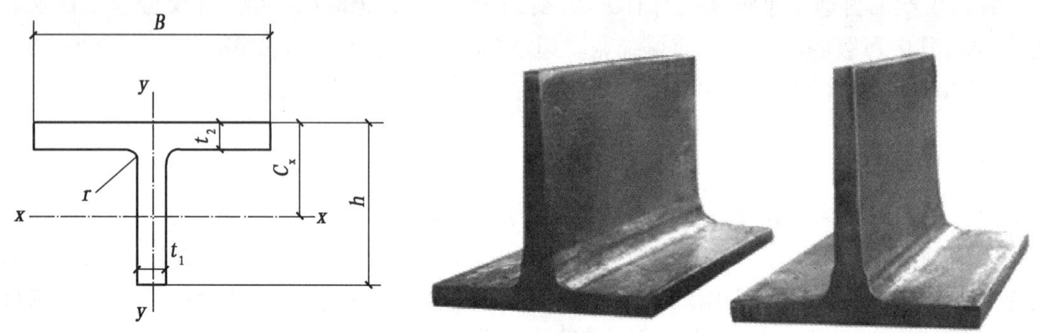
B
y
t_2
C_x
h
r
x
x
t_1
y

图2-10　T型钢示意图

h-高度;B-宽度;t_1-腹板厚度;t_2-翼缘厚度;C_x-重心;r-圆角半径

剖分T型钢也可用与H型钢类同的表示方法。

标记示例:TN225×200即表示截面高225mm、翼缘宽200mm的窄翼缘剖分T型钢。

2.2.8 结构用钢管

钢管作为钢铁产品的重要组成部分,因其制造工艺及所用管坯形状不同而分为无缝钢管和焊接钢管两大类。

钢结构中常用热轧无缝钢管和焊接钢管,焊接钢管由钢带卷焊而成,依据管径大小,又分为直缝焊和螺旋焊两种。直缝电焊钢管的规格为外径32~152mm、壁厚2.0~5.5mm。国家标准为《直缝电焊钢管》(GB/T 13793—2016)。

结构用无缝钢管按《结构用无缝钢管》(GB/T 8162—2018)规定,分热轧(挤压、扩)和冷拔(轧)两种。钢管外径和壁厚的允许偏差应符合相应的规定。当需方事先未在合同中注明钢管尺寸允许偏差时,钢管外径和壁厚的允许偏差按普通级供货。

通常结构用无缝钢管长度规定如下:热轧(挤压、扩)钢管为3000~12000mm,冷拔(轧)钢管为2000~10500mm。定尺长度和倍尺长度应在通常长度范围内。全长允许偏差分为三级。每个倍尺长度按以下规定留出切口余量:外径≤159mm,5~10mm;外径>159mm,10~15mm。

在钢网架结构中广泛采用《低压流体输送用焊接钢管》(GB/T 3091—2015)指定的钢

管,其管径(公称口径)为6~150mm。结构用无缝钢管按《结构用无缝钢管》(GB/T 8162—2018)规定,分热轧和冷拔两种,冷拔管只限于小管径,热轧无缝钢管外径为32~630mm,壁厚为2.5~75mm。规格以"外径×壁厚"(mm)表示(图2-11)。

标记示例:ϕ102×5 意为外径为102mm。壁厚为5mm的钢管。

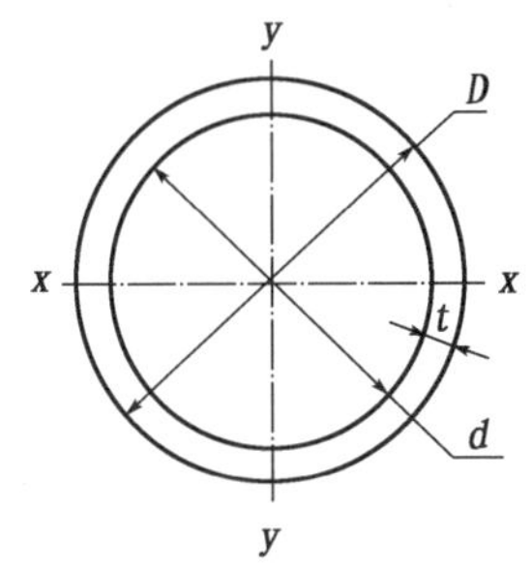

y
D
x
x
t
d
y

图2-11　钢管示意图和实物图

D-外径;d-内径;t-壁厚

焊接钢管由钢带弯曲焊成,价格相对较低。钢管截面对称且面积分布合理,各方向的惯性矩和回转半径相同且较大,故受力性能尤其是轴心受压时较好;同时其曲线外形使其对风、浪、冰的阻力较小,但价格较贵且连接构造较复杂。

2.2.9　冷弯薄壁型钢

钢结构的冷弯薄壁型钢(图2-12)由厚度1.5~6mm热轧钢板或钢带经冷加工成型,同一截面各部分的厚度相同,截面各转角处呈圆弧形。冷弯薄壁型钢的截面形式和尺寸可按工程要求合理设计;与相同截面积的热轧型钢相比,其截面轮廓尺寸相对较大而壁较薄,使截面惯性矩和回转半径较大,因而受力性能较好并节省钢材。但因壁厚较小,对锈蚀影响较为敏感。

图2-12　冷弯薄壁型钢构件

冷弯型钢截面形式有等边角钢、卷边等边角钢、Z型钢、卷边Z型钢、槽钢、卷边槽钢等开口截面,以及方形和矩形闭口截面。

冷弯型钢品种繁多,从截面形状分,有开口、半闭口和闭口,主要产品有冷弯槽钢、角钢、Z型钢、冷弯波形钢板、方管、矩形管,电焊异型钢管、卷帘门等。通常生产的冷弯型钢,厚度在6mm以下,宽度在500mm以下。

冷弯薄壁型钢的规格为:字母"B"[薄(Bo)拼音的首字母]、形状符号和"长边宽(或高度)×短边宽(或宽度)×卷边宽度×厚度"(长短边宽相等时只注一个边宽,卷边宽度只用于卷边型钢)。如等边角钢B∟60×2,正方钢管B□60×2,圆钢管ϕ60×2,不等边角钢B∟60×40×2.5,长方钢管B□80×60×2,槽钢B[120×40×2.5,卷边等边角钢B∟60×20×2,卷边不等边角钢B∟60×40×20×2,卷边槽钢B[120×50×20×2.5,卷边Z形钢BZ120×50×20×2.5。

冷弯型钢是一种经济的轻型薄壁钢材,具有以下特点:

(1)截面经济合理,节省材料。冷弯型钢的截面形状可以根据需要设计,结构合理,单位重量的截面系数高于热轧型钢。在同样负荷下,可减小构件重量,节约材料。冷弯型钢用于建筑结构可比热轧型钢节约金属 38% ~50%。方便施工,降低综合费用。

(2)规格多,可以生产用一般热轧方法难以生产的壁厚均匀、截面形状复杂的各种型材和各种不同材质的冷弯型钢。

(3)产品表面光洁,外观好,尺寸精确,而且长度也可以根据需要灵活调整,全部按定尺或倍尺供应,提高材料的利用率。

(4)生产中还可与冲孔等工序相配合,以满足不同的需要。

2.2.10 花纹钢板、钢格栅板

1)花纹钢板

花纹钢板是用碳素结构钢、船体用结构钢、高耐候性结构钢热轧成菱形、扁豆形或圆豆形花纹的钢板制品。花纹钢板基本厚度有 2.5mm,3.0mm,3.5mm,4.0mm,4.5mm,5.0mm,5.5mm,6.0mm,7.0mm,8.0mm;宽度 600 ~1800mm,按 50mm 进级;长度 2000 ~12000mm,按 100mm 进级。花纹钢板的力学性能不作保证,以热轧状态交货,表面质量分普通精度和较高精度两级。

2)钢格栅板

按《钢格栅板及配套件 第 1 部分:钢格栅板》(YB/T 4001.1—2019)制造压焊钢格栅板(图 2-13),由负载扁钢作为纵条、扭绞方钢作为横条,在正交方向压焊于纵条,并有包边和挡边板的钢格板。压焊钢格栅板适用于工业平台、地板、天桥、栈道的铺板、楼梯踏板、内盖板以及栅栏等。

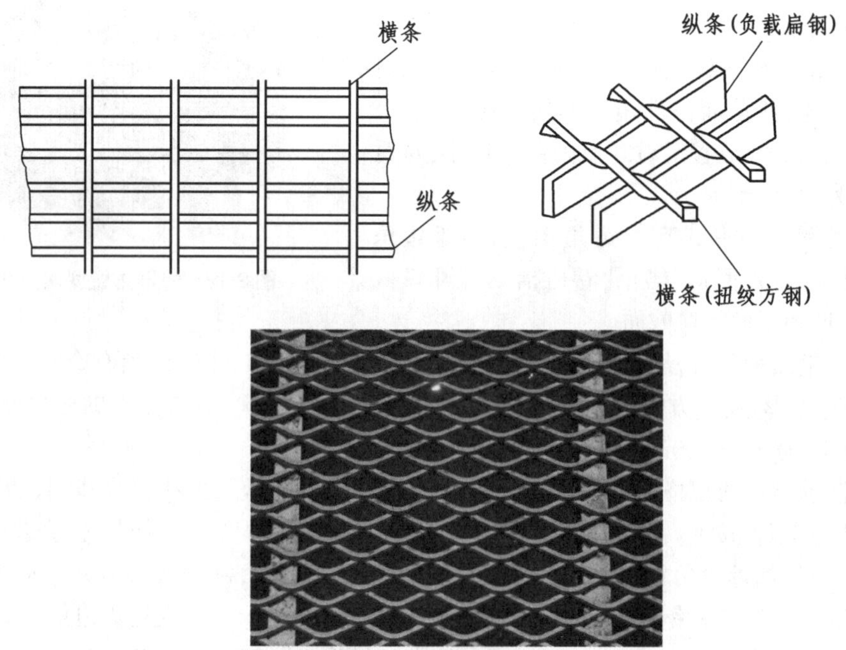
横条
纵条
纵条(负载扁钢)
横条(扭绞方钢)

图 2-13 压焊钢格栅板

钢格栅板按纵条的侧边形状分为平面形和齿形两类(图 2-14),分别表记为 P 和 S。按纵条的间距,钢格栅板分成三个系列:系列 1 指纵条间距为 30mm(中心距),系列 2 对应 40mm,系列 3 对应 60mm。横条扭绞方钢的边长为 6mm,允许偏差 ±0.4mm,横条间距有两种:A—100mm,B—50mm。钢格栅板长度为 6100mm。

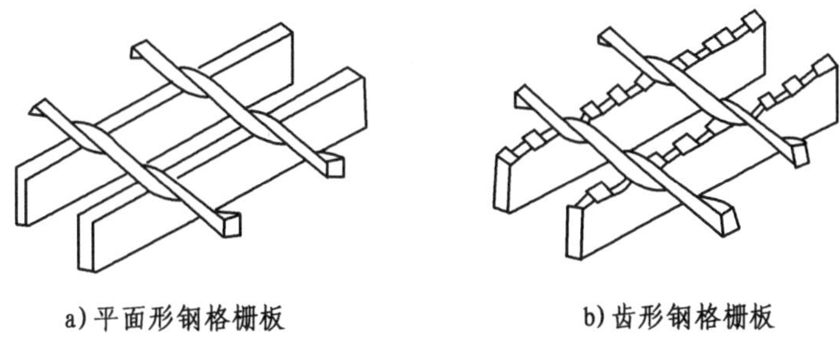

a)平面形钢格栅板　　b)齿形钢格栅板

图 2-14　平面形和齿形钢格栅板

钢格栅板的标记方式为:

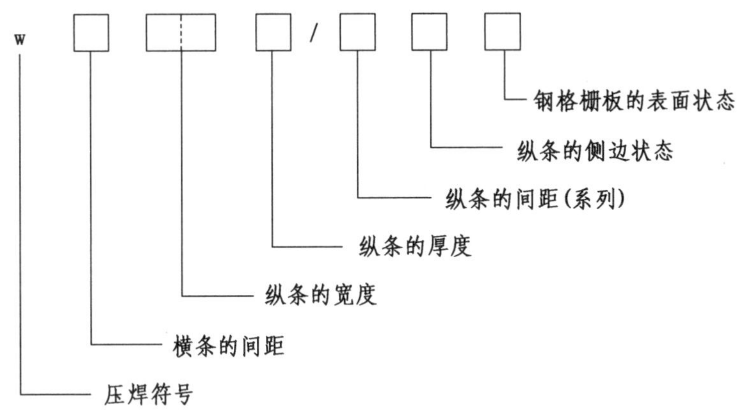
W
/
钢格栅板的表面状态
纵条的侧边状态
纵条的间距(系列)
纵条的厚度
纵条的宽度
横条的间距
压焊符号

2.2.11　铸钢

目前许多工程的节点做法复杂,不能直接采用焊接时,可采用铸造的方法。

非焊接结构用铸钢件的材质与性能应符合《一般工程用铸造碳钢件》(GB/T 11352—2009)的规定;焊接结构用铸钢件的材质与性能应符合《焊接结构用铸钢件》(GB/T 7659—2010)的规定。

1)铸钢代号

铸钢牌号按《铸钢牌号表示方法》(GB/T 5613—2014)的规定;铸钢代号用“铸(Zhu)”和“钢(Gang)”的汉语拼音的首字母“ZG”表示。

2)元素符号、名义元素含量及力学性能

钢中主要合金化学元素符号用国际化学元素符号表示,名义元素含量及力学性能用阿拉伯数字表示。其含量规则执行《数值修约规则与极限数值的表示和判定》(GB/T 8170—2008)的规定。

3)以强度表示的铸钢牌号

在牌号中“ZG”后面的两组数字表示力学性能,第一组数字表示铸钢的屈服强度最低值,第二组数字表示其抗拉强度最低值。两组数字间用"—"隔开。

铸钢牌号的表示方法示例如下:

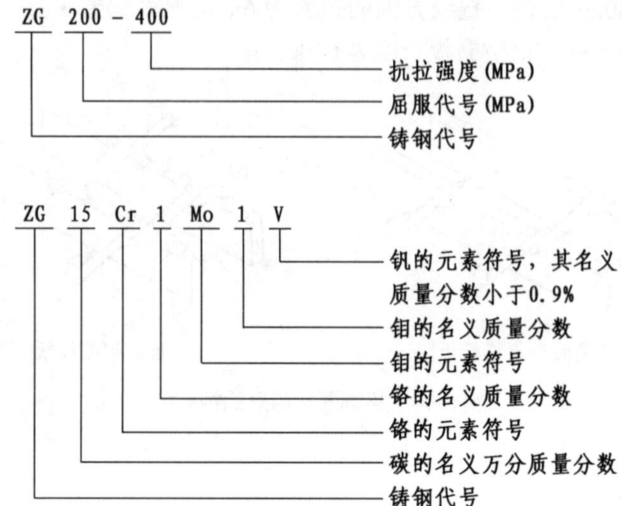
ZG 200 - 400
抗拉强度(MPa)
屈服代号(MPa)
铸钢代号
ZG 15 Cr 1 Mo 1 V
钒的元素符号，其名义
质量分数小于0.9%
钼的名义质量分数
钼的元素符号
铬的名义质量分数
铬的元素符号
碳的名义万分质量分数
铸钢代号

2.2.12 常用型钢的标注方法

常用型钢的标注方法见表 2-4。

常用型钢的标注方法汇总 表 2-4

序号	名 称	截 面	标 注	说 明
1	热轧等边角钢		$b \times t$	b 为肢宽 t 为肢厚
2	热轧不等边角钢	B	$B \times b \times t$	B 为长肢宽,b 为短肢宽,t 为肢厚
3	热轧工字钢		N　Q N	轻型工字钢加注 Q 字 N 工字钢的型号
4	热轧槽钢		N　Q N	轻型槽钢加注 Q 字 N 槽钢的型号
5	方钢	b	b	
6	扁钢	b	$-b \times t$	
7	钢板		$\frac{-b \times t}{l}$	$\frac{宽 \times 厚}{板长}$
8	圆钢		ϕd	

续上表

序号	名　称	截　面	标　注	说　明
9	钢管		DN×× $d\times t$	内径 外径×壁厚
10	薄壁方钢管		B $b\times t$	薄壁型钢加注 B 字 b 为肢宽 t 为壁厚
11	薄壁等肢角钢		B $b\times t$	
12	薄壁等肢卷边角钢	a	B $b\times a\times t$	
13	薄壁槽钢	h	B $h\times b\times t$	
14	薄壁卷边槽钢	a	B $h\times b\times a\times t$	
15	薄壁直卷边 Z 型钢	h a	B $h\times b\times a\times t$	
16	薄壁斜卷边 Z 型钢	h a	B $h\times b\times a\times t$	
17	T 型钢		TW×× TM×× TN××	TW 为热轧宽翼缘 T 型钢 TM 为热轧中翼缘 T 型钢 TN 为热轧窄翼缘 T 型钢
18	H 型钢		HW×× HM×× HN××	HW 为热轧宽翼缘 H 型钢 HM 为热轧中翼缘 H 型钢 HN 为热轧窄翼缘 H 型钢
19	普通焊接工字钢	t t_w h t b	$h\times b\times t_w\times t$	规格型号见产品说明
20	起重机钢轨		QU□□	
21	轻轨及钢轨		□□kg/m	

第3章 钢结构机械连接

3.1 钢结构连接概述

钢结构由各种钢板、型钢制作,通过工厂加工成构件(如梁、柱、桁架等),各构件再通过一定的安装连接而形成的整体结构。构件与构件之间的连接节点是形成钢结构并保证结构安全正常工作的重要组成部分。连接部位应有足够的强度、刚度及延性。连接构件间应保持正确的相互位置,以满足传力和使用要求。连接的加工和安装比较复杂、费工,连接设计不合理会影响结构的造价、安全和使用年限。

3.1.1 钢结构连接的种类

钢结构连接的种类可分为螺栓连接、焊缝连接、铆钉连接和射钉、自攻螺钉等(图3-1)。

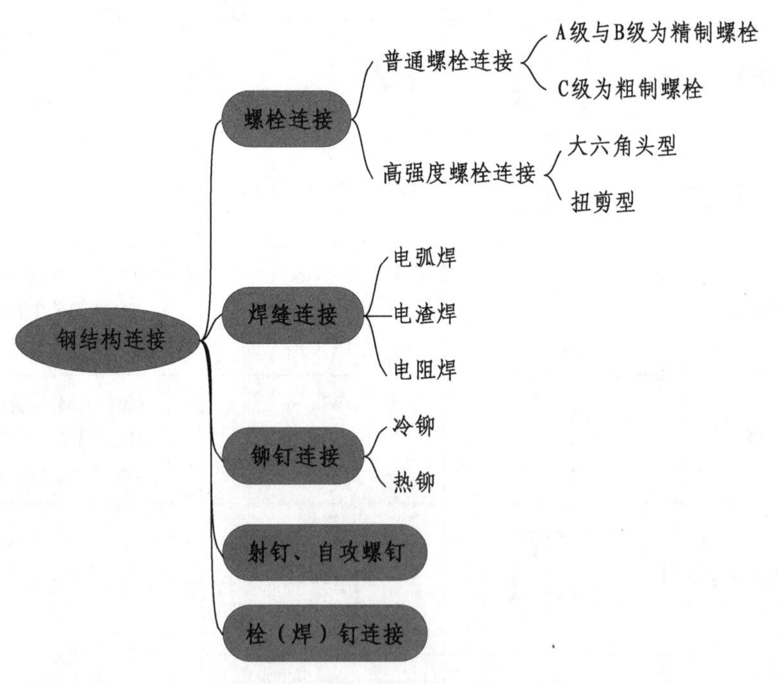
钢结构连接
螺栓连接
普通螺栓连接
A级与B级为精制螺栓
C级为粗制螺栓
高强度螺栓连接
大六角头型
扭剪型
焊缝连接
电弧焊
电渣焊
电阻焊
铆钉连接
冷铆
热铆
射钉、自攻螺钉
栓(焊)钉连接

图3-1 钢结构连接的种类

普通螺栓连接是最早采用的钢结构连接形式,约从18世纪中叶开始,至今仍是钢结构连接的一种重要手段。19世纪20年代开始使用铆钉连接,此后一度发展成为具有统治地位的钢结构连接形式。19世纪下半叶出现焊缝连接,在20世纪20年代后逐渐广泛使用并取代铆钉连接成为钢结构的主要连接方法。20世纪中叶开始发展使用的高强度螺栓连接,现已成为钢结构连接的主要形式。

3.1.2 钢结构常用连接方式的对比

钢结构常用连接方式的对比见表3-1。

钢结构常用连接方式对比　　表3-1

连接方法	优点	缺点
焊接	对焊件几何形体适应性强，构造简单，省材省工，工效高，连接连续性强，可达到气密和水密要求，节点刚度大	对材质要求较高，焊接程序严格，质量检验工作量大，要求高；存在有焊接缺陷的可能，产生焊接应力和焊接变形，导致材料脆化，对构件的疲劳强度和稳定性产生影响；一旦开裂则裂缝开展较快，对焊工技术等级要求较高
普通螺栓连接	装拆便利，设备简单	粗制螺栓不宜受剪，精制螺栓加工和安装难度较大，开孔对构件截面有一定削弱
高强螺栓连接	加工方便，可拆换；高强度螺栓摩擦型连接能承受动力荷载，耐疲劳，塑性、韧性好	摩擦面处理及安装工艺略为复杂，造价略高，对构件截面削弱相对较小，质量检验要求高
铆接	传力可靠，韧性和塑性好，质量易于检查，抗动力性能好	费钢、费工，开孔对构件截面有一定削弱
射钉、自攻螺栓连接	灵活，安装方便，构件无须预先处理，适用于轻钢、薄板结构	不能承受较大集中力

3.2 钢结构用螺栓与锚栓

3.2.1 螺栓概述

螺栓是由头部和螺杆（带有外螺纹的圆柱体）两部分组成的紧固件，需与螺母配合，用于紧固连接多个带有通孔的板件（图3-2）。

螺栓在建筑构件或机械结构中做连接或紧固之用。螺栓在绝大多数情况下是按照国家标准或国际标准制造的。螺栓、螺钉和螺母（亦称螺帽）在很多地区或非专业表述中俗称为螺丝。

螺栓与螺钉的区别在于两个方面，一是形状方面，螺栓的螺杆部分严格要求为圆柱形，用于安装螺母，但螺钉的螺杆部分有时呈圆锥形甚至带有钉尖；二是使用功能方面，螺钉旋入的对象不是螺母，很多使用场合中螺栓也是单独工作的不需要螺母与其配合，此时的螺栓从功用上应归为螺钉。

图3-2　螺栓

3.2.2 螺栓与锚栓

1）螺栓

按螺栓头的形状和用途不同分为六角头螺栓(图3-3)、方头螺栓、半圆头螺栓、沉头螺栓、带孔螺栓、T形头螺栓、钩头(地脚)螺栓等;其中六角头是最常用的。

图3-3 六角头螺栓

2）锚栓

锚栓没有等级之分,根据材料分为Q235和Q345。建筑结构上用锚栓最多的是地脚锚栓(图3-4)。地脚锚栓既不属于普通螺栓也不属于高强度螺栓。

a)弯钩式

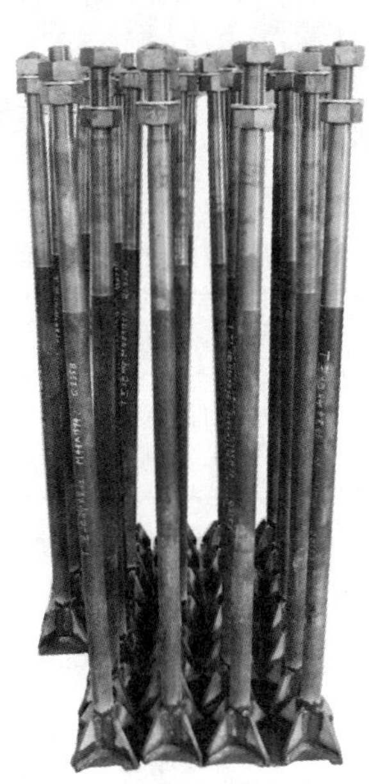

b)锚板式

图3-4 地脚锚栓

地脚锚栓的制造标准应同普通螺栓的制造标准。地脚锚栓埋入的长度应与其与混凝土之间的摩擦力、锚栓的形式有关。

3.3 普通螺栓连接

钢结构普通螺栓连接(图3-5)是将普通螺栓(图3-6)、螺母、垫圈机械地和连接件连接在一起形成的一种连接形式。从连接的工作机理看,荷载是通过螺栓杆受剪、连接板孔壁承压来传递的,这种连接螺栓和连接板孔壁之间有间隙,接头受力后会产生较大的滑移变形,因此一般受力较大的结构或承受动荷载的结构,当采用普通螺栓连接时,螺栓应采用精制螺栓以减小接头的变形量。

普通螺栓连接一般采用C级螺栓(习称粗制螺栓),较少情况下可采用质量要求较高的A、B级螺栓(习称精制螺栓)。精制螺栓连接是一种紧配合连接,即螺栓孔径和螺栓直径差一般在0.2~0.5mm,有的要求螺栓孔径与螺栓直径相等,施工时需要强行打入。精制螺栓连接加工费用高、施工难度大,实际工程上现已极少使用,逐渐被高强度螺栓连接所替代。

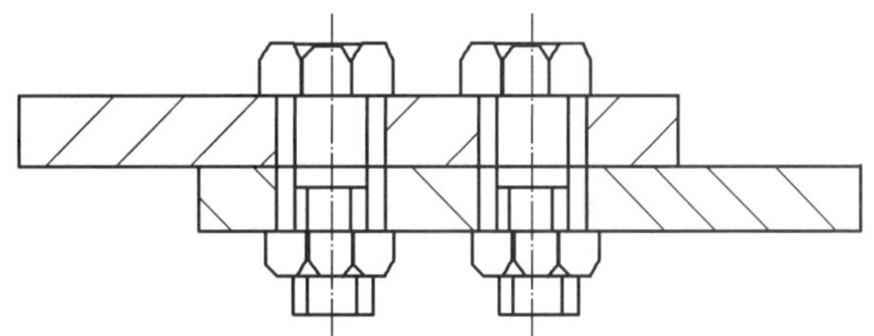

图3-5 普通螺栓连接示意图

图3-6 普通螺栓

3.3.1 C级螺栓连接

C级螺栓用未经加工的圆钢制成,杆身表面粗糙,尺寸不很准确;螺栓孔是在单个零件上一次冲成或不用钻模钻成(称为Ⅱ类孔),孔径比螺栓直径大1~2mm。C级螺栓连接的优点是结构的装配和螺栓装拆方便,操作不需复杂的设备,比较适用于承受拉力;而其受剪性能较差。因此,它常用于承受拉力的安装螺栓连接(同时有较大剪力时常另加承托板承受)、次要结构和可拆卸结构的受剪连接以及安装时的临时连接。

受剪性能较差是由于孔径大于杆径较多,当连接所受剪力超过被连接板件间的摩擦力(普通螺栓用普通扳手拧紧,拧紧力和摩擦力较小)时,板件间将发生较大的相对滑移变形,直至螺栓杆与板件孔壁一侧接触;也由于螺栓孔中距不准,致使个别螺栓先与孔壁接触,以及接触面质量较差,使各个螺栓受力较不均匀。

3.3.2 A、B级螺栓连接

A、B级螺栓杆身经车床加工制成,表面光滑,尺寸准确;按尺寸规格和加工要求又分为A、B两级;A级的精度要求更高。螺栓孔在装配好的构件上钻成或扩钻成(相应先在单个零件上钻或冲成较小孔径),或在单个零件或构件上分别用钻模钻成(统称为Ⅰ类孔)。孔壁光滑,对孔准确,孔径与螺栓杆径相等,但分别允许正和负公差,安装时需将螺栓轻击入孔。

A、B级螺栓连接由于加工精度高、尺寸准确和杆壁接触紧密,可用于承受较大的剪力、拉力的安装连接,受力和抗疲劳性能较好,连接变形较小;但其制造和安装都较费工,价格较高,故在钢结构中较少采用,主要用在直接承受较大动力荷载的重要结构的受剪安装螺栓。

3.3.3 A、B、C 级普通螺栓的比较

A 级、B 级区别仅在于尺寸不同,A 级 $d \leqslant 24$mm,$L \leqslant 150$mm;B 级 $d > 24$mm,$L > 150$mm。Ⅰ类孔:孔壁粗糙度小,孔径偏差允许 +0.25mm,对应 A、B 级螺栓;Ⅱ类孔:孔壁粗糙度大,孔径偏差允许 +1mm,对应 C 级螺栓。A、B、C 级普通螺栓的比较见表 3-2。

A、B、C 级普通螺栓的比较 表 3-2

分类	钢 材	强度等级	孔径 d_0 与栓径 d 之差(mm)	加 工	受力特点	安装	应用
C 级粗制螺栓	普通碳素钢 Q235	4.6 4.8	1.0~1.5	粗糙 尺寸不准 成本低	抗剪差 抗拉好	方便	承拉 应用多 临时固定
A 级、B 级精制螺栓	优质碳素钢 45 号钢 35 号钢	8.8	0.3~0.5	精度高 尺寸准确 成本高	抗剪抗拉均好	精度要求高	目前 应用 减少

3.3.4 普通螺栓性能等级

1)普通螺栓的材性

钢结构连接用螺栓性能等级分3.6、4.6、4.8、5.6、6.8、8.8、9.8、10.9、12.9 等 10 余个等级,其中 8.8 级及以上螺栓材质为低碳合金钢或中碳钢并经热处理(淬火、回火),通称为高强度螺栓,其余通称为普通螺栓。

普通螺栓一般为 4.6 级、4.8 级、5.6 级。高强螺栓一般为 8.8 级和 10.9 级,其中 10.9 级居多。

螺栓性能等级标号由两部分数字组成,分别表示螺栓材料的公称抗拉强度值和屈强比值。例如:

(1)性能等级 4.6 级的普通螺栓,其含义:

①螺栓材质公称抗拉强度为 400MPa;

②螺栓材质的屈强比值为 0.6;

③螺栓材质的公称屈服强度为 400MPa×0.6=240MPa。

(2)性能等级 10.9 级的高强度螺栓,其材料经过热处理后,能达到:

①螺栓材质公称抗拉强度为 1000MPa;

②螺栓材质的屈强比值为 0.9;

③螺栓材质的公称屈服强度为 1000MPa×0.9=900MPa。

螺栓性能等级的含义是国际通用的标准,相同性能等级的螺栓,不管其材料和产地的区别,其性能是相同的,设计上仅需选用性能等级即可。

建筑结构主构件的螺栓连接,一般均采用高强度螺栓连接。工厂出厂的高强度螺栓并不分承压型还是摩擦型。

(3)摩擦型高强外六角螺栓与承压型高强度螺栓的区别是设计计算方法不同:

①摩擦型高强度螺栓以钢板间出现滑动作为承载能力极限状态。

②承压型高强度螺栓以钢板间出现滑动作为正常使用极限状态,而以连接破坏作为承

载能力极限状态。

摩擦型高强度螺栓并不能充分发挥螺栓的潜能。在实际应用中,对于十分重要的结构或承受动力荷载的结构,应采用摩擦型高强度螺栓,此时可把未发挥的螺栓潜能作为安全储备。除此以外的情况,均可采用承压型高强度螺栓连接以降低工程造价。

普通外六角螺栓可重复使用,高强度螺栓不可重复使用。普通螺栓的螺孔不一定比高强度螺栓大。一般而言,普通螺栓螺孔比较小。普通螺栓 A、B 级螺孔一般只比螺栓大 0.3 ~0.5mm;C 级螺孔一般比螺栓大 1.0 ~1.5mm。

摩擦型高强度螺栓靠摩擦力传递荷载,所以螺杆与螺孔之差可达 1.5 ~2.0mm。承压型高强度外六角螺栓标准传力特性是保证在正常使用情况下,剪力不超过摩擦力,与摩擦型高强度螺栓相同。当荷载再增大时,连接板间将发生相对滑移,连接依靠螺杆抗剪和孔壁承压来传力,与普通螺栓相同,所以螺杆与螺孔之差略小些,一般为 1.0 ~1.5mm。

2)螺母

钢结构常用的螺母(图 3-7),其公称高度 h 大于或等于 $0.8d$(d 为与其相匹配的螺栓直径),螺母强度设计应选用与之相匹配螺栓中最高性能等级的螺栓强度,当螺母拧紧到螺栓保证荷载时,不能出现螺纹脱扣。螺母性能等级分 4、5、6、8、9、10、12 等,其中 8 级(含 8 级)以上螺母与高强度螺栓匹配,8 级以下螺母与普通螺栓匹配。

图 3-7　螺母

3)垫圈

常用钢结构螺栓连接的垫圈,按形状及其使用功能可以分为以下几类:

圆平垫圈:一般放置于紧固螺栓头及螺母的支承面下面,用以增加螺栓头及螺母的支承面,同时防止被连接件表面损伤(图 3-8)。

方形垫圈:一般置于地脚螺栓头及螺母支承面下,用以增加支承面及遮盖较大螺栓孔眼。

斜垫圈:主要用于工字钢、槽钢翼缘倾斜面的垫平,使螺母支承面垂直于螺杆,避免紧固时造成螺母支承面和被连接的倾斜面局部接触。

弹簧垫圈:防止螺栓拧紧后在动载作用下的振动和松动,依靠垫圈的弹性功能及斜口摩擦面防止螺栓的松动,一般用于有动荷载(振动)或经常拆卸的结构连接处(图 3-9)。

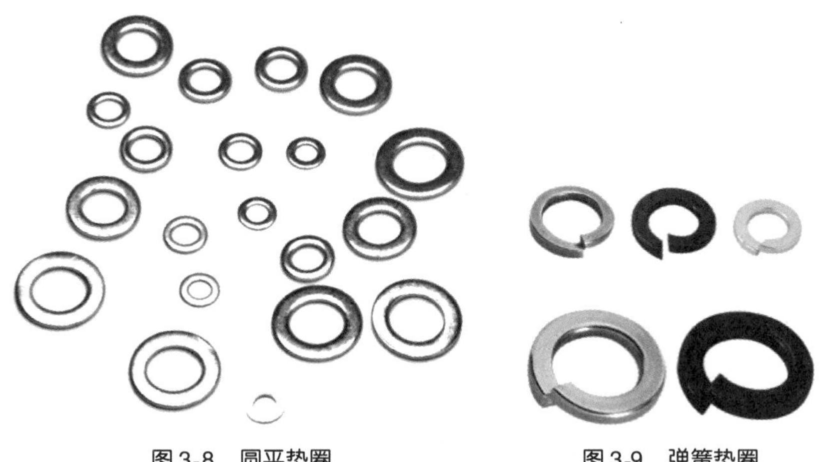

图 3-8　圆平垫圈　　图 3-9　弹簧垫圈

4）普通螺栓的构造要求

（1）螺栓的排列

螺栓在构件上排列应简单、统一、整齐而紧凑，通常分为并列和错列两种形式（图3-10）。并列比较简单整齐，所用连接板尺寸小，但由于螺栓孔的存在，对构件截面削弱较大。错列可以减小螺栓孔对截面的削弱，但螺栓孔排列不如并列紧凑，连接板尺寸较大。

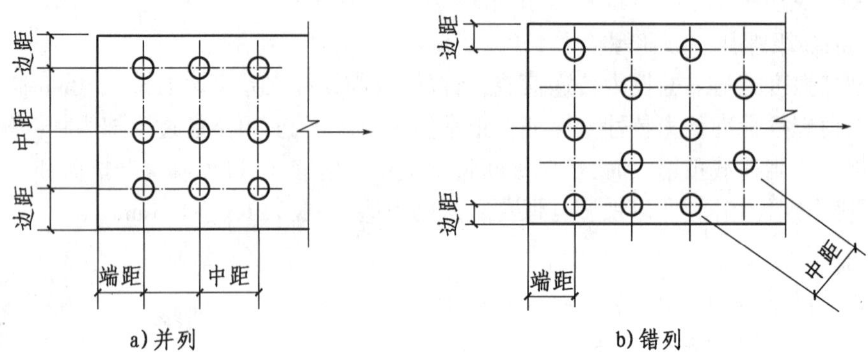
边距
中距
边距
端距
中距
a）并列
边距
边距
中距
端距
b）错列

图3-10　钢板上的螺栓（铆钉）排列

（2）螺栓孔孔型及孔距

螺栓连接接头中螺栓的排列布置主要有并列和交错排列两种形式。螺栓间距布置要求：受力要求（如果螺距过小，则钢板易剪坏；如果螺距过大，则受压时钢板易张开）；构造要求（如果螺距过大，则连接不紧密，潮气易侵入腐蚀）；施工要求（如果螺距过小，则施工时转动扳手困难）。

B级普通螺栓的孔径 d_0 比螺栓公称直径 d 大0.2～0.5mm，C级普通螺栓的孔径 d_0 比螺栓公称直径 d 大1.0～1.5mm。高强度螺栓摩擦型连接可采用标准孔、大圆孔和槽孔，孔型尺寸可按表3-3采用。同一连接面只能在盖板和芯板其中之一按相应的扩大孔，其余仍采用标准孔。

高强度螺栓连接的孔型尺寸匹配（单位：mm）　　表3-3

螺栓公称直径			M12	M16	M20	M22	M24	M27	M30
孔型	标准孔	直径	13.5	17.5	22	24	26	30	33
	大圆孔	直径	16	20	24	28	30	35	38
	槽孔	短向	13.5	17.5	22	24	26	30	33
		长向	22	30	37	40	45	50	55

高强度螺栓摩擦型连接盖板按大圆孔、槽孔制孔时，应增大垫圈厚度或采用连续型垫板，其孔径与标准垫圈相同，厚度应满足：M24及以下的高强度螺栓连接，垫圈或连续型垫板的厚度不宜小于8mm；M24以上的高强度螺栓连接，垫圈或连续型垫板的厚度不宜小于10mm；冷弯薄壁型钢结构，垫圈或连续型垫板的厚度不宜小于连接板的厚度。

螺栓或铆钉的孔距和边距应按表3-4的规定采用。

（3）螺栓的其他构造要求

螺栓连接除了满足上述螺栓排列的容许间距外，根据不同情况尚应满足下列构造要求：

①为了使连接可靠，每一杆件在节点上以及拼接接头的一端，永久螺栓数不宜少于2个。但根据实践经验，对于组合构件的缀条，其端部连接可采用一个螺栓。

螺栓或铆钉的最大、最小容许间距 表 3-4

<table>
<tr><th>名称</th><th colspan="3">位置和方向</th><th>最大容许间距
(取两者的较小值)</th><th>最小容许间距</th></tr>
<tr><td rowspan="5">中心间距</td><td colspan="3">外排(垂直内力方向或顺内力方向)</td><td>$8d_0$ 或 $12t$</td><td rowspan="5">$3d_0$</td></tr>
<tr><td rowspan="3">中间排</td><td colspan="2">垂直内力方向</td><td>$16d_0$ 或 $24t$</td></tr>
<tr><td rowspan="2">顺内力方向</td><td>构件受压力</td><td>$12d_0$ 或 $18t$</td></tr>
<tr><td>构件受拉力</td><td>$16d_0$ 或 $24t$</td></tr>
<tr><td colspan="3">沿对角线方向</td><td>—</td></tr>
<tr><td rowspan="4">中心至构件边缘距离</td><td colspan="3">顺内力方向</td><td rowspan="4">$4d_0$ 或 $8t$</td><td>$2d_0$</td></tr>
<tr><td rowspan="3">垂直内力方向</td><td colspan="2">剪切边或手工气割边</td><td rowspan="2">$1.5d_0$</td></tr>
<tr><td rowspan="2">轧制边、自动气割或锯割边</td><td>高强度螺栓</td></tr>
<tr><td>其他螺栓或铆钉</td><td>$1.2d_0$</td></tr>
</table>

注:1. d_0 为螺栓或铆钉的孔径,对槽孔为短向尺寸,t 为外层较薄板件的厚度。

2. 钢板边缘与刚性构件(如角钢、槽钢等)相连的螺栓或铆钉的最大间距,可按中间排的数值采用。

3. 计算螺栓孔引起的截面削弱时可取 $d+4$mm 和 d_0 的较大者。

②对直接承受动力荷载的普通螺栓连接应采用双螺帽或其他防止螺帽松动的有效措施;例如采用弹簧垫圈。

③由于 C 级螺栓与孔壁有较大间隙,只宜用于沿其杆轴方向受拉的连接。承受静力荷载结构的次要连接、可拆卸结构的连接和临时固定构件用的安装连接中,也可用 C 级螺栓受剪。但在重要的连接中,例如制动梁或吊车梁上翼缘与柱的连接,由于传递制动梁的水平支承反力,同时受到反复动力荷载作用,不得采用 C 级螺栓。柱间支撑与柱的连接,以及在柱间支撑处吊车梁下翼缘的连接,因承受着反复的水平制动力和卡轨力,应优先采用高强度螺栓。

④沿杆轴方向受拉的螺栓连接中的端板(法兰板),应适当加强其刚度(如加设加劲肋),以减少撬力对螺栓抗拉承载力的不利影响。

3.4 高强度螺栓连接

高强度螺栓连接(图 3-11)是自 20 世纪 70 年代以来迅速发展和广泛应用的螺栓连接形式。高强度螺栓连接现已发展成为与焊接并举的钢结构两大连接形式之一,螺栓杆内很大的拧紧预拉力把被连接的板件夹紧,以产生很大的摩擦力。它具有受力性能好、耐疲劳、抗震性能好、连接刚度高、施工简便等优点,被广泛地应用在钢结构的工地连接中。

3.4.1 钢结构工程高强度螺栓连接副的概念

高强度螺栓连接副,一般简称为高强度螺栓(图 3-12)。每一个连接副包括一个螺栓,一个螺母,两个垫圈,均为同一批次生产,并且是同一热处理工艺加工过的产品。根据安装特点分为大六角头螺栓和扭剪型螺栓。

根据高强度螺栓的性能等级分为 8.8 级和 10.9 级,其中扭剪型只有 10.9 级。结构设计中高强度螺栓直径一般有 M16、M20、M22、M24、M27、M30,但 M22、M27 为第二选择系列,一般情况下以选用 M16、M20、M24、M30 为主。

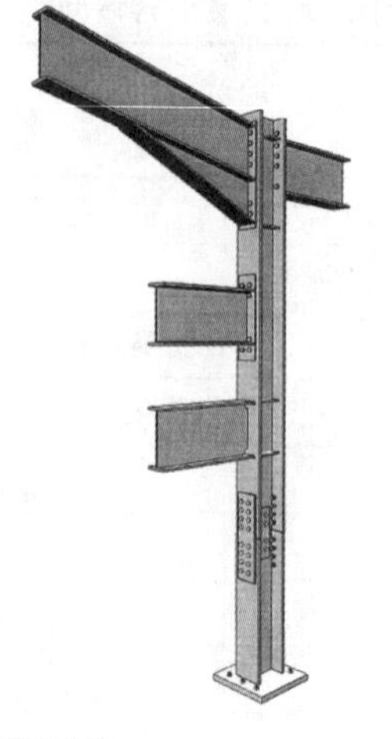

图3-11　高强度螺栓连接

图3-12　高强度螺栓连接副

高强度螺栓连接副组装时,螺母带圆台面的一侧应朝向垫圈有倒角的一侧。对于大六角头高强度螺栓连接副组装时,螺栓头下垫圈有倒角的一侧应朝向螺栓头。

3.4.2　高强度螺栓的组成

1)大六角头高强度螺栓连接副

大六角头高强度螺栓连接副含一个螺栓、一个螺母、两个垫圈(螺头和螺母两侧各一个垫圈),钢网架螺栓球节点用螺栓无平垫。螺栓、螺母、垫圈在组成一个连接副时,其性能等级要匹配,表3-5列出了钢结构用大六角头高强度螺栓连接副匹配组合。

大六角头高强度螺栓连接副匹配　　表3-5

螺　栓	螺　母	垫　圈
8.8级	8H	HRC35~45
10.9级	10H	HRC35~45

2)扭剪型高强度螺栓连接副

扭剪型高强度螺栓连接副(图3-13)含一个螺栓、一个螺母、一个垫圈;目前,国内只有10.9级一个性能等级。

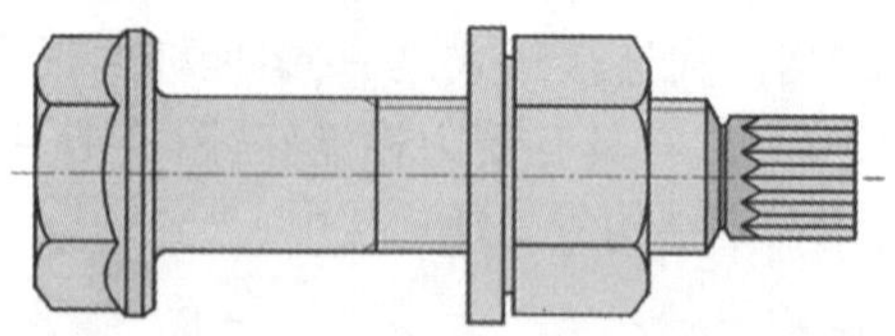
螺栓
垫圈与GB 1230相同
螺母与GB 1229相同

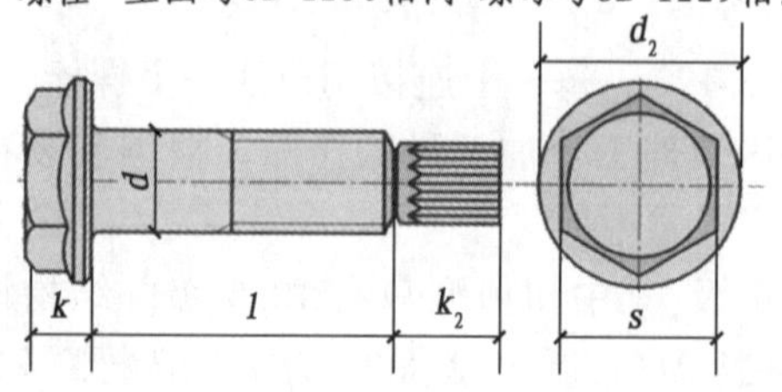
d_2
d
k
l
k_2
s

图3-13　扭剪型高强度螺栓连接副

3.4.3 高强度螺栓的等级和材料选用，高强度螺栓的性能、等级与所采用的钢号

高强度螺栓的等级和材料选用见表 3-6。高强度螺栓的性能、等级与所采用的钢号见表 3-7。

高强度螺栓的等级和材料选用　　表 3-6

螺栓种类	螺栓等级	螺栓材料	螺　母	垫　圈	适用规格(mm)
扭剪型	10.9	20MnTiB	35 号钢 10H	45 号钢 HRC35 ~ 45	d = 16,20,(22),24
大六角头型	10.9	35VB	45 号钢 35 号钢 15MnVTi 10H	45 号钢 35 号钢 HRC35 ~ 45	d = 16,20,(22),24,(27),30
		20MnTiB			d≤24
		40B			d≤24
	8.8	45 号钢	35 号钢 8H	45 号钢 35 号钢 HRC35 ~ 45	d≤22
		35 号钢			d≤16

高强度螺栓的性能、等级与所采用的钢号　　表 3-7

螺栓种类	性能等级	所采用的钢号	抗拉强度 σ_b (MPa)	屈服强度 $\sigma_{0.2}$ (MPa)	伸长率 δ_5 (%)	断面收缩率 φ (%)	冲击韧性值 α_k (J/cm^2)	硬度
			不小于					
大六角头高强度螺栓	8.8	45 号钢 35 号钢	830 ~ 1030	660	12	45	78(8)	HRC24 ~ 31
	10.9	20MnTiB B40 35VB	1040 ~ 1240	940	10	42	59(6)	HRC33 ~ 39

3.5 钢结构其他机械连接方式

3.5.1 栓(焊)钉连接

栓钉将钢板与混凝土板连接起来，栓钉主要承受剪力(图 3-14)。在高层建筑的型钢柱，如 H 型钢、十字柱、圆管柱上焊接栓钉，可以加强型钢柱与混凝土的连接强度，提高劲性柱的整体受力性能。

栓钉焊接方法为接通焊机焊枪电源，柱状栓钉套在焊枪上，安装防弧座圈，启动焊枪，电流即熔断，座圈则产生弧光，经短时间后柱状栓钉以一定速度顶紧母材端部熔化，切断电源柱状栓钉焊接完成并固定在母材上。

3.5.2 紧固件连接

在冷弯薄壁型钢结构中经常采用自攻螺钉、钢拉铆钉、射钉等机械式紧固件连接方式(图 3-15)，主要用于压型钢板之间及压型钢板与冷弯型钢等支承构件之间的连接。

图 3-14　栓(焊)钉连接

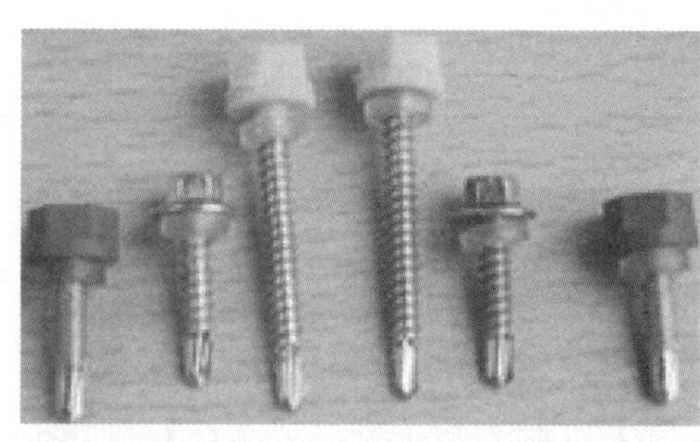

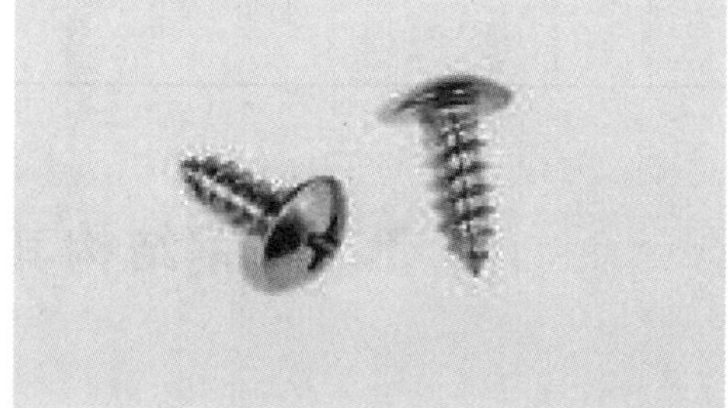

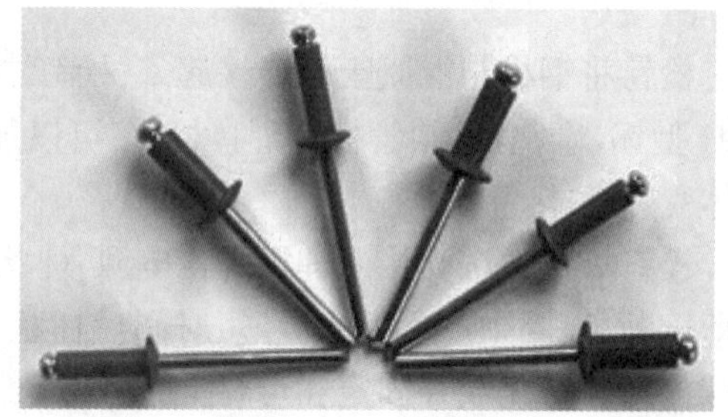

图 3-15　射钉、自攻螺钉

自攻螺钉有两种类型,一类为一般的自攻螺钉[图 3-16a)],需先行在被连板件和构件上钻一定大小的孔后,再用电动板手或扭力板手将其拧入连接板的孔中;一类为自钻自攻螺钉[图3-16b)],无需预先钻孔,可直接用电动板手自行钻孔和攻入被连板件。自攻螺钉是一种带有钻头的螺钉,通过专用的电动工具施工,钻孔、攻丝、固定、锁紧一次完成。自攻螺钉主要用于一些较薄板件的连接与固定,如彩钢板与彩钢板的连接,彩钢板与檩条、墙梁的连接等,其穿透能力一般不超过6mm,最大不超过12mm。自攻螺钉常常暴露在室外,自身有很强的耐腐蚀能力;其橡胶密封圈能保证螺钉处不渗水且具有良好的耐腐蚀性。

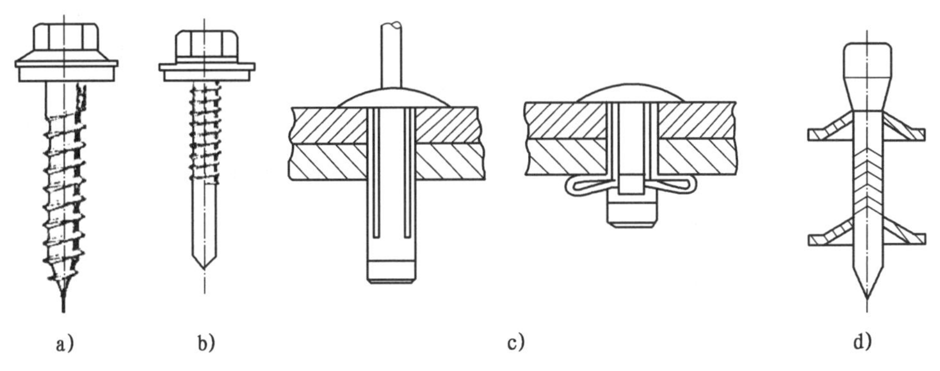

a)
b)
c)
d)

图3-16　轻钢结构紧固件

自攻螺钉通常用螺钉直径级数、每英寸长度螺纹数量及螺杆长度三个参数来描述。螺钉直径级数有10级和12级两种,其对应螺钉直径分别为4.87mm和5.43mm;每英寸长度螺纹数量有14、16、24三种级别,每英寸长度螺纹数量越多,其自钻能力越强。

拉铆钉[图3-16c)]有铝材和钢材制作的两类,为防止电化学反应,轻钢结构均采用钢制拉铆钉。射钉[图3-16d)]由带有锥杆和固定帽的杆身与下部活动帽组成,靠射钉枪的动力将射钉穿过被连板件打入母材基体中。射钉只用于薄板与支承构件(如檩条、墙梁等)的连接。用于薄壁构件(压型钢板屋面板、墙板与梁、柱)的连接,可采用射枪、铆枪等专用工具安装。

3.5.3　铆钉连接

铆钉连接(图3-17)的制造有热铆和冷铆两种方法。热铆是由烧红的钉坯插入构件的钉孔中,用铆钉枪或压铆机铆合而成。冷铆是在常温下铆合而成。在建筑结构中一般都采用热铆。铆钉的材料应有良好的塑性,通常采用专用钢材BL2和BL3号钢制成。

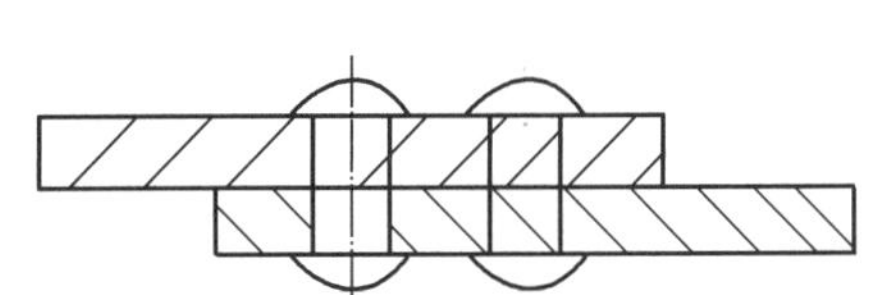

图3-17　铆钉连接

铆钉连接由于构造复杂,费钢费工,现已很少采用。但是铆钉连接的塑性和韧性较好,传力可靠,质量易于检查,在一些重型和直接承受动力荷载的结构中,有时仍然采用。

铆钉连接的质量和受力性能与钉孔的制法有很大关系。钉孔的制法分为Ⅰ、Ⅱ两类。Ⅰ类孔是用钻模钻成,或先冲成较小的孔,装配时再扩钻而成,质量较好。Ⅱ类孔是冲成或不用钻模钻成,虽然制法简单,但构件拼装时钉孔不易对齐,故质量较差。重要的结构应该采用Ⅰ类孔。

铆钉打好后,钉杆由高温逐渐冷却而发生收缩,但被钉头之间的钢板阻止住,所以钉杆中产生了收缩拉应力,对钢板则产生压缩系紧力。这种系紧力使连接十分紧密。当构件受剪力作用时,钢板接触面上产生很大的摩擦力,因而能大大提高连接的工作性能。

铆钉连接的优点是塑性和韧性较好,传力可靠,动力性能好,质量易于检查,适用于直接承受动载结构的连接。缺点是构造复杂,用钢量多,加热铆合过程费工,目前已很少采用。

第 4 章　钢结构焊接

4.1　焊缝连接

焊缝连接是现代钢结构最主要的连接方法，在钢结构中主要采用电弧焊，特殊情况下可采用电渣焊和电阻焊等。

4.1.1　焊缝连接形式及焊缝形式

梁柱节点全焊接焊缝连接见图 4-1。

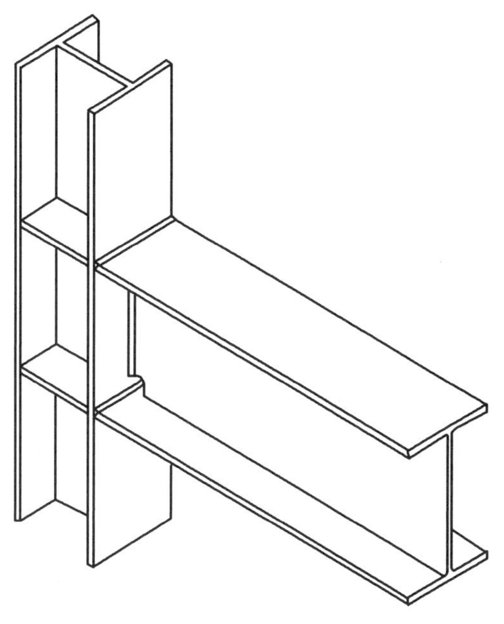

图 4-1　焊接连接

1）连接形式

受力焊缝和构造焊缝可采用对接焊缝、角接焊缝、对接角接组合焊缝、圆形塞焊缝、圆孔或槽孔内角焊缝，对接焊缝包括熔透对接焊缝和部分熔透对接焊缝（图 4-2）。

2）焊缝形式

对接焊缝［图 4-3a）］按所受力的方向分为对接正焊缝和对接斜焊缝。角焊缝长度方向垂直于力作用方向的称为正面角焊缝，平行于力作用方向的称为侧面角焊缝［图 4-3b）］。

焊缝按沿长度方向的分布情况分为连续角焊缝（图 4-4）和断续角焊缝（图 4-5）两种形式。连续角焊缝受力性能较好，为主要的角焊缝形式。

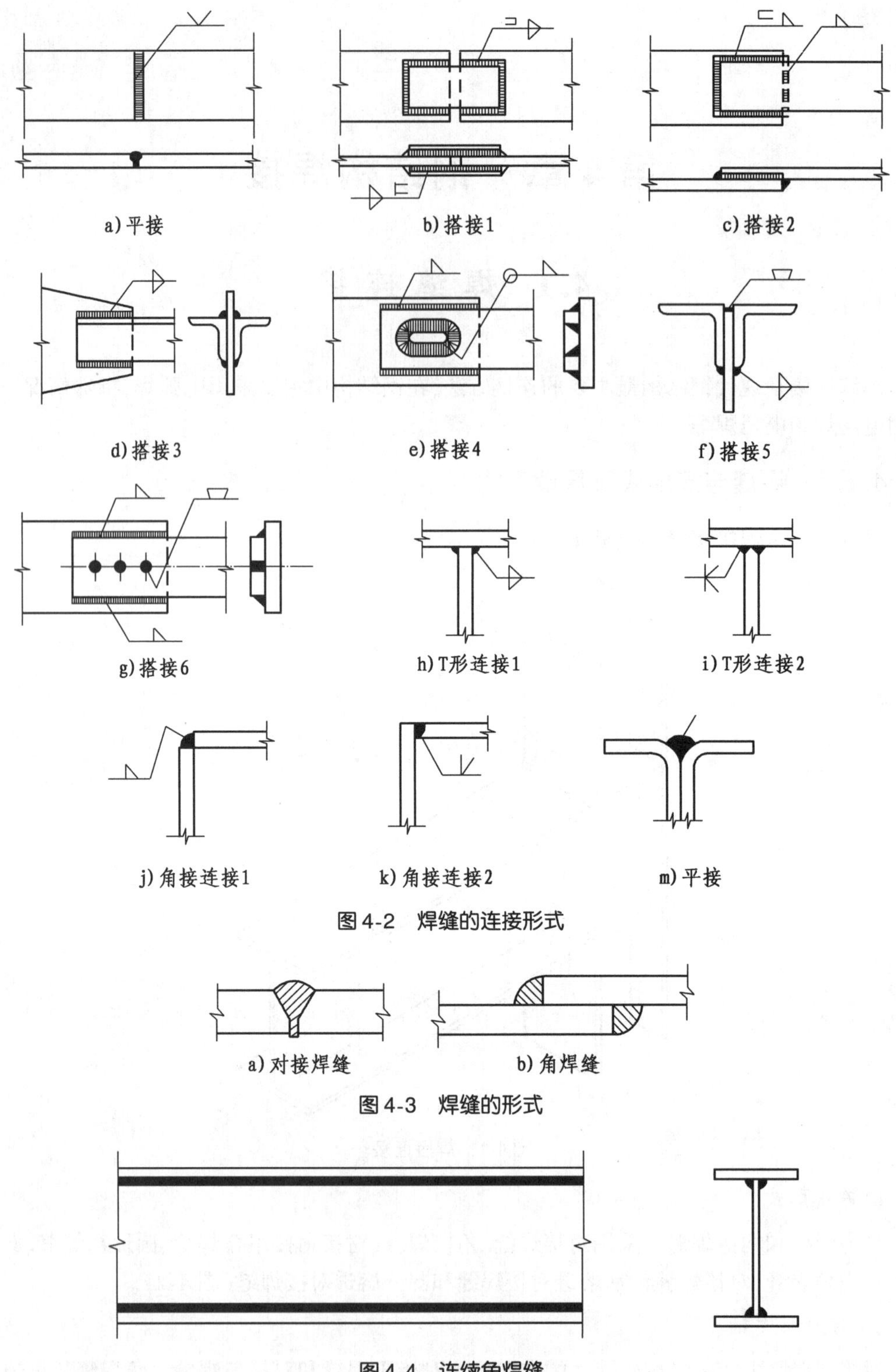
a)平接
b)搭接1
c)搭接2
d)搭接3
e)搭接4
f)搭接5
g)搭接6
h)T形连接1
i)T形连接2
j)角接连接1
k)角接连接2
m)平接

图4-2　焥缝的连接形式

a)对接焊缝
b)角焊缝

图4-3　焊缝的形式

图4-4　连续角焊缝

在次要构件或次要焊接连接中,可采用断续角焊缝。断续角焊缝焊段的长度不得小于最小计算长度。腐蚀环境中不宜采用断续角焊缝。

断续焊缝的间断距离 L 不宜太长,以免因距离过大使连接不易紧密,潮气易侵入而引起锈蚀。

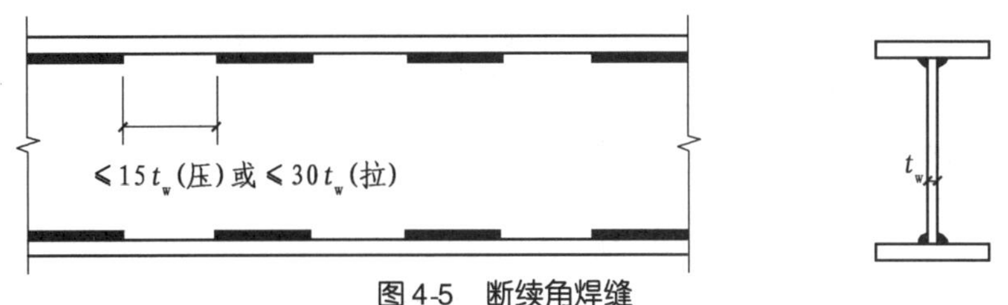
≤15t_w(压)或≤30t_w(拉)
t_w

图 4-5 断续角焊缝

焊缝按施焊位置有俯焊(平焊)、立焊、横焊、仰焊(图 4-6)。俯焊的施焊工作方便,质量最易保证。立焊、横焊的质量及生产效率比俯焊的差一些。仰焊的操作条件最差,焊缝质量不易保证,因此尽量避免采用仰焊焊缝。

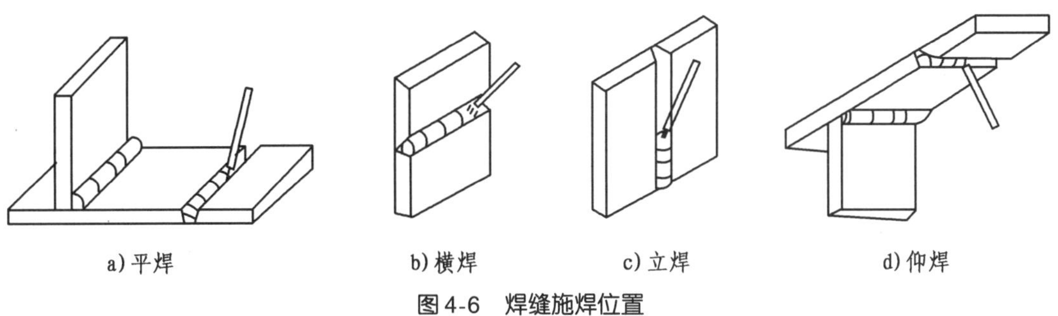
a) 平焊
b) 横焊
c) 立焊
d) 仰焊

图 4-6 焊缝施焊位置

3)对接焊缝的构造

对接焊缝的坡口形式,宜根据板厚和施工条件按《钢结构焊接规范》(GB 50661—2011)要求选用。

用对接焊缝连接的板件常开成各种形式的坡口,焊缝金属填充在坡口内,坡口形式有 I 形(垂直坡口)、单边 V 形、V 形、U 形、K 形和 X 形等,按照保证焊缝质量、便于施焊和减少焊缝截面面积的原则,根据焊件厚度选用坡口的形式。

对接焊缝的焊件常需做成坡口,又称为坡口焊缝。坡口形式与焊件厚度有关。当焊件厚度很小(手工焊 6mm,埋弧焊 10mm)时,可用直边焊缝(I 形)。对于一般厚度的焊件可采用具有斜坡口的单边 V 形或 V 形焊缝。斜坡口和根部间隙 c 共同组成一个焊条能够运转的施焊空间,使焊缝易于焊透;钝边 p 有托住熔化金属的作用。对于较厚的焊件($t>20$mm),则采用 U 形、K 形和 X 形坡口。

在对接焊缝的拼接处,当焊件的宽度不同或厚度相差 4mm 以上时,应分别在宽度方向或厚度方向从一侧或两侧做成坡度不大于 1:2.5 的斜角(图 4-7),以使截面过渡和缓,减小应力集中。

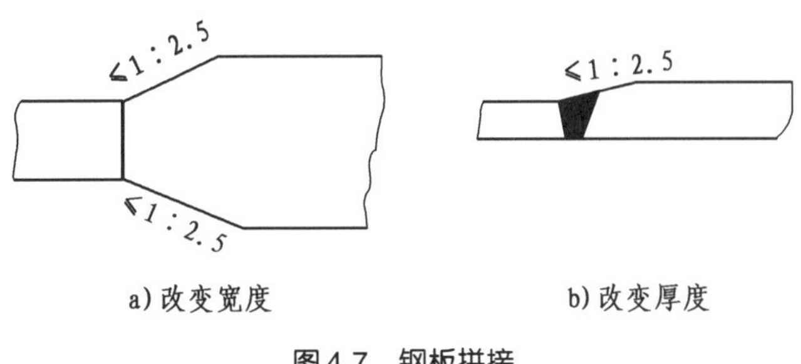
≤1:2.5
≤1:2.5
≤1:2.5
a) 改变宽度
b) 改变厚度

图 4-7 钢板拼接

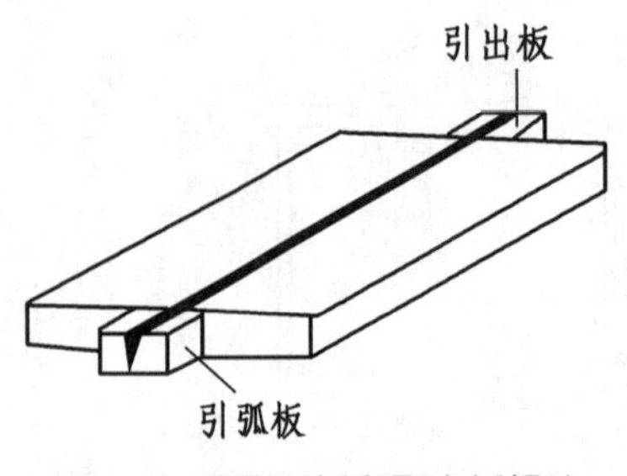
引出板
引弧板
图4-8 用引弧板和引出板焊接

在焊缝的起灭弧处，常会出现弧坑等缺陷，这些缺陷对承载力影响极大，故焊接时一般应设置引弧板和引出板（图4-8），焊后将它割除。对受静力荷载的结构设置引弧（出）板有困难时，允许不设置引弧（出）板，此时焊缝计算长度等于实际长度减 $2t$（此处 t 为较薄焊件厚度）。

4）不焊透的对接焊缝

在钢结构设计中，当板件较厚而板件间连接受力较小时，可采用不焊透的对接焊缝（图4-9），例如当用四块较厚的钢板焊成箱形截面轴心受压柱时，由于焊缝主要起联系作用，可以用不焊透的坡口焊缝[图4-9f)]。在此情况下，用焊透的坡口焊缝并非必要，而采用角焊缝则外形不能平整，均不如采用未焊透的坡口焊缝效果好。

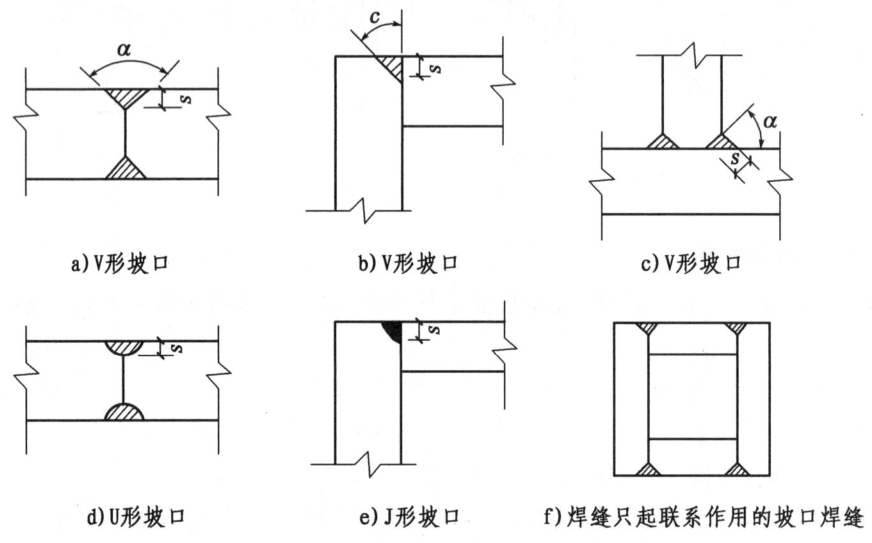
α
s
c
a)V形坡口
b)V形坡口
c)V形坡口
d)U形坡口
e)J形坡口
f)焊缝只起联系作用的坡口焊缝
图4-9 不焊透的对接焊缝

4.1.2 角焊缝的形式

角焊缝是最常用的焊缝形式。角焊缝按其与作用力的关系可分为焊缝长度方向与作用力垂直的正面角焊缝；焊缝长度方向与作用力平行的侧面角焊缝以及斜焊缝。按其截面形式可分为直角角焊缝（图4-10）和斜角角焊缝（图4-11）。

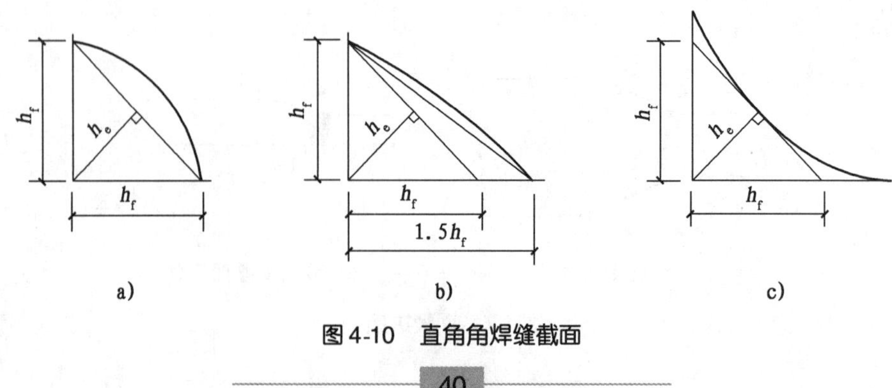
h_f
h_e
$1.5h_f$
a)
b)
c)
图4-10 直角角焊缝截面

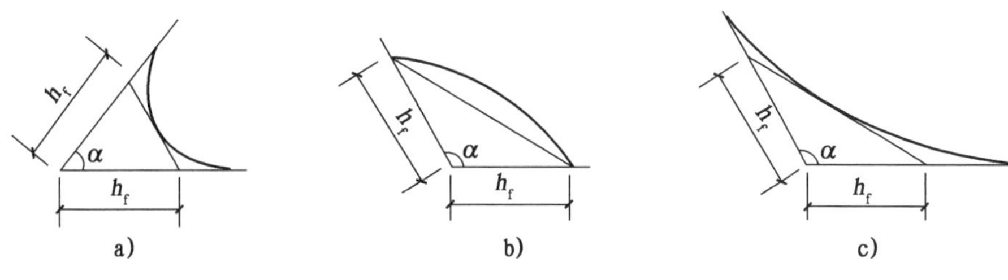

h
f
α
a)
b)
c)

图 4-11　斜角角焊缝截面

直角角焊缝通常做成表面微凸的等腰直角三角形截面[图 4-10a)]。在直接承受动力荷载的结构中，正面角焊缝的截面常采用图 4-10b)所示的形式，侧面角焊缝的截面则做成凹面式[图 4-10c)]。图中的 h_f为焊脚尺寸。

两焊脚边的夹角 $\alpha > 90°$或 $\alpha < 90°$的焊缝称为斜角角焊缝。斜角角焊缝常用于钢漏斗和钢管结构中。对于夹角 $\alpha > 135°$或 $\alpha < 60°$的斜角角焊缝，除钢管结构外，不宜用作受力焊缝。

1）角焊缝的构造要求

当板件端部仅有两条侧面角焊缝连接时(图 4-12)，试验结果表明，连接的承载力与 b/l_w 有关。b 为两侧焊缝的距离，l_w为侧焊缝长度。当 $b/l_w > 1$ 时，连接的承载力随着 b/l_w 比值的增大而明显下降。这主要是因应力传递过长，使构件中应力分布不均匀造成的。为使连接强度不致过分降低，应使每条侧焊缝的长度不宜小于两侧面角焊缝之间的距离，即 $b/l_w \leq 1$。两侧面角焊缝之间的距离 b 也不宜大于 $16t$(t 为较薄焊件的厚度)，以免因焊缝横向收缩，引起板件发生较大拱曲。

在搭接连接中，当仅采用正面角焊缝时(图 4-13)，其搭接长度不得小于焊件较小厚度的 5 倍，也不得小于 25mm，以免焊缝受偏心弯矩影响太大而破坏。

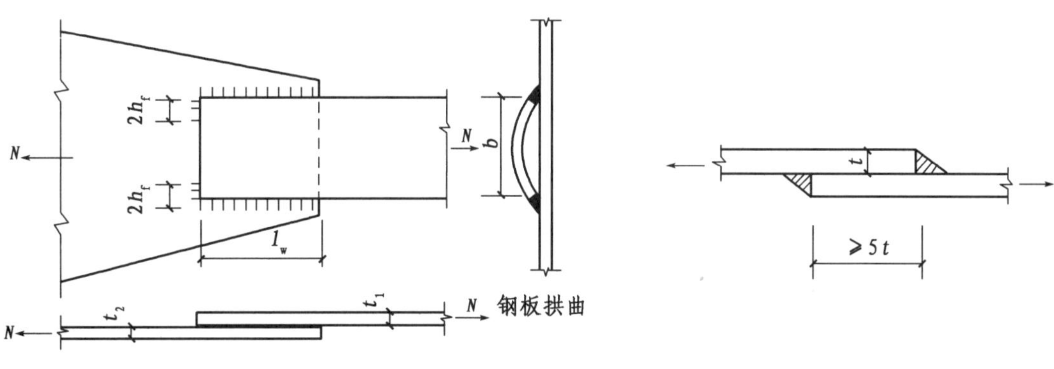

N
2h
f
b
l
w
t
1
t
2
钢板拱曲
t
≥5t

图 4-12　焊缝长度及两侧焊缝间距

图 4-13　搭接连接

杆件端部搭接采用三面围焊时，在转角处截面突变，会产生应力集中，如在此处起灭弧，可能出现弧坑或咬肉等缺陷，从而加大应力集中的影响，故所有围焊的转角处必须连续施焊。对于非围焊情况，当角焊缝的端部在构件转角处时，可连续地作长度为 $2h_f$的绕角焊(图 4-12)。

杆件与节点板的连接焊缝宜采用两面侧焊，也可用三面围焊，对角钢杆件可采用 L 形围焊(图 4-14)，所有围焊的转角处也必须连续施焊。

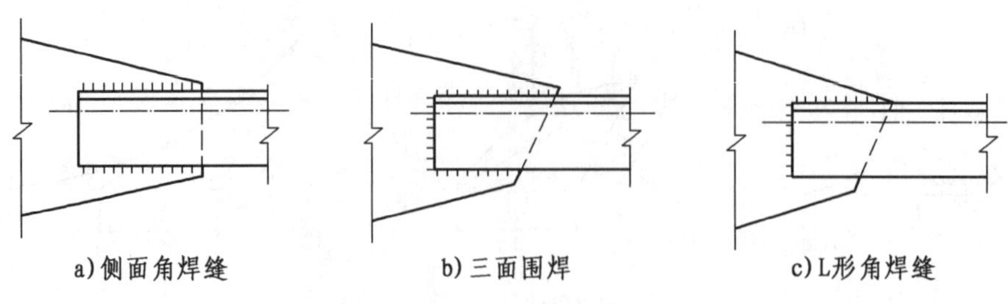
a)侧面角焊缝
b)三面围焊
c)L形角焊缝

图4-14　杆件与节点板的焊缝连接

2）钢结构焊接连接构造设计要求

(1)尽量减少焊缝的数量和尺寸。

(2)焊缝的布置宜对称于构件截面的形心轴。

(3)节点区留有足够空间,便于焊接操作和焊后检测。

(4)避免焊缝密集和双向、三向相交。

(5)焊缝位置避开高应力区。

(6)根据不同焊接工艺方法合理选用坡口形状和尺寸。

(7)焊缝金属应与主体金属相适应。当不同强度的钢材连接时,可采用与低强度钢材相适应的焊接材料。

3）钢结构设计施工图中应标明的焊接技术要求

(1)明确规定构件采用钢材的牌号和焊接材料的型号、性能要求及相应的国家现行标准。

(2)明确规定结构构件相交节点的焊接部位、焊接方法、焊缝长度、焊缝坡口形式、焊脚尺寸、部分焊透焊缝的焊透深度、焊前预热或焊后热处理要求等特殊措施。

(3)明确规定焊缝质量等级,有特殊要求时,应标明无损检测的方法和抽查比例。

(4)明确规定工厂制作单元及构件拼装节点的允许范围,必要时应提出结构设计应力图。

4）钢结构施工详图应标明的焊接技术要求

(1)应对设计施工图中所有焊接技术要求进行详细标注。

(2)应明确标注焊缝坡口详细尺寸,如有钢衬垫,应标注钢衬垫尺寸。

(3)对于重型、大型钢结构,应明确工厂制作单元和工地拼装焊接的位置,标注工厂制作或工地安装焊缝。

(4)应根据运输条件、安装能力、焊接可操作性和设计允许范围确定构件分段位置和拼装节点,按设计规范有关规定进行焊缝设计并满足设计施工图要求。

5）焊缝质量等级

《钢结构设计标准》(GB 50017—2017)规定焊缝应根据结构的重要性、荷载特性、焊缝形式、工作环境以及应力状态等情况,按规定原则分别选用不同的质量等级。

(1)在需要进行疲劳计算的构件中,凡对接焊缝均应焊透,其质量等级为:

①作用力垂直于焊缝长度方向的横向对接焊缝或T形对接与角接组合焊缝,受拉时应为一级,受压时应为二级;

②作用力平行于焊缝长度方向的纵向对接焊缝应为二级。

(2)不需要计算疲劳的构件中，凡要求与母材等强的对接焊缝应予焊透，其质量等级当受拉时应不低于二级，受压时宜为二级。

(3)重级工作制和起重量 $Q \geqslant 50\mathrm{t}$ 的中级工作制吊车梁的腹板与上翼缘之间以及吊车桁架上弦杆与节点板之间的 T 形接头焊缝均要求焊透。焊缝形式一般为对接与角接的组合焊缝，其质量等级不应低于二级。

(4)不要求焊透的 T 形接头采用的角焊缝或部分焊透的对接与角接组合焊缝，以及搭接连接采用的角焊缝，其质量等级为：

①对直接承受动力荷载且需要验算疲劳的结构和吊车起重量等于或大于 50t 的中级工作制吊车梁，焊缝的外观质量标准应符合二级；

②对其他结构，焊缝的外观质量标准可为三级。

4.2 焊缝常用符号

4.2.1 焊缝符号表示方法概述

焊缝符号(表 4-1)一般由基本符号与指引线组成，必要时还可以加上辅助符号、补充符号和焊缝尺寸符号。图形符号的比例、尺寸和在图样上的标注方法，遵照技术制图有关规定。

焊接标准符号 表 4-1

基本焊接符号											
背面焊接	角焊	塞孔塞槽	开槽焊接								
			I 形	Ⅱ形	X 形	单斜形	K 形	U 形 双 U 形	J 形 双 J 形	喇叭形 (双喇叭形)	斜喇叭形 (双斜喇叭形)

焊接符号补充说明						
背面垫板	内部垫板	四面围焊	现场焊接	焊缝表面形状		
				平面	凸面	凹面
M	M					

焊接符号各个要素的标注位置

表面形状符号
开槽角度
A
基本符号位置
焊接根部间隙
焊脚尺寸
间断焊接的长度，必要时可以表示焊接长度
现场焊接
(尖端向尾部)
S
R
L-P
四面围焊符号
T——特殊说明事项
引出线
基准线
箭头

4.2.2 焊缝代号

《焊缝符号表示法》(GB/T 324—2008)规定焊缝代号由引出线、图形符号和辅助符号三部分组成。引出线由横线和带箭头的斜线组成。箭头指到图形上的相应焊缝处,横线的上方和下方用来标注图形符号和焊缝尺寸。当引出线的箭头指向焊缝所在的一面时,应将图形符号和焊缝尺寸等标注在水平横线的上方;当箭头指向对应焊缝所在的另一面时,则应将图形符号和焊缝尺寸标注在水平横线的下方。必要时,可在水平横线的末端加一尾部作为其他说明之用。

1)基本符号

基本符号表示焊缝横截面的基本形式或特征,见表4-2。

基 本 符 号 表4-2

序号	名　　称	示 意 图	符　　号
1	卷边焊缝(卷边完全熔化)		
2	I形焊缝		‖
3	V形焊缝		V
4	单边V形焊缝		
5	带钝边V形焊缝		Y
6	带钝边单边V形焊缝	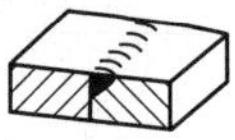	
7	带钝边U形焊缝	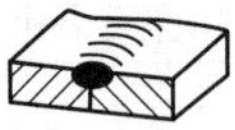	
8	带钝边J形焊缝		
9	封底焊缝		
10	角焊缝		

续上表

序号	名　　称	示　意　图	符　　号
11	塞焊缝或槽焊缝		⊓
12	点焊缝	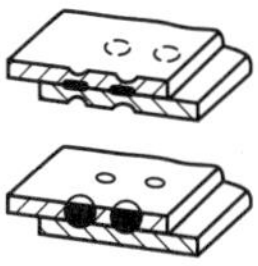	○
13	缝焊缝	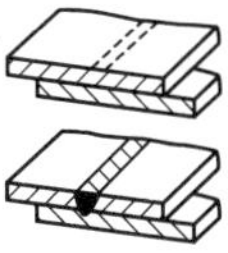	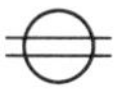 ⊖
14	陡边V形焊缝		
15	陡边单V形焊缝	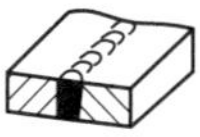	
16	端焊缝		‖‖
17	堆焊缝	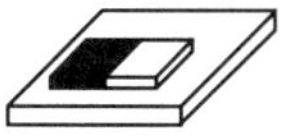	 ⌒⌒
18	平面连接(钎焊)	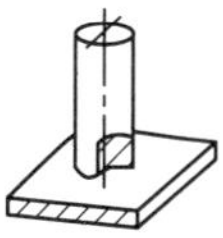 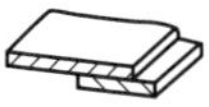	=
19	斜面连接(钎焊)		//
20	折叠连接(钎焊)		

2）基本符号的应用

基本符号的应用示例见表4-3。

基本符号的应用示例　　表4-3

序号	符号	示意图	标注示例	备注
1	V	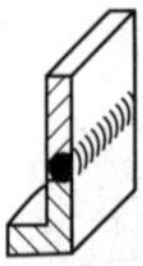	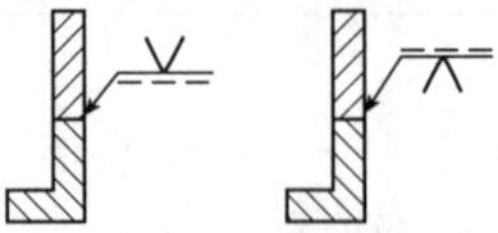	
2	Y	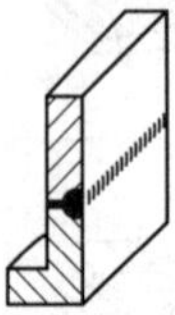	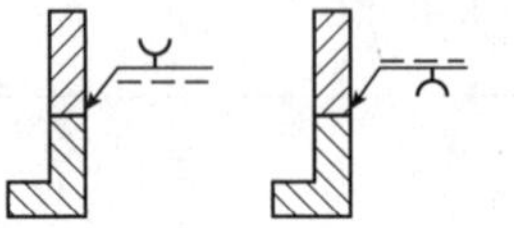	
3	◺	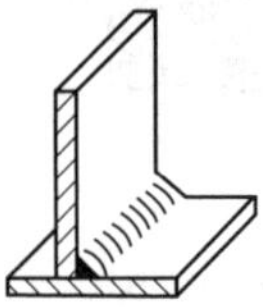	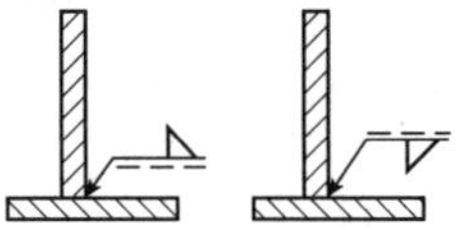	
4	 X	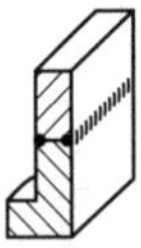	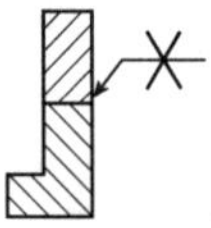	
5	 K	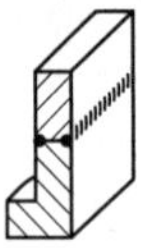	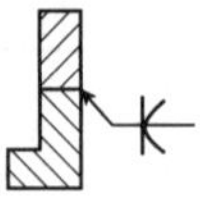	

3）基本符号的组合

标注双面焊焊缝或接头时，基本符号可以组合使用(表4-4)。

基本符号的组合　　表4-4

序号	名称	示意图	符号
1	双面V形焊缝 (X焊缝)	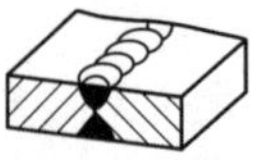	X
2	双面单V形焊缝 (K焊缝)	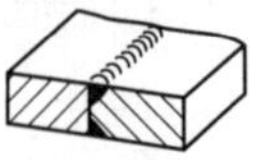	K
3	带钝边的双面V形焊缝		
4	带钝边的双面单V形焊缝	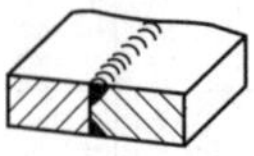	
5	双面U形焊缝		

4）补充符号

补充符号用来补充说明有关焊缝和接头的某些特征（诸如表面形状、衬垫、焊缝分布、施焊地点等），见表4-5～表4-7。

补 充 符 号 表4-5

序号	名　称	符　号	说　明
1	平面	——	焊缝表面通常经过加工后平整
2	凹面	◡	焊缝表面凹陷
3	凸面	◠	焊缝表面凸起
4	圆滑过渡	⌣⌣	焊趾处过渡圆滑
5	永久衬垫	M	衬垫永久保留
6	临时衬垫	MR	衬垫在焊接完成后拆除
7	三面焊缝	⊏	三面带有焊缝
8	周围焊缝	○	沿着工件周边施焊的焊缝 标注位置为基准线与箭头线的交点处
9	现场焊缝	⚑	在现场焊接的焊缝
10	尾部	＜	可以表示所需的信息

补充符号应用示例 表4-6

序号	名　称	示　意　图	符　号
1	平齐的V形焊缝		
2	凸起的双面V形焊缝		
3	凹陷的角焊缝		
4	平齐的V形焊缝和封底焊缝		
5	表面过渡平滑的角焊缝		

补充符号的标注示例　　表4-7

序号	符　号	示　意　图	标注示例	备注
1		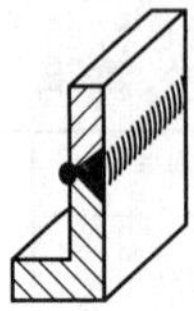	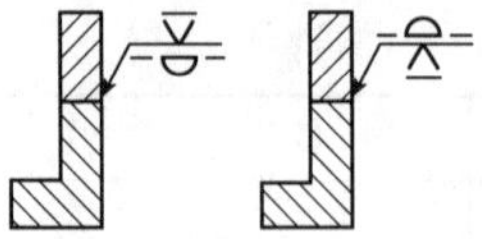	
2		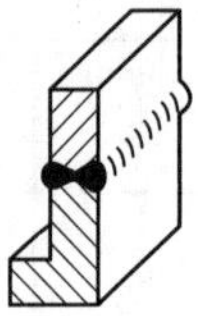	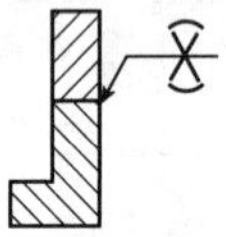	
3		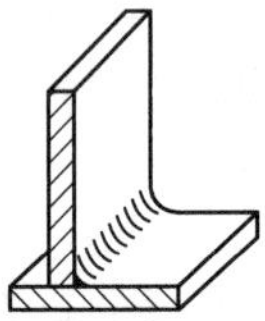	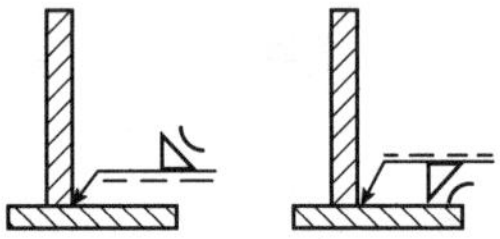	

4.2.3　基本符号和指引线的位置规定

1）基本要求

在焊缝符号中，基本符号和指引线为基本要素。焊缝的准确位置通常由基本符号和指引线之间的相对位置决定，包括箭头的位置、基准线的位置、基本符号的位置。

2）指引线

指引线由箭头线和基准线（实线和虚线）组成，见图4-15。

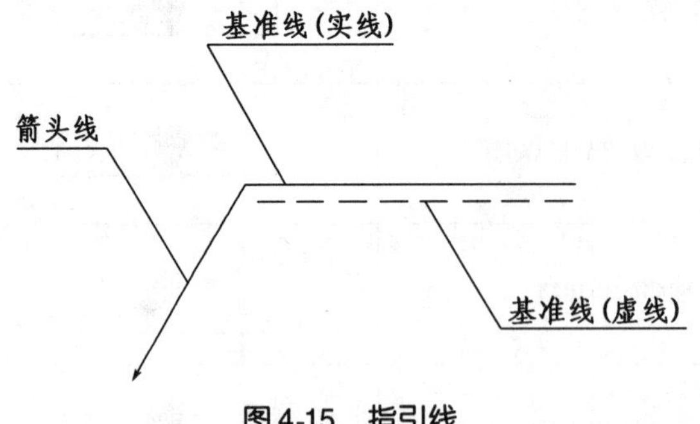
基准线(实线)
箭头线
基准线(虚线)

图4-15　指引线

3）箭头线

箭头直接指向的接头侧为“接头的箭头线侧”，与之相对的则为“接头的非箭头侧”（图4-16）。

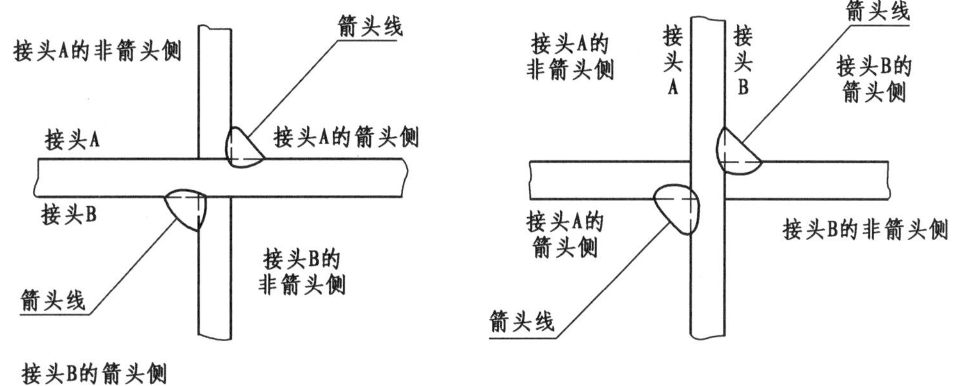
接头A的非箭头侧
箭头线
接头A
接头A的箭头侧
接头B
接头B的
非箭头侧
箭头线
接头B的箭头侧
接头A的
非箭头侧
接
头
A
接
头
B
箭头线
接头B的
箭头侧
接头A的
箭头侧
接头B的非箭头侧
箭头线

图 4-16　接头的“箭头侧”及“非箭头侧”示例

4）基本符号与基准线的相对位置

基本符号在实线侧时，表示焊缝在箭头侧，见图 4-17a）。基本符号在虚线侧时，表示焊缝在非箭头侧，见图 4-17b）。对称焊缝允许省略虚线，见图 4-17c）；在明确焊缝分布位置的情况下，有些双面焊缝也省略虚线，见图 4-17d）。

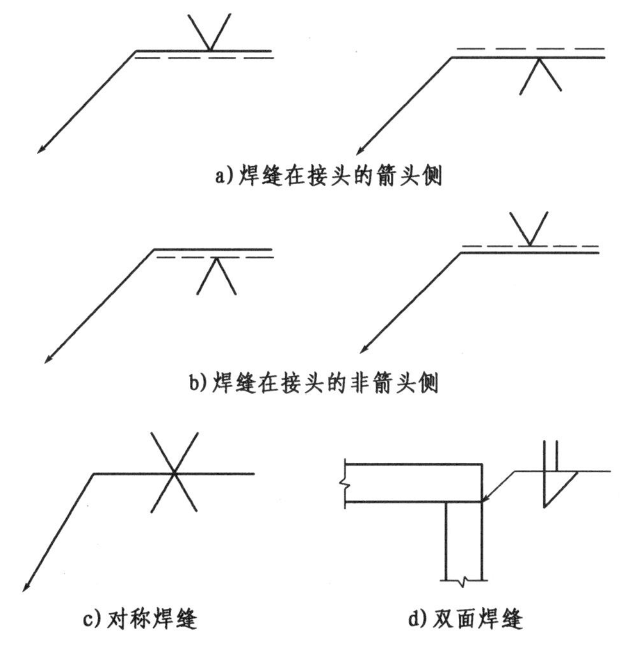
a）焊缝在接头的箭头侧
b）焊缝在接头的非箭头侧
c）对称焊缝
d）双面焊缝

图 4-17　基本符号与基准线的相对位置

当焊缝分布比较复杂或用上述标注方法不能表达清楚时，在标注焊缝代号的同时，可在图形上加栅线表示（图 4-18）

a）正面焊缝　　b）背面焊缝　　c）安装焊缝

图 4-18　用栅线表示焊缝

焊缝尺寸符号见表4-8。

焊缝尺寸符号 表4-8

符号	名称	示意图	符号	名称	示意图
δ	工件厚度		e	焊缝间距	
α	坡口角度		K	焊脚尺寸	
b	根部间隙		d	熔核直径	
p	钝边		S	焊缝有效厚度	
c	焊缝宽度		N	相同焊缝数量符号	N=3
R	根部半径		H	坡口深度	
l	焊缝长度		h	余高	
n	焊缝段数	n=2	β	坡口面角度	

4.2.4 常用焊缝的表示

焊接钢构件的焊缝除应符合《焊缝符号表示法》(GB/T 324—2008)的规定外,还应遵循以下要求。

1)单面焊缝的标注

当箭头指向焊缝所在的一面时,应将图形符号和尺寸标注在横线的上方[图4-19a)];当箭头指向焊缝所在另一面(相对应的那面)时,应将图形符号和尺寸标注在横线的下方

[图 4-19b)]。

表示环绕工作件周围的焊缝时,其围焊焊缝符号为圆圈,绘在引出线的转折处,并标注焊脚尺寸 K[图 4-19c)]。图 4-19a)和 b)均为对接焊缝,图 4-19c)均为角焊缝。图 4-19a)中左边的图为焊缝的示意图,右边的图为钢结构施工图纸中采用的画法。

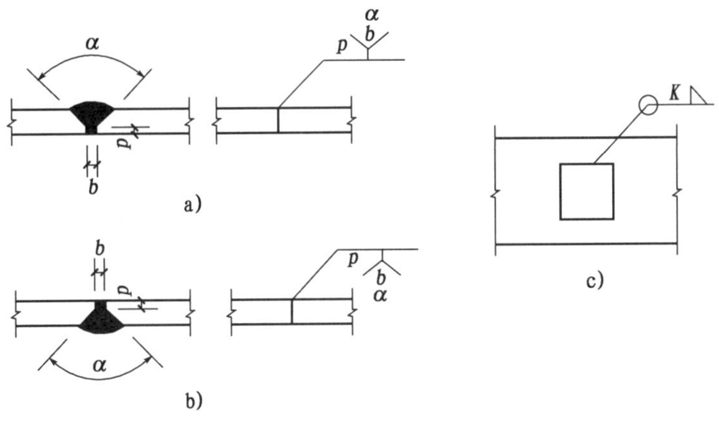

α
p
b
a)
b)
c)
K

图 4-19 单面焊缝的标注方法

2)双面焊缝的标注

双面焊缝应在横线的上、下都标注符号和尺寸。上方表示箭头一面的符号和尺寸,下方表示另一面的符号和尺寸[图 4-20a)];当两面的焊缝尺寸相同时,只需在横线上方标注焊缝的符号和尺寸[图 4-20b)~d)]。图 4-20 的 a)和 b)均为对接焊缝,c)和 d)为角焊缝。图 4-20a)中上边的图为焊缝的示意图,下边的图为钢结构施工图纸中采用的画法。

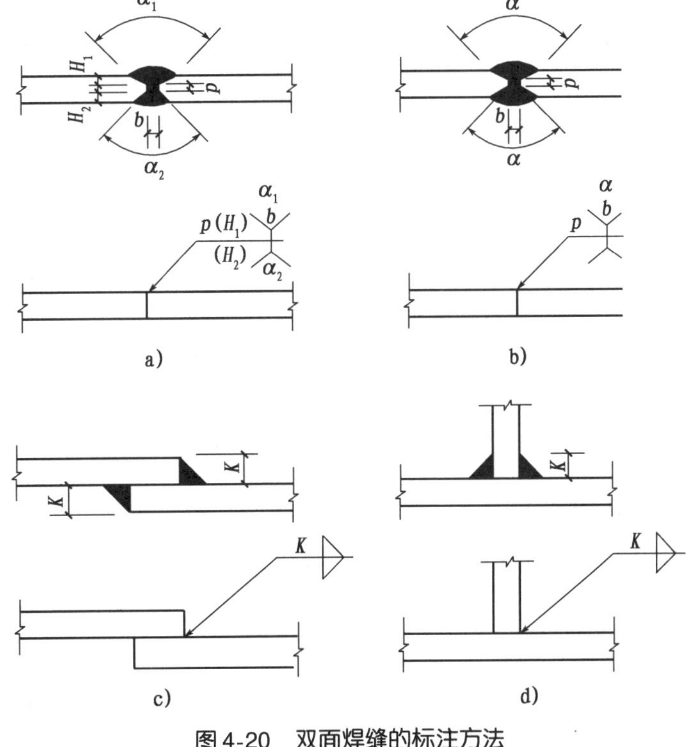

α1
α2
H1
H2
p
b
p(H1)
(H2)
α
K
a)
b)
c)
d)

图 4-20 双面焊缝的标注方法

3)3个及3个以上的焊件焊缝

3个及3个以上的焊件相互焊接的焊缝,不得作为双面焊缝标注。其焊缝符号和尺寸应分别标注(图4-21)。

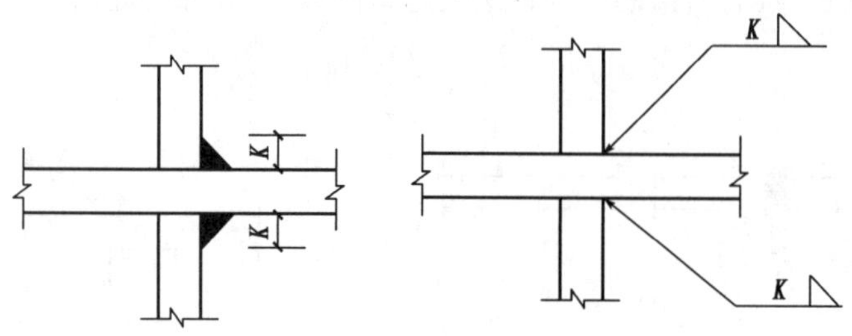
K
K
K
K

图4-21　3个及3个以上焊件的焊缝标注方法

4)相互焊接的2个焊件

相互焊接的2个焊件中,当只有1个焊件带坡口时(如单面V形),引出线箭头必须指向带坡口的焊件(图4-22)。

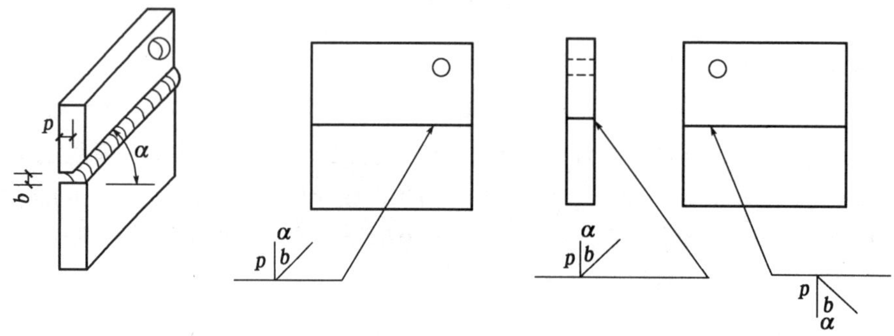
p
α
b
α
p
b
α
p
b
p
b
α

图4-22　1个焊件带坡口的焊缝标注方法

相互焊接的2个焊件,当为单面带双边不对称坡口焊缝时,引出线箭头必须指向较大坡口的焊件(图4-23)。

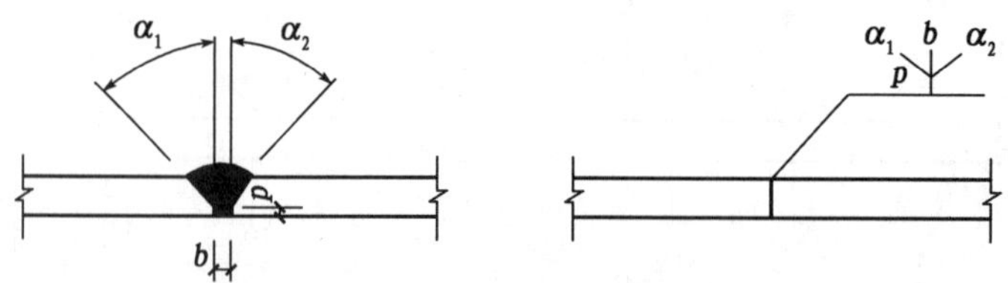
α1
α2
p
b
α1
b
α2
p

图4-23　不对称坡口焊缝的标注方法

5)分布不规则的焊缝

当焊缝分布不规则时,在标注焊缝符号的同时,宜在焊缝处加中实线(表示可见焊缝),或加细栅线(表示不可见焊缝)(图4-24)。

6)相同焊缝符号的表示

在同一图形上,当焊缝形式、断面尺寸和辅助要求均相同时,可只选择一处标注焊缝的符号和尺寸,并加注"相同焊缝符号",相同焊缝符号为3/4(《焊缝符号表示法》(GB/T

324—2008)上印刷的是3/4,应为2/3)圆弧,绘在引出线的转折处[图4-25a)]。

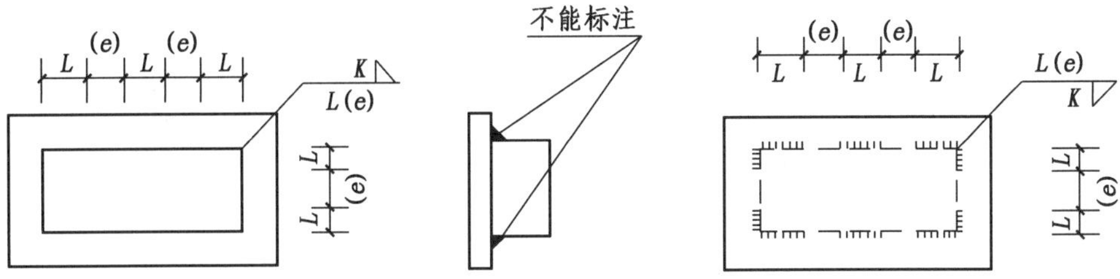

不能标注
(e)
(e)
L
L
L
K
L(e)

图4-24　不规则焊缝的标注方法

在同一图形上,当有数种相同的焊缝时,可将焊缝分类编号标注。在同一类焊缝中可选择一处标注焊缝符号和尺寸。分类编号采用大写的拉丁字母A、B、C……[图4-25b)]。

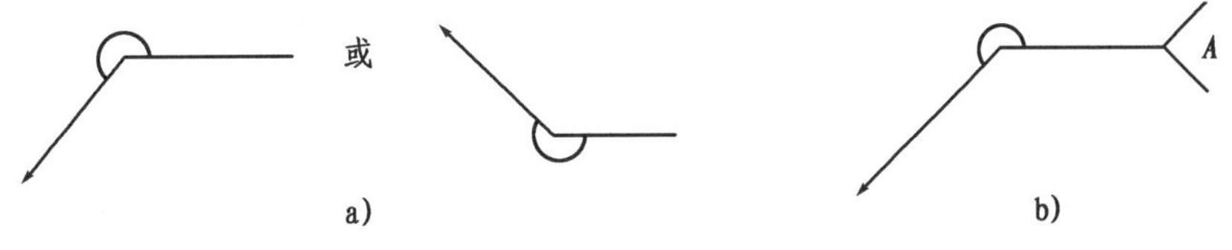

或
A
a)
b)

图4-25　相同焊缝的标注方法

7)现场焊接的焊缝

需要在施工现场进行焊接的焊件焊缝,应标注"现场焊缝"符号。现场焊缝符号为涂黑的三角形旗号,绘在引出线的转折处(图4-26)。

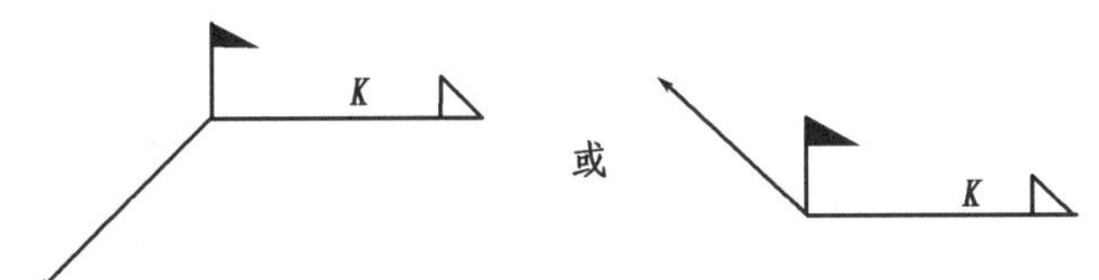

K
或
K

图4-26　现场焊缝的标注方法

8)较长的角焊缝

图样中较长的角焊缝(如焊接实腹钢梁的翼缘焊缝),可不用引出线标注,而直接在角焊缝旁标注焊缝尺寸值K(图4-27)。

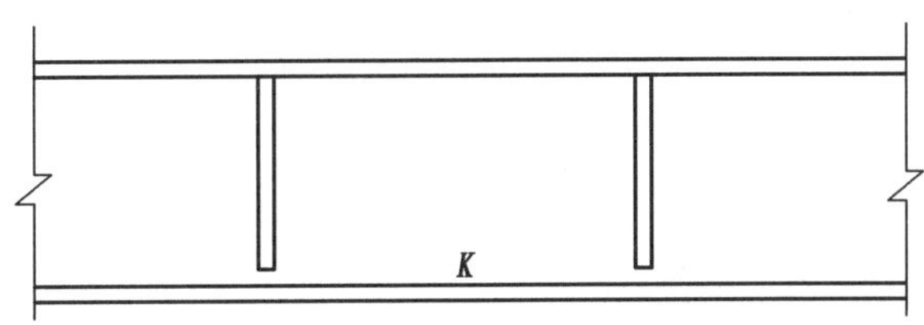

K

图4-27　角焊缝旁标注焊缝尺寸值K

9)常用焊缝标注示例

常用焊缝标注示例见表4-9、表4-10。

第4章
钢结构焊接

常用焊缝标注示例-1 表4-9

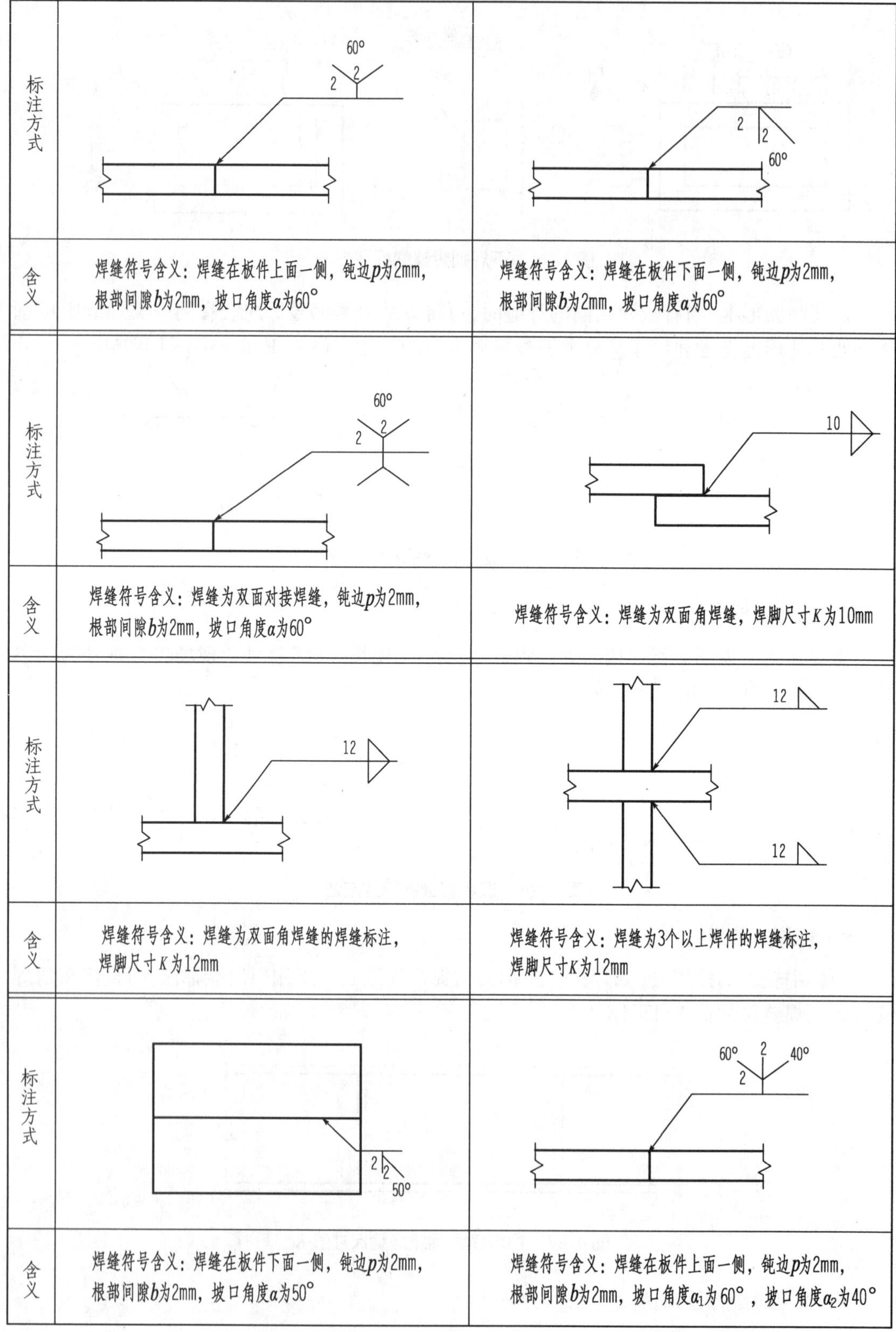
60°
2
2
2
2
60°
60°
2
2
10
12
12
12
2
2
50°
60°
2
40°
2

标注方式		
含义	焊缝符号含义：焊缝在板件上面一侧，钝边p为2mm，根部间隙b为2mm，坡口角度α为60°	焊缝符号含义：焊缝在板件下面一侧，钝边p为2mm，根部间隙b为2mm，坡口角度α为60°
标注方式		
含义	焊缝符号含义：焊缝为双面对接焊缝，钝边p为2mm，根部间隙b为2mm，坡口角度α为60°	焊缝符号含义：焊缝为双面角焊缝，焊脚尺寸K为10mm
标注方式		
含义	焊缝符号含义：焊缝为双面角焊缝的焊缝标注，焊脚尺寸K为12mm	焊缝符号含义：焊缝为3个以上焊件的焊缝标注，焊脚尺寸K为12mm
标注方式		
含义	焊缝符号含义：焊缝在板件下面一侧，钝边p为2mm，根部间隙b为2mm，坡口角度α为50°	焊缝符号含义：焊缝在板件上面一侧，钝边p为2mm，根部间隙b为2mm，坡口角度α_1为60°，坡口角度α_2为40°

常用焊缝标注示例-2　　表 4-10

标注方式	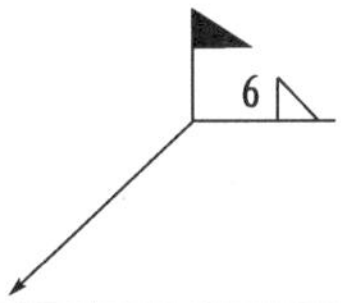 6	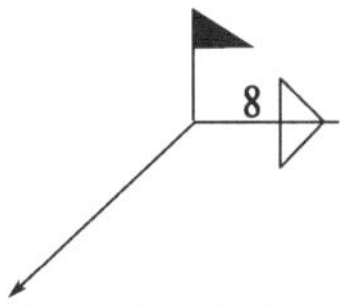 8	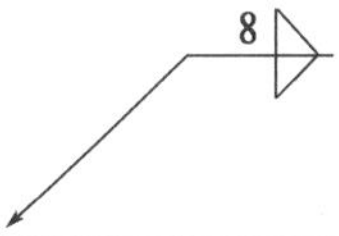 8
含义	焊缝含义：现场施焊的单面角焊缝，焊脚尺寸为6mm	焊缝含义：现场施焊的双面角焊缝，焊脚尺寸为8mm	焊缝含义：双面角焊缝，焊脚尺寸为8mm
标注方式	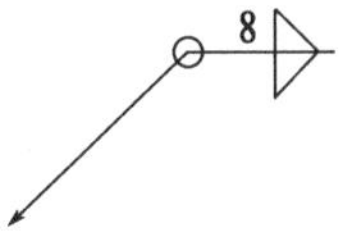 8	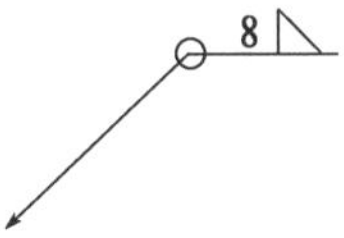 8	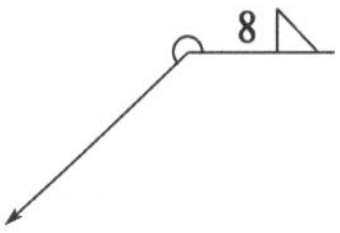 8
含义	焊缝含义：四面围焊的双面角焊缝，焊脚尺寸为8mm	焊缝含义：四面围焊的单面角焊缝，焊脚尺寸为8mm	焊缝含义：相同焊缝，单面角焊缝，焊脚尺寸为8mm
标注方式	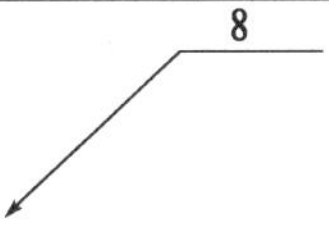 8	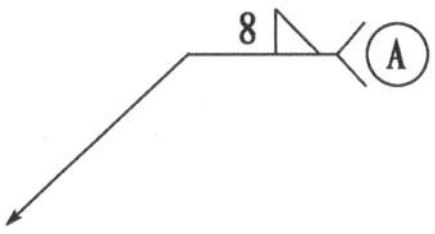 8 A	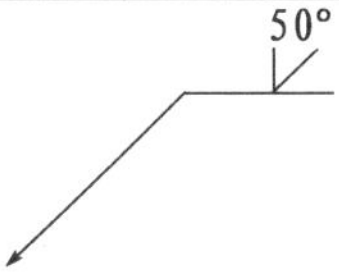 50°
含义	焊缝含义：三面围焊的单面角焊缝，焊脚尺寸为8mm	焊缝含义：标记为A做法的焊缝，单面角焊缝焊脚尺寸为8mm	焊缝含义：单边V形焊缝，角度为50°
标注方式	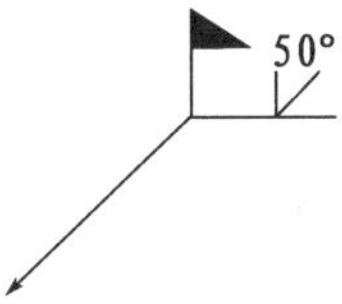 50°	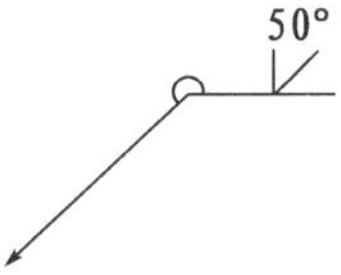 50°	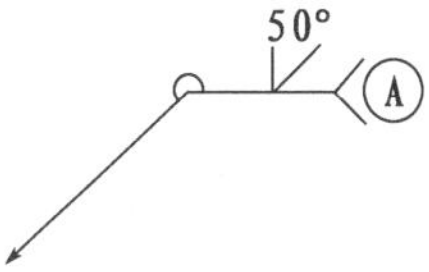 50° A
含义	焊缝含义：现场施焊的单边V形焊缝，角度为50°	焊缝含义：相同焊缝，单边V形焊缝，角度为50°	焊缝含义：标记为A做法的焊缝，相同焊缝，单边V形焊缝，角度为50°
标注方式	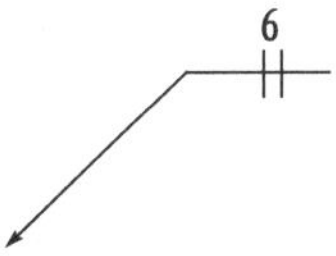 6	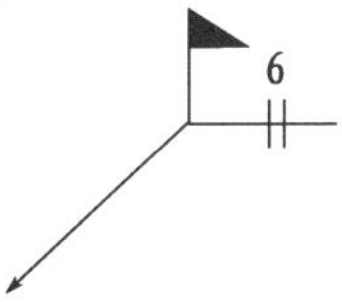 6	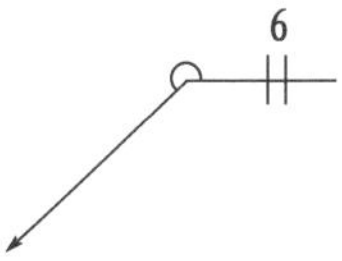 6
含义	焊缝含义：对接焊缝，焊脚尺寸为6mm	焊缝含义：现场施焊的对接焊缝，焊脚尺寸为6mm	焊缝含义：相同焊缝，对接焊缝，焊脚尺寸为6mm
标注方式	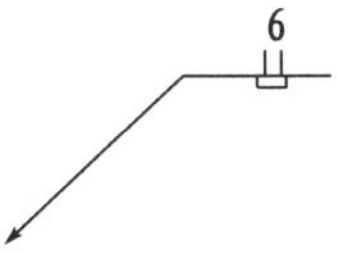 6	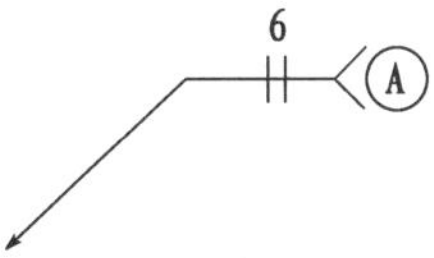 6 A	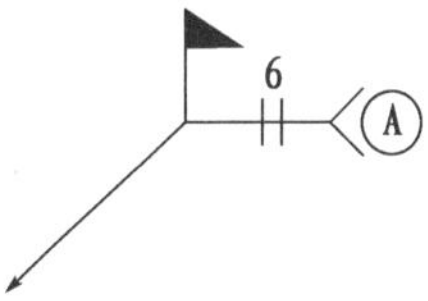 6 A
含义	焊缝含义：带有垫板的对接焊缝，焊缝尺寸为6mm	焊缝含义：标记为A做法的焊缝，对接焊缝，焊缝尺寸为6mm	焊缝含义：现场施焊标记为A做法的焊缝，对接焊缝，焊缝尺寸为6mm

4.3 焊接材料与表示方法

4.3.1 焊接连接材料型号及标准

手工焊接采用的焊条,应符合《非合金钢及细晶粒钢焊条》(GB/T 5117—2012)或《热强钢焊条》(GB/T 5118—2012)的规定,选择的焊条型号应与主体金属力学性能相适应。

焊丝应符合《熔化焊用钢丝》(GB/T 14957—1994)、《熔化极气体保护电弧焊用非合金钢及细晶粒钢实心焊丝》(GB/T 8110—2020),以及《非合金钢及细晶粒钢药芯焊丝》(GB/T 10045—2018)、《热强钢药芯焊丝》(GB/T 17493—2018)的规定。

埋弧焊用焊丝和焊剂应符合《埋弧焊用非合金钢及细晶粒钢实心焊丝、药芯焊丝和焊丝—焊剂组合分类要求》(GB/T 5293—2018)、《埋弧焊用热强钢实心焊丝、药芯焊丝和焊丝—焊剂组合分类要求》(GB/T 12470—2018)的规定。

气体保护焊使用的氩气应符合《氩》(GB/T 4842—2017)的规定,其纯度不应低于99.95%。气体保护焊使用的二氧化碳应符合相关标准规范的规定。

4.3.2 手工电弧焊条的组成

手工电弧焊所采用的焊接材料为药皮焊条。药皮焊条是由药皮包裹的金属棒,金属作为可熔化成焊缝金属的消耗性电极,在电弧热作用下以熔滴形式过渡到被焊金属。而药皮经电弧热熔化为熔渣完成冶金反应,同时产生的气体对熔池起到隔离保护作用。药皮由造气剂,造渣剂的矿物质,作为脱氧剂的铁合金,金属粉,作为稳弧剂的易电离物质,以及制造工艺所需的黏结剂组成。

4.3.3 焊接材料

钢结构中焊接材料的选用,应适合焊接场地(工厂焊接或工地焊接)、焊接方法、焊接工序、焊接方式(连续焊接、断续焊接或局部焊接);焊接时焊件钢材的强度与焊接的材质要求相适应。

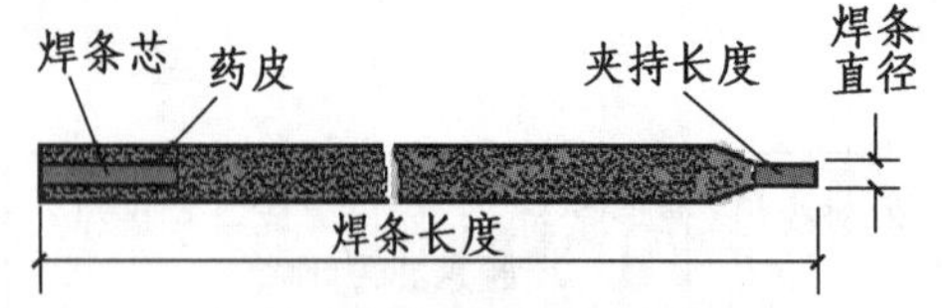
焊条芯
药皮
夹持长度
焊条直径
焊条长度

图 4-28 电焊条的组成

1)手工电弧焊用焊接材料

手工焊的焊接材料为电焊条(图 4-28),它由钢芯和包在钢芯外的药皮组成。

(1)钢芯

钢芯(焊芯)的作用主要是导电,并在焊条端部形成具有一定成分的熔敷金属。焊芯可用各种不同的钢材制造。焊芯的成分直接影响熔敷金属的成分和性能,因此,要求焊芯尽量减少有害元素的含量,除了限制 S、P 外,有些焊条已要求焊芯控制 As、Sb、Sn 等元素。

(2)药皮

焊条药皮又称为涂料,把它涂在焊芯上主要是为了便于焊接操作,以及保证熔敷金属具有一定的成分和性能。焊条药皮可以采用氧化物、碳酸盐、硅酸盐、有机物、氟化物、铁合金及化工产品等上百种原料粉末,按照一定的配方比例混合而成。各种原料根据其在焊条药

皮中的作用,可分成下列几类:

①稳定剂　使焊条容易引弧及在焊接过程中能保持电弧稳定燃烧。凡易电离的物质均能稳弧。一般采用碱金属及碱土金属的化合物,如碳酸钾、碳酸钠、大理石等。

②造渣剂　焊接时能形成具有一定物理化学性能的熔渣,覆盖在熔化金属表面,保护焊接熔池及改善焊缝成形。

③脱氧剂　通过焊接过程中进行的冶金化学反应,以降低焊缝金属中的含氧量,提高焊缝机械性能。主要脱氧剂有锰铁、硅铁、钛铁等。

④造气剂　在电弧高温作用下,能进行分解放出气体,以保护电弧及熔池,防止周围空气中的氧和氮的侵入。

⑤合金剂　用来补偿焊接过程中合金元素的烧损及向焊缝过渡合金元素,以保证焊缝金属获得必要的化学成分及性能等。

⑥增塑润滑剂　增加药皮粉料在焊条压涂过程的塑性、滑性及流动性,以提高焊条的压涂质量,减小偏心度。

⑦黏合剂　使药皮粉料在压涂过程中具有一定的黏性,能与焊芯牢固地黏合,并使焊条药皮在烘干后具有一定的强度。

2)埋弧焊用焊丝和焊剂

埋弧焊用焊丝的作用相当于手工电弧焊焊条的钢芯。焊丝牌号的表示方法与钢号的表示方法类似,只是在牌号的前面加上"H"。强度钢用焊丝牌号如 H08、H08A、H10Mn2 等,H 后面的头两个数字表示焊丝平均含碳量的万分之几,焊丝中如果有合金元素,则将它们用元素符号依次写在碳含量的后面。当元素的含量在1%左右时,只写元素名称,不注含量;当元素含量达到或超过2%时,则依次将含量的百分数写在该元素的后面。若牌号最后带有 A 字,表示为 S、P 含量较少的优质焊丝。

埋弧焊用焊剂的作用相当于手工焊焊条的药皮。国产焊剂主要依据化学成分分类,其编号方法是在牌号前面加 HJ(焊剂),如 HJ431。牌号后面的第一位数字表示氧化锰的平均含量,如"4"表示含 $MnO_2 > 30\%$;第二位数字表示二氧化硅、氟化钙的平均含量,如"3"表示高硅低氟型($SiO_2 > 30\%$,$CaF_2 < 10\%$);末位数字表示同类焊剂的不同序号。

4.3.4　焊接材料的分类

1)电焊条的分类

(1)按焊条的用途分类

通常焊条按用途可分为十大类,如表 4-11 所示。

焊条大类的划分　　表 4-11

序号	焊条大类	代号	
		拼音	汉字
1	结构钢焊条	J	结
2	钼及铬钼耐热钢焊条	R	热
3	铬不锈钢焊条	G	铬
	铬镍不锈钢焊条	A	奥
4	堆焊焊条	D	堆
5	低温钢焊条	W	温

续上表

序号	焊条大类	代号	
		拼音	汉字
6	铸铁焊条	Z	铸
7	镍及镍合金焊条	Ni	镍
8	铜及铜合金焊条	T	铜
9	铝及铝合金焊条	L	铝
10	特殊用途焊条	TS	特

注:焊条牌号的标注以拼音为主,如J422。

(2)按熔渣的碱度分类

通常可分为两大类:酸性焊条和碱性焊条。酸性焊条焊接工艺性能好,成形整洁,去渣容易,不易产生气孔和夹渣等缺陷。但由于药皮的氧化性较强,致使合金元素的烧损也大,焊缝金属的机械性能(尤其是冲击韧性)比较低。酸性焊条一般均可用交直流电源。典型的酸性焊条是J422,其中"J"表示结构钢焊条,第一、二位数字"42"则表示焊缝金属的抗拉强度等级(用MPa值的1/10表示),末位数字"2"表示药皮类型及焊接电源的种类。

碱性焊条焊接的焊缝机械性能良好,特别是冲击韧性比较高,因此主要用于重要结构的焊接。必须注意,由于氟化物的粉尘对焊工身体有害,应加强现场的通风排气,以改善劳动条件,典型的碱性焊条有J507。

(3)按焊条药皮的主要成分分类

焊条药皮由多种原料组成,按照药皮的主要成分可以确定焊条的药皮类型。例如,当药皮中含有30%以上的二氧化钛及20%以下的钙、镁的碳酸盐时,就称为钛钙型。药皮类型分类见表4-12。

焊条牌号末尾数字与焊条药皮类型及焊条电流种类之间的关系 表4-12

末尾数字	药皮类型	焊接电流种类	末尾数字	药皮类型	焊接电流种类
××0	不属已规定的类型		××5	纤维素型	交流或直流正、反接
××1	氧化钛型	交流或直流正、反接	××6	低氢钾型	交流或直流反接
××2	氧化钛钙型	交流或直流正、反接	××7	低氢钠型	直流反接
××3	钛铁矿型	交流或直流正、反接	××8	石墨型	交流或直流正、反接
××4	氧化铁型	交流或直流正、反接	××9	盐基型	直流反接

2)手工焊接用焊条,碳钢焊条及低合金焊条的应用

根据被焊的金属材料类别选择相应的焊条种类。当为焊接碳钢或普通低合金钢时,应选用结构钢焊条:Q235钢的焊接采用碳钢焊条E43系列,Q345钢采用低合金钢焊条E50系列。

按用途不同分为十大类:结构钢焊条,钼和铬钼耐热钢焊条,低温钢焊条,不锈钢焊条,堆焊焊条,铸铁焊条,镍及镍合金焊条,铜及铜合金焊条,铝及铝合金焊条,特殊用途焊条等。

结构钢焊条根据焊渣的特性可以分为酸性焊条、碱性焊条,具体如下:

(1)酸性焊条

药皮中含有大量酸性氧化物(如SiO_2,MnO_2等);采用这类焊条焊接的焊缝外观美观、焊波细密、成形平滑。但是,焊接过程中对合金元素有烧伤,焊缝金属中氧和氢的含量也较多,因而影响金属的塑性、韧性。

(2)碱性焊条

药皮中含有大量碱性氧化物(如 CaO 等)和萤石(CaF_2)。由于碱性焊条药皮中不含有机物,药皮产生的保护气氛中氢含量极少,所以又称为低氢焊条。采用这类焊条焊接的焊缝外观粗糙。焊缝金属中氧和氢的含量也较少,焊缝金属的塑性、韧性均较好,因此对重级工作制吊车梁或比较重要的结构宜采用低氢焊条。

4.3.5 焊条型号

《非合金钢及细晶粒钢焊条》(GB/T 5117—2012)及《热强钢焊条》(GB/T 5118—2012)中关于焊条型号的表示方法基本相同,即根据熔敷金属的力学性能、药皮类型、焊接位置和使用电流种类划分。

焊条型号是国家标准中规定的焊条代号。标准规定,焊条型号由字母"E"和四位数字组成。焊条牌号前的字母表示焊条类别,"×××"代表数字,前两位数字代表焊缝金属抗拉强度,末尾数字表示焊条的药皮类型和焊接电流种类,如图 4-29 所示。

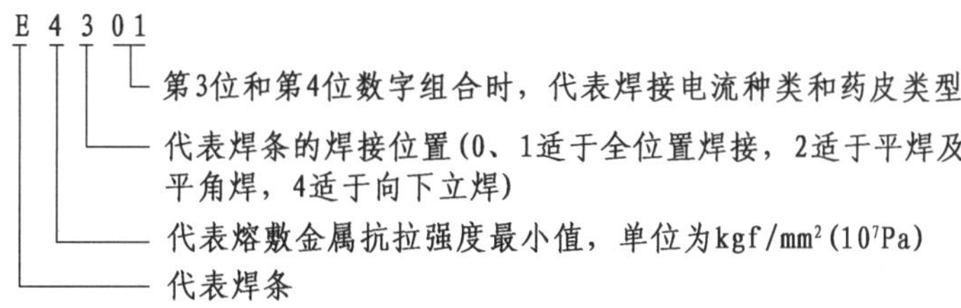
E 4 3 01
第3位和第4位数字组合时，代表焊接电流种类和药皮类型
代表焊条的焊接位置(0、1适于全位置焊接，2适于平焊及平角焊，4适于向下立焊)
代表熔敷金属抗拉强度最小值，单位为kgf/mm^2(10^{7}Pa)
代表焊条

图 4-29 E4301 焊条代号各部分的含义

1)碳钢焊条

碳钢焊条型号中,字母"E"表示焊条,前两位数字表示熔敷金属抗拉强度的最小值,第 3 位数字表示焊条的焊接位置,第 3 位、第 4 位数字结合表示焊接电流种类及药皮类型。第 3 位数字及在第 4 位数字后附加的字母含义见表 4-13。

焊条焊接位置及焊条耐吸潮表示法 表 4-13

符号	0、1	2	4	M	R	-1
含义	全位置焊接(平、立、仰、横)	平焊 平角焊	向下立焊	耐吸潮及力学性能有特殊规定	耐吸潮	冲击性能有特殊规定

例如 E4315,其中"E"表示焊条;前两位数字表示熔敷金属抗拉强度的最小值,单位为 MPa 值的 1/10;第 3 位数字表示焊条的焊接位置,"0"及"1"表示焊条适用于全位置焊接(平、立、仰、横),"2"表示焊条适用于平焊及平角焊,"4"适用于向下立焊;第 3 位和第 4 位数字组合时表示焊接电流种类及药皮类型。举例如下:

(1)E4303、E5003 焊条

这类焊条为钛钙型。药皮中含 30% 以上的氧化钛和 20% 以下的钙或镁的碳酸盐矿,熔渣流动性良好,脱渣容易,电弧稳定,熔深适中,飞溅少,焊波整齐。这类焊条适用于全位置焊接,焊接电流为交流或直流正、反接,主要用于焊接较重要的碳钢结构。

(2)E4315、E5015 焊条

这两类焊条为低氢钠型,药皮的主要组成物是碳酸盐矿和萤石。其碱度较高,熔渣流动性好,焊接工艺性能一般,焊波较粗,角焊缝略凸,熔深适中,脱渣性较好,焊接时要求焊条干燥,并采用短弧焊。这类焊条可全位置焊接,焊接电源为直流反接,其熔敷金属具有良好的抗裂性和力学性能,主要用于焊接重要的低碳钢结构及与焊条强度相当的低合金钢结构,也被用于焊接高硫钢和涂漆钢。

(3)E4316、E5016 型焊条

这两类焊条为低氢钾型,药皮在 E4315 和 E5015 型的基础上添加了稳弧剂,如铝镁合金或钾水玻璃等,其电弧稳定,工艺性能好,焊接位置与 E4315 和 E5015 型焊条相似,焊接电源为交流或直流反接。这类焊条的熔敷金属具有良好的抗裂性和力学性能。主要用于焊接重要的低碳钢结构,也可焊接与焊条强度相当的低合金钢结构。

2)低合金钢焊条

低合金钢焊条型号编制方法与碳钢焊条基本相同,但后缀字母为熔敷金属的化学成分分类代号,并以短画线“-”与前面数字分开。如还具有附加化学成分时,附加化学成分直接用元素符号表示,并用短画线“-”与前面后缀字母分开,举例如图 4-30 所示。

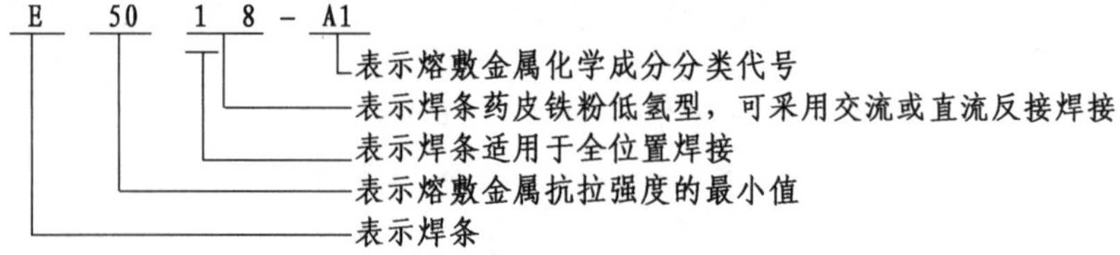
E 50 1 8 - A1
表示熔敷金属化学成分分类代号
表示焊条药皮铁粉低氢型，可采用交流或直流反接焊接
表示焊条适用于全位置焊接
表示熔敷金属抗拉强度的最小值
表示焊条

图 4-30　E5018-A1 焊条代号各部分的含义

3)焊条药皮类型、焊接位置及焊接电流种类

焊条型号如 E308-15,字母 E 表示焊条,“E”后面的数字表示熔敷金属化学成分分类代号,如有特殊要求的化学成分,该化学成分用元素符号表示放在数字的后面,短画线“-”分开,后面的两位数字表示焊条药皮类型、焊接位置及焊接电流种类,见表 4-14。

焊条药皮类型、焊接位置及焊接电流种类　　表 4-14

焊条类型	焊接电流	焊接位置
E×××(×)-17 E×××(×)-26	直流反接	全位置
		平焊、横焊
E×××(×)-16 E×××(×)-15 E×××(×)-25	交流或直流反接	全位置
		平焊、横焊

4)选用焊条时应考虑的原则

(1)焊缝性能和母材性能相同或焊缝化学成分和母材化学成分相同,以保证性能相同。

选用结构钢焊条时,首先根据母材的抗拉强度按“等强”原则选用强度级别相同的结构钢焊条。其次,对于焊缝性能(延性、韧性)要求高的重要结构,或轻易产生裂纹的钢材和结构(厚度大、刚性大、施焊环境温度低等)焊接时,应选用碱性焊条,甚至超低氢焊条、高韧性焊条。

选用不锈钢焊条及钼和铬钼耐热钢焊条时,应根据母材化学成分类型选择化学成分类型相同的焊条。

(2)焊条工艺性能要满足施焊操作需要。

当在非水平位置施焊时,应选用适于各种位置焊接的焊条。当向下立焊、管道焊接、底层焊接、盖面焊、重力焊时，可选用相应的专用焊条。

(3)在保证性能要求的前提下，应选择价格低、熔敷效率高的焊条。

焊接材料的选用原则为熔敷(即焊缝)金属的强度不低于母材的强度。

5）焊接材料选用匹配推荐

焊接材料选用匹配推荐见表 4-15。

焊接材料选用匹配推荐表 表 4-15

母材				焊接材料			
GB/T 700—2006 和 GB/T 1591—2018 标准钢材	GB/T 19879—2015 标准钢材	GB/T 4171—2008 标准钢材	GB/T 7659—2010 标准钢材	焊条电弧焊 SMAW	实心焊丝气体保护焊 GMAW	药芯焊丝气体保护焊 FCAW	埋弧焊 SAW
Q235	Q235GJ	Q235NH Q295NH Q295GNH	ZG275H—485H	GB/T 5117： E43×× E50×× GB/T 5118： E50××-×	GB/T 8110： ER49-× ER50-×	GB/T 17493： E43×T×-× E50×T×-×	GB/T 5293： F4××-H08A GB/T 12470： F48××-H08MnA
Q345 Q390	Q345GJ Q390GJ	Q355NH Q345GNH Q345GNHL Q390GNH	—	GB/T 5117： E5015、16 GB/T 5118： E5015、16-× E5515、16-×	GB/T 8110： ER50-× ER55-×	GB/T 17493： E50×T×-×	GB/T 12470： F48××-H08MnA F48××-H10Mn2 F48××-H10Mn2A
Q420	Q420GJ	—	—	GB/T 5118： E5515、16-× E6015、16-×	GB/T 8110： ER55-× ER62-×	GB/T 17493： E55×T×-×	GB/T 12470： F55××-H10Mn2A F55××-H08MnMoA
Q460	Q460GJ	Q460NH	—	GB/T 5118： E5515、16-× E6015、16-×	GB/T 8110： ER55-×	GB/T 17493： E55×T×-× E60×T×-×	GB/T 12470： F55××-H08MnMoA F55××-H08Mn2MoVA

注：1. 表中××，-×，×为对应焊材标准中的焊材类别。

2. 当所焊接头的板厚≥25mm 时，焊条电弧焊应采用低氢焊条。

第5章　钢结构施工图识读基础

5.1　钢结构设计制图阶段划分及深度

5.1.1　钢结构设计制图阶段划分

根据国内各设计单位和加工制作单位对钢结构设计图编制方法的一般习惯,《钢结构设计制图深度和表示方法》(03G102)将钢结构设计制图分为设计图和施工详图两个阶段。

5.1.2　钢结构设计图的深度

钢结构设计图是提供给编制钢结构施工详图(也称钢结构加工制作详图)的单位作为深化设计的依据。钢结构设计图在内容和深度方面应满足编制钢结构施工详图的要求,必须清楚表示出:设计依据、荷载资料、建筑抗震设防类别和设防标准、工程概况、材料选用和材料质量要求、结构布置、支撑设置、构件选型、构件截面以及结构的主要节点构造和控制尺寸等,以供图纸审查,并便于编制钢结构施工详图的人员能正确理解设计意图。

设计图的编制应充分满足图纸设计要求,当图形不能完全表示清楚时,可用文字加以补充说明。设计图表示的标高、方位应与建筑专业的图纸保持一致。图纸的编制应考虑各结构系统的相互配合和各设计专业的相互配合,编排顺序应便于读图。

钢结构设计图在深度上一般只绘出构件布置、构件截面及主要节点构造,一般设计单位提供的设计图,不能直接进行施工。因此,在施工详图设计阶段尚需补充必要的构造设计,并且应结合钢结构加工企业的制作工艺、制作设备、施工标准和施工管理水平,在设计图的基础上作进一步深化设计。

施工详图图样一般包括按构件系统(如屋盖结构、刚架结构、吊车梁、工作平台)分别绘制的各系统布置图、构件详图、必要的节点详图、施工设计总说明、材料表等内容。

钢结构施工详图是沟通设计人员与加工制作、安装等施工人员意图的详图,是钢结构制作安装各个工序、各项作业的指导书。因此,设计图是钢结构工程的基础和指导,施工详图则是钢结构工程施工的依据,直接影响钢结构的质量和进度。

钢结构设计图和钢结构施工详图在制图的深度、内容和表示方法上均有区别,见表5-1。

钢结构设计图与施工详图的区别　　表 5-1

	设计图	施工详 图
设计依据	根据工艺、建筑要求及初步设计等,并经施工设计方案与计算等工作而编制的较高阶段施工设计图	直接根据设计图编制的工厂制造及现场安装详图(可含有少量连接、构造等计算),只对深化设计负责
设计要求	表达设计思想,为编制施工详图提供依据	直接供制造、加工及安装的施工用图
编制单位	由具有相应设计资质的单位编制	一般应由制造厂或施工单位编制,也可委托设计单位或详图公司编制
内容及深度	图样表示较简明,数量少;其内容一般包括:设计总说明、结构布置图、构件图、节点图、钢材订货表等	图样表示详细,数量多;其内容除包括设计图内容外,着重从满足制造、安装要求编制详图总说明、构件安装布置图、构件及节点详图、材料统计表等
适用范围	具有较广泛的适用性	体现本企业特点,只适宜本企业使用

5.1.3　施工详图设计的内容

1)详图的构造设计与计算

详图的构造设计,应按设计图给出的节点图或连接条件,并按设计规范的要求进行,是对设计图的深化和补充,一般应包括以下内容:

(1)刚架、支撑等节点板构造与计算。

(2)连接板与托板的构造与计算。

(3)柱、梁支座加劲肋的构造与计算。

(4)焊接、螺栓连接的构造与计算。

(5)桁架或大跨度实腹梁起拱构造与计算。

(6)现场组装的定位、细部构造等。

2)详图图纸绘制的内容

(1)图纸目录。

(2)设计总说明,应根据设计图总说明编写。

(3)供现场安装用布置图,一般应按构件系统分别绘制平面和剖面布置图,如屋盖、钢架、吊车梁。

(4)构件详图按设计图及布置图中的构件编制,带材料表。

(5)安装节点图。

5.2　结构施工图识读注意事项

5.2.1　识读钢结构施工图的基本知识

1)掌握投影原理和形体的各种表达方法

钢结构施工详图是根据投影原理绘制的,用图样表达结构构件的设计和构造做法。要读懂工程图纸,首先要掌握投影原理,主要是正投影原理和形体的各种表达方法。

2)熟悉和掌握建筑结构制图标准及相关规定

钢结构施工详图采用了图例符号和必要的文字说明,把设计内容表现在图样上。因此,要读懂施工详图,必须要掌握制图标准,熟悉施工详图中各种图例、符号表示的意义。此外,还应熟悉常用钢结构构件的代号表示方法,一般构件的代号多用各构件名称的汉语拼音首字母表示,常用钢结构构件代号见表5-2。

常用钢结构构件代号 表5-2

序号	名　称	代号	序号	名　称	代号	序号	名　称	代号
1	板	B	20	门梁	ML	39	下弦水平支撑	XC
2	屋面板	WB	21	钢屋架	GWJ	40	刚性系杆	GX
3	楼梯板	TB	22	钢桁架	GHJ	41	剪力墙支撑	JV
4	墙板	QB	23	梯	T	42	柱	Z
5	檐口板	YB	24	托架	TJ	43	山墙柱	SQZ
6	天沟板	TGB	25	天窗架	CJ	44	框架柱	KZ
7	走道板	DB	26	刚架	GJ	45	构造柱	GZ
8	组合楼板	SRC	27	框架	KJ	46	柱脚	ZJ
9	梁	L	28	支架	ZJ	47	基础	JC
10	屋面梁	WL	29	檩条	LT	48	设备基础	SJ
11	吊车梁	DL	30	刚性檩条	GL	49	预埋件	M
12	过梁	GL	31	屋脊檩条	WL	50	雨篷	YP
13	连系梁	LL	32	隅撑	YC	51	阳台	YT
14	基础梁	JL	33	直拉条	ZLT	52	螺栓球	QX
15	楼梯梁	TL	34	斜拉条	XLT	53	套筒	TX
16	次梁	CL	35	撑杆	CG	54	封板	FX
17	悬臂梁	XL	36	柱间支撑	ZC	55	锥头	ZX
18	框架梁	KL	37	垂直支撑	CC	56	钢管	G
19	墙梁	QL	38	水平支撑	SC	57	紧固螺钉	eX

3)基本掌握钢结构的特点、构造组成

钢结构具有区别于其他建筑结构的显著特点,其零件加工和装配属于制造,在工程实践中要善于积累有关钢结构组成和构造上的一些基本知识,有助于读懂钢结构施工图。

5.2.2 阅读钢结构施工图的步骤

对于一套完整的施工图,在详细识读前,可先将全套图纸翻阅一遍,大致了解这套图纸包括哪些构件系统,每个系统有几张图纸,每张图纸主要有哪些内容,再按照设计总说明、构件布置图、构件详图、节点详图等顺序进行读图。

从布置图可以了解本工程的构件的类型和定位情况,构件的类型由构件代号、编号表示，定位主要由定位轴线及标高确定。节点详图主要表示构件与构件各连接节点的情况，如墙梁与柱连接节点、系杆与柱的连接、支撑的连接等，这些详图反映节点连接的方式及细部尺寸等。

1）识图必须由大到小、由粗到细

识读施工图时，应先看结构设计总说明和平面布置图，并把结构的纵断面图和横断面图结合起来看，然后再看构造图、钢结构构件和详图。

2）仔细阅读设计说明或附注

图样上无法表示又直接与工程密切相关的一些要求，图纸上用文字说明表达，必须仔细阅读。

3）牢记常用符号和图例

为了方便，有时图纸中有很多内容用符号和图例表示，常用的符号和图例必须牢记。这些符号和图例也已经成为设计人员和施工人员的共同语言，详见《建筑结构制图标准》（GB/T 50105—2010）。

4）注意尺寸标注的单位

工程图纸上的尺寸单位一般有两种：m 和 mm。标高和总平面布置图一般用"m"，其余均以"mm"为单位。图纸中尺寸数字后面一律不注写长度单位。具体的尺寸单位，应以图纸的"附注"内容为准。

5）不得随意更改图纸

如果对于工程图纸的内容，有任何意见或者建议，应该向工程业主提出书面文件，与设计单位协商，并由设计单位确认。

5.3 钢结构施工图的组成

5.3.1 单页施工图的内容

不仅钢结构施工图，任何土木工程图纸，单页施工图都由图样、注释（尺寸、表格和文字）两部分组成。有些施工图，仅由图样、文字注释组成；或由表格注释、文字注释组成。除施工图总说明以外，一般施工图不会仅有文字，无图样或表格。首先采用工程图样能使图示表达得更精准，不易出现歧义，其次采用表格能表达得更方便（如工程数量表），最后才是采用文字注释。

由图样区、表格区、文字注释区组成示例见图 5-1。

5.3.2 单个图样的内容

单个图样的内容图例见图 5-2。

1）图样本体

图样本体由不同的类型线条组成，见表 5-3。

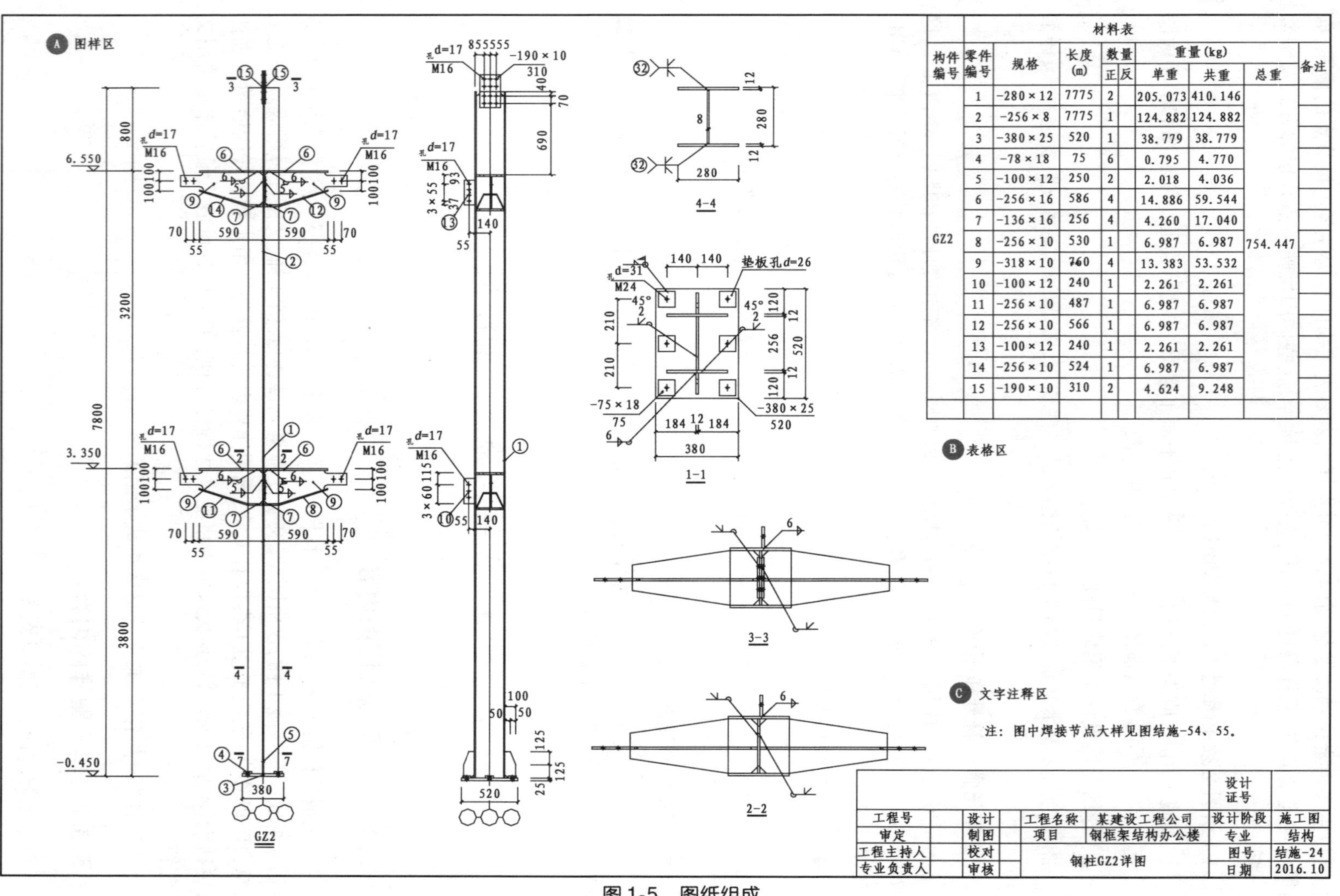
A 图样区
B 表格区
C 文字注释区
注：图中焊接节点大样见图结施-54、55。
GZ2
1-1
2-2
3-3
4-4
垫板孔d=26
6.550
3.350
-0.450
7800
800
3200
3800
工程号
审定
工程主持人
专业负责人
设计
制图
校对
审核
工程名称
某建设工程公司
项目
钢框架结构办公楼
钢柱GZ2详图
设计证号
设计阶段
施工图
专业
结构
图号
结施-24
日期
2016.10

材料表

构件编号	零件编号	规格	长度(m)	数量 正	数量 反	重量(kg) 单重	重量(kg) 共重	重量(kg) 总重	备注
GZ2	1	-280×12	7775	2		205.073	410.146	754.447	
	2	-256×8	7775	1		124.882	124.882		
	3	-380×25	520	1		38.779	38.779		
	4	-78×18	75	6		0.795	4.770		
	5	-100×12	250	2		2.018	4.036		
	6	-256×16	586	4		14.886	59.544		
	7	-136×16	256	4		4.260	17.040		
	8	-256×10	530	1		6.987	6.987		
	9	-318×10	760	4		13.383	53.532		
	10	-100×12	240	1		2.261	2.261		
	11	-256×10	487	1		6.987	6.987		
	12	-256×10	566	1		6.987	6.987		
	13	-100×12	240	1		2.261	2.261		
	14	-256×10	524	1		6.987	6.987		
	15	-190×10	310	2		4.624	9.248		

图 1-5　图纸组成

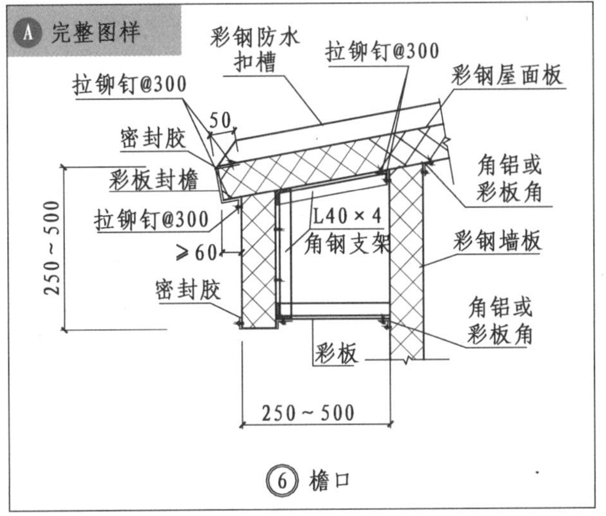
A 完整图样
彩钢防水
扣槽
拉铆钉@300
彩钢屋面板
拉铆钉@300
50
密封胶
彩板封檐
角铝或
彩板角
250~500
拉铆钉@300
L40×4
角钢支架
彩钢墙板
≥60
密封胶
角铝或
彩板角
彩板
250~500
6 檐口

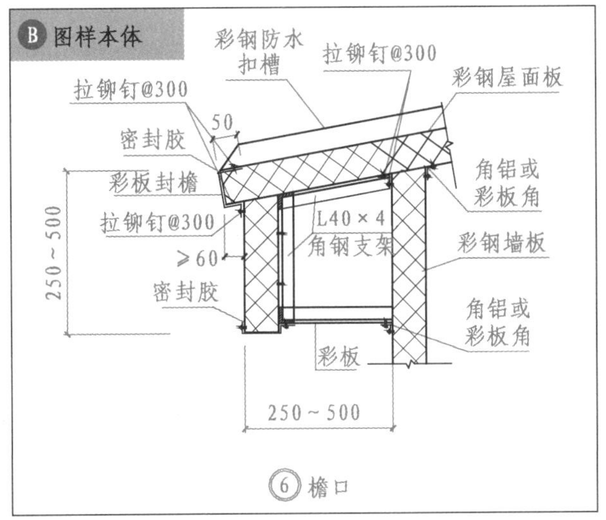
B 图样本体
彩钢防水
扣槽
拉铆钉@300
彩钢屋面板
拉铆钉@300
50
密封胶
彩板封檐
角铝或
彩板角
250~500
拉铆钉@300
L40×4
角钢支架
彩钢墙板
≥60
密封胶
角铝或
彩板角
彩板
250~500
6 檐口

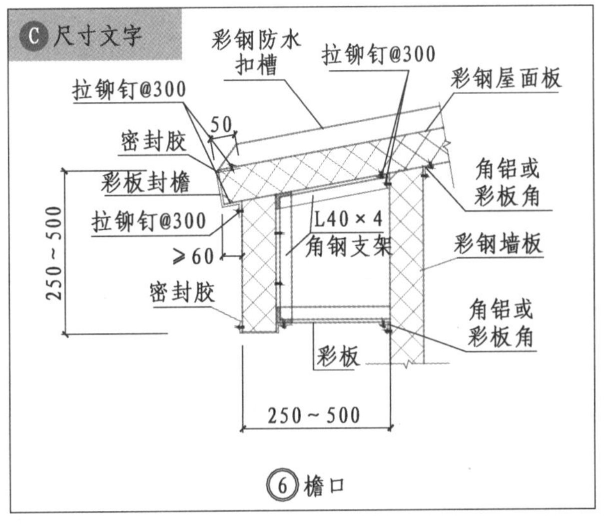
C 尺寸文字
彩钢防水
扣槽
拉铆钉@300
彩钢屋面板
拉铆钉@300
50
密封胶
彩板封檐
角铝或
彩板角
250~500
拉铆钉@300
L40×4
角钢支架
彩钢墙板
≥60
密封胶
角铝或
彩板角
彩板
250~500
6 檐口

图5-2　单个图样示例

注：C图中黑色部分表示尺寸、文字内容，灰色部分表示图样本体。

图　线　　表 5-3

名称		线　型	线宽	用　途
实线	粗		b	在平面、立面、剖面中用单线表示的实腹构件，如：梁、支撑、檩条、系杆、实腹柱、柱撑等以及图名下的横线、剖切线
	中		$0.5b$	结构平面图、详图中杆件(断面)轮廓线
	细		$0.25b$	尺寸线、标注引出线、标高符号、索引符号
虚线	粗		b	结构平面中的不可见的单线构件线
	中		$0.5b$	结构平面中的不可见的构件，墙身轮廓线及钢结构轮廓线
	细		$0.25b$	局部放大范围边界线，以及预留预埋不可见的构件轮廓线
单点长画线	粗		b	平面图中的格构式的梁，如垂直支撑、柱撑、桁架式吊车梁等
	细		$0.25b$	杆件或构件定位轴线、工作线、对称线、中心线
双点长画线	粗		b	平面图中的屋架梁(托架)线
	细		$0.25b$	原有结构轮廓线
折断线			$0.25b$	断开界线
波浪线			$0.25b$	断开界线

图线的宽度 b，宜从 1.4mm、1.0mm、0.7mm、0.5mm、0.35mm、0.18mm、0.13mm 线宽系列中选取。图线宽度不应小于 0.1mm。每个图样，应根据复杂程度与比例大小，先选定基本线宽 b，再选用表 5-4 中相应的线宽组。

线　宽　组　　表 5-4

线　宽　比	线　宽　组(mm)			
b	1.4	1.0	0.7	0.5
$0.7b$	1.0	0.7	0.5	0.35
$0.5b$	0.7	0.5	0.35	0.25
$0.25b$	0.35	0.25	0.18	0.13

注：1. 需要缩微的图纸，不宜采用 0.18mm 及更细的线宽。
2. 同一张图纸内，各不同线宽中的细线，可统一采用较细的线宽组的细线。

2）尺寸

只有在图样上标注尺寸，才具有工程意义，便于指导工程施工。

3）文字与符号

单个图样中也会包含必要的文字(如图名、比例等)，各种制图专用符号(如剖面符号、断面符号等)。

5.4 钢结构施工图的幅面规格与比例

5.4.1 图纸幅面规格

(1)图纸幅面及图框尺寸,应符合表5-5的规定,图纸幅面及相互关系示意见图5-3。图纸的短边一般不加长,长边可加长,应符合表5-6的规定。

幅面及图框尺寸(单位:mm) 表5-5

<table>
<tr><td rowspan="2">尺寸代号</td><td colspan="5">幅面代号</td></tr>
<tr><td>A0</td><td>A1</td><td>A2</td><td>A3</td><td>A4</td></tr>
<tr><td>$b \times l$</td><td>841×1189</td><td>594×841</td><td>420×594</td><td>297×420</td><td>210×297</td></tr>
<tr><td>c</td><td colspan="3">10</td><td colspan="2">5</td></tr>
<tr><td>a</td><td colspan="5">25</td></tr>
</table>

图纸长边加长尺寸(单位:mm) 表5-6

幅面尺寸	长边尺寸	长边加长后尺寸
A0	1189	1486 1635 1783 1932 2080 2230 2378
A1	841	1051 1261 1471 1682 1892 2102
A2	594	743 891 1041 1189 1338 1486 1635 1783 1932 2080
A3	420	630 841 1051 1261 1471 1682 1892

注:有特殊需要的图纸,可采用 $b \times l$ 为841mm×891mm与1189mm×1261mm的幅面。

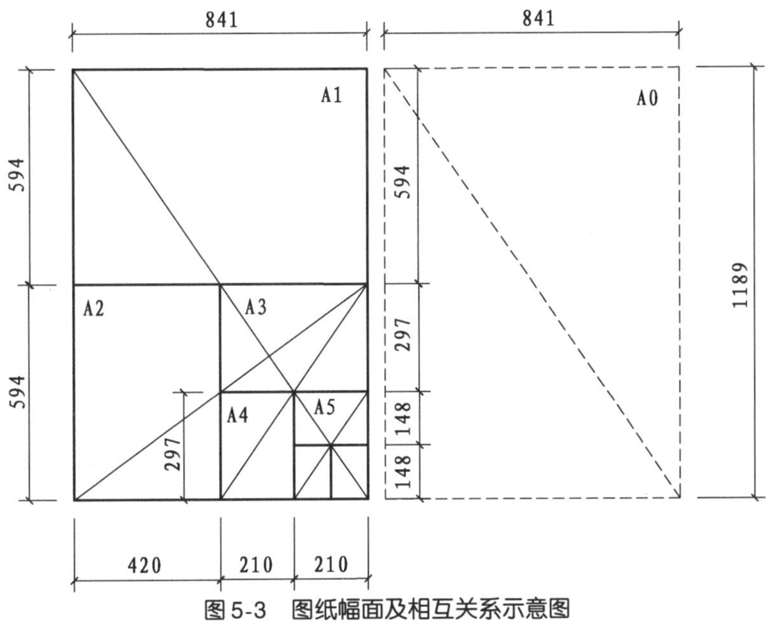

841
841
A1
A0
594
594
1189
A2
A3
297
A4
A5
148
148
297
420
210
210

图5-3 图纸幅面及相互关系示意图

(2)图纸以短边作为垂直边称为横式,以短边作为水平边称为立式。一般A0~A3图纸横式使用;必要时也可立式使用。

(3)一个工程设计中,每个专业所使用的图纸,一般不会多于两种幅面(不含目录及表格的 A4 幅面)。

5.4.2 标题栏与会签栏

图纸的标题栏、会签栏及装订边的位置,一般应符合下列规定:

(1)横式使用的图纸,按图 5-4、图 5-5 的形式布置。

(2)立式使用的图纸,按图 5-6、图 5-7 的形式布置。

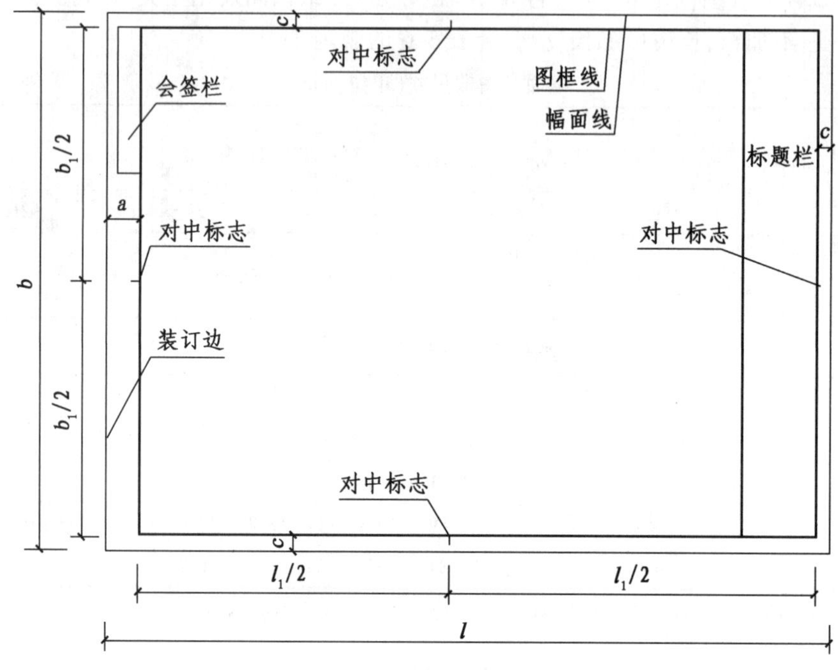

c
对中标志
图框线
会签栏
幅面线
c
标题栏
a
对中标志
对中标志
b
装订边
对中标志
c
$b_1/2$
$b_1/2$
$l_1/2$
$l_1/2$
l

图 5-4　A0 ~ A3 横式幅面-1

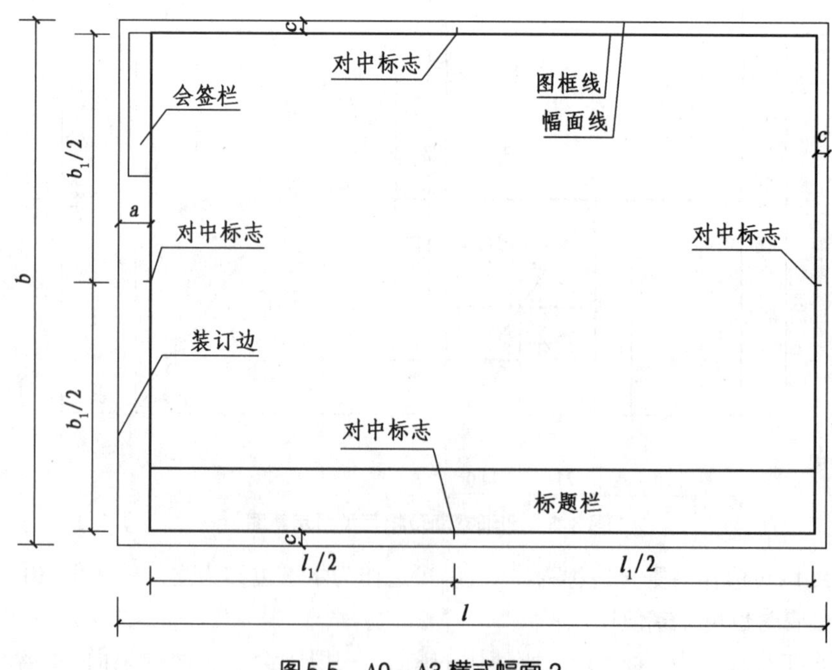

c
对中标志
图框线
会签栏
幅面线
c
a
对中标志
对中标志
b
装订边
对中标志
标题栏
c
$b_1/2$
$b_1/2$
$l_1/2$
$l_1/2$
l

图 5-5　A0 ~ A3 横式幅面-2

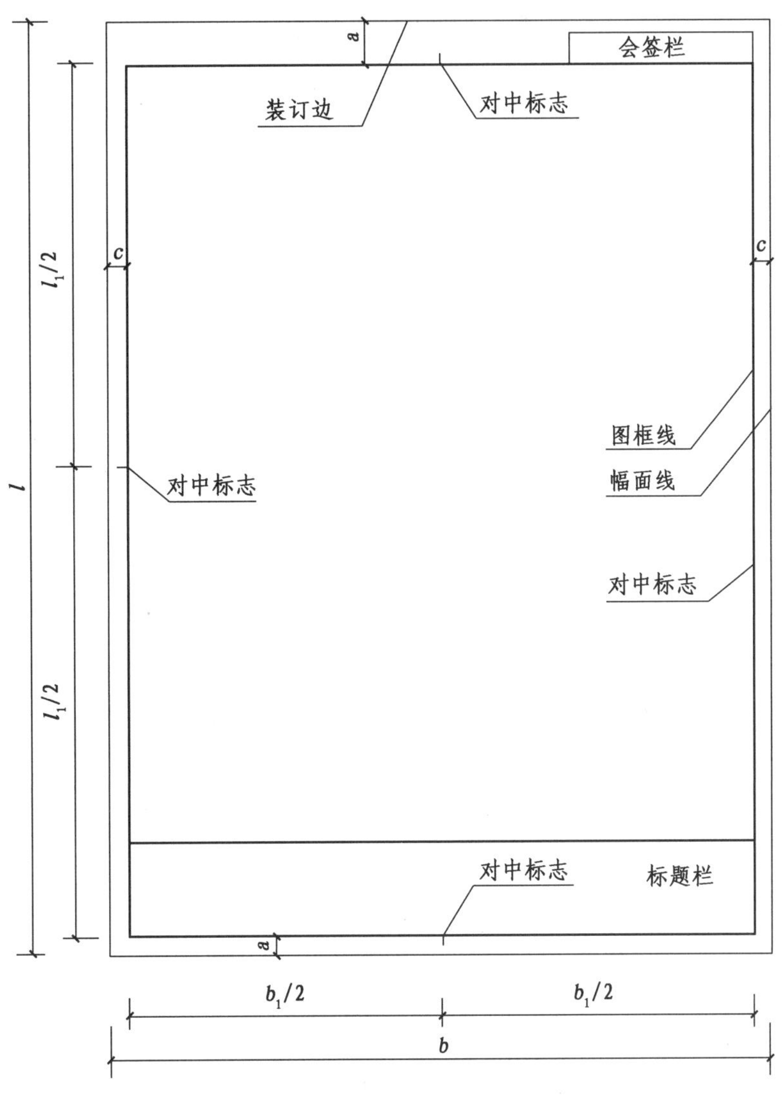
会签栏
装订边
对中标志
a
c
c
$l_1/2$
$l_1/2$
l
图框线
幅面线
对中标志
对中标志
对中标志
标题栏
a
$b_1/2$
$b_1/2$
b

图 5-6　A0 ~ A4 立式幅面-1

标题栏一般为图 5-8、图 5-9 所示，根据工程需要选择确定其尺寸、格式及分区。签字区包含实名列和签名列。

5.4.3　比例

图样的比例，为图形与实物相对应的线性尺寸之比。比例的大小，是指其比值的大小，如 1∶50 大于 1∶100。比例的符号为"∶"，比例以阿拉伯数字表示，如 1∶1、1∶2、1∶100 等。比例注写在图名的右侧，字的基准线应取平；比例的字高比图名的字高小一号或二号（图 5-10）。

绘图所用的比例，应根据图样的用途与所绘对象的复杂程度，从表 5-7 中选用，并优先用表中常用比例。

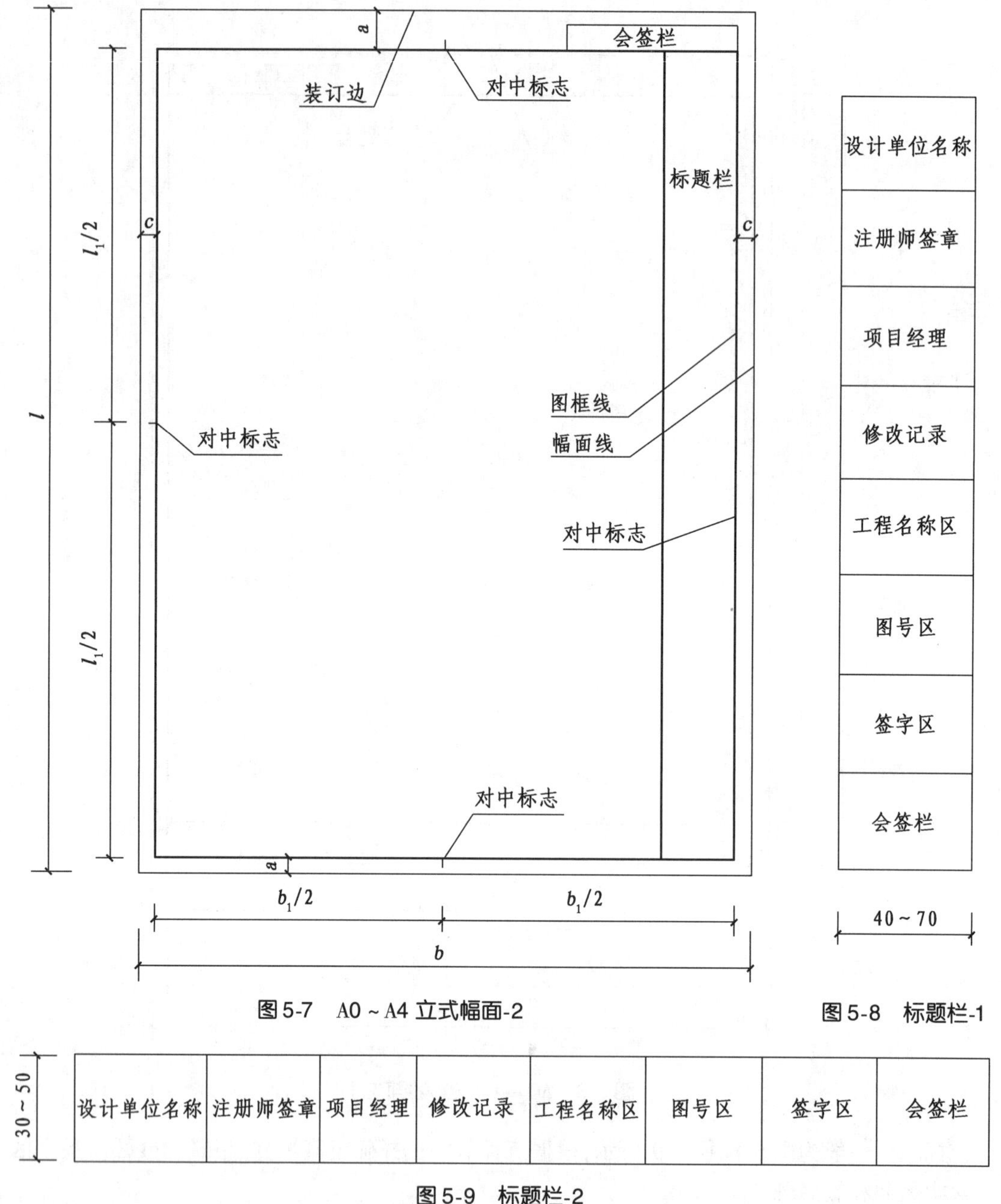
会签栏
a
装订边
对中标志
标题栏
$l_1/2$
c
c
图框线
幅面线
l
对中标志
对中标志
$l_1/2$
对中标志
a
$b_1/2$
$b_1/2$
b
设计单位名称
注册师签章
项目经理
修改记录
工程名称区
图号区
签字区
会签栏
40～70

图 5-7 A0～A4 立式幅面-2

图 5-8 标题栏-1

设计单位名称	注册师签章	项目经理	修改记录	工程名称区	图号区	签字区	会签栏

30～50

图 5-9 标题栏-2

平面图 1:100 ⑥ 1:20

图 5-10 比例的注写

绘图所用的比例 表 5-7

常用比例	1:1、1:2、1:5、1:10、1:20、1:50、1:100、1:150、1:200、1:500、1:1000、1:2000、1:5000、1:10000、1:20000、1:50000、1:100000、1:200000
可用比例	1:3、1:4、1:6、1:15、1:25、1:30、1:40、1:60、1:80、1:250、1:300、1:400、1:600

一般情况下,一个图样选用一种比例。根据专业制图需要,同一图样可选用两种比例。特殊情况下也可自选比例,这时除应注出绘图比例外,还必须在适当位置绘制出相应的比例尺。

第 6 章　轻型门式刚架

6.1　轻型门式刚架结构概述

20 世纪 90 年代以来,随着我国经济的快速发展,大量的工业厂房采用了轻型门式刚架结构形式。《门式刚架轻型房屋钢结构技术规范》(GB 51022—2015)是我国设计、制作和安装门式刚架结构的主要技术标准。

单层门式刚架主要适用于房屋高度不大于 18m,房屋高宽比小于 1,承重结构为单跨或多跨实腹门式刚架,具有轻型屋盖,无桥式吊车或有起重量不大于 20t 的 A1 ~ A5 工作级别桥式吊车或 3t 悬挂式起重机的单层钢结构房屋。

门式刚架具有轻质、高强、工厂化、标准化程度较高,现场施工进度快等特点。

6.1.1　轻型单层门式刚架的组成

门式刚架是轻型门式刚架的主要受力骨架。轻型单层门式刚架结构是指以轻型焊接 H 型钢(等截面或变截面)、热轧 H 型钢(等截面)或冷弯薄壁型钢等构成的实腹式门式刚架或格构式刚架作为主要承重骨架,用冷弯薄壁型钢(槽形、卷边槽形、Z 形等)做檩条、墙梁;以压型金属板(压型钢板、压型铝板)做屋面、墙面;采用聚苯乙烯泡沫塑料、硬质聚氨酯泡沫塑料、岩棉、矿棉、玻璃棉等作为保温隔热材料并适当设置支撑的一种轻型房屋结构体系(图 6-1)。

屋面支撑和柱间支撑、隅撑、系杆等传递侧向力,一定程度上保证结构的稳定,构成支撑体系。屋面檩条和墙梁既是围护材料的支承结构,也构成门式刚架的次结构。另外,屋面板和墙面板对整个结构起围护和封闭作用。同时,若有必要,还应设置相应的吊车梁、楼梯、栏杆、平台、夹层等(图 6-2)。

门式刚架房屋钢结构体系中,屋盖一般采用压型钢板屋面板和冷弯薄壁型钢檩条。主刚架可采用实腹式刚架,外墙宜采用压型钢板墙板和冷弯薄壁型钢墙梁,也可采用砌体外墙或底部为砌体、上部为轻质材料的外主刚架。斜梁下翼缘和刚架柱内翼缘的平面外的稳定性,由与檩条或墙梁相连接的隅撑来保证,主刚架间的交叉支撑可采用张紧的圆钢、角钢等。

门式刚架房屋一般采用带隔热层的板材作为屋面、墙面隔热和保温层,需要时应设置屋面防潮层。门式刚架房屋设置门窗、天窗、采光带时应考虑墙梁、檩条的合理布置。

6.1.2　单层轻型钢结构房屋的组成与分类

单层轻型钢结构房屋的分类见表 6-1。

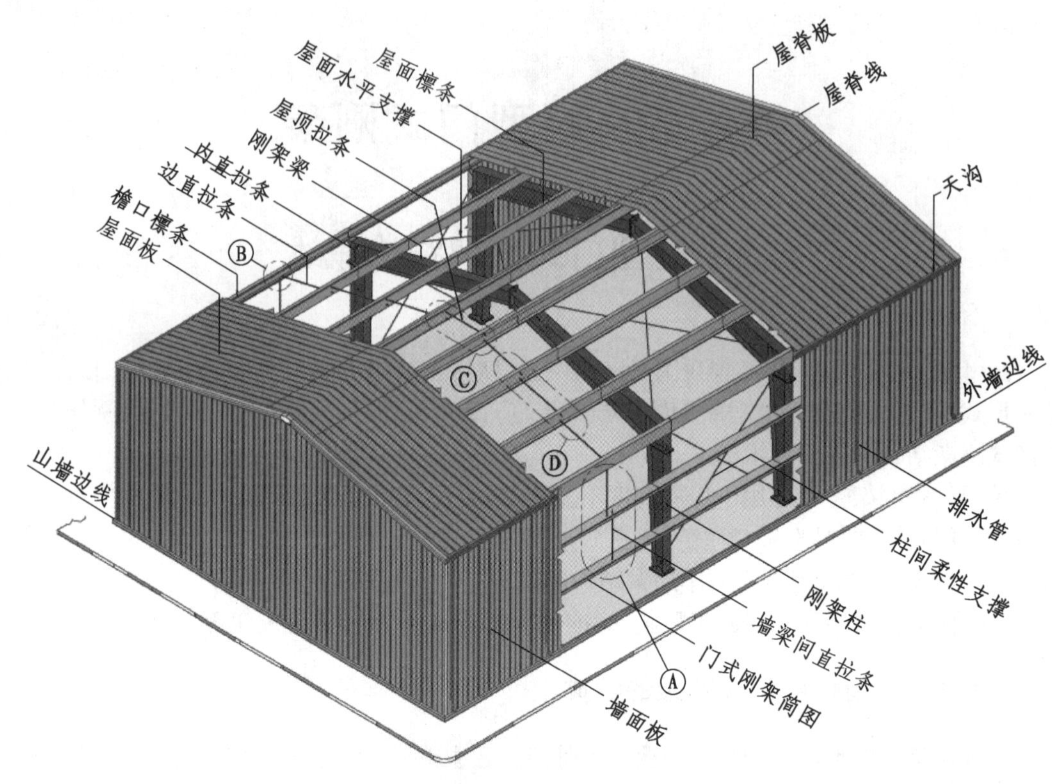
屋面檩条
屋面水平支撑
屋顶拉条
刚架梁
内直拉条
边直拉条
檐口檩条
屋面板
屋脊板
屋脊线
天沟
外墙边线
山墙边线
排水管
柱间柔性支撑
刚架柱
墙梁间直拉条
门式刚架简图
墙面板
A
B
C
D

a)单跨门式刚架

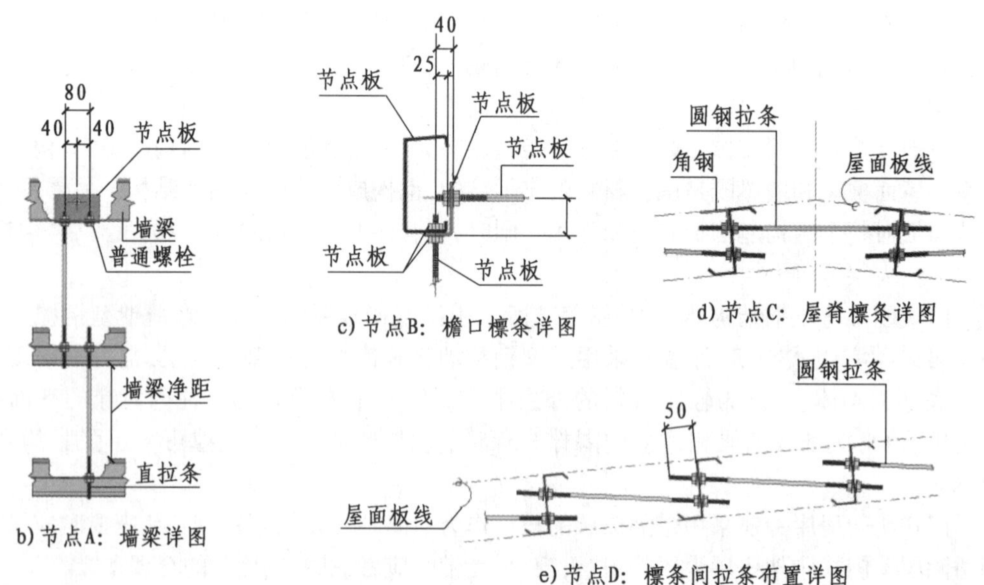
80
40
40
节点板
墙梁
普通螺栓
墙梁净距
直拉条
40
25
节点板
节点板
节点板
节点板
节点板
圆钢拉条
角钢
屋面板线
50
圆钢拉条
屋面板线

b)节点A：墙梁详图

c)节点B：檐口檩条详图

d)节点C：屋脊檩条详图

e)节点D：檩条间拉条布置详图

图6-1 轻型单层门式刚架结构房屋的组成(尺寸单位：mm)

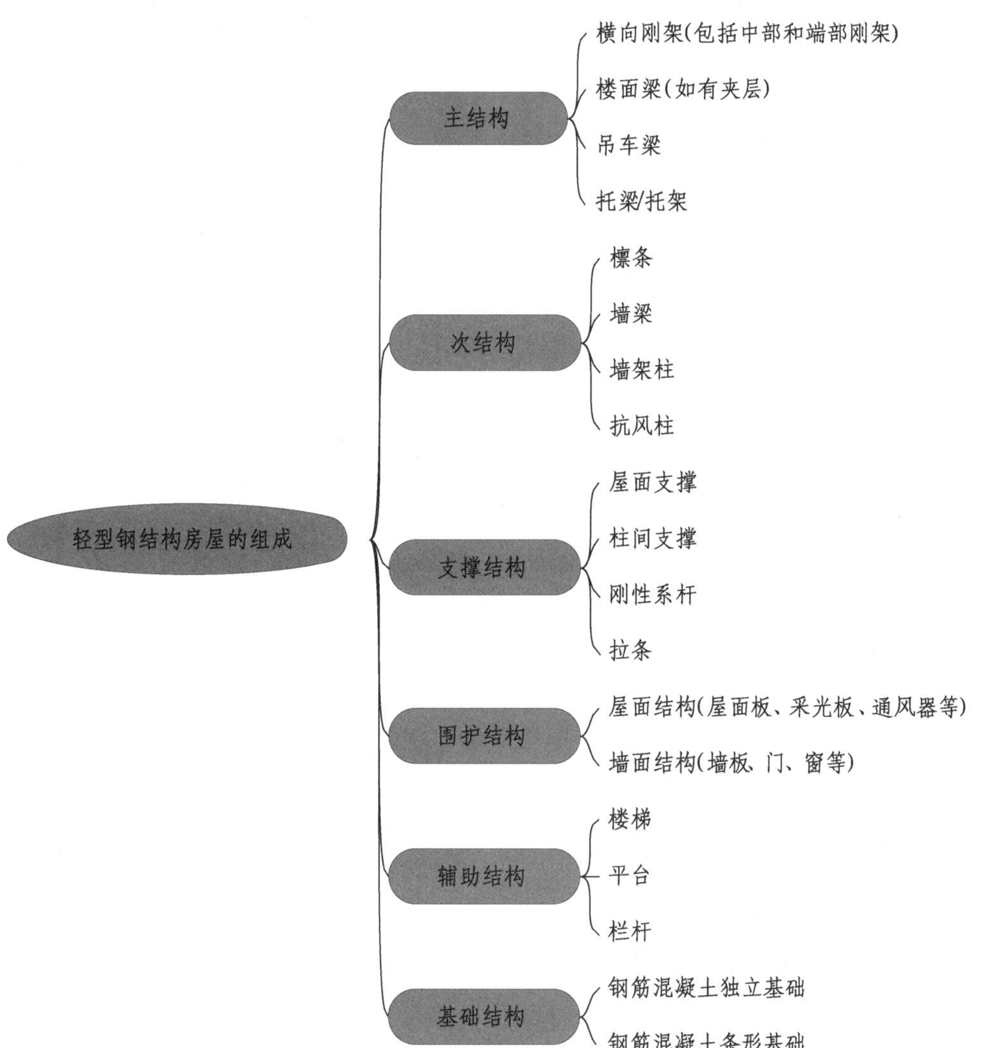
轻型钢结构房屋的组成
主结构
横向刚架(包括中部和端部刚架)
楼面梁(如有夹层)
吊车梁
托梁/托架
次结构
檩条
墙梁
墙架柱
抗风柱
支撑结构
屋面支撑
柱间支撑
刚性系杆
拉条
围护结构
屋面结构(屋面板、采光板、通风器等)
墙面结构(墙板、门、窗等)
辅助结构
楼梯
平台
栏杆
基础结构
钢筋混凝土独立基础
钢筋混凝土条形基础

图 6-2　轻型钢结构房屋的组成框图

单层轻型钢结构房屋的分类　　表 6-1

按构件体系	有实腹式与格构式;实腹式刚架的截面一般为工字形,格构式刚架的截面为矩形或三角形
按截面形式	等截面(一般用于跨度不大、高度较低或有吊车的刚架);变截面(一般用于跨度较大或高度较大的刚架)
按结构选材	有普通型钢、薄壁型钢、钢管或钢板组焊

门式刚架的跨度:取横向刚架柱轴线间的距离(图 6-3);门式刚架的跨度为 9 ~ 36m,以 3m 为模数,必要时也可采用非模数跨度的。当边柱宽度不等时外侧应对齐。挑檐长度应根据使用要求确定,一般为 0.5 ~ 1.2m。

门式刚架的房屋宽度:房屋围护结构外皮之间的距离(图 6-4)。

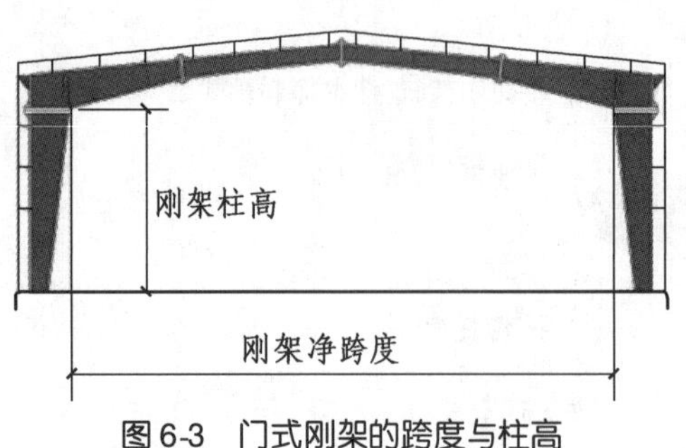
刚架柱高
刚架净跨度

图6-3 门式刚架的跨度与柱高

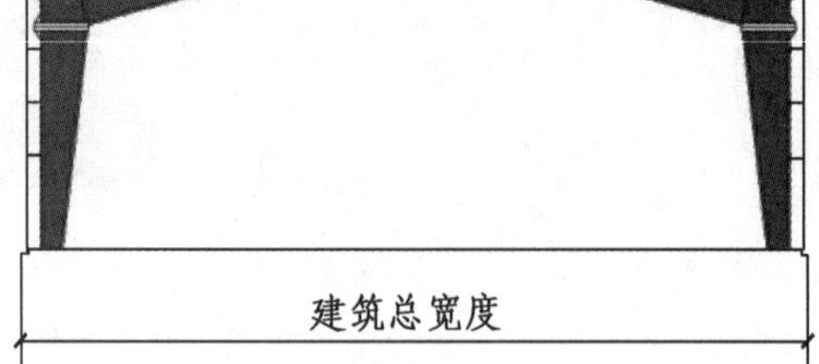
建筑总宽度

图6-4 建筑宽度

门式刚架的房屋长度:房屋两端山墙外皮之间的距离。

门式刚架的最大高度:地坪至房屋顶部檩条上缘的高度。

门式刚架的高度:地坪至柱轴线与斜刚架梁轴线交点的高度,根据使用要求的室内净高确定。无吊车时,高度一般为4.5~9m;有吊车时应根据轨顶标高和吊车净空要求确定,一般为9~12m。

门式刚架的柱距:一般为6m,也可以采用7.5~9m,最大可到12m,门式刚架跨度较小时,也可采用4.5m(图6-5)。多跨刚架局部抽柱的地方,一般布置托梁或托架。

门式刚架的檐口高度:地坪至房屋檐口檩条上缘的高度(图6-6)。

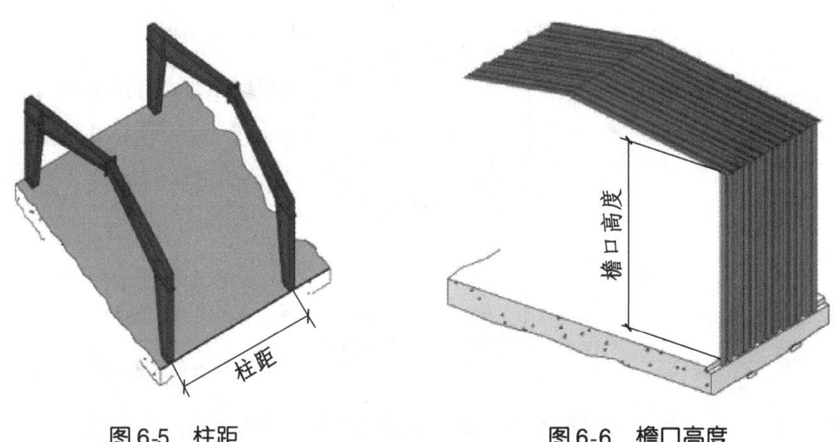
柱距
檐口高度

图6-5 柱距

图6-6 檐口高度

门式刚架的屋面坡度:宜取1/20~1/8(图6-7),在雨水较多地区应取较大值。挑檐的上翼缘坡度宜与横梁坡度一致。

门式刚架的轴线:一般取通过刚架柱下端中心的竖向直线;工业建筑边刚架柱的定位轴线一般取刚架柱外皮;斜刚架梁的轴线一般取通过变截面刚架梁最小段中心与斜刚架梁上表面平行的轴向。

6.1.3 门式刚架各构件的功能

主刚架:主要承担建筑物上的各种荷载并将其传给基础(图6-8)。刚架与基础的连接有刚接和铰接两种形式。一般宜采用铰接,当水平荷载较大,房屋高度较高或刚度要求较高时,也可采用刚接;刚架柱与斜梁为刚接。刚架的特点是平面内刚度较大而平面外刚度很小,可承担平行于刚架平面的荷载,而对于垂直刚架平面的荷载抵抗能力很小。

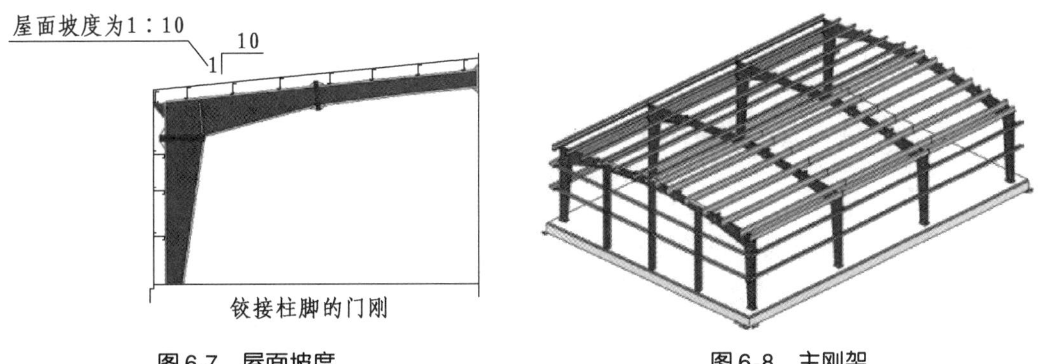
屋面坡度为1：10
10
1
铰接柱脚的门刚

图6-7　屋面坡度　　　　图6-8　主刚架

墙架：主要承担墙体自重和作用于墙上的水平荷载(风荷载)，并将其传给刚架结构(图6-9)。

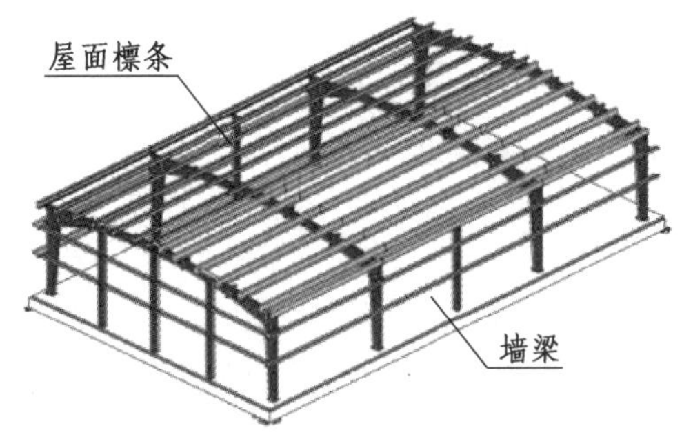
屋面檩条
墙梁

图6-9　檩条、墙梁与主刚架

檩条：承担屋面荷载，并将其传给刚架。檩条通过螺栓与每榀刚架连接起来，与墙架梁、刚架一起形成空间结构(图6-10)。

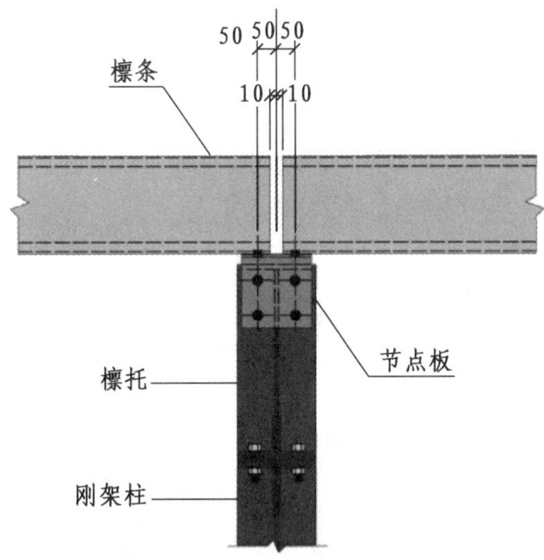
50
50
50
檩条
10
10
节点板
檩托
刚架柱

图6-10　檩条节点(尺寸单位：mm)

隅撑：对于刚架斜梁，一般是上翼缘受压，下翼缘受拉，上弦由于檩条相连，一般不会出现失稳，但当屋面风荷载产生吸力作用时，斜梁下翼缘有可能受压从而出现失稳现象，所以在刚架梁上设置隅撑是十分必要的（图 6-11）。

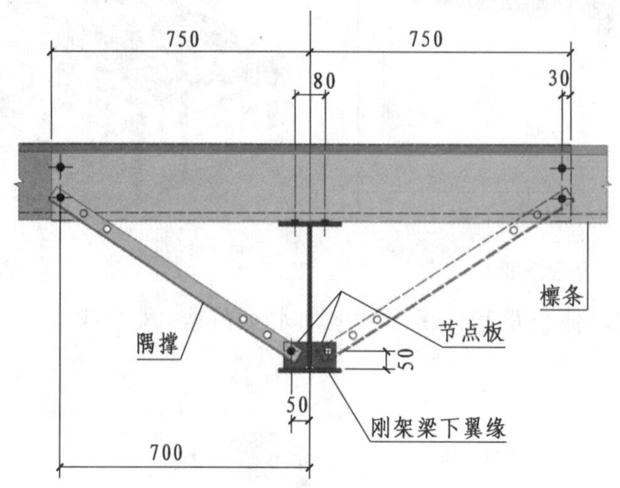
750
750
80
30
檩条
节点板
隅撑
50
50
刚架梁下翼缘
700

图 6-11　隅撑节点（尺寸单位：mm）

水平支撑：刚架平面外的刚度很小，必须设置刚架柱之间的柱间支撑和刚架梁之间的水平支撑，使其形成具有足够刚度的结构。

拉条：由于檩条和墙架的平面外刚度小，有必要设置拉条（增加支撑），以减小在弱轴方向的长细比。

刚性系杆：由于檩条和墙架梁之间采用螺栓连接，连接点接近铰接，又因为檩条和墙架梁的长细比都较大，在平行于房屋纵向荷载的作用下，其传力刚度有限，所以有必要在屋面的各刚架之间设置一定数量的刚性系杆。

剪力键：门式刚架与基础是通过地脚螺栓连接的，当水平荷载作用形成的剪力较大时螺栓就要承担这些剪力。一般不希望通过螺栓来承担这部分剪力，在设计时常采用设置刚架柱脚与基础之间的剪力键来承担剪力（图 6-12）。

图 6-12　剪力键预留孔槽

6.2 轻型门式刚架柱脚锚栓构造

由于结构形式、荷载取值、支座条件等方面的不同，传至基础顶面内力也不同，轻钢结构与钢筋混凝土结构相比，最大差别在于柱脚处存在较小的竖向力和较大的水平力，对于刚接柱脚，还存在较大的弯矩，在风荷载起控制作用的情况下，可能存在较大的上拔力。柱脚水平力可能使基础产生倾覆和滑移，基础受上拔力作用，在覆土较浅的情况下，可能使基础向上拔起。

6.2.1 柱脚锚栓布置图

柱脚锚栓布置图(图 6-13)主要是通过平面图中的定位轴线来反映基础柱脚锚栓的平面位置关系，其主要内容包括：图名和比例；施工说明；基础位置和代号；纵横定位轴线及其编号；基础大小尺寸和定位尺寸等。

6.2.2 柱脚

柱脚(图 6-14)用于上部钢结构与下部基础的连接，承受柱底轴力/弯矩，在柱脚底板与基础间产生的拉力，剪力由柱底板与基础面之间的摩擦力抵抗，若摩擦力不足以抵抗剪力，则需在柱底板上焊接抗剪键以增大抗剪能力。

锚栓(图 6-15)一端埋入混凝土，埋入的长度需满足混凝土结构设计规范要求的锚固长度，对于不同的混凝土强度等级和锚栓强度，所需最小埋入长度也不一样。

门式刚架的柱脚与基础通常做成铰接形式，通常为平板支座(图 6-16)，设一对或两对地脚螺栓(图 6-17)。但当柱高度较大时，为控制风荷载作用下的柱顶位移限值，柱脚宜做成刚接形式(图 6-18)。当工业厂房内设有梁式或桥式吊车时，也宜将柱脚设计为刚接形式。

锚栓采用 Q235 或 Q345 钢制作，分为弯钩式和锚板式两种(图 6-14)。

锚栓、方垫圈构造见图纸 6-1；锚栓节点见图纸 6-2。

6.2.3 柱脚铰接连接

能抵抗弯矩作用的柱脚称为刚接柱脚，相反不能抵抗弯矩作用的柱脚称为铰接柱脚，刚接与铰接的区别在于是否能传递弯矩。刚接或铰接柱脚的关键取决于锚栓布置。

铰接柱脚一般采用 2 个锚栓(图纸 6-3)或 4 个锚栓(图纸 6-4)，以保证其充分转动。为安全起见，常布置 4 个锚栓。锚栓宜尽量接近，以保证柱脚转动。

6.2.4 柱脚刚接连接

刚接柱脚一般采用 4 个、6 个及以上锚栓。图纸 6-5 中采用 6 个锚栓，可以认为柱脚不能转动。前面讲的几种柱脚均为平板式柱脚，构造简单，是工程上常用的柱脚形式。另外，还有一种柱脚形式，即靴梁式柱脚，如图纸 6-6 所示。这种柱脚可看成刚接柱脚，由于柱脚有一定高度，使其刚度较好，能起到抵抗弯矩的作用，但这种柱脚构造及制作较繁。

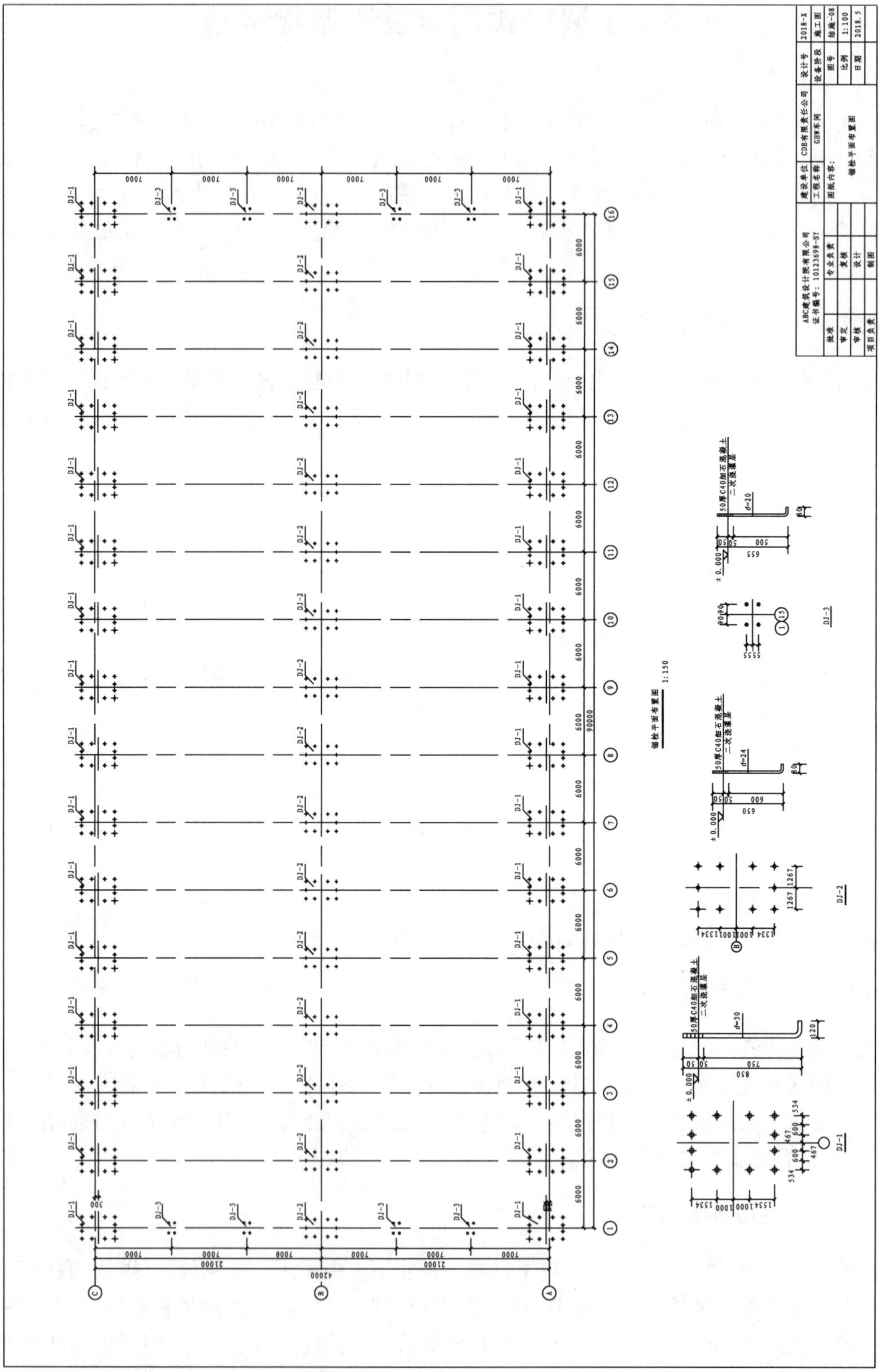

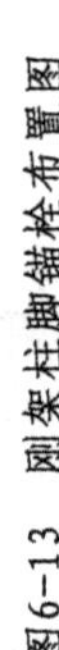

图6-13　刚架柱脚锚栓布置图

a)弯钩式

b)锚板式

图6-14　常见柱脚构造

图6-15　柱脚锚栓

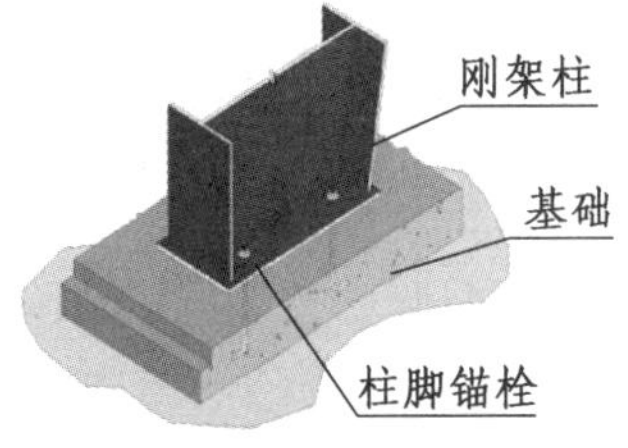
刚架柱
基础
柱脚锚栓

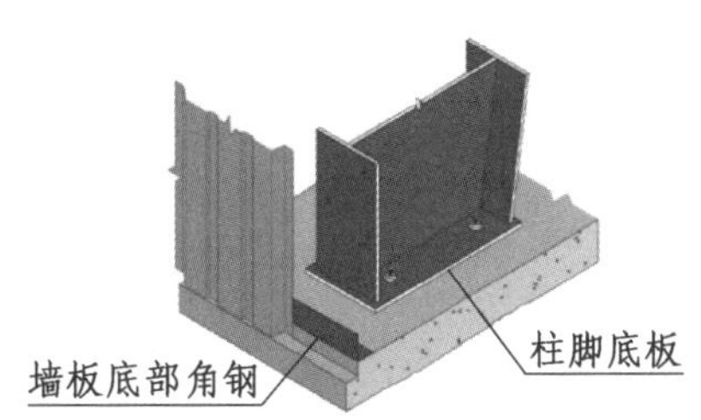
墙板底部角钢
柱脚底板

图6-16　刚架柱铰接柱脚做法

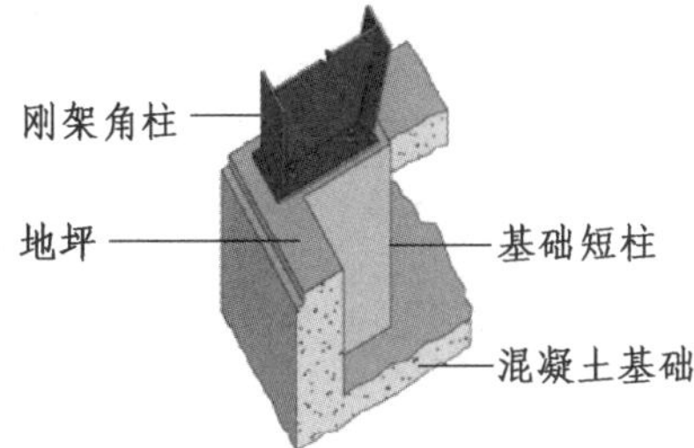
刚架角柱
地坪
基础短柱
混凝土基础

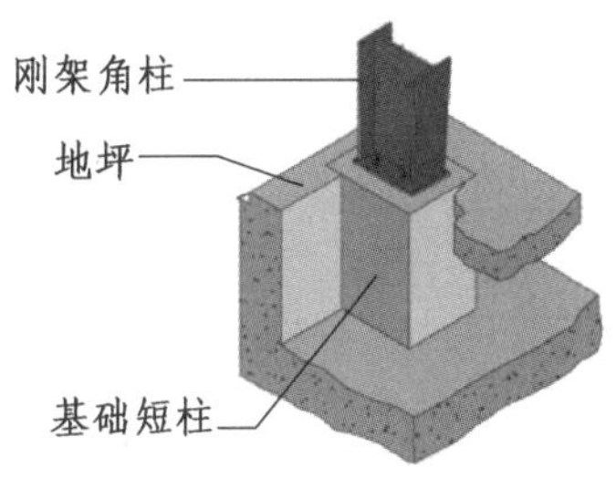
刚架角柱
地坪
基础短柱

图6-17　刚架角柱与基础

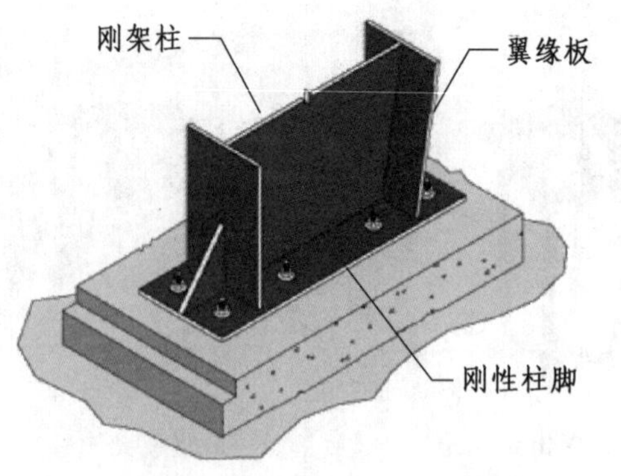
刚架柱
翼缘板
刚性柱脚

图6-18　刚架柱刚性柱脚

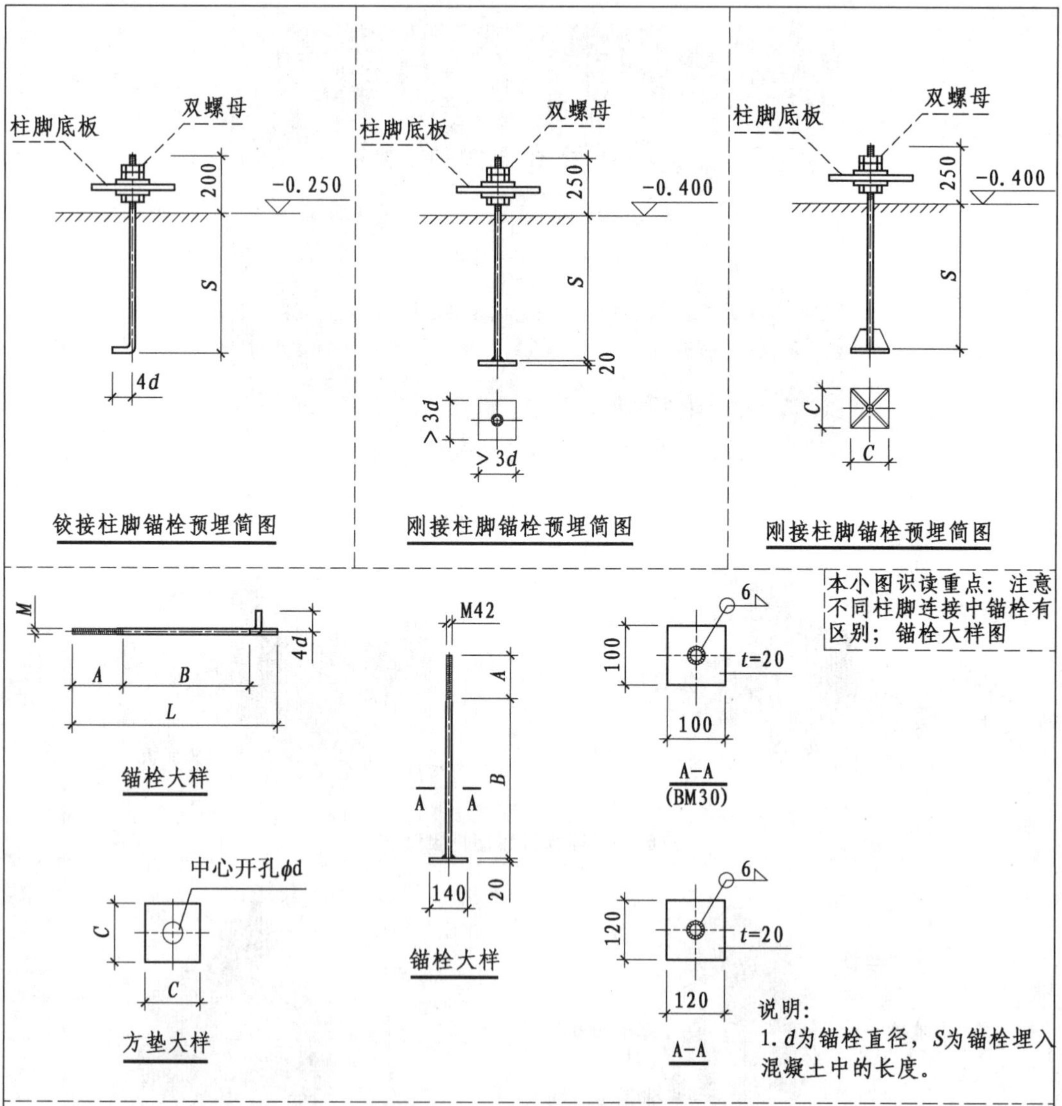

柱脚底板
双螺母
200
-0.250
S
4d

铰接柱脚锚栓预埋简图

柱脚底板
双螺母
250
-0.400
S
20
> 3d
> 3d

刚接柱脚锚栓预埋简图

柱脚底板
双螺母
250
-0.400
S
C
C

刚接柱脚锚栓预埋简图

M
A
B
L
4d

锚栓大样

M42
A
B
A A
140
20

锚栓大样

6
100
t=20
100

A-A
(BM30)

本小图识读重点：注意不同柱脚连接中锚栓有区别；锚栓大样图

中心开孔φd
C
C

方垫大样

6
120
t=20
120

A-A

说明：
1. d为锚栓直径，S为锚栓埋入混凝土中的长度。

图纸6-1　锚栓、方垫圈构造

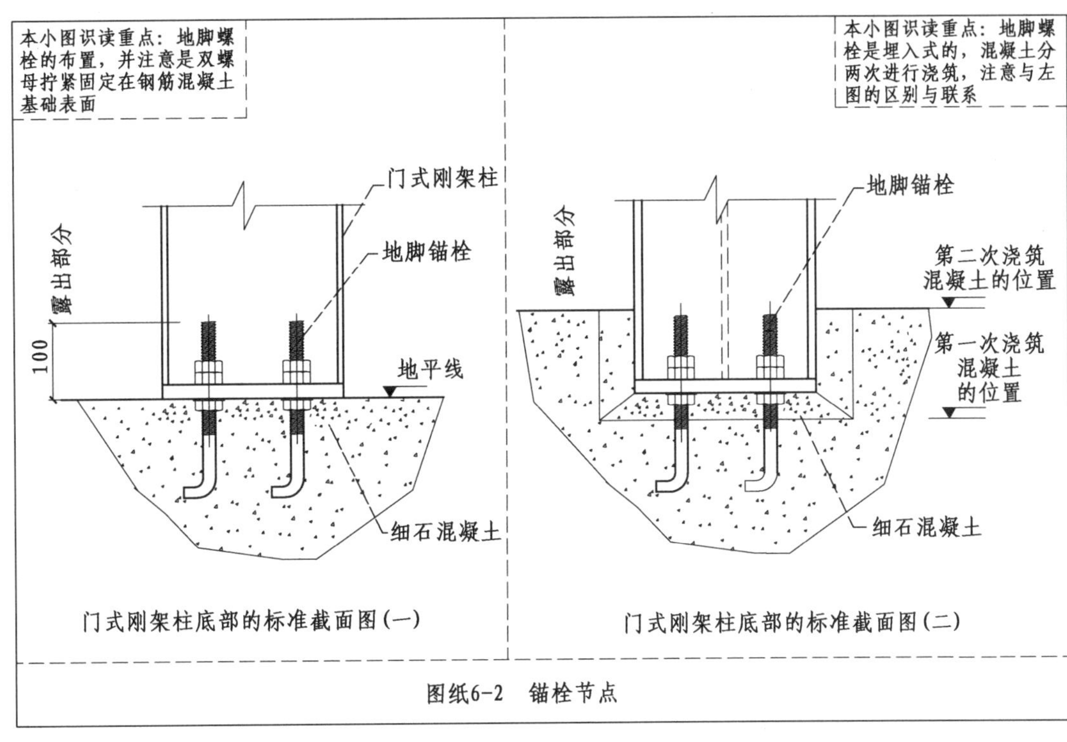
本小图识读重点：地脚螺栓的布置，并注意是双螺母拧紧固定在钢筋混凝土基础表面
门式刚架柱
地脚锚栓
露出部分
100
地平线
细石混凝土
门式刚架柱底部的标准截面图(一)
本小图识读重点：地脚螺栓是埋入式的，混凝土分两次进行浇筑，注意与左图的区别与联系
地脚锚栓
露出部分
第二次浇筑混凝土的位置
第一次浇筑混凝土的位置
细石混凝土
门式刚架柱底部的标准截面图(二)

图纸6-2　锚栓节点

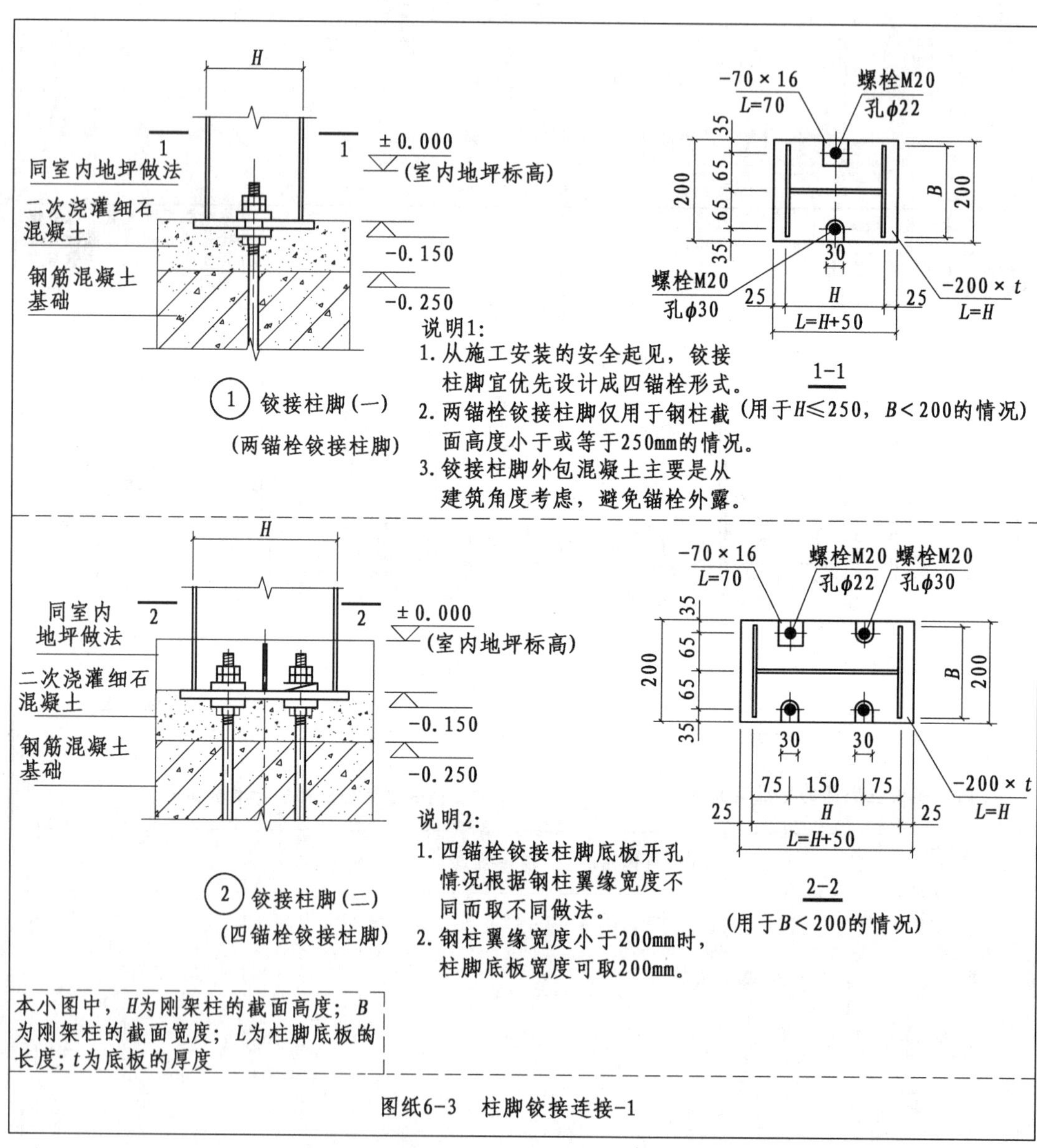

H
1
1
±0.000
(室内地坪标高)
同室内地坪做法
二次浇灌细石混凝土
-0.150
钢筋混凝土基础
-0.250
① 铰接柱脚(一)
(两锚栓铰接柱脚)
-70×16
L=70
螺栓M20
孔φ22
35
65
65
35
200
B
200
30
螺栓M20
孔φ30
25
H
25
L=H+50
-200×t
L=H
1-1
(用于H≤250，B<200的情况)
说明1:
1. 从施工安装的安全起见，铰接柱脚宜优先设计成四锚栓形式。
2. 两锚栓铰接柱脚仅用于钢柱截面高度小于或等于250mm的情况。
3. 铰接柱脚外包混凝土主要是从建筑角度考虑，避免锚栓外露。
H
2
2
±0.000
(室内地坪标高)
同室内地坪做法
二次浇灌细石混凝土
-0.150
钢筋混凝土基础
-0.250
② 铰接柱脚(二)
(四锚栓铰接柱脚)
-70×16
L=70
螺栓M20
孔φ22
螺栓M20
孔φ30
35
65
65
35
200
B
200
30
30
75
150
75
25
H
25
L=H+50
-200×t
L=H
2-2
(用于B<200的情况)
说明2:
1. 四锚栓铰接柱脚底板开孔情况根据钢柱翼缘宽度不同而取不同做法。
2. 钢柱翼缘宽度小于200mm时，柱脚底板宽度可取200mm。
本小图中，H为刚架柱的截面高度；B为刚架柱的截面宽度；L为柱脚底板的长度；t为底板的厚度

图纸6-3　柱脚铰接连接-1

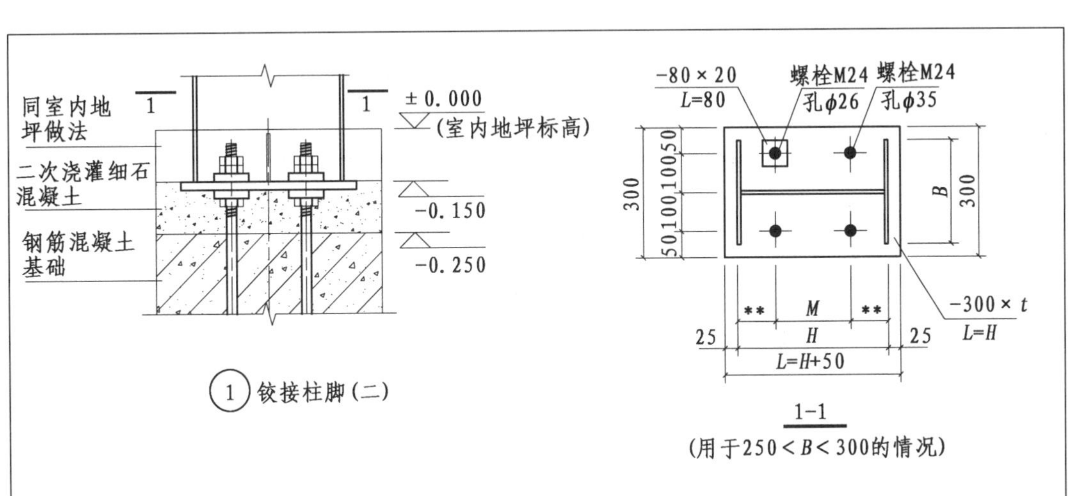

同室内地
坪做法
二次浇灌细石
混凝土
钢筋混凝土
基础
1
1
±0.000
(室内地坪标高)
-0.150
-0.250
① 铰接柱脚(二)
-80×20
L=80
螺栓M24
孔ϕ26
螺栓M24
孔ϕ35
300
50
100
100
50
B
300
**
M
**
25
H
25
L=H+50
-300×t
L=H

1-1

(用于250<B<300的情况)

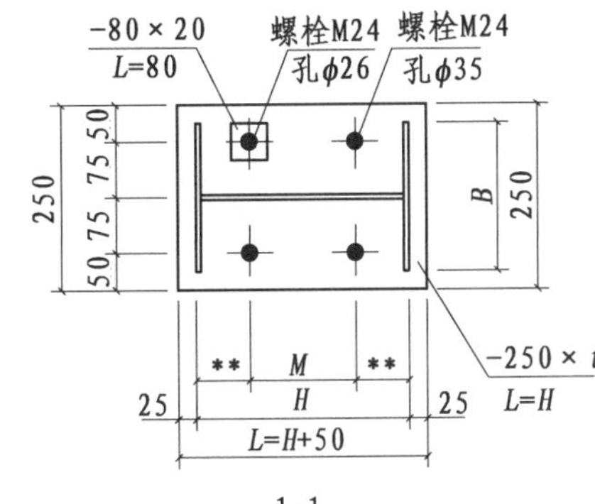

-80×20
L=80
螺栓M24
孔ϕ26
螺栓M24
孔ϕ35
250
50
75
75
50
B
250
**
M
**
25
H
25
L=H+50
-250×t
L=H

1-1

(用于200<B<250的情况)

尺寸对照表(单位: mm)							
截面高度*H*	300	350	400	450	500	550	600
锚栓间距*M*	150	200	250	250	300	350	400

说明:

钢柱翼缘宽度小于250mm时，柱脚底板宽度可取250mm；钢柱翼缘宽度大于或等于250mm，且小于300mm时，柱脚底板宽度可取300mm。

本小图中，*H*为刚架柱的截面高度；*B*为刚架柱的截面宽度；*L*为柱脚底板的长度；*t*为底板的厚度

图纸6-4　柱脚铰接连接-2

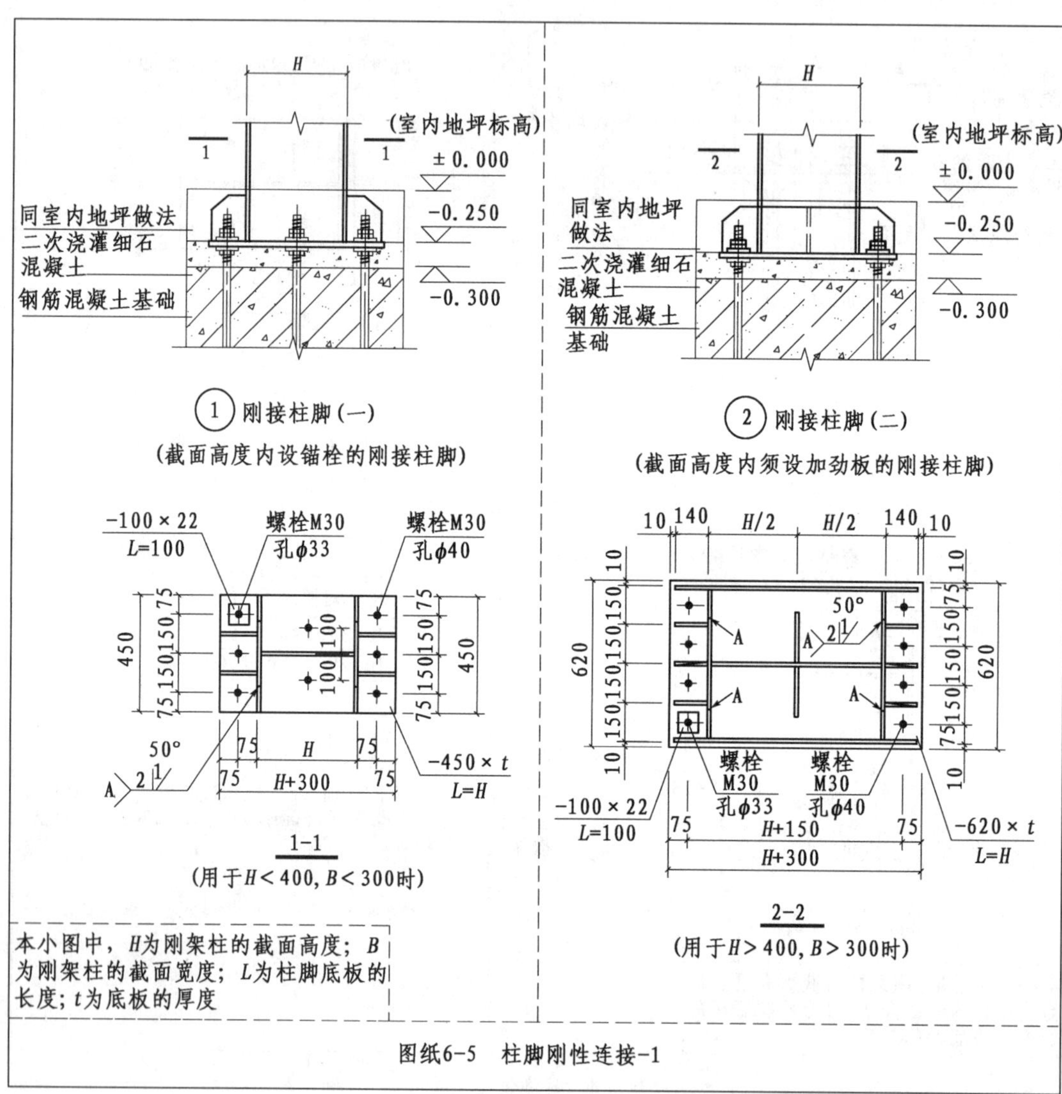
H
1
1
(室内地坪标高)
±0.000
-0.250
-0.300
同室内地坪做法
二次浇灌细石
混凝土
钢筋混凝土基础
① 刚接柱脚(一)
(截面高度内设锚栓的刚接柱脚)
-100×22
L=100
螺栓M30
孔φ33
螺栓M30
孔φ40
450
75
150
150
75
100
100
50°
A
2
75
H
75
H+300
-450×t
L=H
1-1
(用于H<400, B<300时)
H
2
2
(室内地坪标高)
±0.000
-0.250
-0.300
同室内地坪
做法
二次浇灌细石
混凝土
钢筋混凝土
基础
② 刚接柱脚(二)
(截面高度内须设加劲板的刚接柱脚)
10
140
H/2
H/2
140
10
620
50°
A
2
1
螺栓
M30
孔φ33
螺栓
M30
孔φ40
-100×22
L=100
75
H+150
75
H+300
-620×t
L=H
2-2
(用于H>400, B>300时)
本小图中，H为刚架柱的截面高度；B为刚架柱的截面宽度；L为柱脚底板的长度；t为底板的厚度

图纸6-5　柱脚刚性连接-1

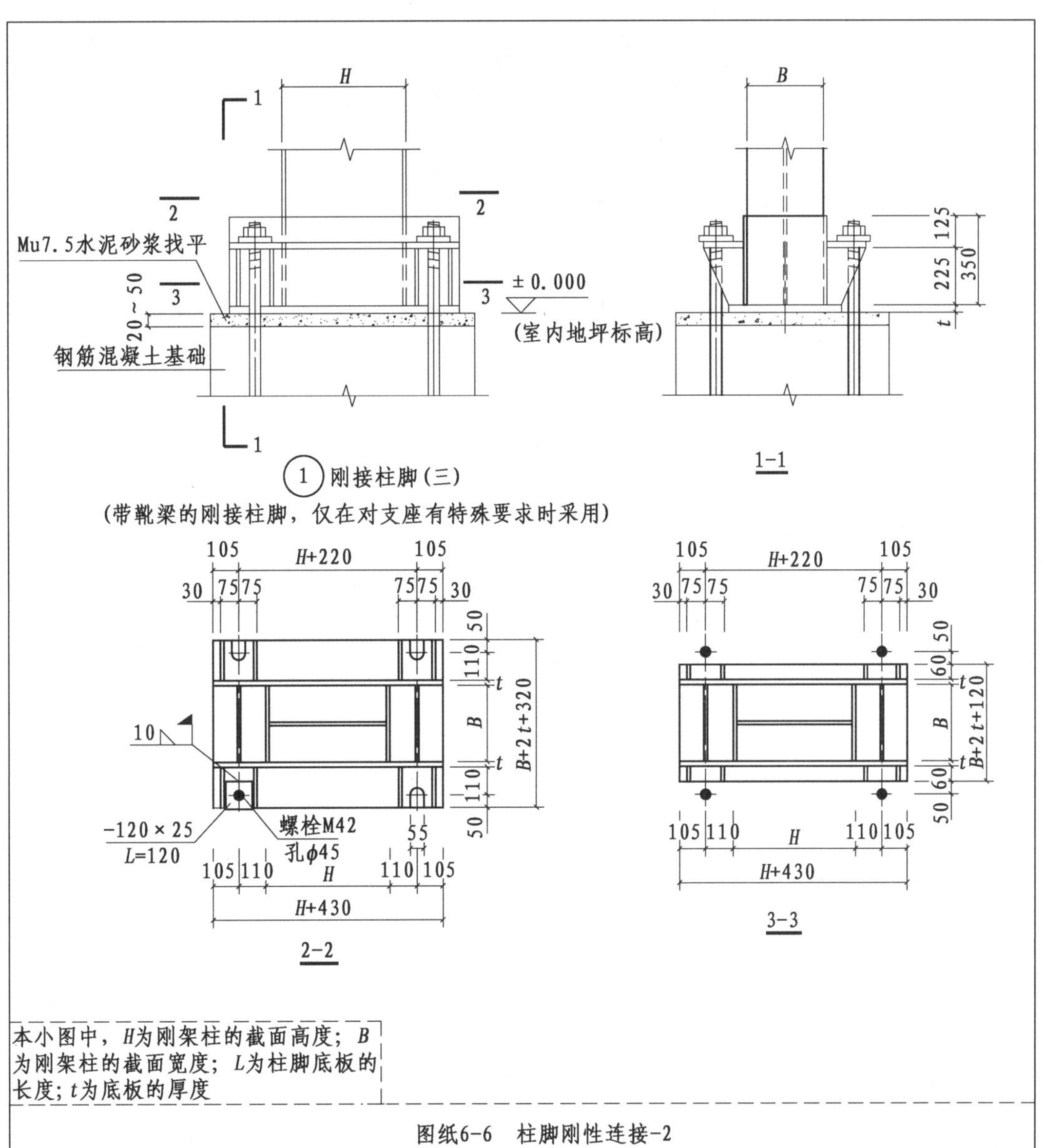

H
1
2
2
Mu7.5水泥砂浆找平
20~50
3
3
±0.000
(室内地坪标高)
钢筋混凝土基础
1
① 刚接柱脚(三)
(带靴梁的刚接柱脚，仅在对支座有特殊要求时采用)
B
125
225
350
t
1-1
105
H+220
105
30
75
75
75
75
30
50
110
t
B
t
110
50
B+2t+320
10
-120×25
L=120
螺栓M42
孔ϕ45
55
105
110
H
110
105
H+430
2-2
105
H+220
105
30
75
75
75
75
30
50
60
t
B
t
60
50
B+2t+120
105
110
H
110
105
H+430
3-3
本小图中，H为刚架柱的截面高度；B为刚架柱的截面宽度；L为柱脚底板的长度；t为底板的厚度

图纸6-6 柱脚刚性连接-2

6.2.5 柱脚连接施工图识读示例

柱脚连接施工图识读示例见图纸6-7、图纸6-8、图纸6-9。

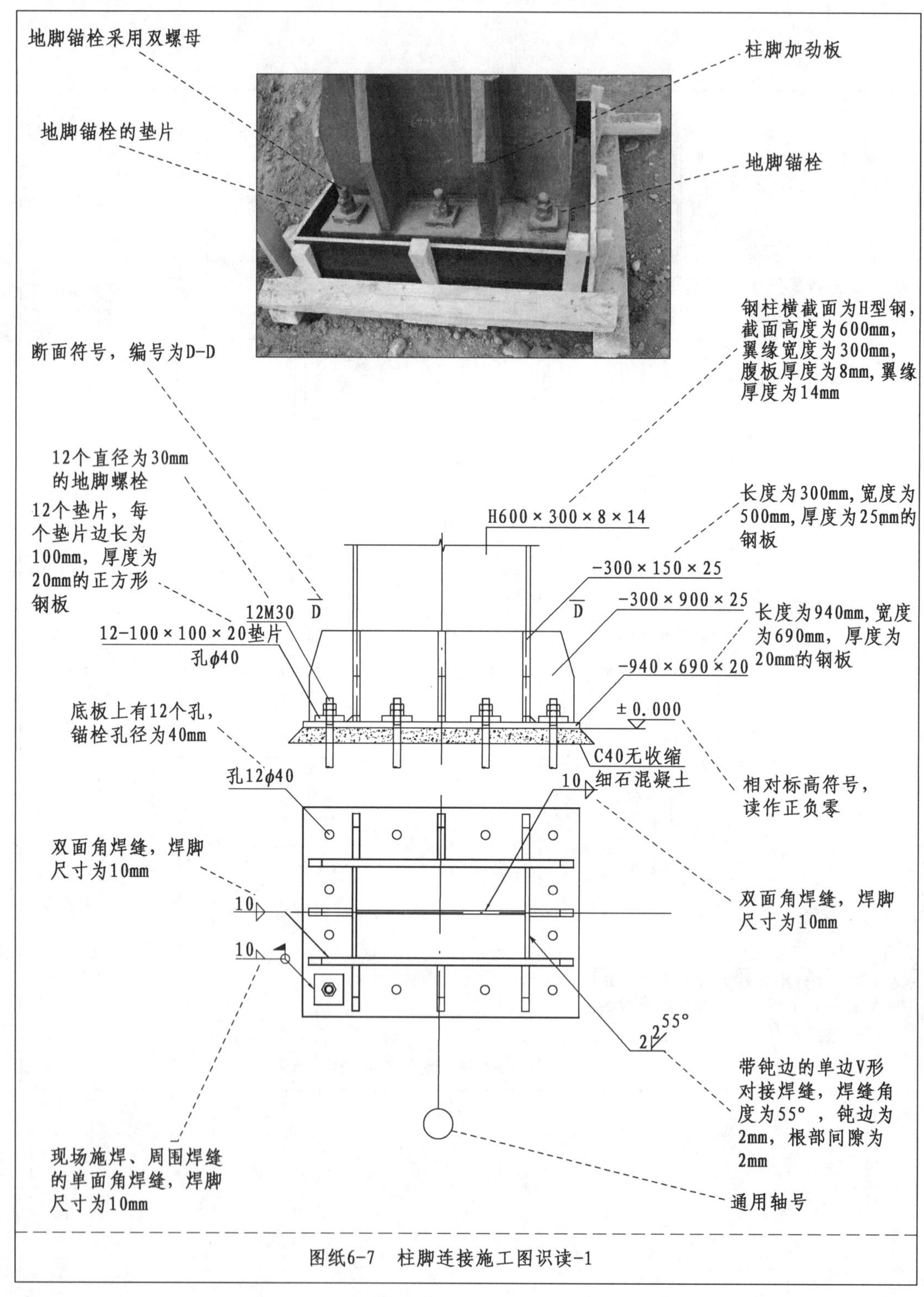
地脚锚栓采用双螺母
柱脚加劲板
地脚锚栓的垫片
地脚锚栓
钢柱横截面为H型钢，截面高度为600mm，翼缘宽度为300mm，腹板厚度为8mm，翼缘厚度为14mm
断面符号，编号为D-D
12个直径为30mm的地脚螺栓
12个垫片，每个垫片边长为100mm，厚度为20mm的正方形钢板
H600×300×8×14
长度为300mm，宽度为500mm，厚度为25mm的钢板
-300×150×25
-300×900×25
长度为940mm，宽度为690mm，厚度为20mm的钢板
12M30
D
D
12-100×100×20垫片
孔ϕ40
-940×690×20
±0.000
底板上有12个孔，锚栓孔径为40mm
C40无收缩细石混凝土
孔12ϕ40
10
相对标高符号，读作正负零
双面角焊缝，焊脚尺寸为10mm
双面角焊缝，焊脚尺寸为10mm
10
10
55°
2
2
带钝边的单边V形对接焊缝，焊缝角度为55°，钝边为2mm，根部间隙为2mm
现场施焊、周围焊缝的单面角焊缝，焊脚尺寸为10mm
通用轴号

图纸6-7 柱脚连接施工图识读-1

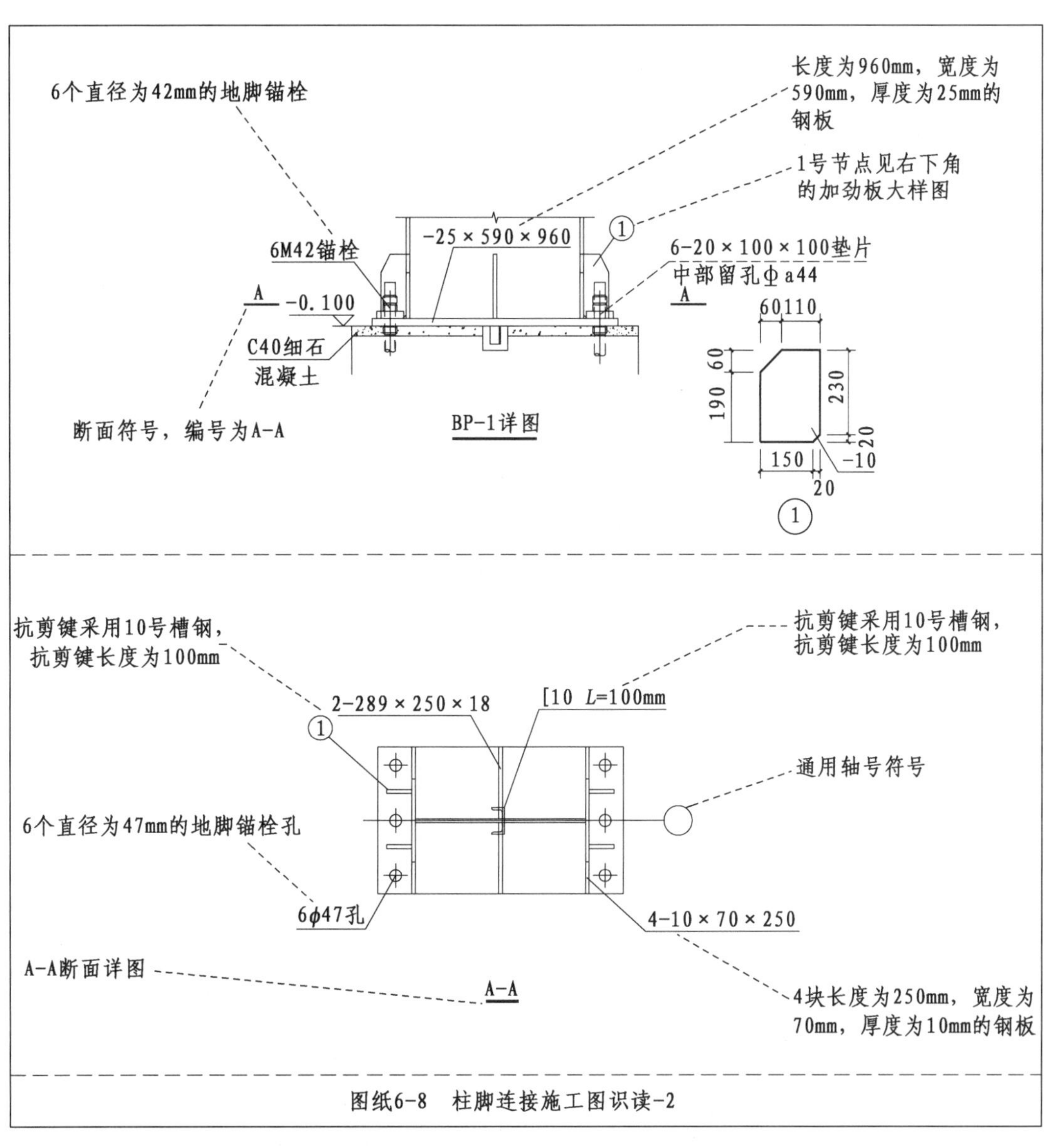
6个直径为42mm的地脚锚栓
长度为960mm，宽度为590mm，厚度为25mm的钢板
1号节点见右下角的加劲板大样图
−25×590×960
6M42锚栓
6-20×100×100垫片
中部留孔φa44
A
−0.100
C40细石
混凝土
断面符号，编号为A-A
BP-1详图
60
110
60
190
230
20
150
−10
20
1
抗剪键采用10号槽钢，
抗剪键长度为100mm
2-289×250×18
[10 L=100mm
通用轴号符号
6个直径为47mm的地脚锚栓孔
6φ47孔
4-10×70×250
A-A断面详图
A-A
4块长度为250mm，宽度为70mm，厚度为10mm的钢板

图纸6-8　柱脚连接施工图识读-2

第6章 轻型门式刚架

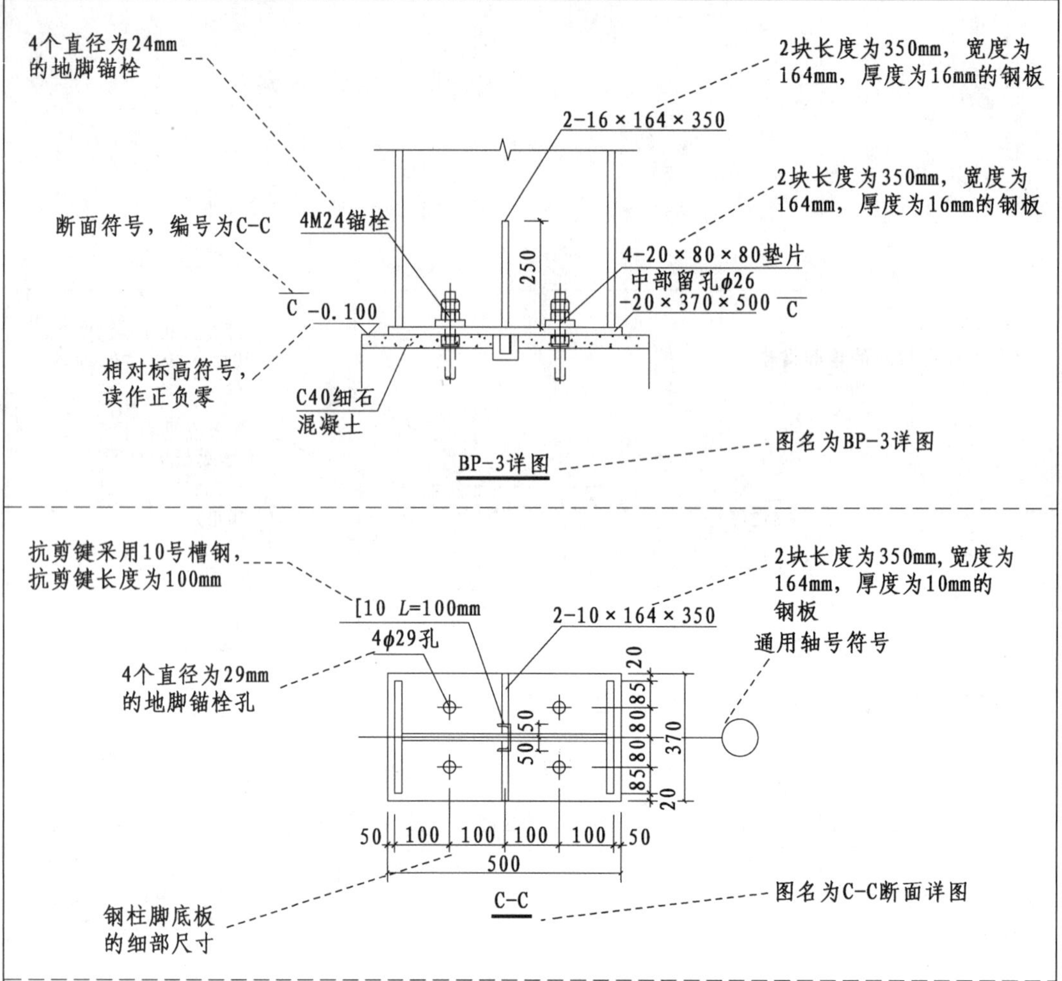

4个直径为24mm的地脚锚栓

2块长度为350mm，宽度为164mm，厚度为16mm的钢板

2-16×164×350

2块长度为350mm，宽度为164mm，厚度为16mm的钢板

断面符号，编号为C-C

4M24锚栓

250

4-20×80×80垫片
中部留孔ϕ26
-20×370×500

C　-0.100　C

相对标高符号，读作正负零

C40细石混凝土

BP-3详图

图名为BP-3详图

抗剪键采用10号槽钢，抗剪键长度为100mm

[10 L=100mm

2-10×164×350

2块长度为350mm，宽度为164mm，厚度为10mm的钢板

4ϕ29孔

通用轴号符号

4个直径为29mm的地脚锚栓孔

20　85　80　50　50　80　85　20　370

50　100　100　100　100　50

500

C-C

图名为C-C断面详图

钢柱脚底板的细部尺寸

图纸6-9　柱脚连接施工图识读-3

6.3　轻型门式刚架梁与刚架柱构造

门式刚架(图6-19)可由多个刚架梁、柱单元构件组成，刚架柱一般为独立单元构件，刚架梁一般根据当地运输条件划分为若干个单元。刚架单元构件本身采用焊接方式，单元之间一般通过节点板以高强度螺栓连接。

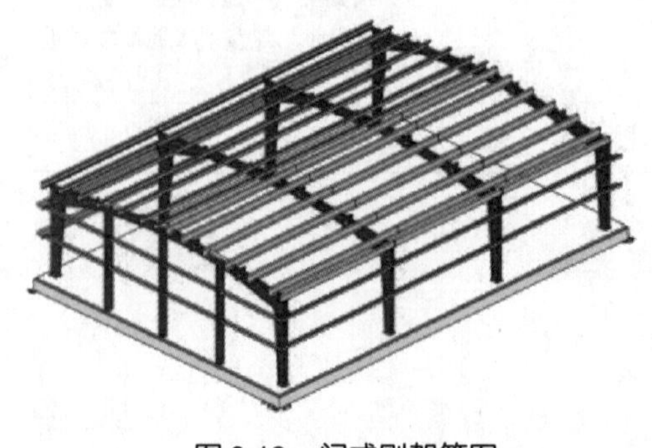

图6-19　门式刚架简图

门式刚架的形式分为单跨、双跨和多跨、带挑檐和带毗屋的刚架等(图6-20、图6-21)。多跨刚架中间柱与刚架斜梁的连接，可采用铰接形式。多跨刚架宜采用双坡或单坡屋盖，必要时也可采用由多个双坡单跨相连的多跨刚架形式。

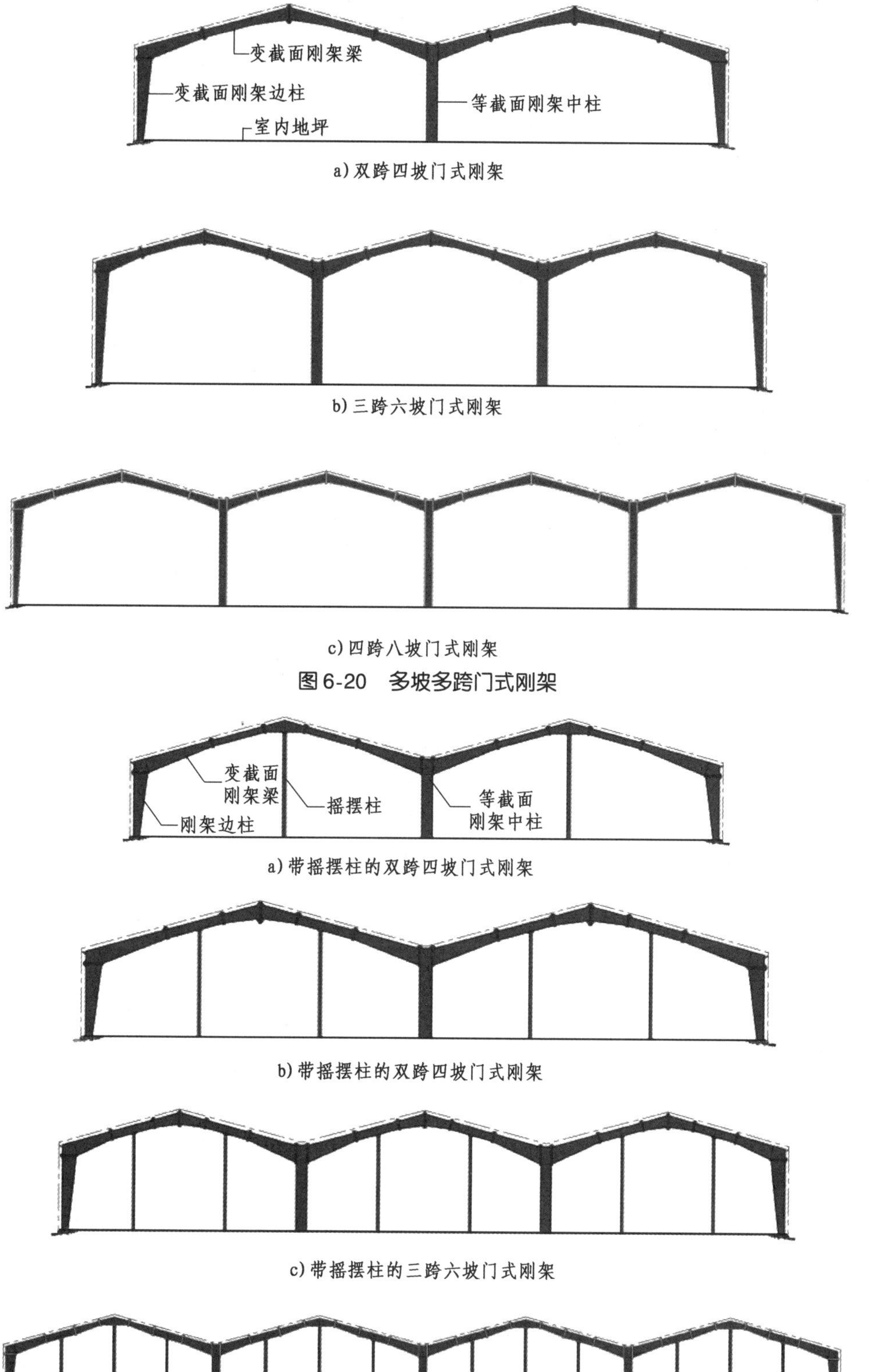
变截面刚架梁
变截面刚架边柱
室内地坪
等截面刚架中柱

a)双跨四坡门式刚架

b)三跨六坡门式刚架

c)四跨八坡门式刚架

图6-20　多坡多跨门式刚架

变截面
刚架梁
摇摆柱
等截面
刚架中柱
刚架边柱

a)带摇摆柱的双跨四坡门式刚架

b)带摇摆柱的双跨四坡门式刚架

c)带摇摆柱的三跨六坡门式刚架

d)带摇摆柱的四跨八坡门式刚架

图6-21　带摇摆柱的多坡多跨门式刚架

6.3.1 刚架柱构造

主刚架由边柱、刚架梁、中柱等构件组成(图 6-22)。边柱和梁通常根据门式刚架受力情况制作成变截面(图 6-23、图 6-24),达到节约材料降低造价的目的。根据门式刚架横向平面承载、纵向支撑提供平面外稳定的特点,一般采用焊接工字形截面;中柱通常采用宽翼缘工字钢。刚架的主要构件运输到现场后通过高强度螺栓节点相连。典型的主刚架、主刚架节点连接形式如图 6-25 所示。

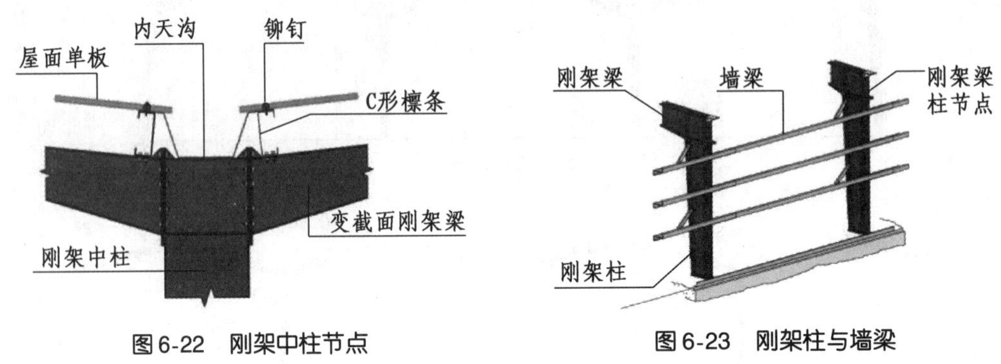
内天沟
铆钉
屋面单板
C形檩条
变截面刚架梁
刚架中柱
刚架梁
墙梁
刚架梁
柱节点
刚架柱

图 6-22　刚架中柱节点

图 6-23　刚架柱与墙梁

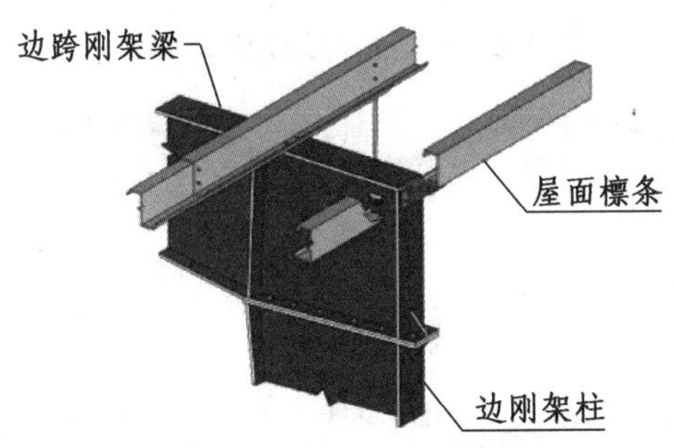
边跨刚架梁
屋面檩条
边刚架柱

图 6-24　边刚架梁柱节点

6.3.2 刚架梁

门式刚架轻型钢结构房屋的主刚架(图 6-26)一般采用变截面实腹刚架,主刚架斜梁下翼缘和刚架柱内翼缘的平面外稳定性,由与檩条或墙梁相连接的隅撑来保证(图 6-27、图 6-28)。

6.3.3 山墙刚架构造

当轻型钢结构建筑存在吊车起重系统并且延伸到建筑物端部,或需要在山墙上开大面积无障碍门洞,应采用门式刚架端墙这种典型的构造形式。

刚架端墙由门式刚框架、抗风柱和墙架檩条组成。抗风柱上下端铰接,被设计成只承受水平风荷载作用的抗弯构件,由与之相连的墙梁提供柱子的侧向支撑。采用刚架的山墙形式,由于端刚架和中间标准刚架的尺寸完全相同,比较容易处理支撑连接节点,可以把支撑系统设置在结构的端开间。

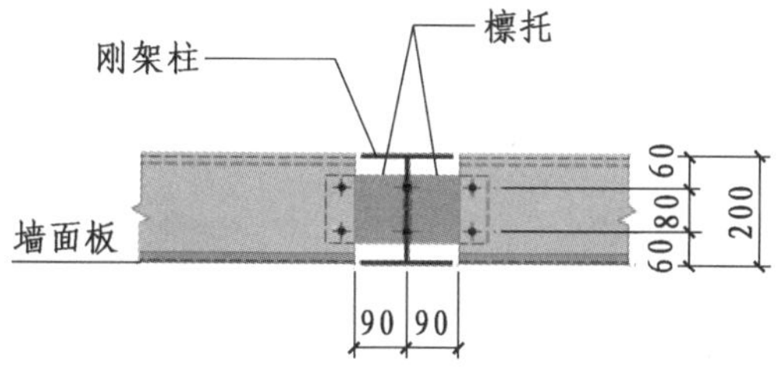
檩托
刚架柱
墙面板
60
80
60
200
90
90

a)节点A详图

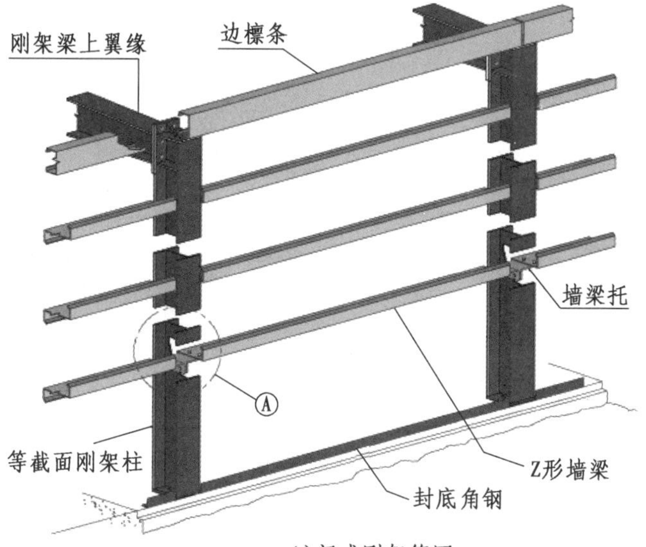
刚架梁上翼缘
边檩条
墙梁托
A
等截面刚架柱
Z形墙梁
封底角钢

b)门式刚架简图

图6-25　门式刚架柱与墙梁(尺寸单位:mm)

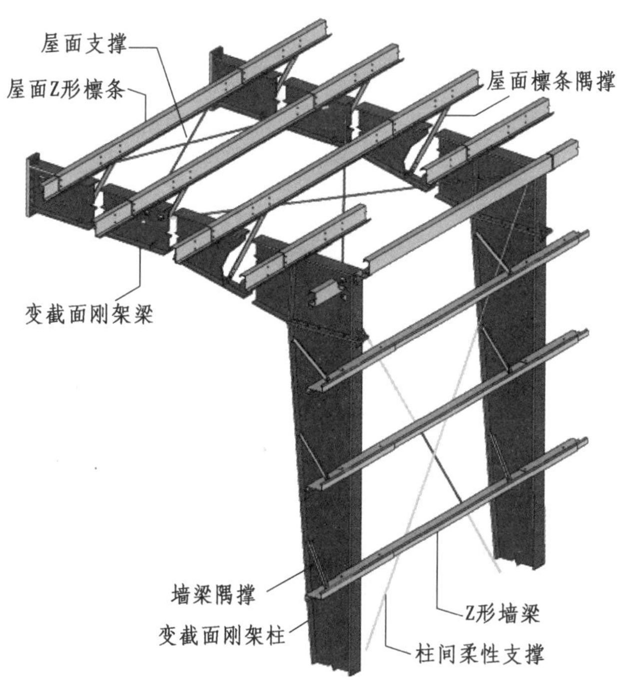
屋面支撑
屋面Z形檩条
屋面檩条隅撑
变截面刚架梁
墙梁隅撑
变截面刚架柱
Z形墙梁
柱间柔性支撑

图6-26　变截面刚架梁柱、檩条和墙梁

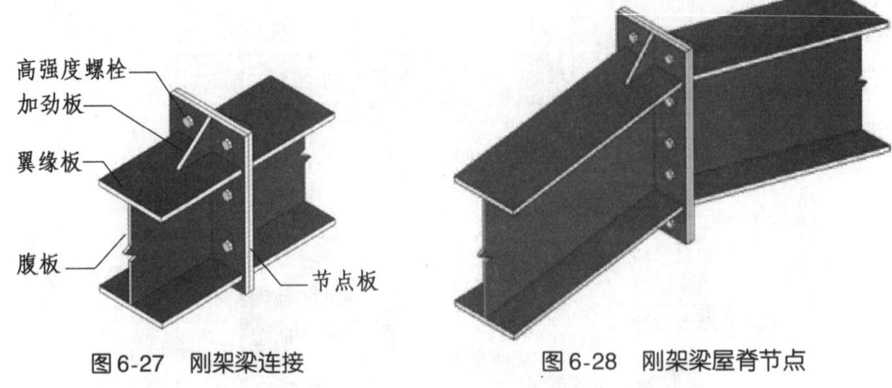
高强度螺栓
加劲板
翼缘板
腹板
节点板

图6-27　刚架梁连接　　图6-28　刚架梁屋脊节点

6.3.4　托梁及屋面单梁

当某榀刚架柱因为建筑净空需要被抽除时,托梁通常横跨在相邻的两榀框架柱之间,支承已抽柱位置上的中间那榀框架上的斜梁。托梁是承受竖向荷载的结构构件,按照位置分为边跨托梁(图6-29)与跨中托梁(图6-30)。

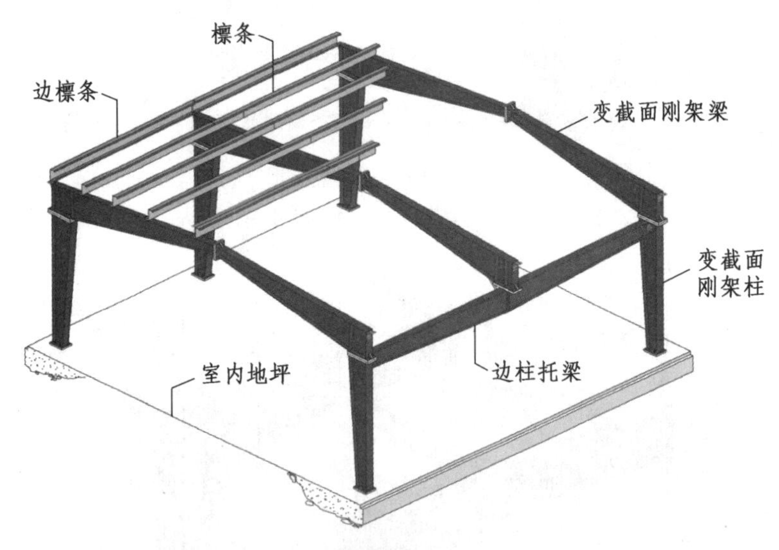
檩条
边檩条
变截面刚架梁
变截面
刚架柱
室内地坪
边柱托梁

图6-29　边跨托梁

在多跨厂房或仓库内部,当为了满足建筑净空要求而必须抽去一个或多个内部柱子时,托梁常放置在柱顶。当大梁直接搁置在托梁顶部时,需要额外添加隅撑为托梁下翼缘提供面外的支撑。钢托梁可以是通常的工字形组合截面梁或楔形组合截面梁,楔形组合截面梁可以是平顶斜底也可以是平底斜顶。

在混凝土结构上部搭建的钢结构屋面系统称为屋面钢结构。这种钢结构包括屋面梁、檩条、屋面支撑和屋面板(图6-31)。与全钢结构系统比较,当跨度较大时,采用屋面钢结构是不经济的。

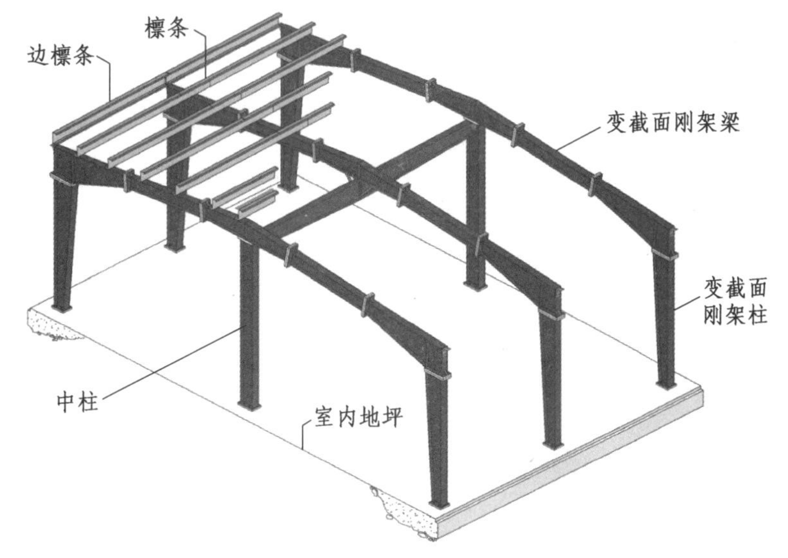
檩条
边檩条
变截面刚架梁
变截面
刚架柱
中柱
室内地坪

图 6-30　跨中托梁

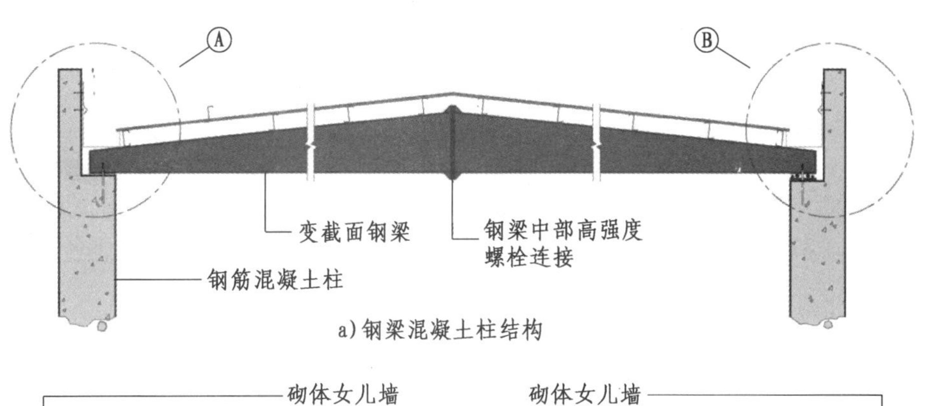
A
B
变截面钢梁
钢梁中部高强度
螺栓连接
钢筋混凝土柱

a) 钢梁混凝土柱结构

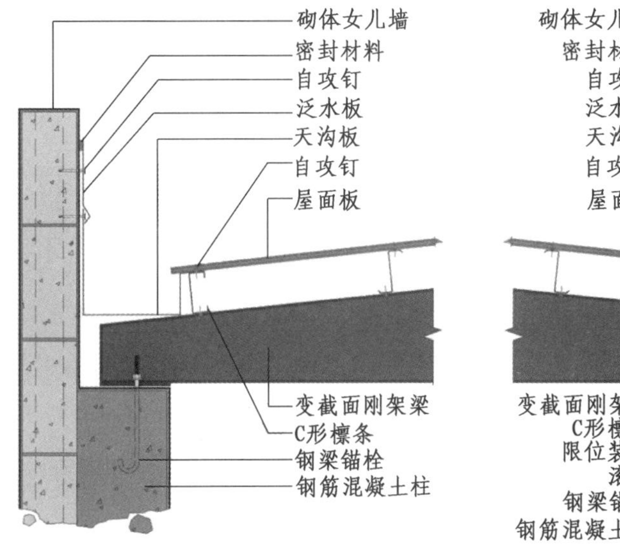
砌体女儿墙
密封材料
自攻钉
泛水板
天沟板
自攻钉
屋面板
变截面刚架梁
C形檩条
钢梁锚栓
钢筋混凝土柱

b) 节点A：钢梁铰接做法

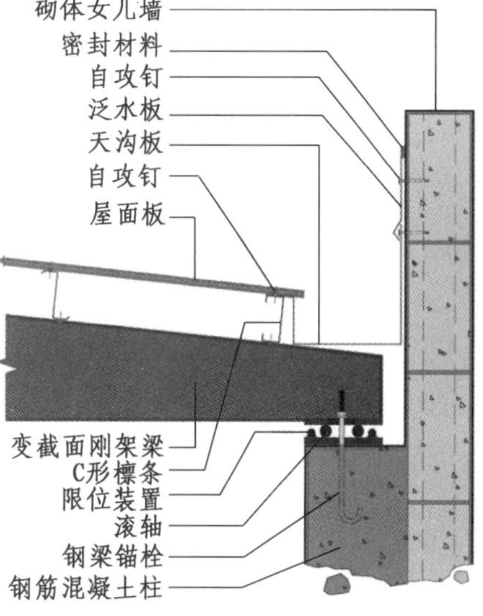
砌体女儿墙
密封材料
自攻钉
泛水板
天沟板
自攻钉
屋面板
变截面刚架梁
C形檩条
限位装置
滚轴
钢梁锚栓
钢筋混凝土柱

c) 节点B：钢梁滚轴支座做法

图 6-31　钢筋混凝土柱钢屋盖示意图

屋面钢结构的大梁搁置在混凝土柱顶的预埋钢板上，并通过埋在混凝土中的锚栓固定。柱一般不能承受较大的水平推力，因此设计时允许梁的一端支座可以做水平滑移，在构造上可以通过开长的椭圆孔来实现。

6.3.5 梁柱常见构造

梁柱常见构造见图纸 6-10 ~ 图纸 6-17。

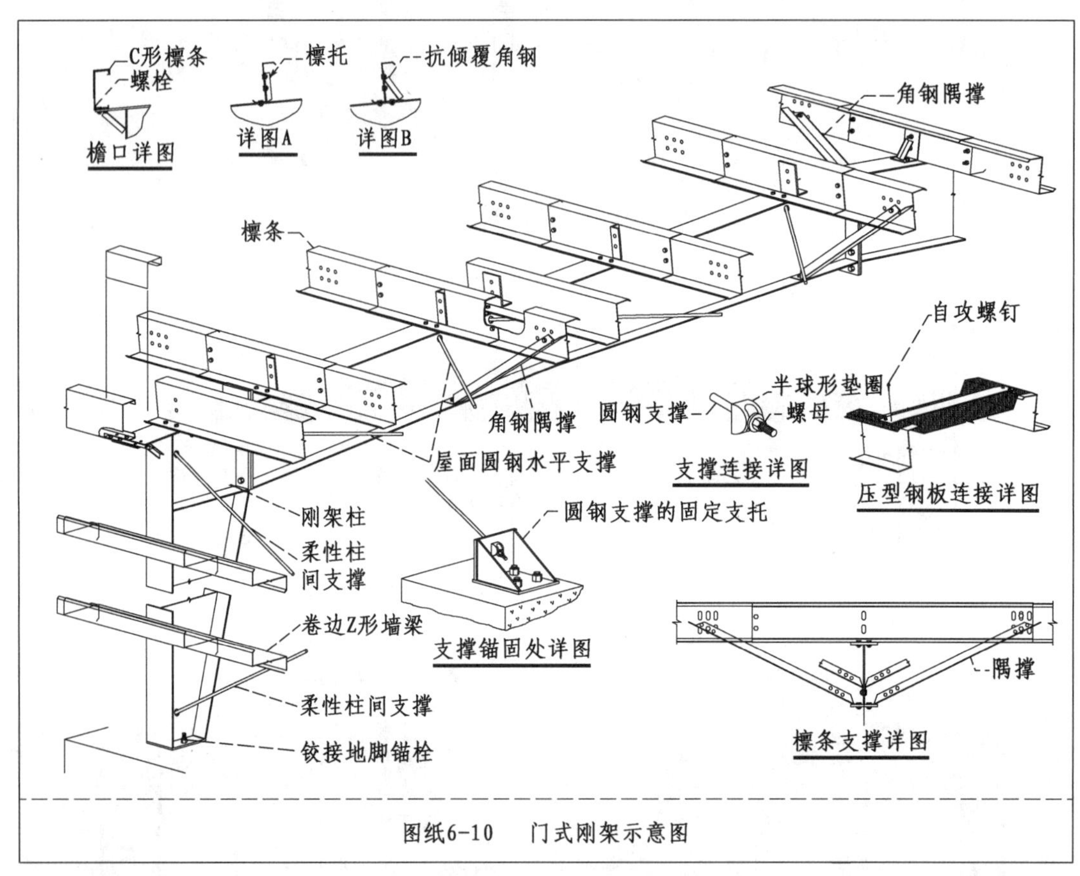
C形檩条
螺栓
檐口详图
檩托
详图A
抗倾覆角钢
详图B
角钢隅撑
檩条
自攻螺钉
半球形垫圈
圆钢支撑
螺母
角钢隅撑
屋面圆钢水平支撑
支撑连接详图
压型钢板连接详图
刚架柱
柔性柱
间支撑
圆钢支撑的固定支托
卷边Z形墙梁
支撑锚固处详图
隅撑
柔性柱间支撑
铰接地脚锚栓
檩条支撑详图

图纸6-10　门式刚架示意图

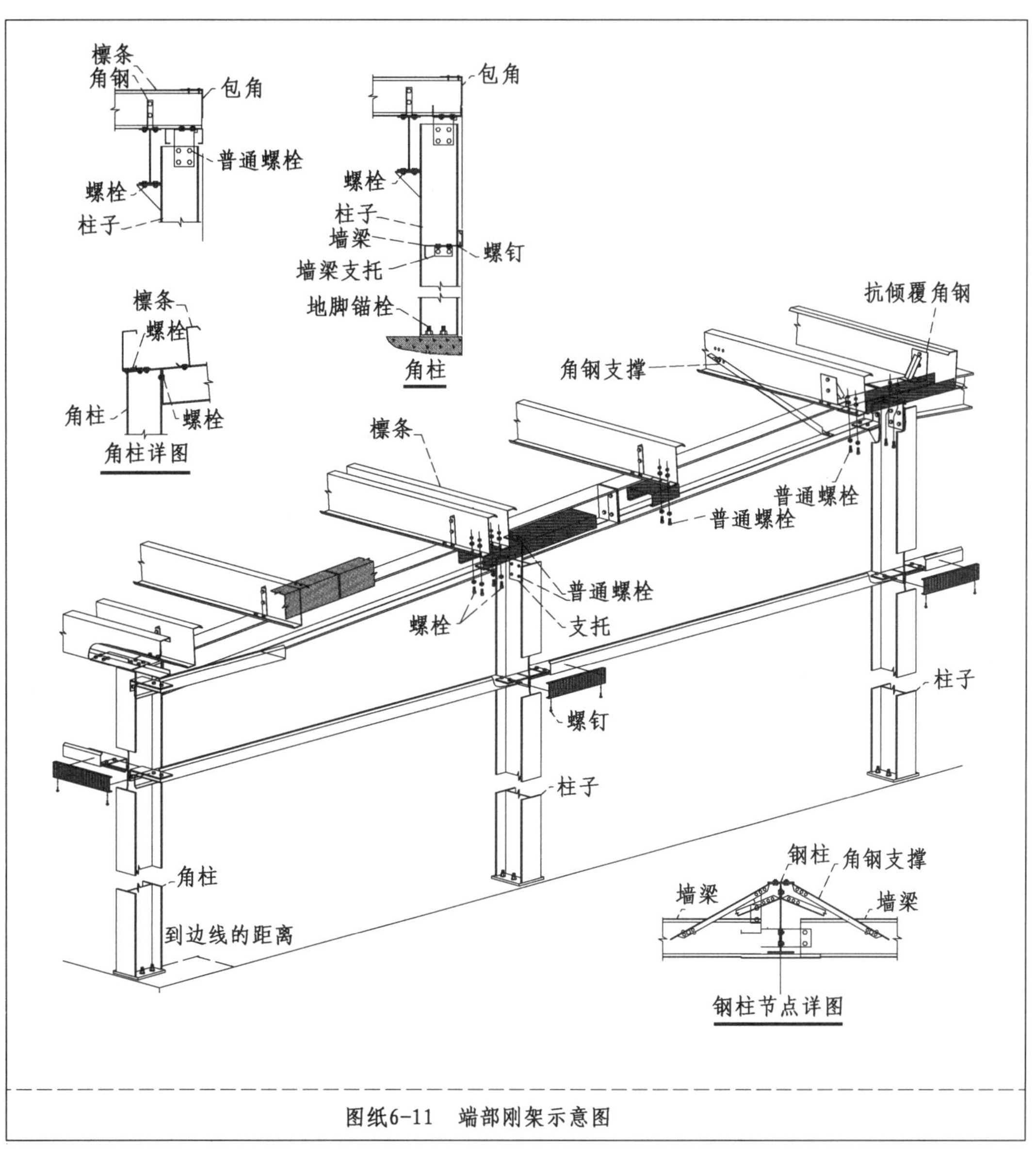
檩条
角钢
包角
普通螺栓
螺栓
柱子
包角
螺栓
柱子
墙梁
螺钉
墙梁支托
地脚锚栓
角柱
檩条
螺栓
角柱
螺栓
角柱详图
抗倾覆角钢
角钢支撑
檩条
普通螺栓
普通螺栓
普通螺栓
螺栓
支托
柱子
螺钉
柱子
角柱
到边线的距离
钢柱
角钢支撑
墙梁
墙梁
钢柱节点详图

图纸6-11　端部刚架示意图

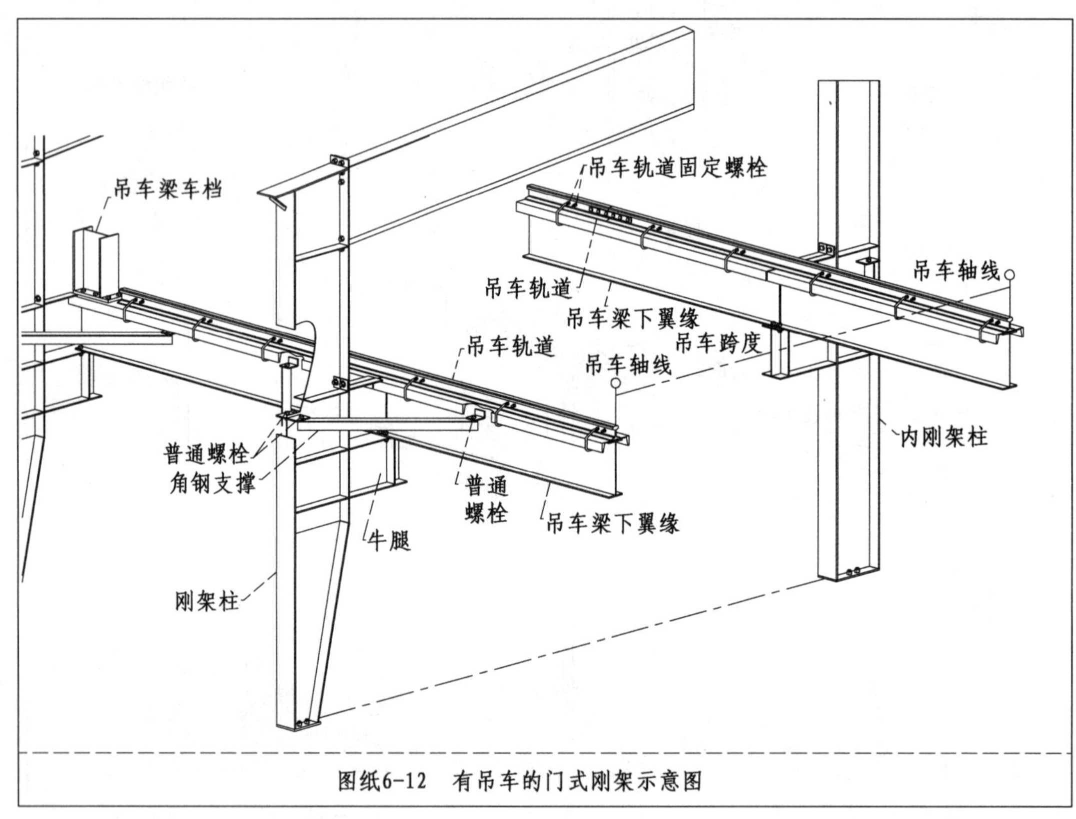
吊车梁车档
吊车轨道固定螺栓
吊车轨道
吊车梁下翼缘
吊车轴线
吊车轨道
吊车跨度
吊车轴线
普通螺栓
角钢支撑
普通
螺栓
吊车梁下翼缘
内刚架柱
牛腿
刚架柱

图纸6-12　有吊车的门式刚架示意图

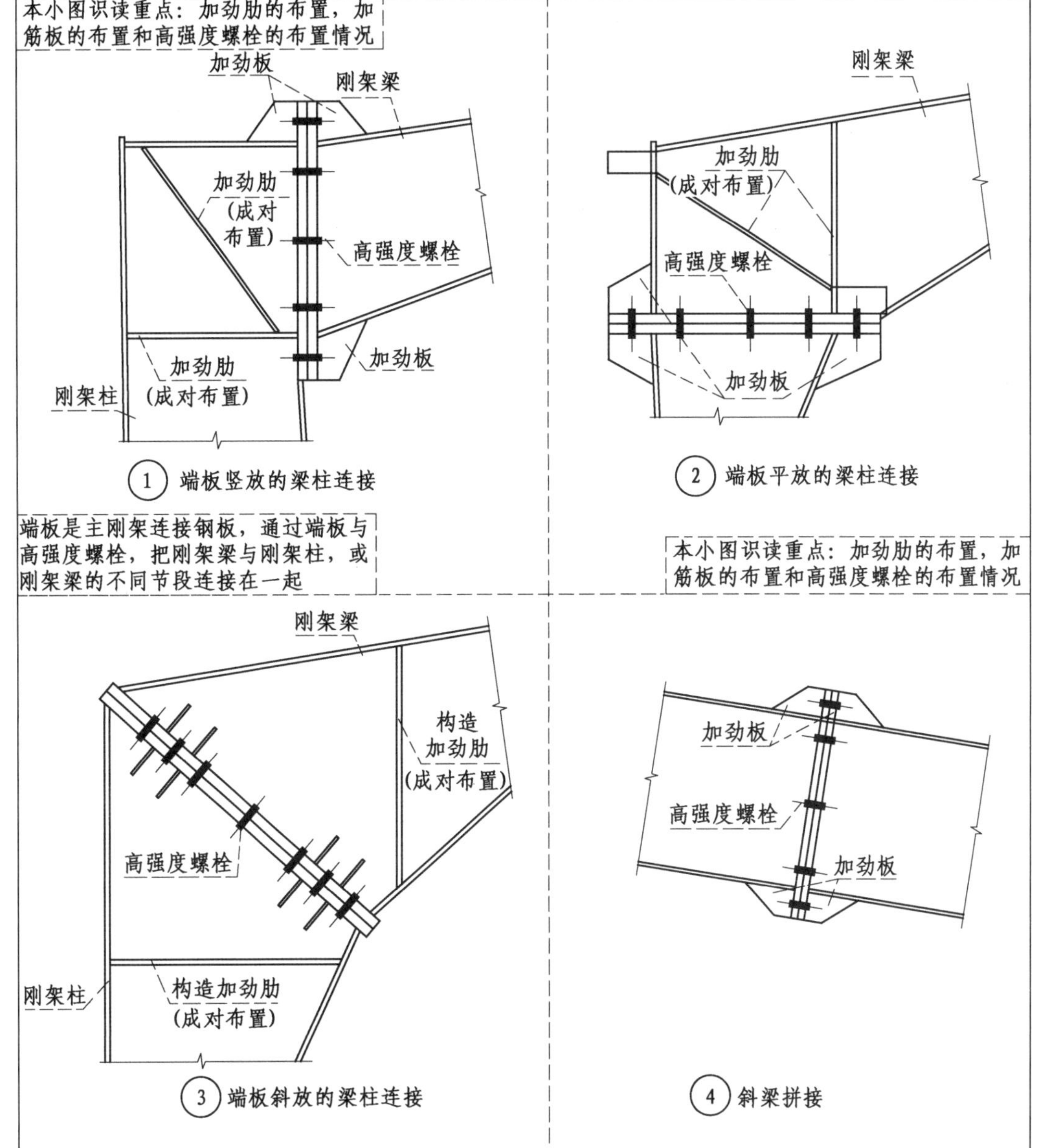

本小图识读重点：加劲肋的布置，加筋板的布置和高强度螺栓的布置情况
加劲板
刚架梁
加劲肋
(成对布置)
高强度螺栓
加劲板
加劲肋
(成对布置)
刚架柱
① 端板竖放的梁柱连接
端板是主刚架连接钢板，通过端板与高强度螺栓，把刚架梁与刚架柱，或刚架梁的不同节段连接在一起
刚架梁
加劲肋
(成对布置)
高强度螺栓
加劲板
② 端板平放的梁柱连接
本小图识读重点：加劲肋的布置，加筋板的布置和高强度螺栓的布置情况
刚架梁
构造
加劲肋
(成对布置)
高强度螺栓
刚架柱
构造加劲肋
(成对布置)
③ 端板斜放的梁柱连接
本小图识读重点：加劲肋的布置，加筋板的布置和高强度螺栓的布置情况
加劲板
高强度螺栓
加劲板
④ 斜梁拼接
本小图识读重点：加劲肋的布置，加筋板的布置和高强度螺栓的布置情况

图纸6-13　刚架梁、柱连接

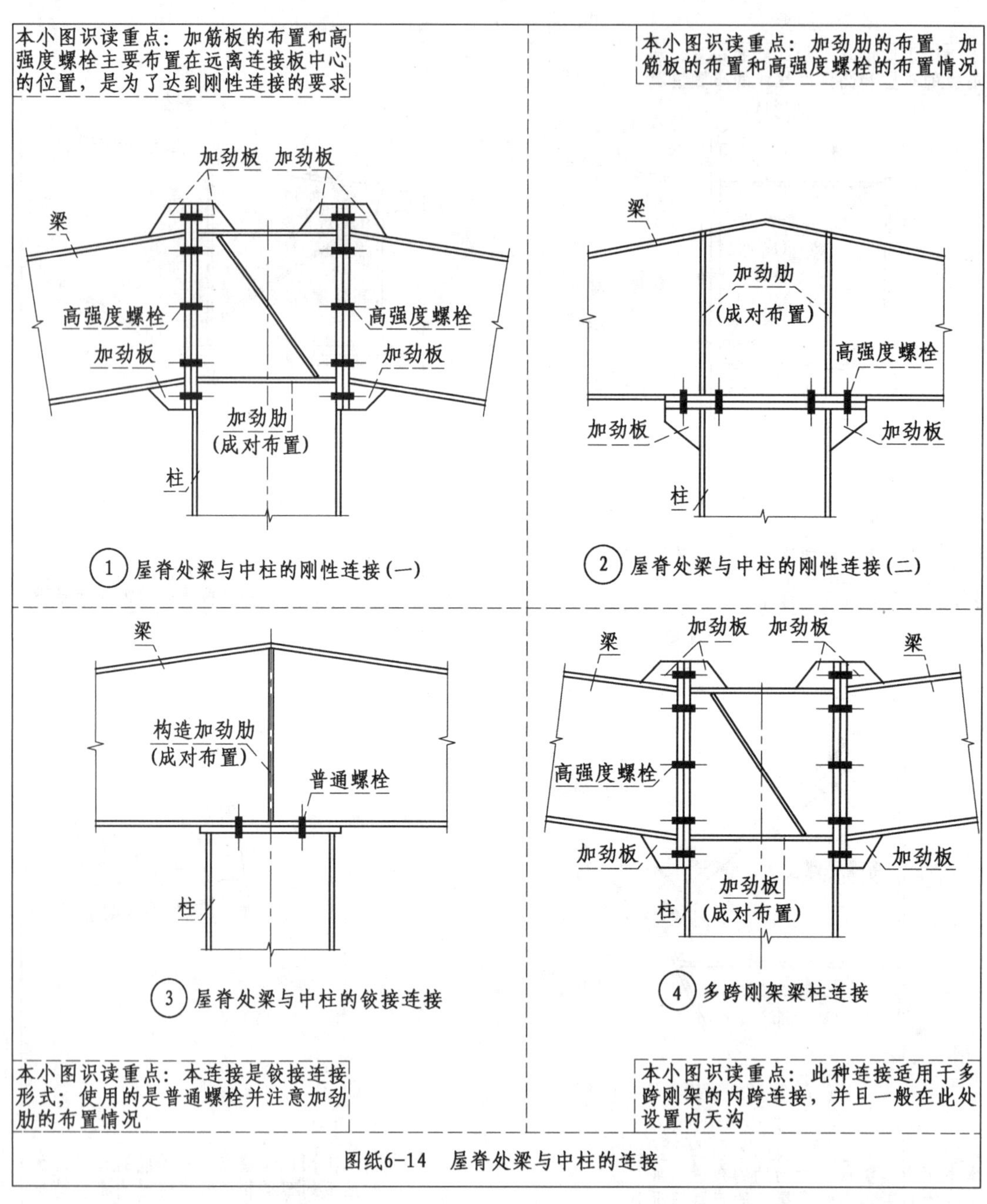
本小图识读重点：加筋板的布置和高强度螺栓主要布置在远离连接板中心的位置，是为了达到刚性连接的要求
加劲板 加劲板
梁
高强度螺栓
高强度螺栓
加劲板
加劲板
加劲肋
(成对布置)
柱
1 屋脊处梁与中柱的刚性连接(一)
本小图识读重点：加劲肋的布置，加筋板的布置和高强度螺栓的布置情况
梁
加劲肋
(成对布置)
高强度螺栓
加劲板
加劲板
柱
2 屋脊处梁与中柱的刚性连接(二)
梁
构造加劲肋
(成对布置)
普通螺栓
柱
3 屋脊处梁与中柱的铰接连接
本小图识读重点：本连接是铰接连接形式；使用的是普通螺栓并注意加劲肋的布置情况
加劲板 加劲板
梁
梁
高强度螺栓
加劲板
加劲板
加劲板
(成对布置)
柱
4 多跨刚架梁柱连接
本小图识读重点：此种连接适用于多跨刚架的内跨连接，并且一般在此处设置内天沟

图纸6-14 屋脊处梁与中柱的连接

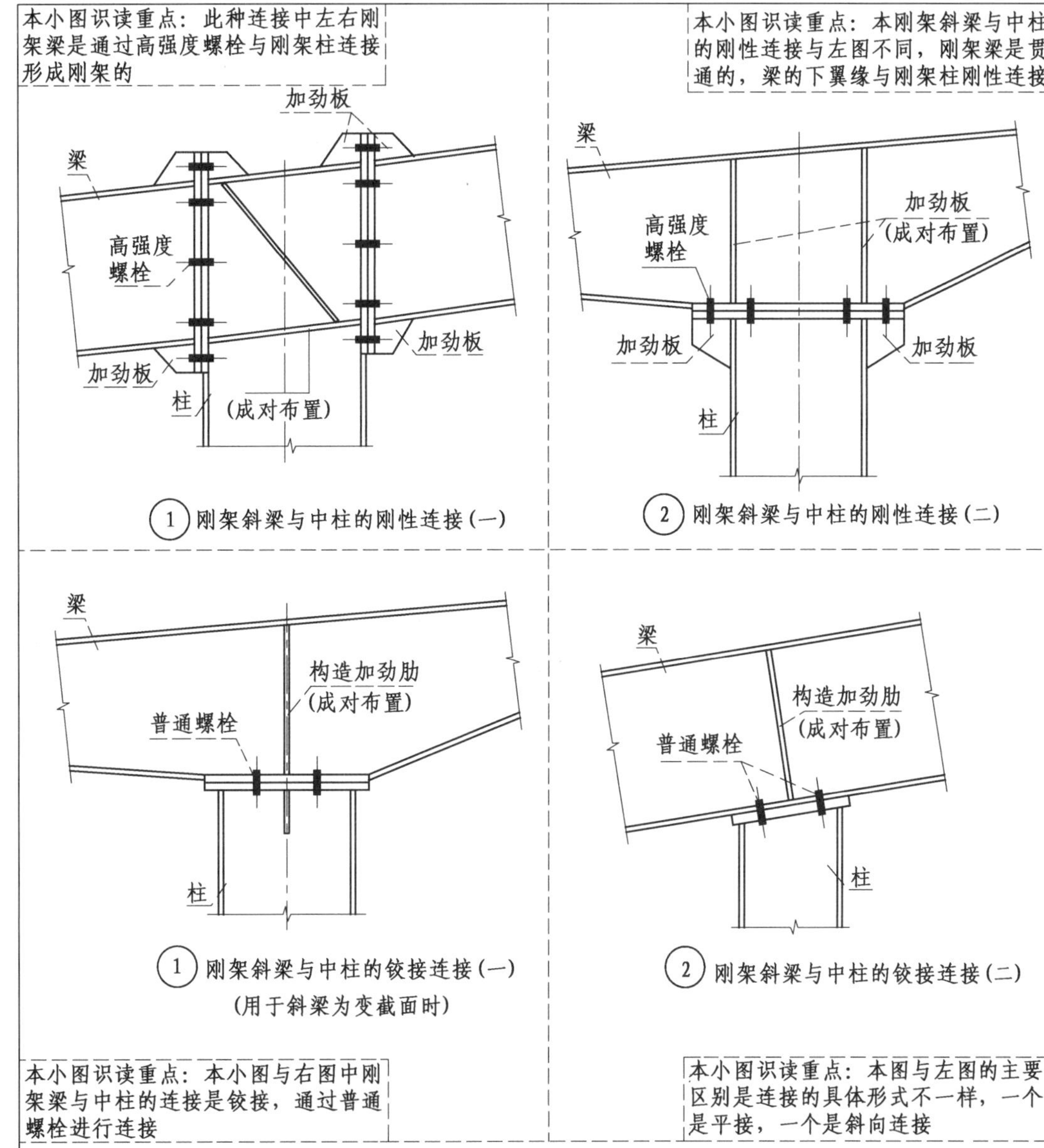
本小图识读重点：此种连接中左右刚架梁是通过高强度螺栓与刚架柱连接形成刚架的
加劲板
梁
高强度
螺栓
加劲板
加劲板
柱
(成对布置)
1 刚架斜梁与中柱的刚性连接(一)
本小图识读重点：本刚架斜梁与中柱的刚性连接与左图不同，刚架梁是贯通的，梁的下翼缘与刚架柱刚性连接
梁
加劲板
(成对布置)
高强度
螺栓
加劲板
加劲板
柱
2 刚架斜梁与中柱的刚性连接(二)
梁
构造加劲肋
(成对布置)
普通螺栓
柱
1 刚架斜梁与中柱的铰接连接(一)
(用于斜梁为变截面时)
梁
构造加劲肋
(成对布置)
普通螺栓
柱
2 刚架斜梁与中柱的铰接连接(二)
本小图识读重点：本小图与右图中刚架梁与中柱的连接是铰接，通过普通螺栓进行连接
本小图识读重点：本图与左图的主要区别是连接的具体形式不一样，一个是平接，一个是斜向连接

图纸6-15 刚架斜梁与中柱的连接

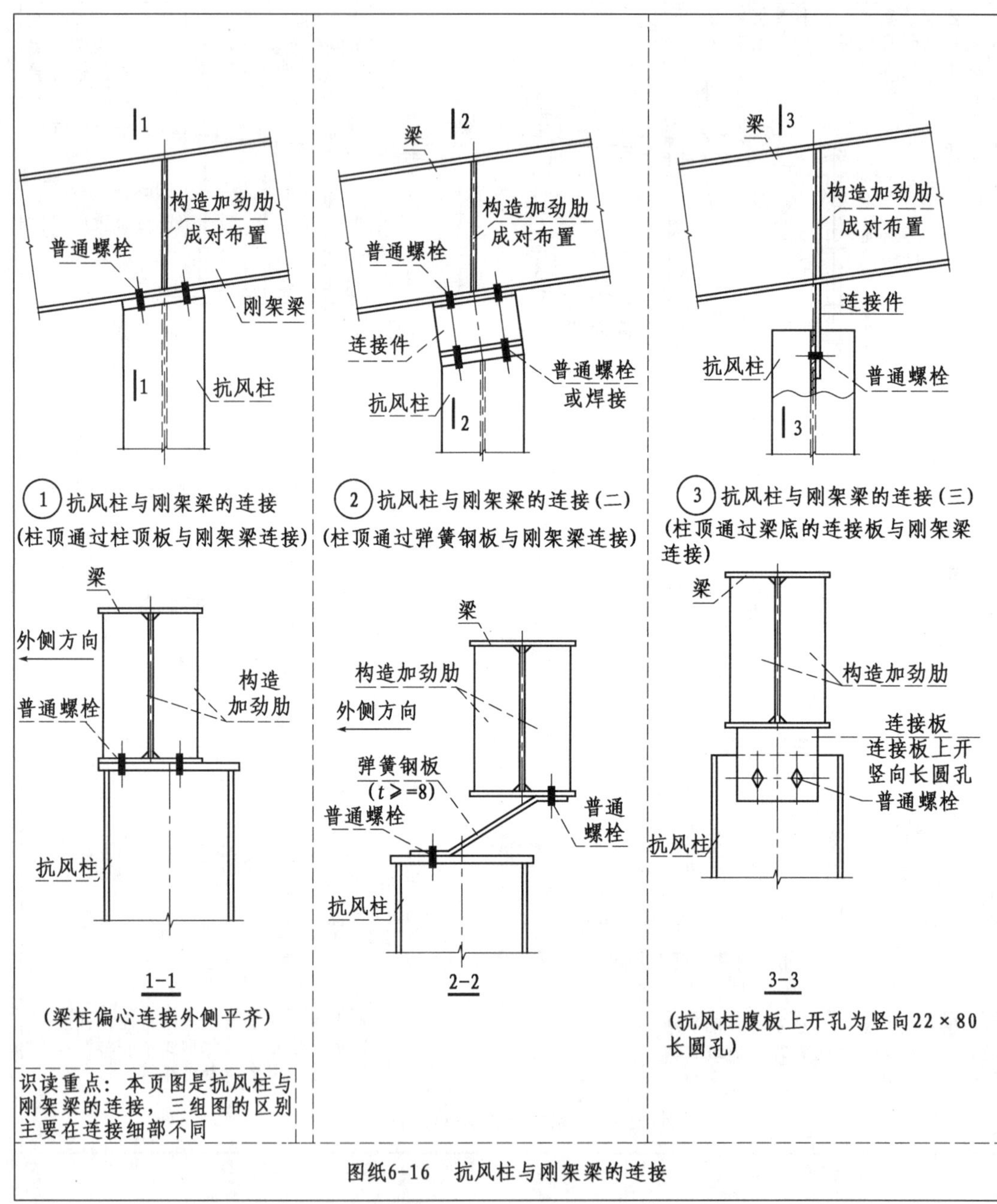
1
1
普通螺栓
构造加劲肋
成对布置
刚架梁
抗风柱
1 抗风柱与刚架梁的连接
(柱顶通过柱顶板与刚架梁连接)
2
2
梁
普通螺栓
构造加劲肋
成对布置
连接件
普通螺栓
或焊接
抗风柱
2 抗风柱与刚架梁的连接(二)
(柱顶通过弹簧钢板与刚架梁连接)
3
3
梁
构造加劲肋
成对布置
连接件
抗风柱
普通螺栓
3 抗风柱与刚架梁的连接(三)
(柱顶通过梁底的连接板与刚架梁
连接)
梁
外侧方向
普通螺栓
构造
加劲肋
抗风柱
1-1
(梁柱偏心连接外侧平齐)
梁
构造加劲肋
外侧方向
弹簧钢板
(t≥=8)
普通螺栓
普通
螺栓
抗风柱
2-2
梁
构造加劲肋
连接板
连接板上开
竖向长圆孔
普通螺栓
抗风柱
3-3
(抗风柱腹板上开孔为竖向22×80
长圆孔)
识读重点：本页图是抗风柱与
刚架梁的连接，三组图的区别
主要在连接细部不同

图纸6-16　抗风柱与刚架梁的连接

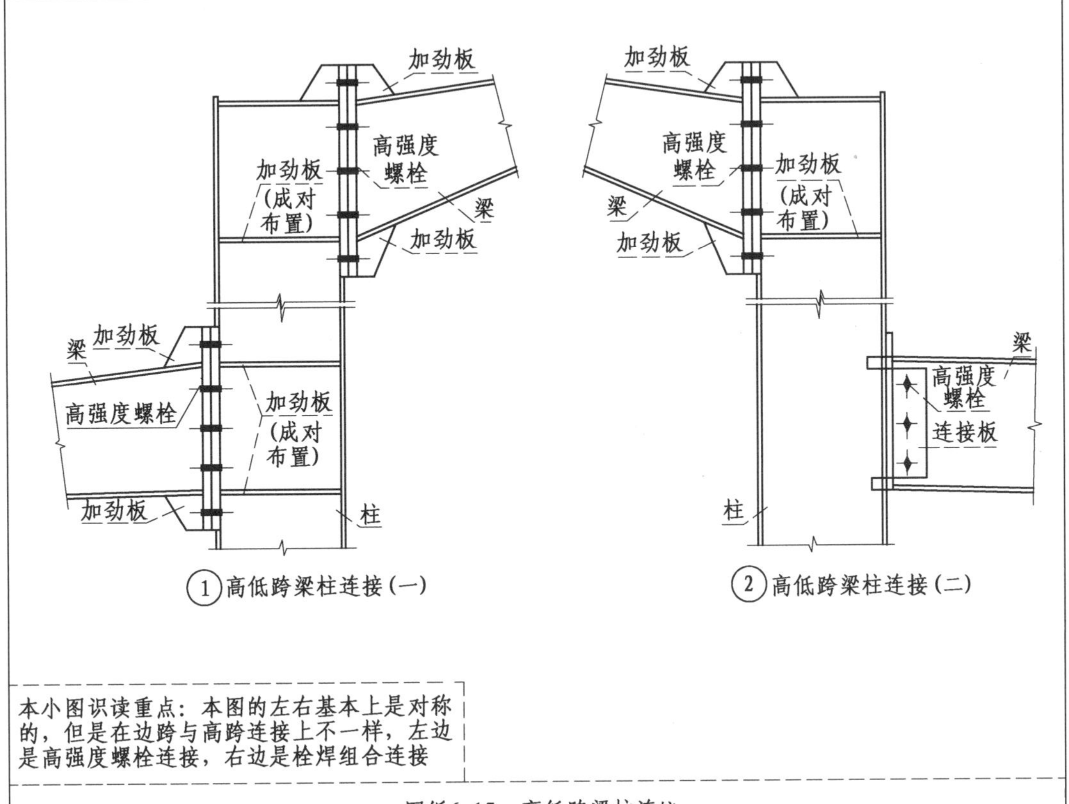
加劲板
高强度
螺栓
加劲板
(成对
布置)
梁
加劲板
梁
加劲板
高强度螺栓
加劲板
(成对
布置)
加劲板
柱
1 高低跨梁柱连接(一)
加劲板
高强度
螺栓
加劲板
(成对
布置)
梁
加劲板
梁
高强度
螺栓
连接板
柱
2 高低跨梁柱连接(二)

本小图识读重点：本图的左右基本上是对称的，但是在边跨与高跨连接上不一样，左边是高强度螺栓连接，右边是栓焊组合连接

图纸6-17　高低跨梁柱连接

6.3.6 节点图识读示例

节点图识读示例见图纸6-18～图纸6-22。

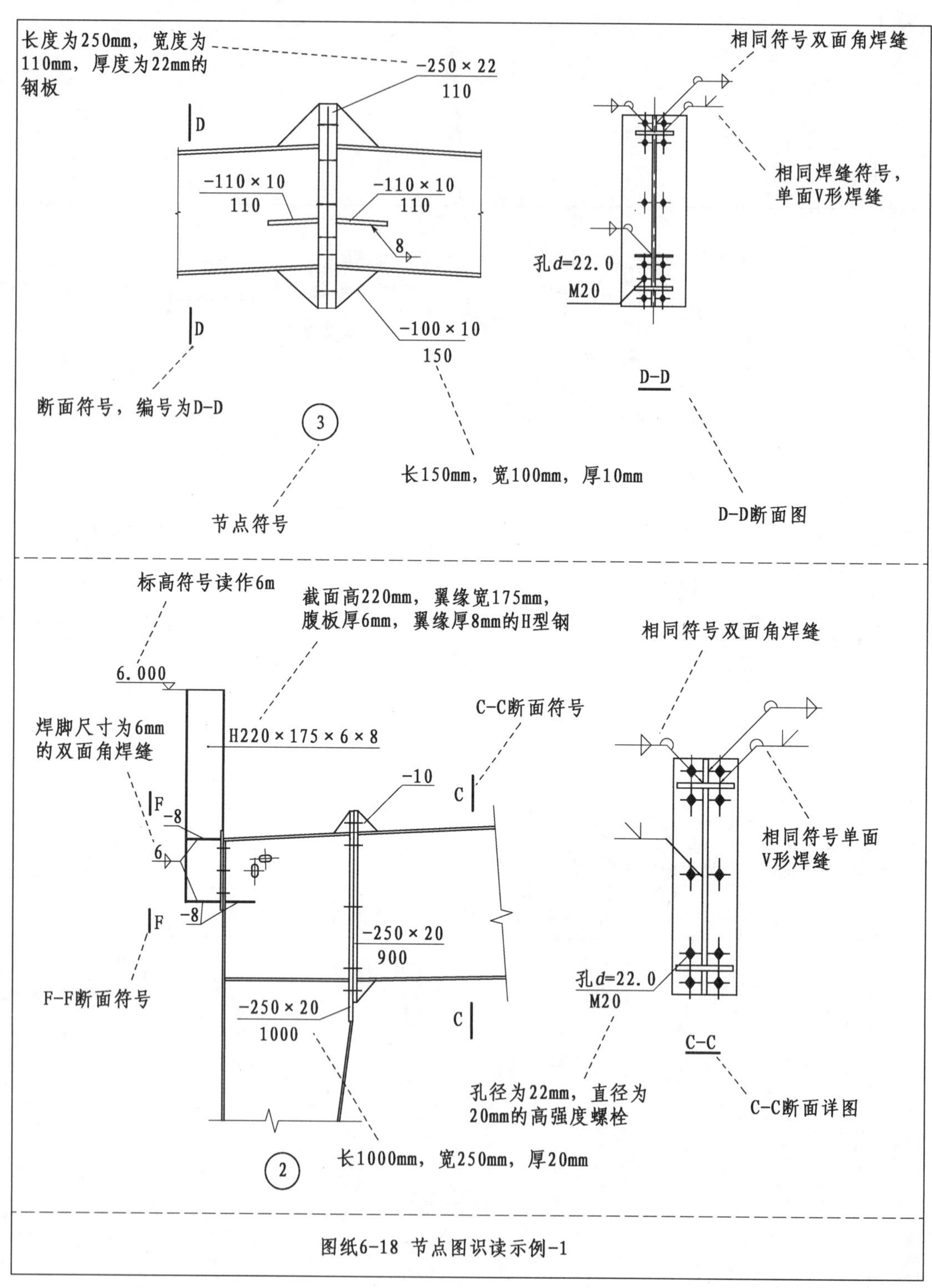

长度为250mm，宽度为110mm，厚度为22mm的钢板
-250×22
110
相同符号双面角焊缝
D
-110×10
110
-110×10
110
8
相同焊缝符号，单面V形焊缝
孔d=22.0
M20
-100×10
150
断面符号，编号为D-D
D-D
3
长150mm，宽100mm，厚10mm
节点符号
D-D断面图
标高符号读作6m
截面高220mm，翼缘宽175mm，腹板厚6mm，翼缘厚8mm的H型钢
相同符号双面角焊缝
6.000
C-C断面符号
焊脚尺寸为6mm的双面角焊缝
H220×175×6×8
-10
C
F
-8
6
相同符号单面V形焊缝
-8
-250×20
900
-250×20
1000
孔d=22.0
M20
F-F断面符号
C-C
孔径为22mm，直径为20mm的高强度螺栓
C-C断面详图
2
长1000mm，宽250mm，厚20mm

图纸6-18 节点图识读示例-1

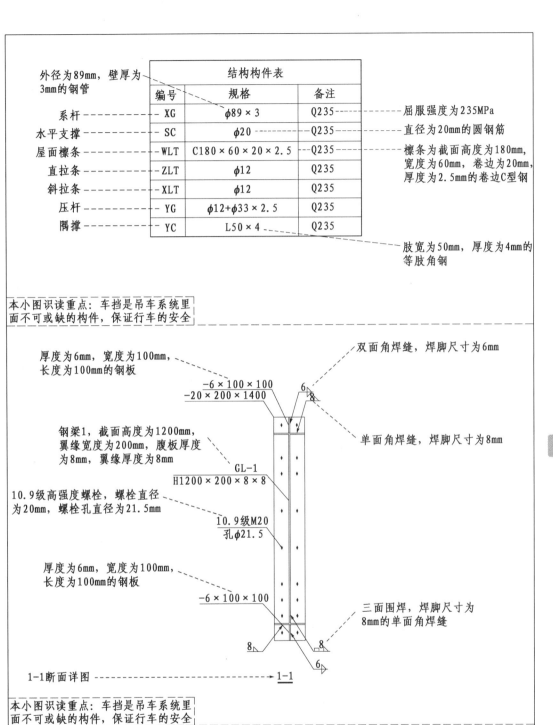

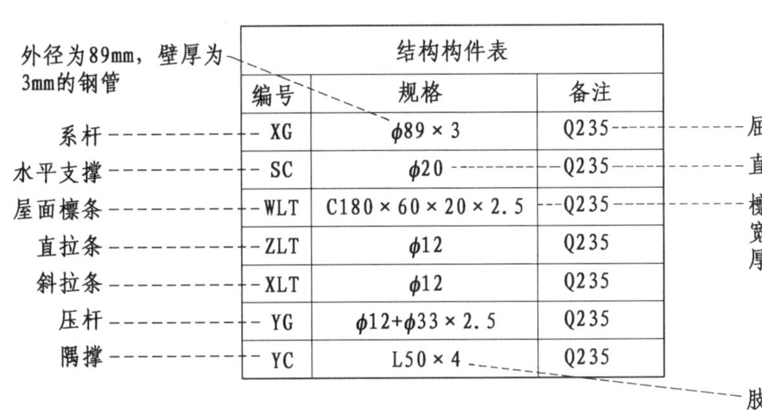

结构构件表

编号	规格	备注
XG	ϕ89 × 3	Q235
SC	ϕ20	Q235
WLT	C180 × 60 × 20 × 2.5	Q235
ZLT	ϕ12	Q235
XLT	ϕ12	Q235
YG	ϕ12+ϕ33 × 2.5	Q235
YC	L50 × 4	Q235

外径为89mm，壁厚为3mm的钢管
系杆
水平支撑
屋面檩条
直拉条
斜拉条
压杆
隅撑
屈服强度为235MPa
直径为20mm的圆钢筋
檩条为截面高度为180mm，宽度为60mm，卷边为20mm，厚度为2.5mm的卷边C型钢
肢宽为50mm，厚度为4mm的等肢角钢

本小图识读重点：车挡是吊车系统里面不可或缺的构件，保证行车的安全

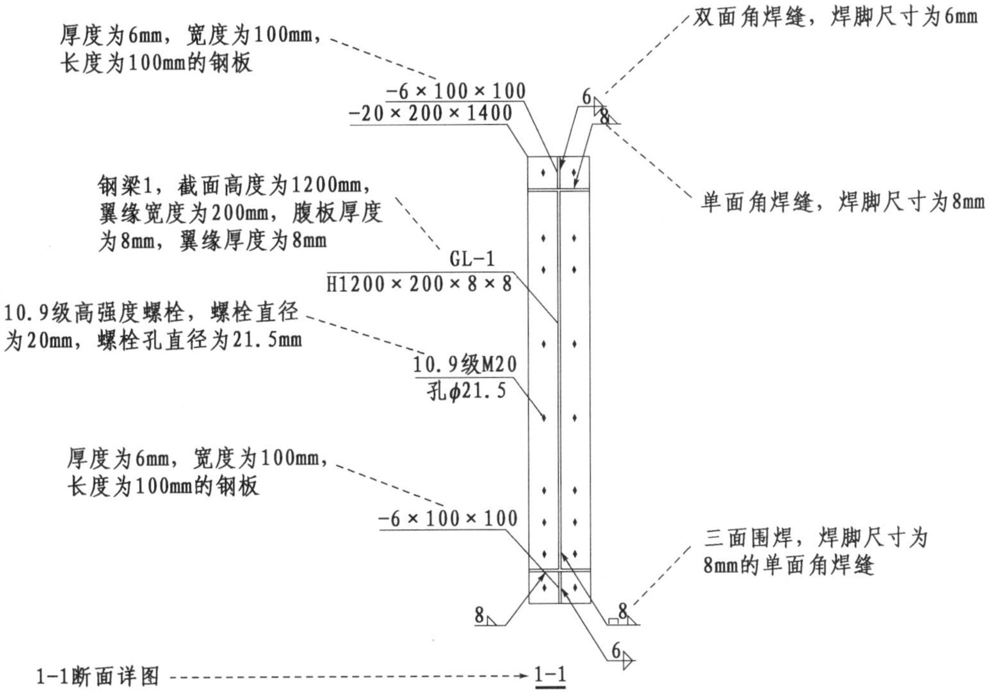

厚度为6mm，宽度为100mm，长度为100mm的钢板

−6 × 100 × 100

−20 × 200 × 1400

双面角焊缝，焊脚尺寸为6mm

6

8

单面角焊缝，焊脚尺寸为8mm

钢梁1，截面高度为1200mm，翼缘宽度为200mm，腹板厚度为8mm，翼缘厚度为8mm

GL-1

H1200 × 200 × 8 × 8

10.9级高强度螺栓，螺栓直径为20mm，螺栓孔直径为21.5mm

10.9级M20

孔ϕ21.5

厚度为6mm，宽度为100mm，长度为100mm的钢板

−6 × 100 × 100

三面围焊，焊脚尺寸为8mm的单面角焊缝

8

8

6

1-1断面详图

1-1

本小图识读重点：车挡是吊车系统里面不可或缺的构件，保证行车的安全

图纸6-19　连接图识读示例-2

第6章 轻型门式刚架

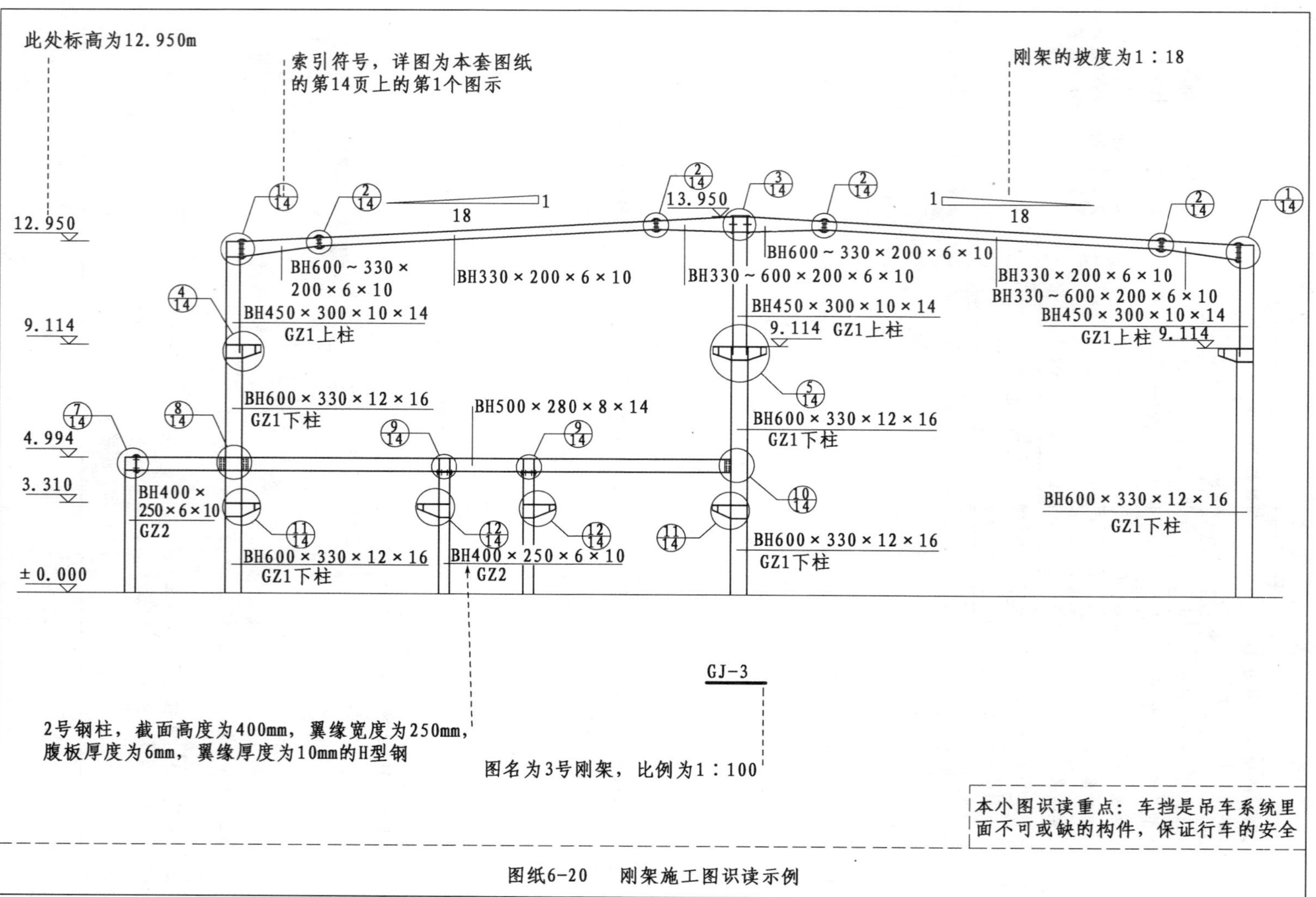

此处标高为12.950m
索引符号，详图为本套图纸的第14页上的第1个图示
刚架的坡度为1：18
12.950
9.114
4.994
3.310
±0.000
13.950
1
18
BH600～330×200×6×10
BH330×200×6×10
BH330～600×200×6×10
BH450×300×10×14
GZ1上柱
9.114
BH600×330×12×16
GZ1下柱
BH500×280×8×14
BH400×250×6×10
GZ2
2号钢柱，截面高度为400mm，翼缘宽度为250mm，腹板厚度为6mm，翼缘厚度为10mm的H型钢
GJ-3
图名为3号刚架，比例为1：100
本小图识读重点：车挡是吊车系统里面不可或缺的构件，保证行车的安全

图纸6-20　刚架施工图识读示例

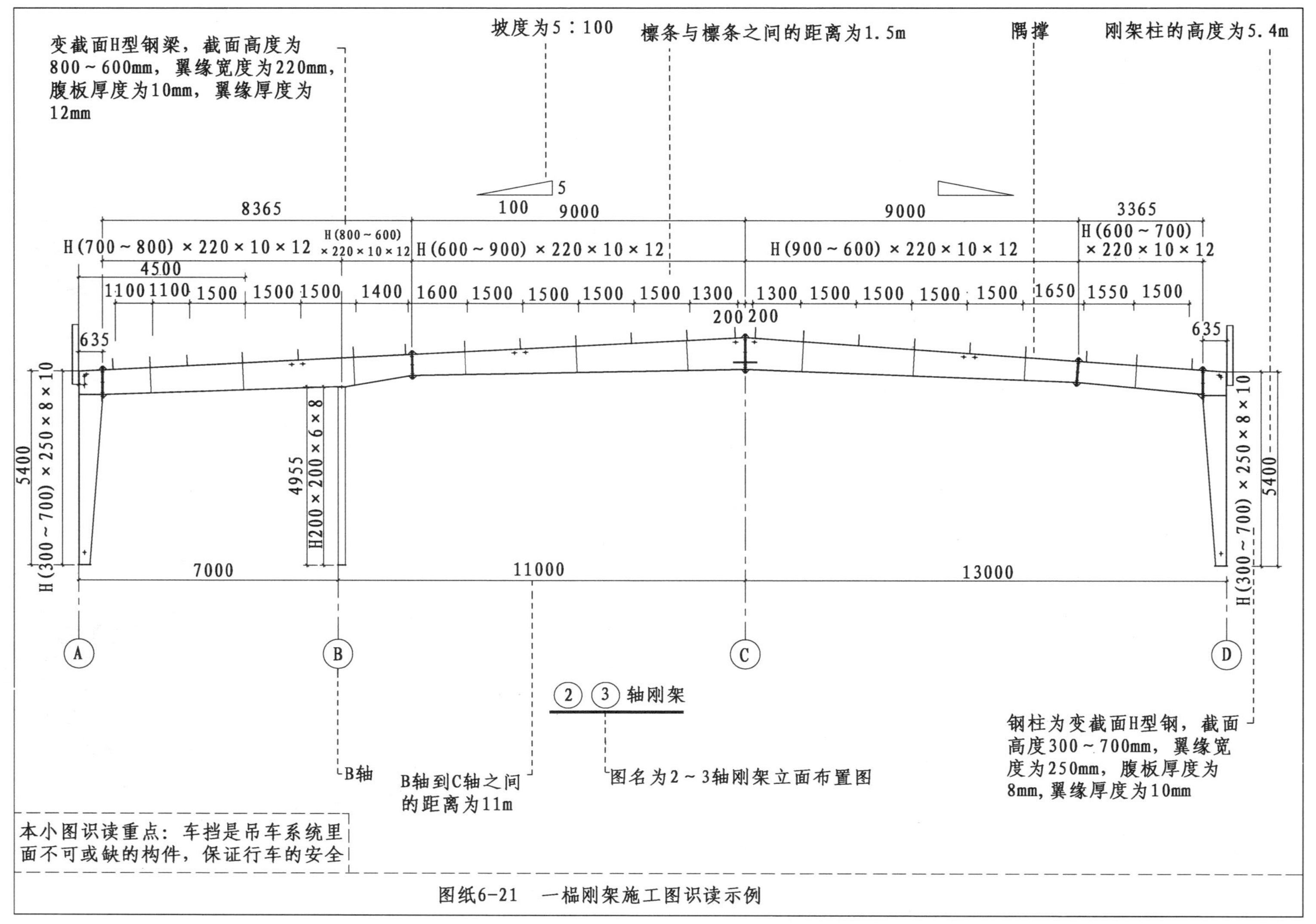
变截面H型钢梁，截面高度为800～600mm，翼缘宽度为220mm，腹板厚度为10mm，翼缘厚度为12mm
坡度为5：100
檩条与檩条之间的距离为1.5m
隅撑
刚架柱的高度为5.4m
5
100
8365
9000
9000
3365
H(700～800)×220×10×12
H(800～600)×220×10×12
H(600～900)×220×10×12
H(900～600)×220×10×12
H(600～700)×220×10×12
4500
1100 1100 1500 1500 1500 1400 1600 1500 1500 1500 1500 1300 1300 1500 1500 1500 1500 1650 1550 1500
200 200
635
635
5400
H(300～700)×250×8×10
4955
H200×200×6×8
H(300～700)×250×8×10
5400
7000
11000
13000
A
B
C
D
② ③ 轴刚架
B轴
B轴到C轴之间的距离为11m
图名为2～3轴刚架立面布置图
钢柱为变截面H型钢，截面高度300～700mm，翼缘宽度为250mm，腹板厚度为8mm，翼缘厚度为10mm
本小图识读重点：车挡是吊车系统里面不可或缺的构件，保证行车的安全

图纸6-21 一榀刚架施工图识读示例

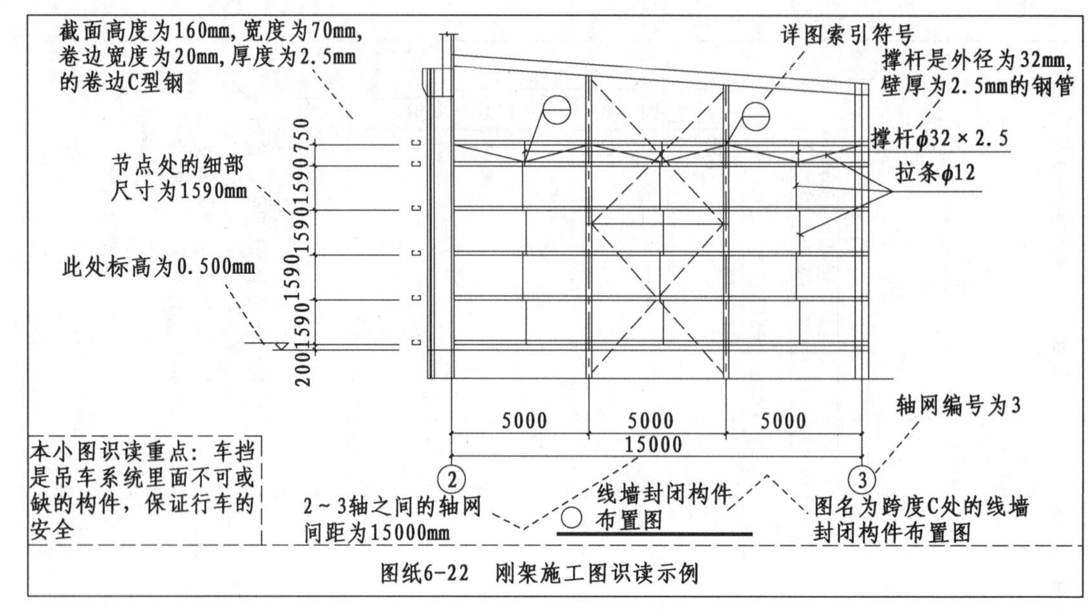
截面高度为160mm,宽度为70mm,
卷边宽度为20mm,厚度为2.5mm
的卷边C型钢
详图索引符号
撑杆是外径为32mm,
壁厚为2.5mm的钢管
撑杆ϕ32×2.5
拉条ϕ12
节点处的细部
尺寸为1590mm
此处标高为0.500mm
750
1590
1590
1590
1590
200
5000
5000
5000
15000
轴网编号为3
本小图识读重点:车挡是吊车系统里面不可或缺的构件,保证行车的安全
2~3轴之间的轴网间距为15000mm
线墙封闭构件
布置图
图名为跨度C处的线墙封闭构件布置图
图纸6-22　刚架施工图识读示例

6.4　吊车梁与牛腿构造

桥式起重机是横架于车间、仓库和料场上空进行物料吊运的起重设备。它的两端坐落在高大的水泥柱或者金属支架上,形状似桥。桥式起重机的桥架沿铺设在两侧高架上的轨道纵向运行,可以充分利用桥架下面的空间吊运物料,不受地面设备的阻碍。它是使用范围最广、数量最多的一种起重机械。

悬挂式吊车(图6-32)属于轻小型的起重设备。悬挂式吊车分为两种:单梁式及双梁式。

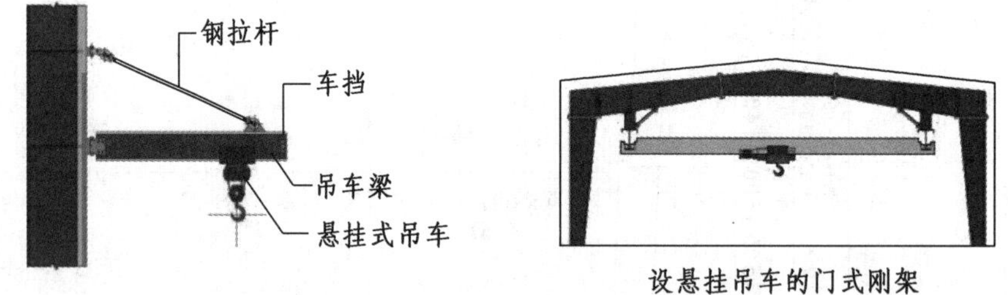
钢拉杆
车挡
吊车梁
悬挂式吊车
设悬挂吊车的门式刚架
图6-32　悬挂式吊车

钢吊车梁(图6-33)是支撑桥式起重机运行的梁结构。梁上有吊车轨道,起重机通过轨

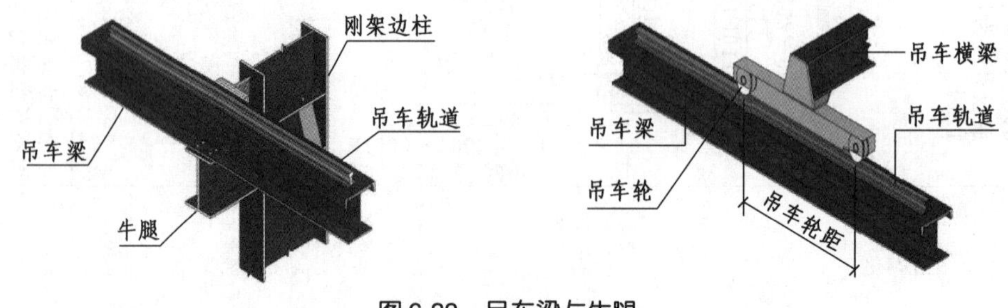
刚架边柱
吊车轨道
吊车梁
牛腿
吊车横梁
吊车梁
吊车轨道
吊车轮
吊车轮距
图6-33　吊车梁与牛腿

道在吊车梁上来回行驶。钢牛腿(图6-34)是吊车梁与柱子连接点,这个连接点主要承受弯矩、剪力。平板支座吊车梁连接见图纸6-23,吊车梁的其他连接见图纸6-24。

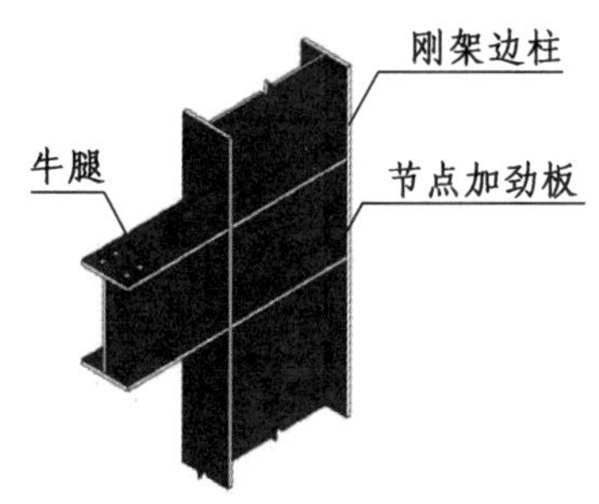

刚架边柱
牛腿
节点加劲板

图6-34　牛腿

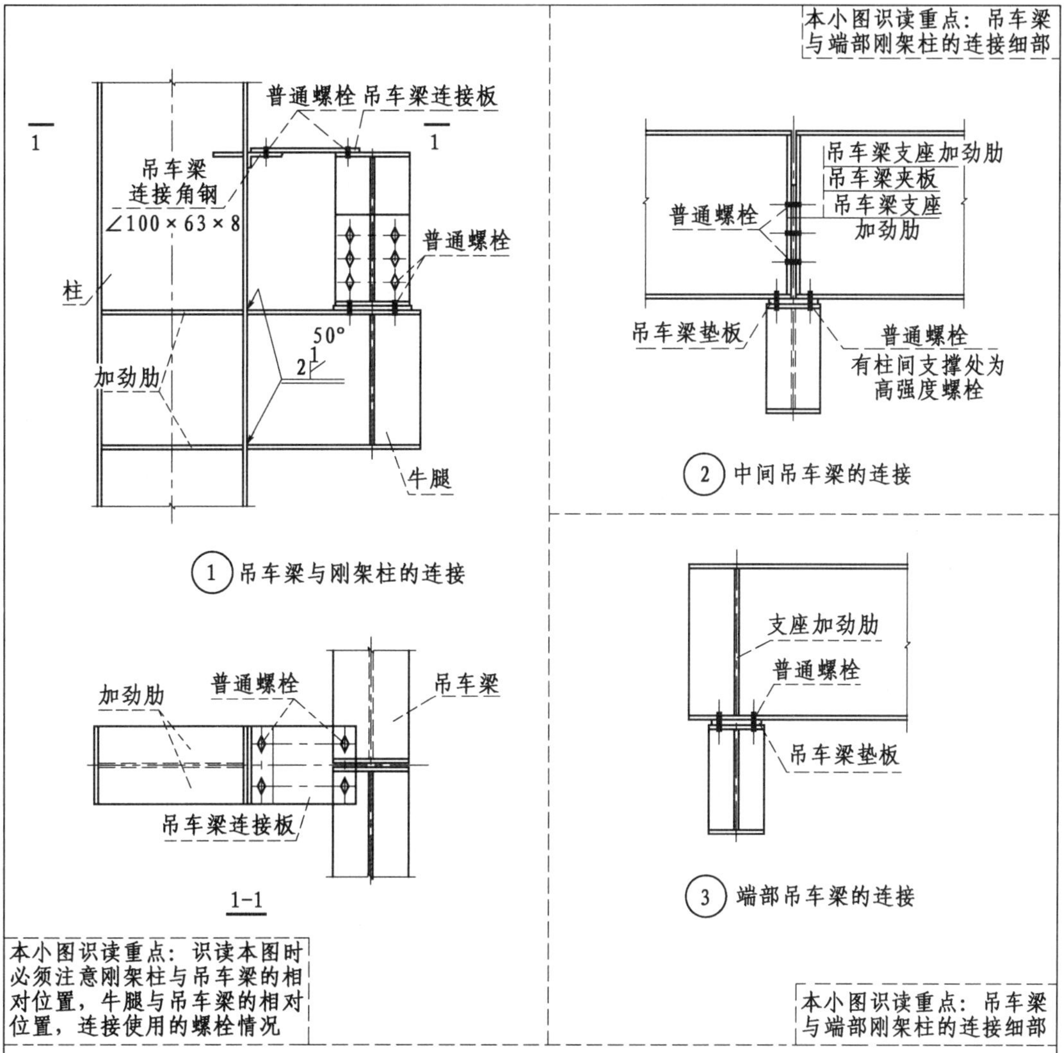

本小图识读重点：吊车梁与端部刚架柱的连接细部

普通螺栓 吊车梁连接板

吊车梁连接角钢∠100×63×8

普通螺栓

柱

加劲肋

50°

牛腿

① 吊车梁与刚架柱的连接

吊车梁支座加劲肋

吊车梁夹板

吊车梁支座加劲肋

普通螺栓

吊车梁垫板

普通螺栓 有柱间支撑处为高强度螺栓

② 中间吊车梁的连接

加劲肋

普通螺栓

吊车梁

吊车梁连接板

1-1

支座加劲肋

普通螺栓

吊车梁垫板

③ 端部吊车梁的连接

本小图识读重点：识读本图时必须注意刚架柱与吊车梁的相对位置，牛腿与吊车梁的相对位置，连接使用的螺栓情况

本小图识读重点：吊车梁与端部刚架柱的连接细部

图纸6-23　平板支座吊车梁连接

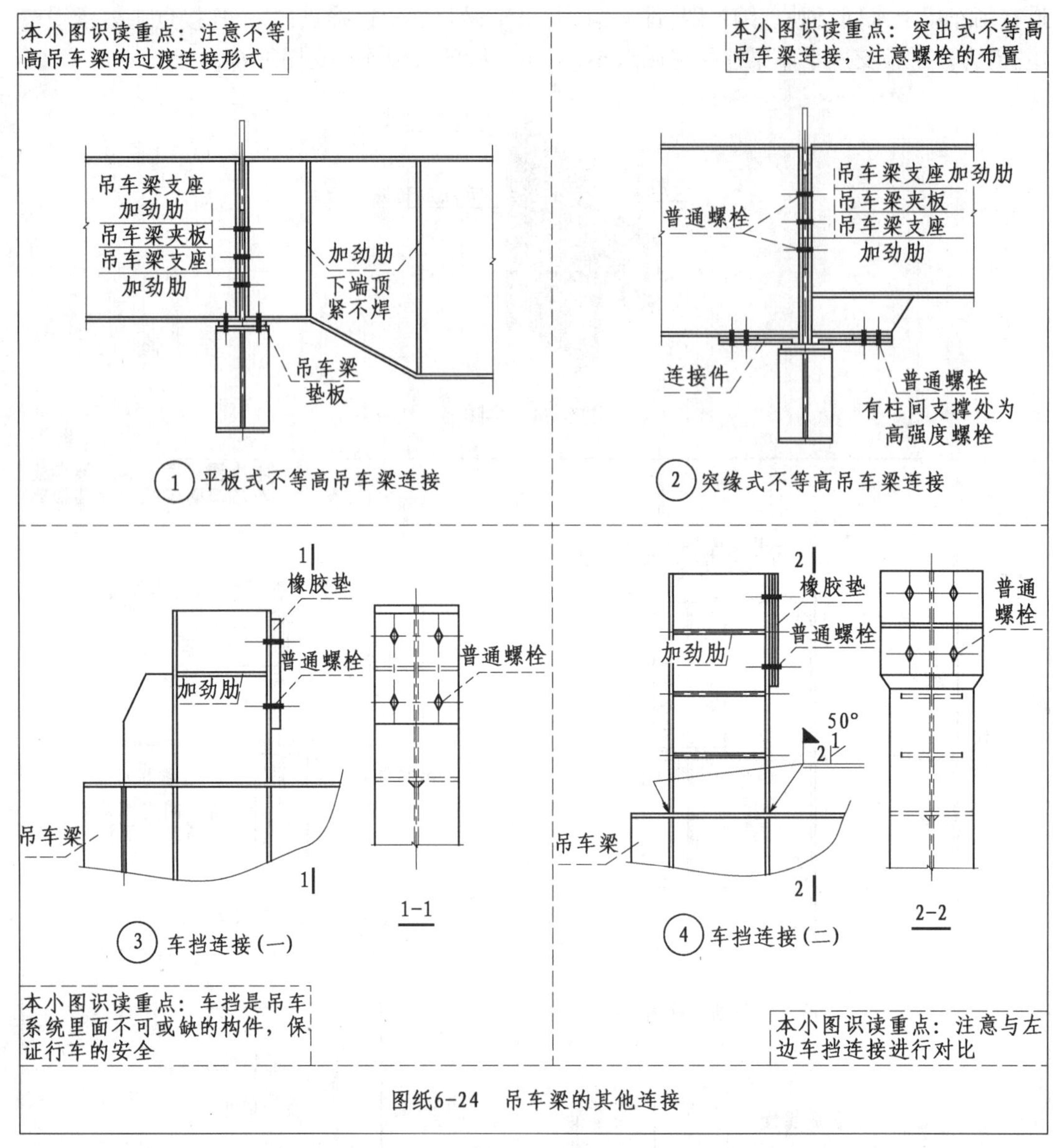
本小图识读重点：注意不等高吊车梁的过渡连接形式
吊车梁支座加劲肋
吊车梁夹板
吊车梁支座加劲肋
加劲肋
下端顶紧不焊
吊车梁垫板
①平板式不等高吊车梁连接
本小图识读重点：突出式不等高吊车梁连接，注意螺栓的布置
普通螺栓
吊车梁支座加劲肋
吊车梁夹板
吊车梁支座加劲肋
连接件
普通螺栓
有柱间支撑处为高强度螺栓
②突缘式不等高吊车梁连接
橡胶垫
普通螺栓
加劲肋
吊车梁
普通螺栓
1-1
③车挡连接(一)
本小图识读重点：车挡是吊车系统里面不可或缺的构件，保证行车的安全
橡胶垫
普通螺栓
加劲肋
50°
吊车梁
普通螺栓
2-2
④车挡连接(二)
本小图识读重点：注意与左边车挡连接进行对比
图纸6-24　吊车梁的其他连接

6.5　轻型门式刚架檩条与墙梁构造

檩条、墙梁和檐口檩条构成轻型钢结构建筑的次结构系统。次结构系统主要有以下作用：可以支承屋面板和墙面板，将外部荷载传递给主结构；可以抵抗作用在结构上的部分纵向荷载，如纵向的风荷载，地震作用等；作为主结构的受压翼缘支撑而成为结构纵向支撑体系的一部分。

外墙宜采用压型钢板作围护面的轻质墙板和冷弯薄壁型钢墙梁，也可以采用砌体外墙或底部为砌体、上部为轻质材料的外墙。屋盖常采用压型钢板屋面板和冷弯薄壁型钢檩条，单层房屋可采用隔热卷材做屋盖隔热层和保温层，也可以采用带隔热层的板材作屋面，屋面坡度一般取 1/20 ~ 1/8。在雨水较多的地区应取较大值。

檩条是构成屋面水平支撑系统的主要部分;墙梁是墙面支撑系统中的重要构件;檐口檩条位于侧墙和屋面的接口处,对屋面和墙面都起到支撑的作用。

6.5.1 檩条的布置和构造

轻型门式刚架的檩条构件可以采用 C 形冷弯卷边槽钢和 Z 形带斜卷边或直卷边的冷弯薄壁型钢(图纸 6-25)。构件的高度一般为 140 ~ 300mm,厚度 1.4 ~ 2.5mm。冷弯薄壁型钢构件一般采用 Q235 或 Q345,大多数檩条表面涂层采用防锈底漆,也有采用镀铝或镀锌的防腐措施。檩条布置如图 6-35 所示。

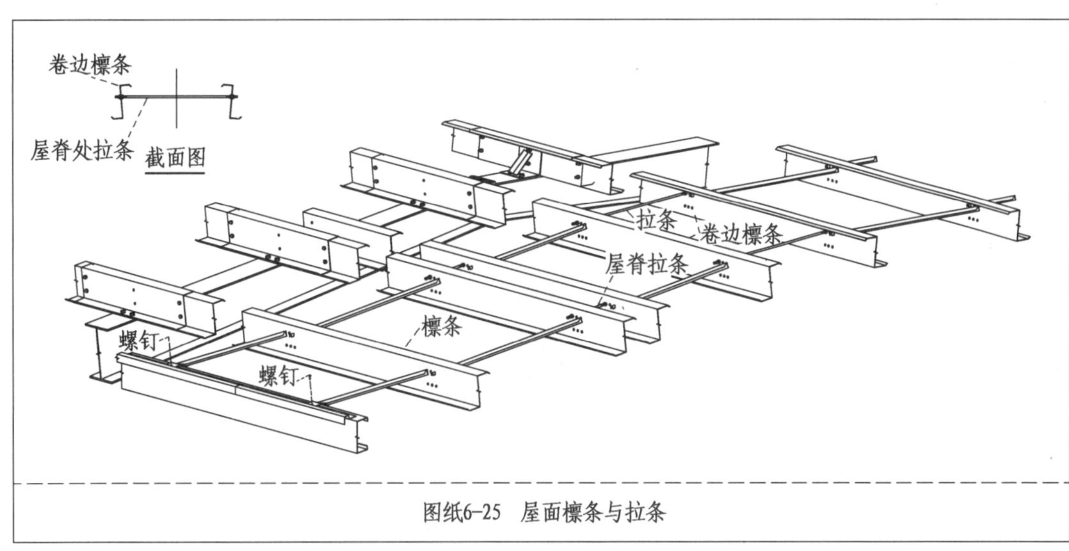
卷边檩条
屋脊处拉条
截面图
拉条
卷边檩条
屋脊拉条
檩条
螺钉
螺钉

图纸6-25 屋面檩条与拉条

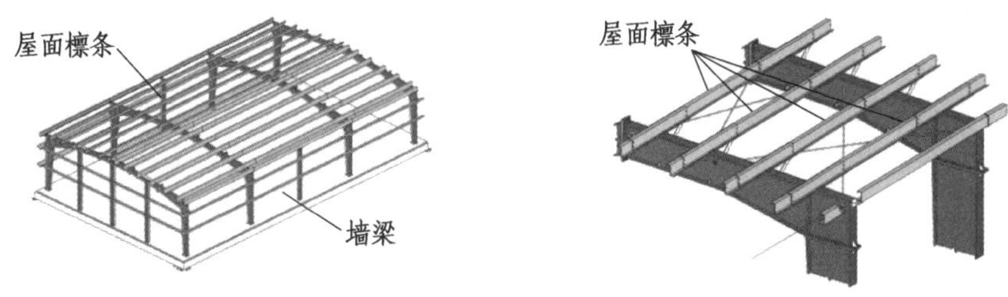
屋面檩条
墙梁
屋面檩条

图 6-35 檩条布置

1）檩条间距和跨度的布置

檩条的设计应考虑天窗、通风屋脊、采光带、屋面材料及檩条供货规格的影响,以确定檩条间距,并根据主刚架的间距确定檩条的跨度。

2）简支檩条和连续檩条的构造

檩条构件可以设计为简支构件,也可以设计为连续构件。简支檩条和连续檩条一般通过搭接方式的不同来实现。简支檩条不需要搭接长度,但 Z 形檩条如果采用搭接长度很小的方式连接,应认为檩条是简支构件。对于 C 形檩条可以分别连接在檩托上。采用连续构件可以承受更大的荷载和变形,因此比较经济。檩条的连续化构造也比较简单,可以通过搭接和拧紧来实现。带斜卷边的Z形檩条可采用叠置搭接,卷边槽形檩条可采用不同型号的卷边槽形冷弯型钢套来搭接。常见檩条横截面形式如图6-36所示。刚架柱与檩条节点如图6-37所示。

a)C型钢
b)Z型钢构件

图6-36　常见檩条横截面形式

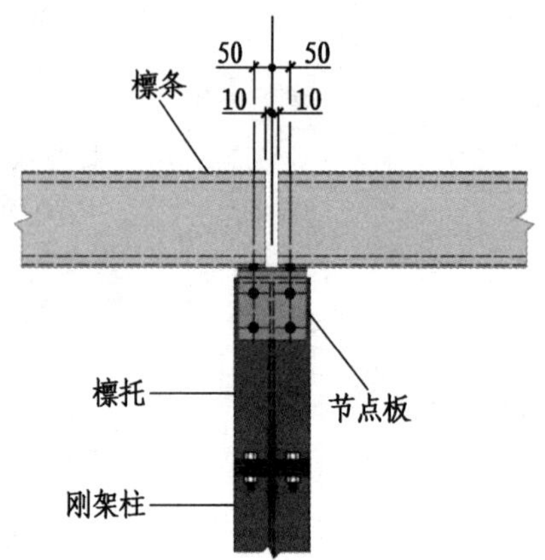
50
50
檩条
10
10
檩托
节点板
刚架柱

图6-37　刚架柱与檩条节点(尺寸单位:mm)

3)侧向支撑的设置

外荷载作用下檩条同时发生弯曲和扭转。冷弯薄壁型钢本身板件宽厚比大,抗扭刚度不足;荷载通常位于上翼缘的中心,荷载中心线与剪力中心相距较大;因为坡屋面的影响,檩条腹板倾斜,扭转问题将更加突出。侧向支撑是保证冷弯薄壁型钢檩条稳定性的重要保障。起到侧向支撑作用的有屋面板的支撑作用;拉条和支撑;檩托;檩条和撑杆的布置等。

6.5.2　墙梁布置和构造

墙梁的布置与屋面檩条的布置有类似的考虑原则。墙梁的布置首先应考虑门窗、挑檐、遮雨篷等构件和围护材料的要求,综合考虑墙板板型和规格,以确定墙梁间距。墙梁的跨度取决于主刚架的柱距。

墙梁与主刚架柱的相对位置一般有两种。图6-38是穿越式墙梁,墙梁的自由翼缘简单地与柱子外翼缘螺栓连接或檩托连接,根据墙梁搭接的长度来确定墙梁是连续的还是简支的。图6-39是平齐式墙梁,即通过连接角钢将墙梁与柱子腹板相连,墙梁外翼缘基本与柱子外翼缘平齐。采用平齐式的墙梁布置方式,墙梁与主刚架柱简单地用节点板铰接方式相连,檐口檩条不需要额外的节点板,基底角钢与柱外缘平齐减少了基础的宽度。

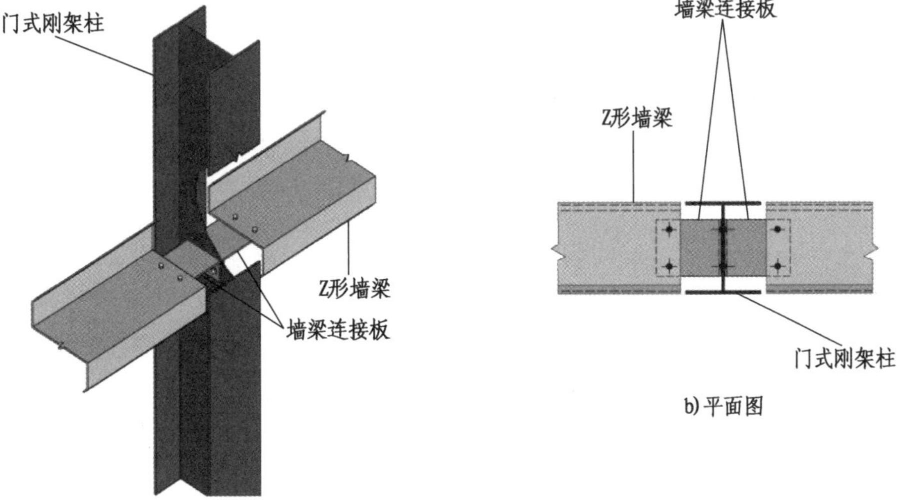
门式刚架柱
Z形墙梁
墙梁连接板
a)门式刚架柱与墙梁连接
墙梁连接板
Z形墙梁
门式刚架柱
b)平面图

图 6-38　穿越式墙梁

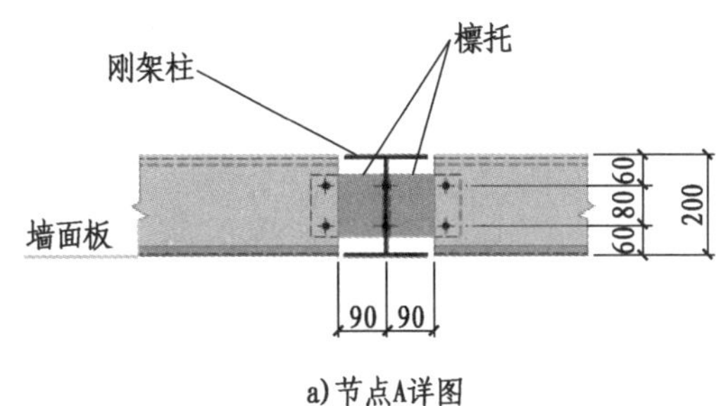
刚架柱
檩托
墙面板
60
80
60
200
90
90
a)节点A详图

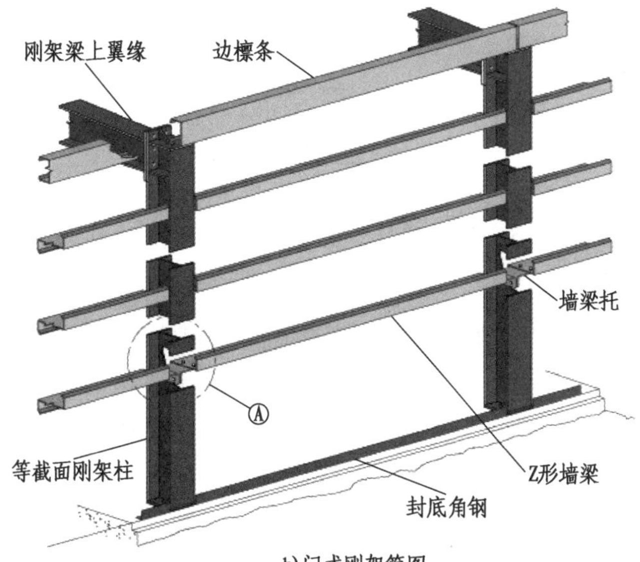
刚架梁上翼缘
边檩条
墙梁托
Ⓐ
等截面刚架柱
Z形墙梁
封底角钢
b)门式刚架简图

图 6-39　平齐式墙梁(尺寸单位:mm)

6.5.3 檩条与墙梁构造识读

檩条、墙梁与刚架梁柱连接见图纸 6-26;冷弯型钢檩条、墙梁托件见图纸 6-27;C 形檩条见图纸 6-28;节点识读示例见图纸 6-29。

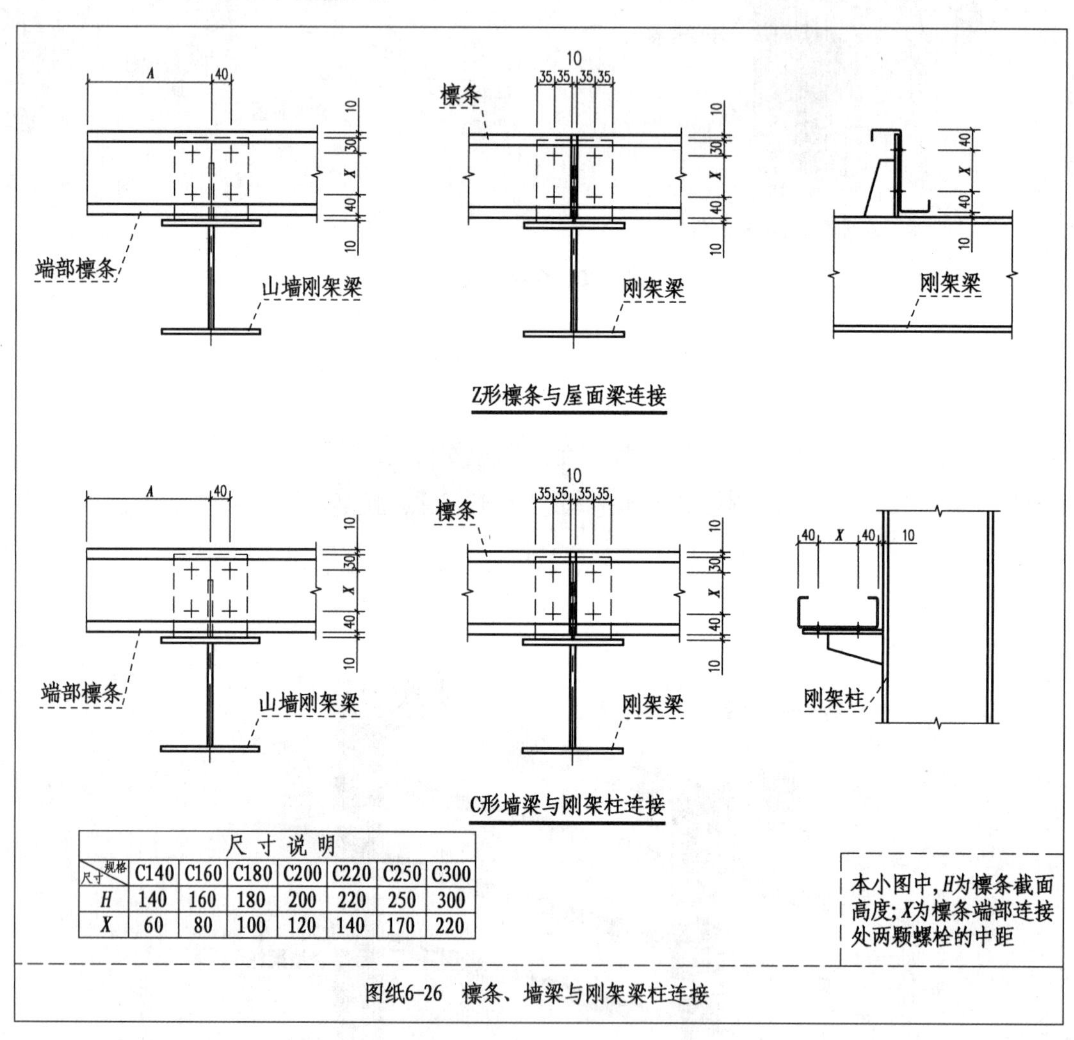
端部檩条
山墙刚架梁
檩条
刚架梁
刚架梁
Z形檩条与屋面梁连接
端部檩条
山墙刚架梁
檩条
刚架梁
刚架柱
C形墙梁与刚架柱连接
本小图中,H为檩条截面高度;X为檩条端部连接处两颗螺栓的中距

尺寸说明							
规格/尺寸	C140	C160	C180	C200	C220	C250	C300
H	140	160	180	200	220	250	300
X	60	80	100	120	140	170	220

图纸6-26 檩条、墙梁与刚架梁柱连接

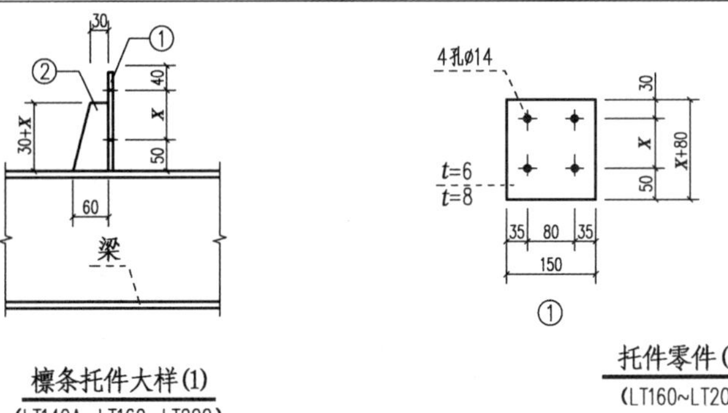
30
①
②
40
X
50
30+X
60
梁
4孔ø14
t=6
t=8
35 80 35
150
X+80
①
②
t=6
30+X

檩条托件大样(1)
(LT140A、LT160、LT200)

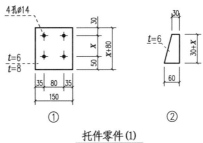

托件零件(1)
(LT160~LT200)

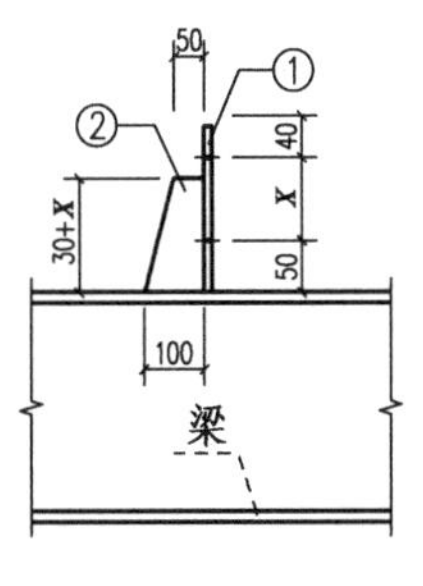
50
①
②
40
X
50
30+X
100
梁

檩条托件大样(2)
(LT200B~LT300B)

尺寸说明

尺寸\规格	C140	C160	C180	C200	C220	C250	C300
H	140	160	180	200	220	250	300
X	60	80	100	120	140	170	220

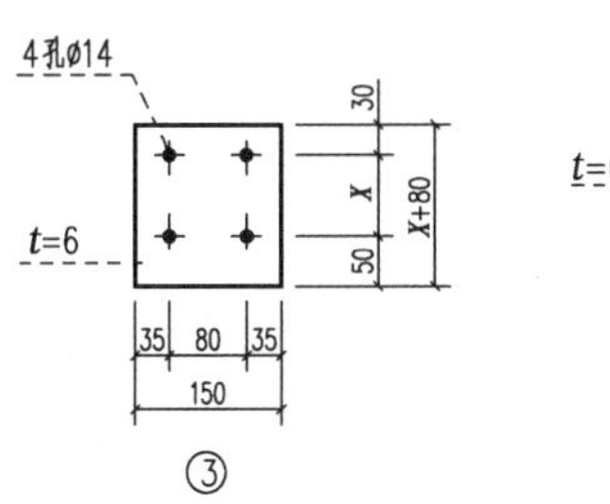
4孔ø14
t=6
30
X
50
X+80
35 80 35
150
③
50
t=6
30+X
100
④

托件零件(2)
(LT160~LT200)

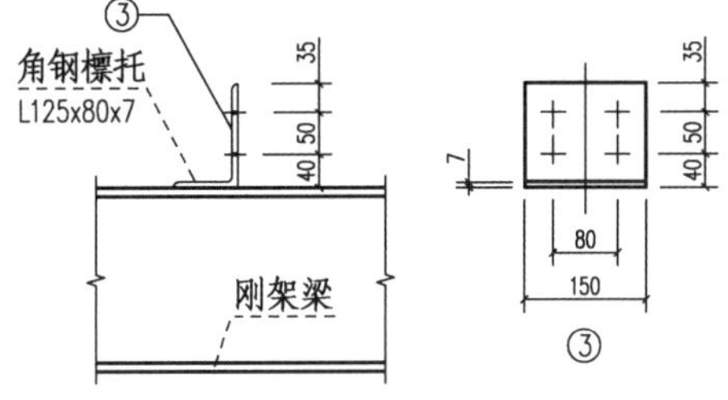
③
角钢檩托
L125x80x7
35
50
40
刚架梁
7
80
150
③

檩条托件大样(3)
(LT140B)

材 料 表

序号	构件编号	零件规格(-厚×宽×长)	数量(件)	单重(kg)	合重(kg)	备注
1	LT140A	–8x150x140	1	1.1	1.1	
	LD140B	L125x80x7	1	1.1	1.7	
2	LD160A	–8x150x160	1	1.5	1.5	
	LD160B	–8x150x160	1	1.1	1.3	
		–6x60(30)x110	1	0.2		
3	LD180A	–8x150x180	1	1.7	1.7	
	LD180B	–6x150x180	1	1.3	1.6	
		–6x60(30)x130	1	0.3		
4	LD200B	–6x150x200	1	1.4	1.7	
		–6x60(30)x150	1	0.3		
5	LD220B	–6x150x220	1	1.6	2.2	
		–6x100(50)x170	1	0.6		
6	LD250B	–6x150x250	1	1.8	2.5	
		–6x100(50)x200	1	0.7		
7	LD300B	–6x150x300	1	2.1	3.0	
		–6x100(50)x250	1	0.9		

图纸6-27 冷弯型钢檩条、墙梁托件

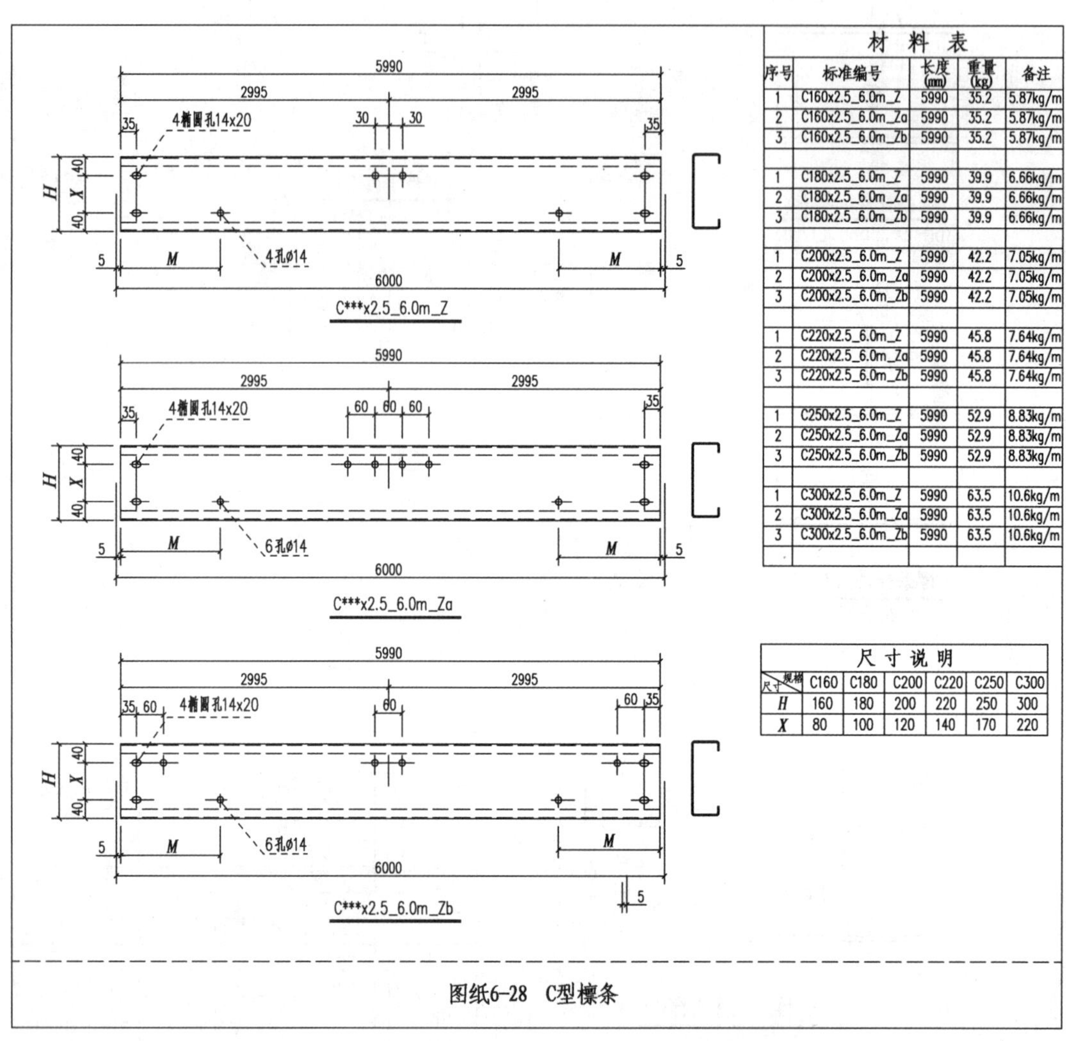

5990
2995
2995
35
4椭圆孔14x20
30
30
35
H
X
40
40
5
M
4孔ø14
M
5
6000
C***x2.5_6.0m_Z
5990
2995
2995
35
4椭圆孔14x20
60
60
60
35
6孔ø14
6000
C***x2.5_6.0m_Za
5990
2995
2995
35
60
4椭圆孔14x20
60
60
35
6孔ø14
6000
5
C***x2.5_6.0m_Zb

材 料 表

序号	标准编号	长度(mm)	重量(kg)	备注
1	C160x2.5_6.0m_Z	5990	35.2	5.87kg/m
2	C160x2.5_6.0m_Za	5990	35.2	5.87kg/m
3	C160x2.5_6.0m_Zb	5990	35.2	5.87kg/m
1	C180x2.5_6.0m_Z	5990	39.9	6.66kg/m
2	C180x2.5_6.0m_Za	5990	39.9	6.66kg/m
3	C180x2.5_6.0m_Zb	5990	39.9	6.66kg/m
1	C200x2.5_6.0m_Z	5990	42.2	7.05kg/m
2	C200x2.5_6.0m_Za	5990	42.2	7.05kg/m
3	C200x2.5_6.0m_Zb	5990	42.2	7.05kg/m
1	C220x2.5_6.0m_Z	5990	45.8	7.64kg/m
2	C220x2.5_6.0m_Za	5990	45.8	7.64kg/m
3	C220x2.5_6.0m_Zb	5990	45.8	7.64kg/m
1	C250x2.5_6.0m_Z	5990	52.9	8.83kg/m
2	C250x2.5_6.0m_Za	5990	52.9	8.83kg/m
3	C250x2.5_6.0m_Zb	5990	52.9	8.83kg/m
1	C300x2.5_6.0m_Z	5990	63.5	10.6kg/m
2	C300x2.5_6.0m_Za	5990	63.5	10.6kg/m
3	C300x2.5_6.0m_Zb	5990	63.5	10.6kg/m

尺 寸 说 明

规格 / 尺寸	C160	C180	C200	C220	C250	C300
H	160	180	200	220	250	300
X	80	100	120	140	170	220

图纸6-28 C型檩条

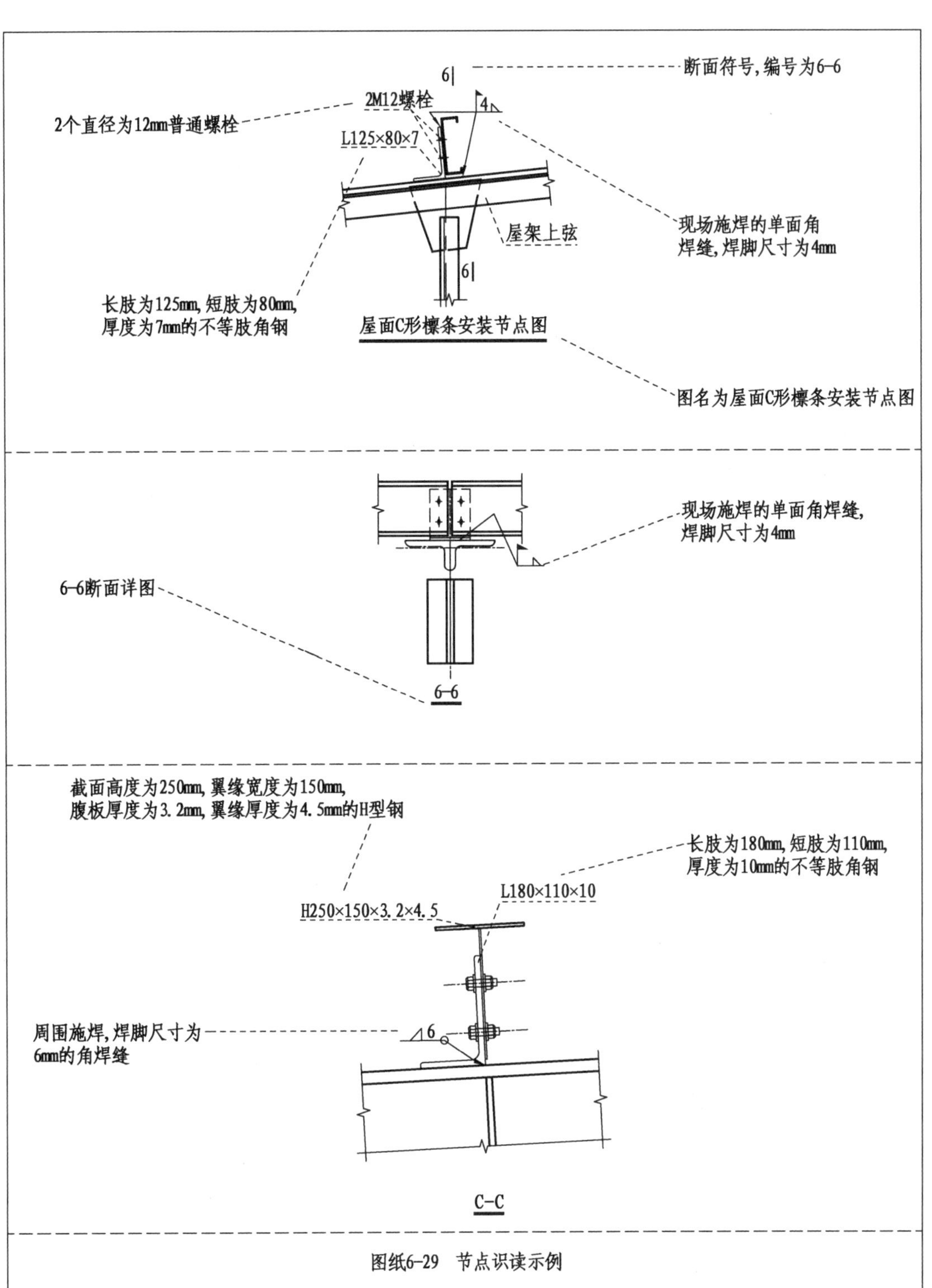
6
断面符号，编号为6-6
2M12螺栓
4
2个直径为12mm普通螺栓
L125×80×7
屋架上弦
现场施焊的单面角焊缝，焊脚尺寸为4mm
6
长肢为125mm，短肢为80mm，厚度为7mm的不等肢角钢
屋面C形檩条安装节点图
图名为屋面C形檩条安装节点图
现场施焊的单面角焊缝，焊脚尺寸为4mm
6-6断面详图
6-6
截面高度为250mm，翼缘宽度为150mm，腹板厚度为3.2mm，翼缘厚度为4.5mm的H型钢
长肢为180mm，短肢为110mm，厚度为10mm的不等肢角钢
L180×110×10
H250×150×3.2×4.5
周围施焊，焊脚尺寸为6mm的角焊缝
6
C-C

图纸6-29　节点识读示例

6.6 柱间支撑与屋面支撑构造

交叉支撑是轻型钢结构建筑,用于屋顶、侧墙和山墙的标准支撑系统。交叉支撑有柔性支撑和刚性支撑两种。柔性支撑构件[图6-40a)]为镀锌钢丝绳索、圆钢、带钢或角钢,由于构件长细比较大,不考虑其抵抗压力作用。在一个方向的纵向荷载作用下,一根受拉,另一根则退出工作。设计柔性支撑时可对钢丝绳和圆钢施加预拉力以抵消自重产生的下垂,计算时可不考虑构件自重。刚性支撑构件[图6-40b)]为H型钢、方管或圆管,可以承受拉力和压力。

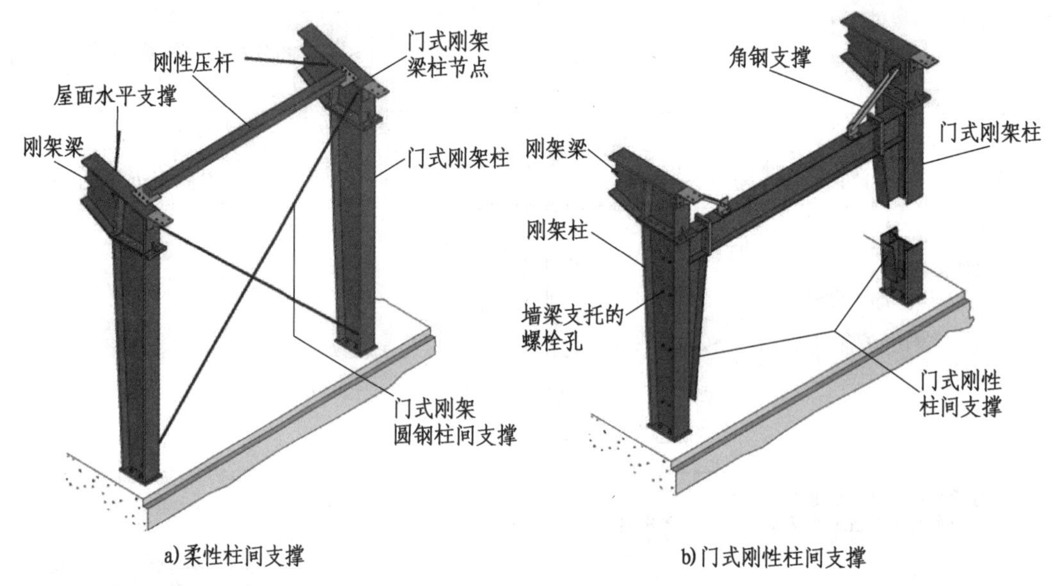
刚性压杆
门式刚架
梁柱节点
屋面水平支撑
刚架梁
门式刚架柱
门式刚架
圆钢柱间支撑
a)柔性柱间支撑
角钢支撑
门式刚架柱
刚架梁
刚架柱
墙梁支托的
螺栓孔
门式刚性
柱间支撑
b)门式刚性柱间支撑

图6-40 柱间支撑

6.6.1 支撑布置的目的与原则

由于建筑结构纵向(长度方向)刚度较弱,需要沿建筑物的纵向设置支撑以保证其纵向稳定性。支撑结构及其与之相连的两榀主刚架形成了一个完全的稳定开间,在施工或使用过程中,它能通过屋面檩条或系杆为其余各榀刚架提供最基本的纵向稳定保障。

支撑系统的主要目的是把施加在建筑物纵向上的风荷载、吊车荷载、地震作用等从其作用点传到柱基础最后传到地基。轻型钢结构的标准支撑系统有斜交叉支撑,门架支撑和柱脚绕弱轴抗弯固接的刚接柱支撑。

柱间支撑和屋面支撑必须布置在同一开间内形成抵抗纵向荷载的支撑桁架。支撑桁架的直杆和单斜杆应采用刚性系杆,交叉斜杆可采用柔性构件。刚性系杆是指圆管、H形截面、Z或C形冷弯薄壁截面等,柔性构件是指圆钢、拉索等只受拉截面。柔性拉杆必须施加预紧力以抵消其自重作用引起的下垂。

支撑的间距一般为 30～40m，不应大于 60m；支撑可布置在温度区间的第一个或第二个开间，当布置在第二个开间时，第一开间的相应位置应设置刚性系杆；夹角为 45°的支撑斜杆能最有效地传递水平荷载，当柱子较高导致单层支撑构件角度过大时应考虑设置双层柱间支撑；刚架柱顶、屋脊等转折处应设置刚性系杆。结构纵向于支撑桁架节点处应设置通长的刚性系杆；轻钢结构的刚性系杆可由相应位置处的檩条兼作，刚度或承载力不足时设置附加系杆。

除了结构设计中必须正确设置支撑体系以确保其整体稳定性之外，还必须注意结构安装过程中的整体稳定性。安装时应该首先构建稳定的区格单元，然后逐榀将平面刚架连接于稳定单元上直至完成全部结构。在稳定的区格单元形成前，必须施加临时支撑固定已安装的刚架部分。

6.6.2　门架支撑

由于建筑功能及外观的要求，在某些开间内不能设置交叉支撑，这时可以设置门架支撑（图 6-40）。这种支撑形式可以沿纵向固定在两个边柱间的开间或多跨结构的两内柱之开间。支撑门架构件由支撑梁和固定在主刚架腹板上的支撑柱组成，其中梁和柱必须做到完全刚接，当门架支撑顶距离主刚架檐口距离较大时，需要在支撑门架和主刚架间额外设置斜撑。在设计此类支撑时，要求门架和相同位置设置的交叉支撑刚度相等，另外节点必须做到完全刚接。

6.6.3　张拉圆钢支撑杆

张拉圆钢交叉支撑在轻钢结构中使用最多（图 6-41～图 6-44）。由于杆件利用张拉来克服本身自重从而避免松弛，所以预张力对支撑的正常工作是必不可少的。

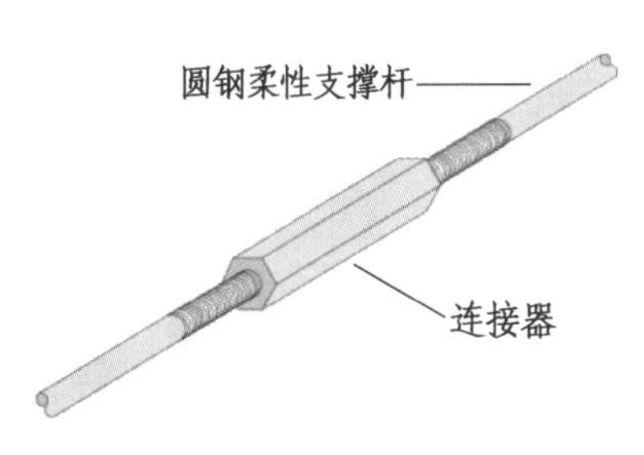
圆钢柔性支撑杆
连接器

图 6-41　柔性支撑杆的连接器

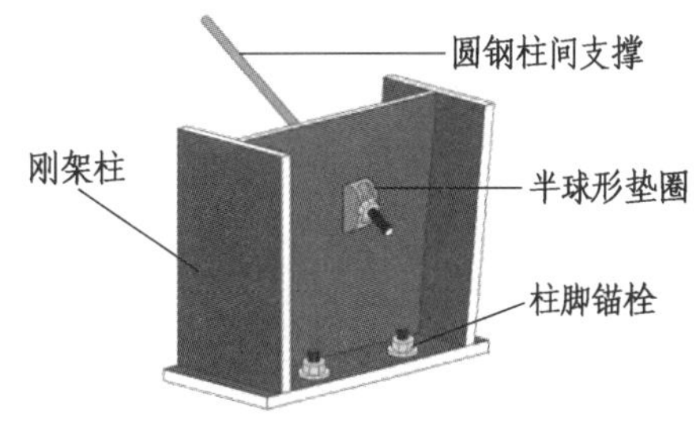
圆钢柱间支撑
刚架柱
半球形垫圈
柱脚锚栓

图 6-42　支撑构造

6.6.4　隅撑布置

为保证刚架梁下翼缘和柱内翼缘的平面外稳定性，可在梁与檩条或柱与墙梁之间增设隅撑（图 6-45、图纸 6-30）。

6.6.5　节点图识读示例

节点图识读示例如图纸 6-31～图纸 6-36 所示。

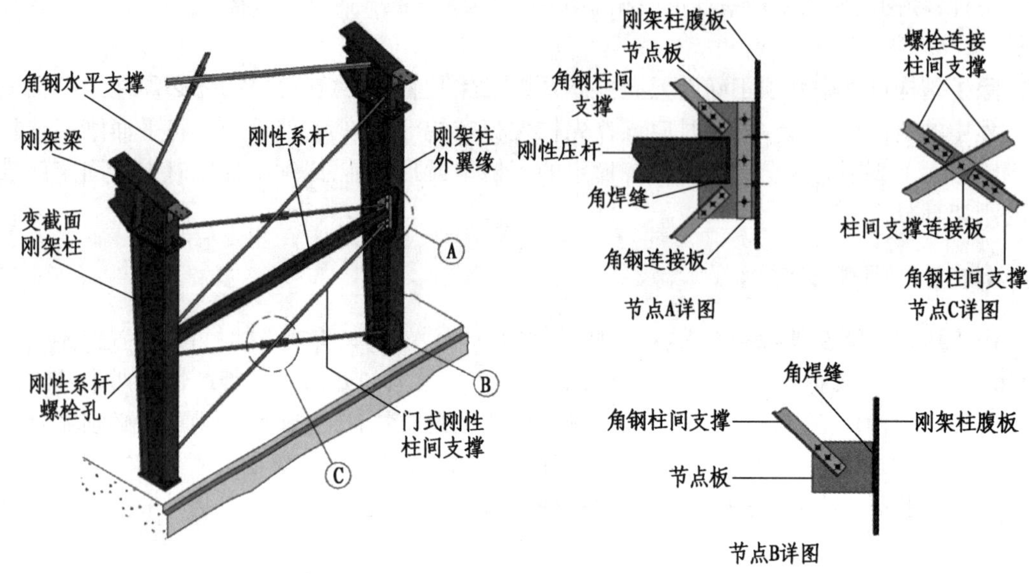
角钢水平支撑
刚架梁
变截面
刚架柱
刚性系杆
刚架柱
外翼缘
刚性系杆
螺栓孔
A
B
C
门式刚性
柱间支撑
刚架柱腹板
节点板
角钢柱间
支撑
刚性压杆
角焊缝
角钢连接板
节点A详图
螺栓连接
柱间支撑
柱间支撑连接板
角钢柱间支撑
节点C详图
角焊缝
角钢柱间支撑
刚架柱腹板
节点板
节点B详图

图6-43　柔性柱间支撑

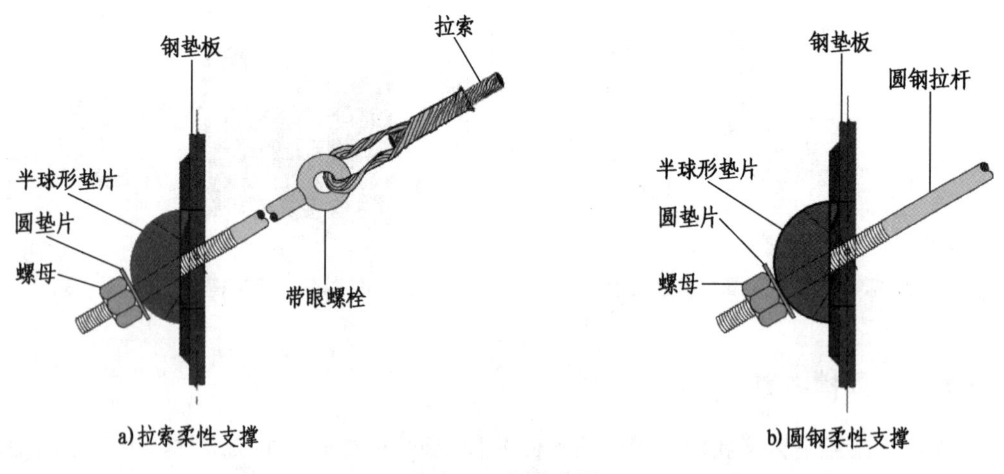
钢垫板
拉索
半球形垫片
圆垫片
螺母
带眼螺栓
a)拉索柔性支撑
钢垫板
圆钢拉杆
半球形垫片
圆垫片
螺母
b)圆钢柔性支撑

图6-44　柔性支撑

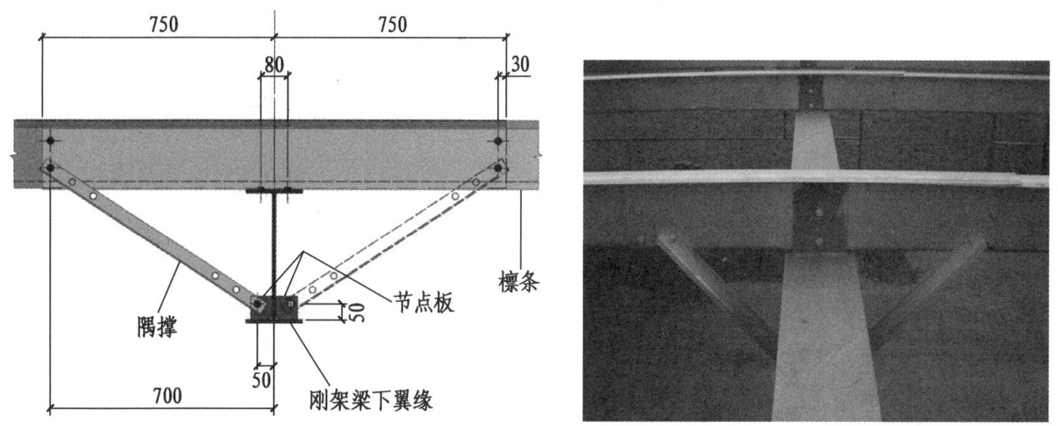
750
750
80
30
檩条
节点板
隅撑
50
50
700
刚架梁下翼缘

图 6-45 隅撑节点(尺寸单位:mm)

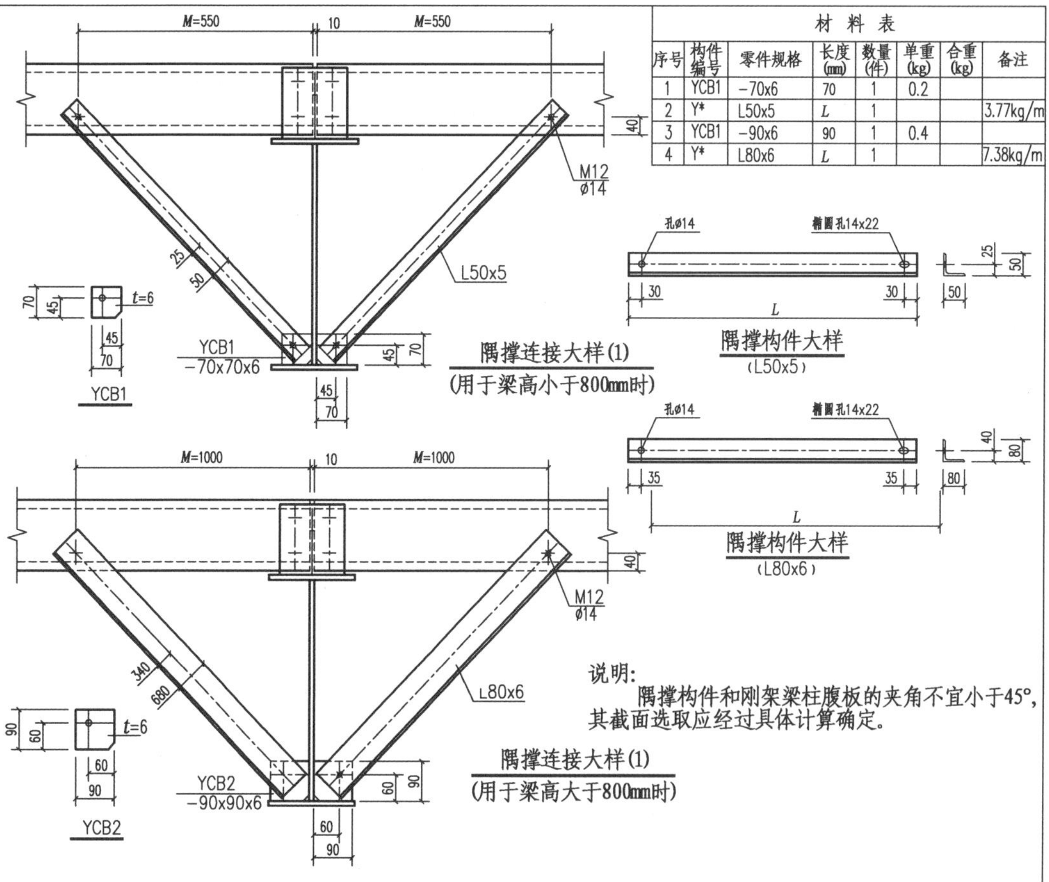

材 料 表

序号	构件编号	零件规格	长度(mm)	数量(件)	单重(kg)	合重(kg)	备注
1	YCB1	−70x6	70	1	0.2		
2	Y*	L50x5	L	1			3.77kg/m
3	YCB1	−90x6	90	1	0.4		
4	Y*	L80x6	L	1			7.38kg/m

M=550　10　M=550

M12 ø14

L50x5

YCB1 −70x70x6

YCB1 t=6

隅撑连接大样(1)
(用于梁高小于800mm时)

孔ø14　椭圆孔14x22

隅撑构件大样
(L50x5)

M=1000　10　M=1000

M12 ø14

L80x6

YCB2 −90x90x6

YCB2 t=6

隅撑连接大样(1)
(用于梁高大于800mm时)

孔ø14　椭圆孔14x22

隅撑构件大样
(L80x6)

说明:
隅撑构件和刚架梁柱腹板的夹角不宜小于45°,其截面选取应经过具体计算确定。

图纸6-30　隅撑连接

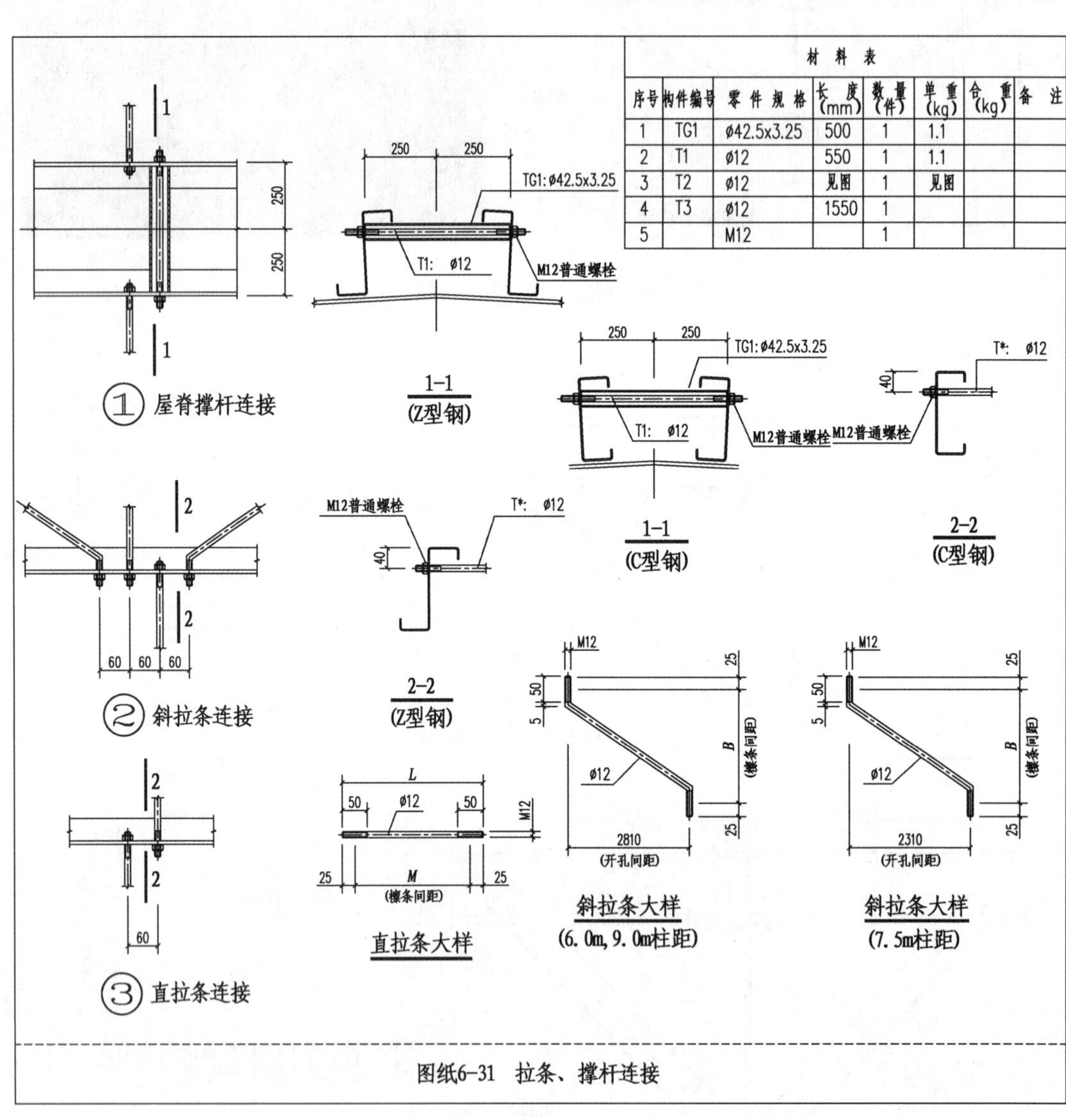
①屋脊撑杆连接
1-1
(Z型钢)
TG1:ø42.5x3.25
T1: ø12
M12普通螺栓
1-1
(C型钢)
2-2
(C型钢)
T*: ø12
②斜拉条连接
2-2
(Z型钢)
③直拉条连接
L
M
(檩条间距)
直拉条大样
M12
ø12
B
(檩条间距)
2810
2310
(开孔间距)
斜拉条大样
(6.0m,9.0m柱距)
斜拉条大样
(7.5m柱距)

材料表

序号	构件编号	零件规格	长度(mm)	数量(件)	单重(kg)	合重(kg)	备注
1	TG1	ø42.5x3.25	500	1	1.1		
2	T1	ø12	550	1	1.1		
3	T2	ø12	见图	1	见图		
4	T3	ø12	1550	1			
5		M12		1			

图纸6-31 拉条、撑杆连接

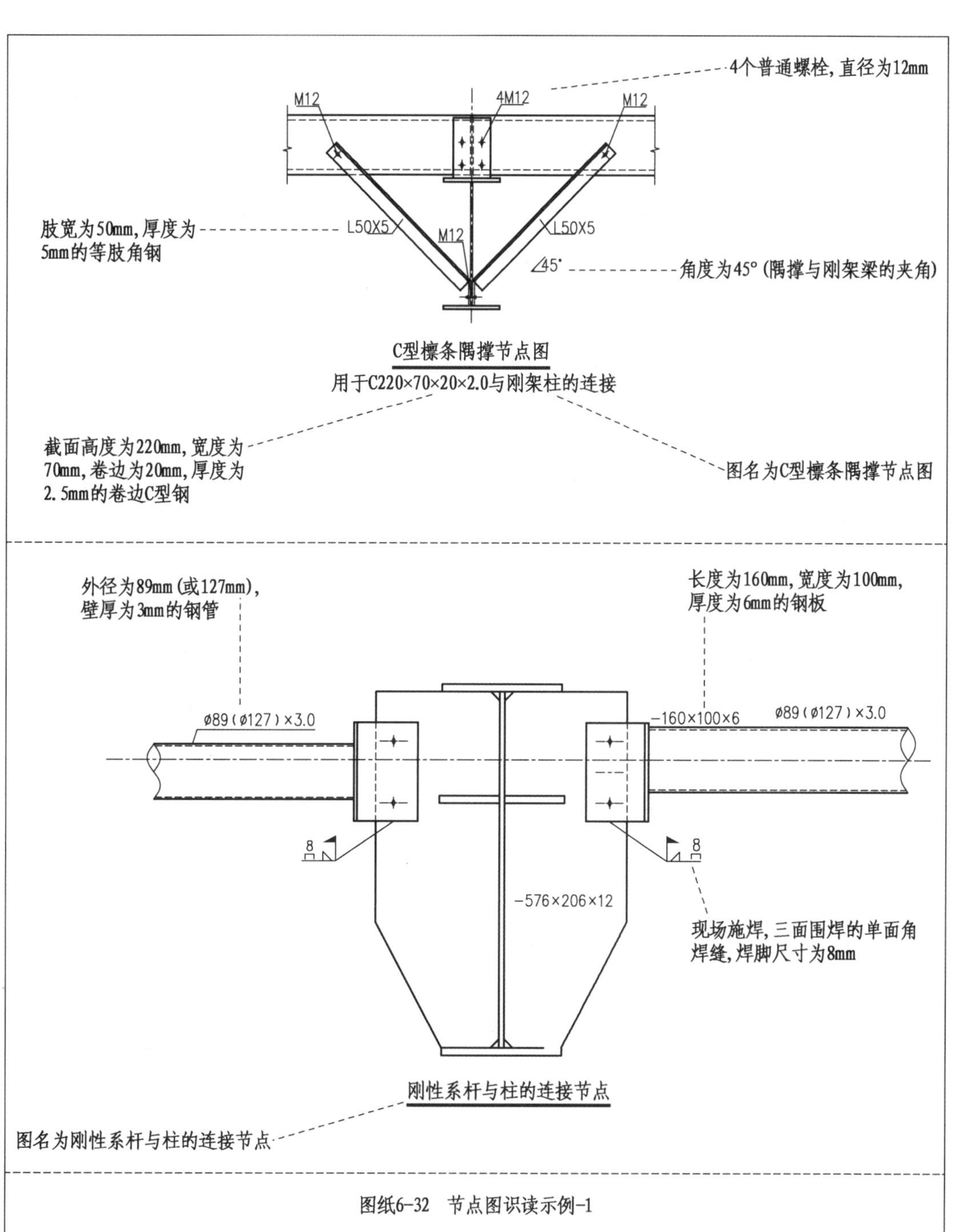

4个普通螺栓,直径为12mm
M12
4M12
M12
肢宽为50mm,厚度为5mm的等肢角钢
L50X5
M12
L50X5
∠45°
角度为45°(隅撑与刚架梁的夹角)
C型檩条隅撑节点图
用于C220×70×20×2.0与刚架柱的连接
截面高度为220mm,宽度为70mm,卷边为20mm,厚度为2.5mm的卷边C型钢
图名为C型檩条隅撑节点图
外径为89mm(或127mm),壁厚为3mm的钢管
长度为160mm,宽度为100mm,厚度为6mm的钢板
ø89(ø127)×3.0
-160×100×6
ø89(ø127)×3.0
8
8
-576×206×12
现场施焊,三面围焊的单面角焊缝,焊脚尺寸为8mm
刚性系杆与柱的连接节点
图名为刚性系杆与柱的连接节点

图纸6-32　节点图识读示例-1

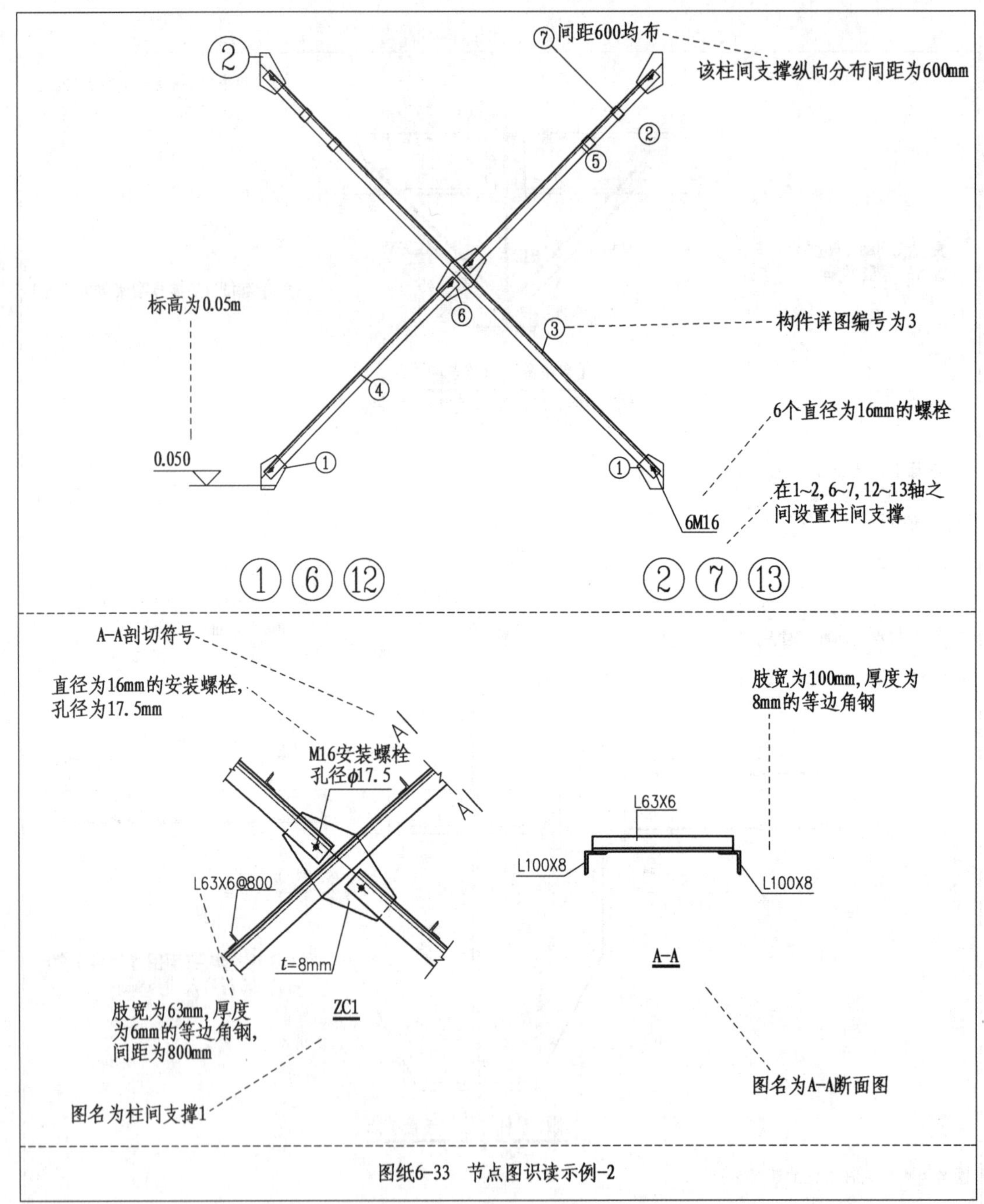
⑦间距600均布
该柱间支撑纵向分布间距为600mm
标高为0.05m
0.050
构件详图编号为3
6个直径为16mm的螺栓
6M16
在1~2, 6~7, 12~13轴之间设置柱间支撑
① ⑥ ⑫
② ⑦ ⑬
A-A剖切符号
直径为16mm的安装螺栓,孔径为17.5mm
M16安装螺栓
孔径φ17.5
L63X6@800
t=8mm
ZC1
肢宽为63mm, 厚度为6mm的等边角钢,间距为800mm
图名为柱间支撑1
肢宽为100mm, 厚度为8mm的等边角钢
L63X6
L100X8
L100X8
A-A
图名为A-A断面图

图纸6-33　节点图识读示例-2

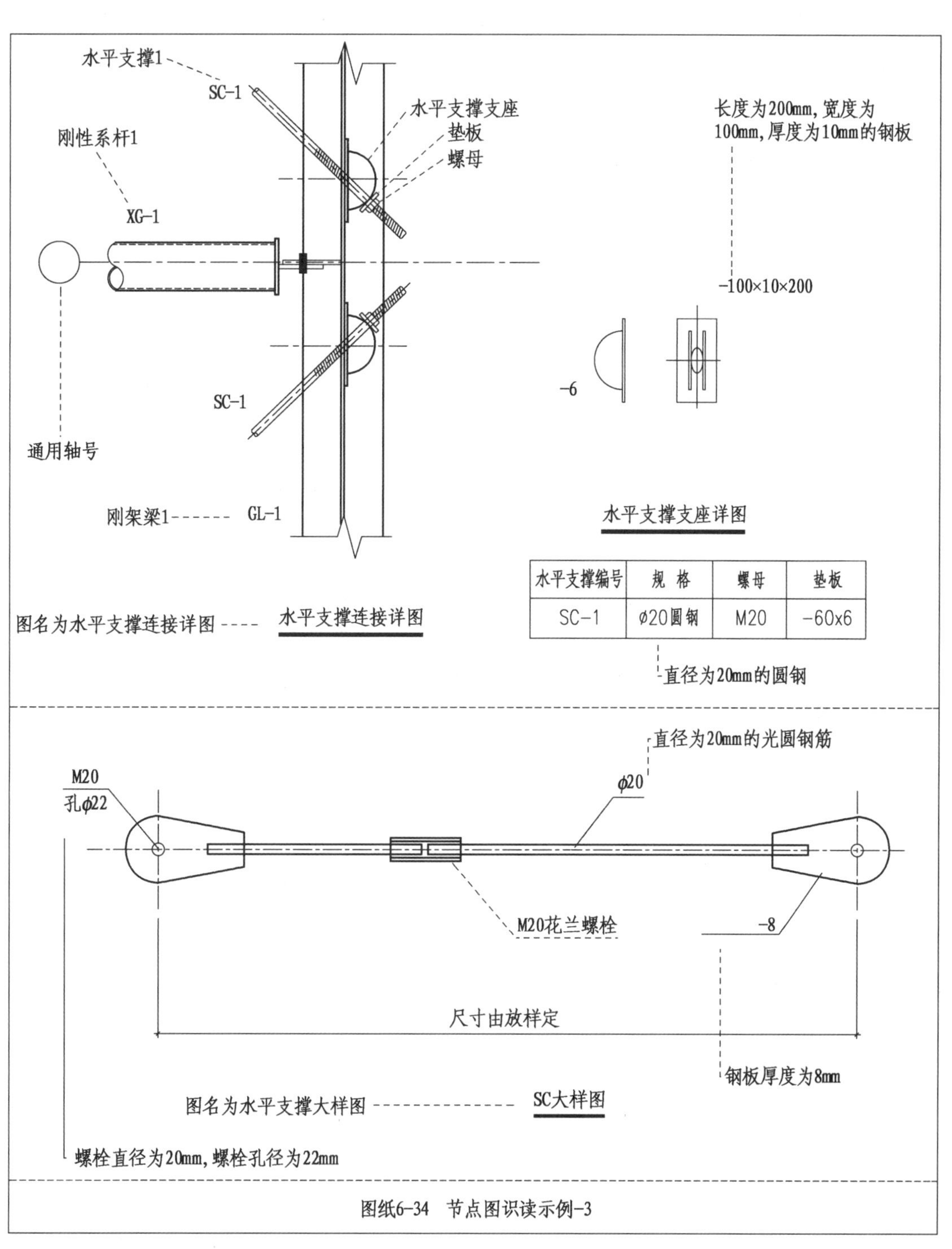
水平支撑1
SC-1
刚性系杆1
XG-1
水平支撑支座
垫板
螺母
长度为200mm,宽度为
100mm,厚度为10mm的钢板
−100×10×200
−6
SC-1
通用轴号
刚架梁1
GL-1
水平支撑支座详图
图名为水平支撑连接详图
水平支撑连接详图
直径为20mm的圆钢
直径为20mm的光圆钢筋
M20
孔ϕ22
ϕ20
M20花兰螺栓
−8
尺寸由放样定
钢板厚度为8mm
图名为水平支撑大样图
SC大样图
螺栓直径为20mm,螺栓孔径为22mm

水平支撑编号	规格	螺母	垫板
SC-1	ϕ20圆钢	M20	−60x6

图纸6-34　节点图识读示例-3

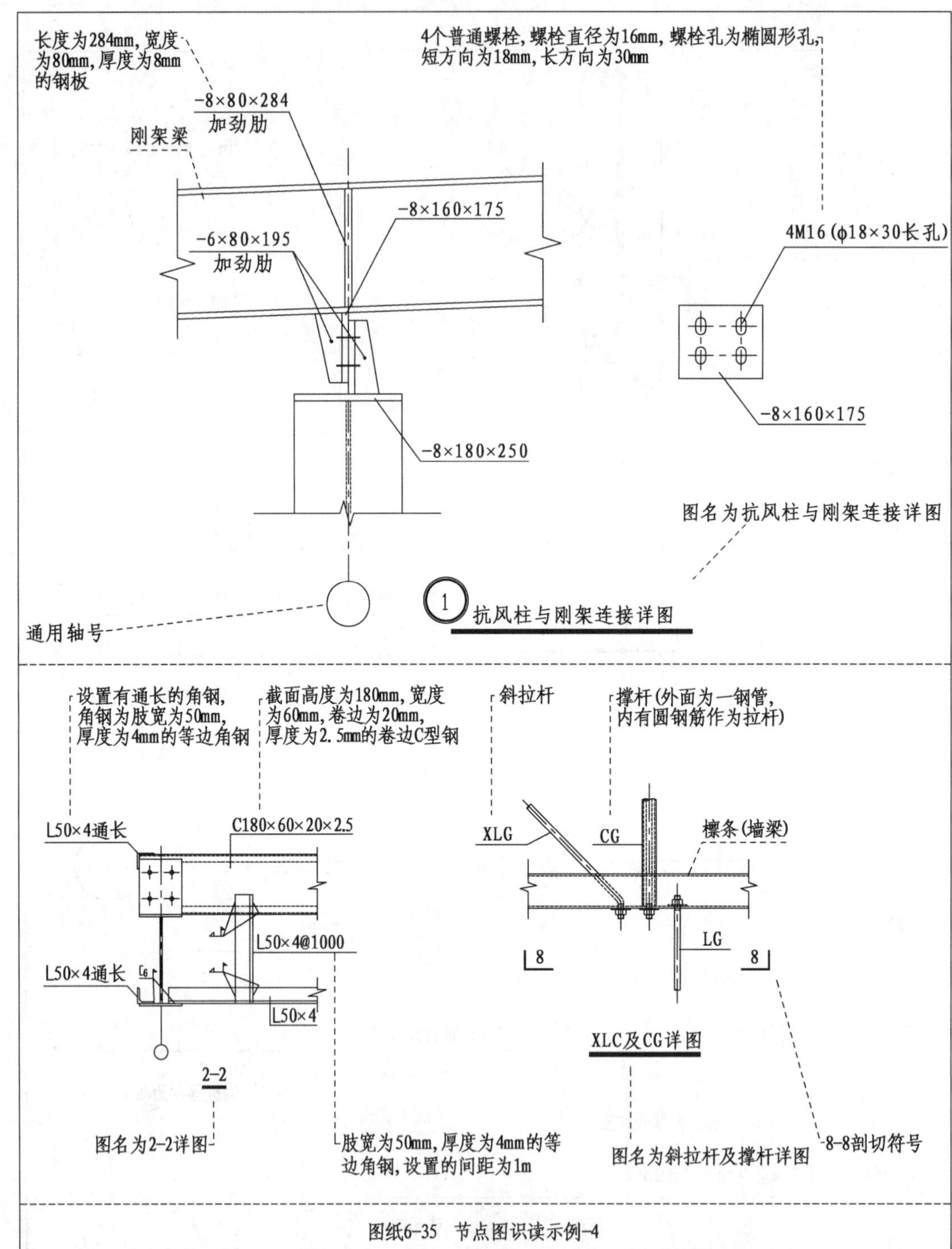
长度为284mm，宽度为80mm，厚度为8mm的钢板
-8×80×284
加劲肋
刚架梁
-8×160×175
-6×80×195
加劲肋
-8×180×250
4个普通螺栓，螺栓直径为16mm，螺栓孔为椭圆形孔，短方向为18mm，长方向为30mm
4M16(ϕ18×30长孔)
-8×160×175
图名为抗风柱与刚架连接详图
1
抗风柱与刚架连接详图
通用轴号
设置有通长的角钢，角钢为肢宽为50mm，厚度为4mm的等边角钢
截面高度为180mm，宽度为60mm，卷边为20mm，厚度为2.5mm的卷边C型钢
L50×4通长
C180×60×20×2.5
L50×4@1000
L50×4通长
L50×4
2-2
图名为2-2详图
肢宽为50mm，厚度为4mm的等边角钢，设置的间距为1m
斜拉杆
撑杆(外面为一钢管，内有圆钢筋作为拉杆)
XLG
CG
檩条(墙梁)
LG
8
8
XLC及CG详图
图名为斜拉杆及撑杆详图
8-8剖切符号

图纸6-35 节点图识读示例-4

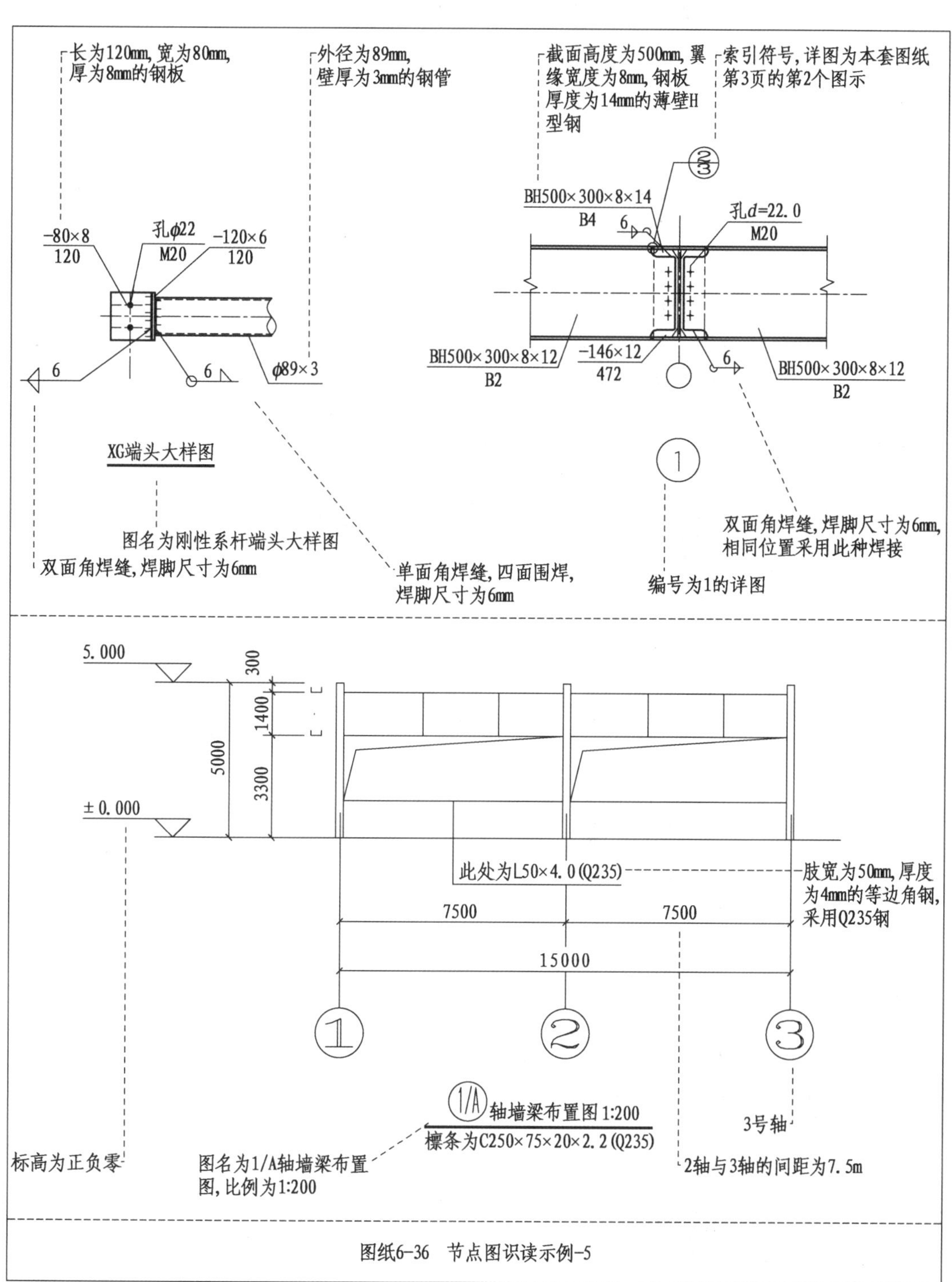

长为120mm，宽为80mm，厚为8mm的钢板
外径为89mm，壁厚为3mm的钢管
截面高度为500mm，翼缘宽度为8mm，钢板厚度为14mm的薄壁H型钢
索引符号，详图为本套图纸第3页的第2个图示
−80×8
120
孔φ22
M20
−120×6
120
6
6
φ89×3
XG端头大样图
图名为刚性系杆端头大样图
双面角焊缝，焊脚尺寸为6mm
单面角焊缝，四面围焊，焊脚尺寸为6mm
BH500×300×8×14
B4
6
孔d=22.0
M20
BH500×300×8×12
B2
−146×12
472
6
BH500×300×8×12
B2
1
双面角焊缝，焊脚尺寸为6mm，相同位置采用此种焊接
编号为1的详图
5.000
300
1400
5000
3300
±0.000
此处为L50×4.0(Q235)
肢宽为50mm，厚度为4mm的等边角钢，采用Q235钢
7500
7500
15000
1
2
3
1/A 轴墙梁布置图 1:200
檩条为C250×75×20×2.2(Q235)
3号轴
标高为正负零
图名为1/A轴墙梁布置图，比例为1:200
2轴与3轴的间距为7.5m

图纸6-36 节点图识读示例-5

6.7 雨篷与排水设施构造

6.7.1 雨篷

雨篷(图 6-46)是设置在建筑物进出口上部的遮雨、遮阳篷;是建筑物入口处和顶层阳台上部用以遮挡雨水和保护外门免受雨水浸蚀的水平构件。

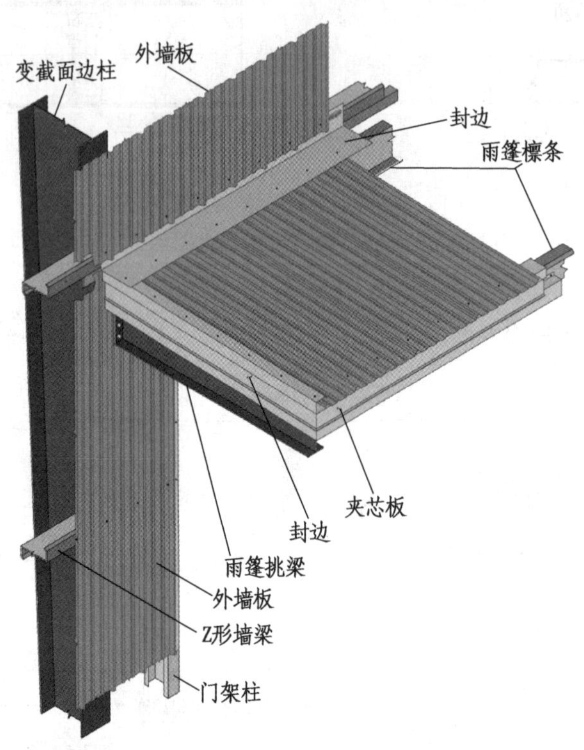
外墙板
变截面边柱
封边
雨篷檩条
夹芯板
封边
雨篷挑梁
外墙板
Z形墙梁
门架柱

图 6-46 雨篷

6.7.2 排水设施

落水管(图 6-47)用于收集屋面雨水,属于落水系统的组成部分,集中引至地面以下铺设的雨水管内。落水管材质可分为金属管材(如铜质管、铸铁管、彩铝管、彩钢管等)、塑料管材(如 PVC 管等)。

内天沟
落水管
内天沟
PVC落水管
室内地坪
排水沟

图 6-47 内天沟排水示意图

天沟指建筑物屋面两跨间的下凹部分。屋面排水分有组织排水和无组织排水（自由排水），有组织排水一般是把雨水集到天沟内再由雨水管排下，集聚雨水的沟就被称为天沟，天沟分内天沟（图 6-48）和外天沟（图 6-49），内天沟是指在外墙以内的天沟，一般设有女儿墙；外天沟是挑出外墙的天沟，一般不设女儿墙。排水设施如图 6-50 所示。

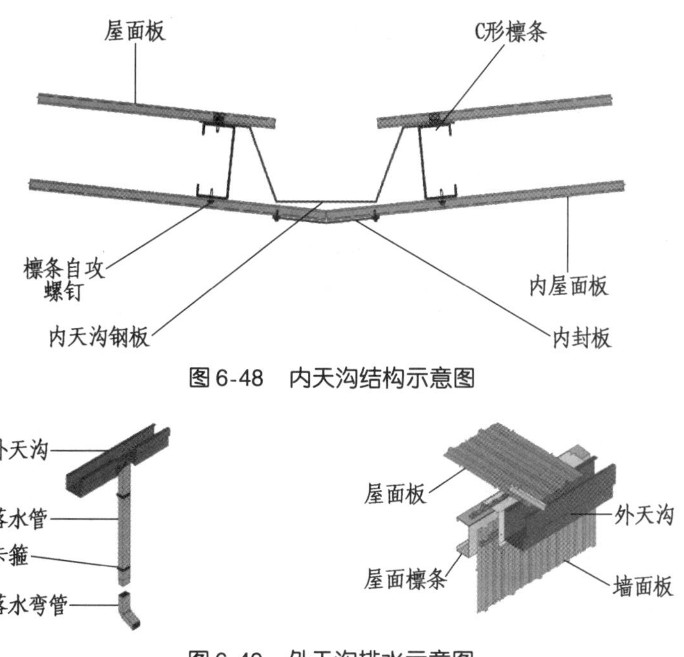

屋面板
C形檩条
檩条自攻螺钉
内屋面板
内天沟钢板
内封板
外天沟
落水管
卡箍
落水弯管
屋面板
外天沟
屋面檩条
墙面板

图 6-48　内天沟结构示意图

图 6-49　外天沟排水示意图

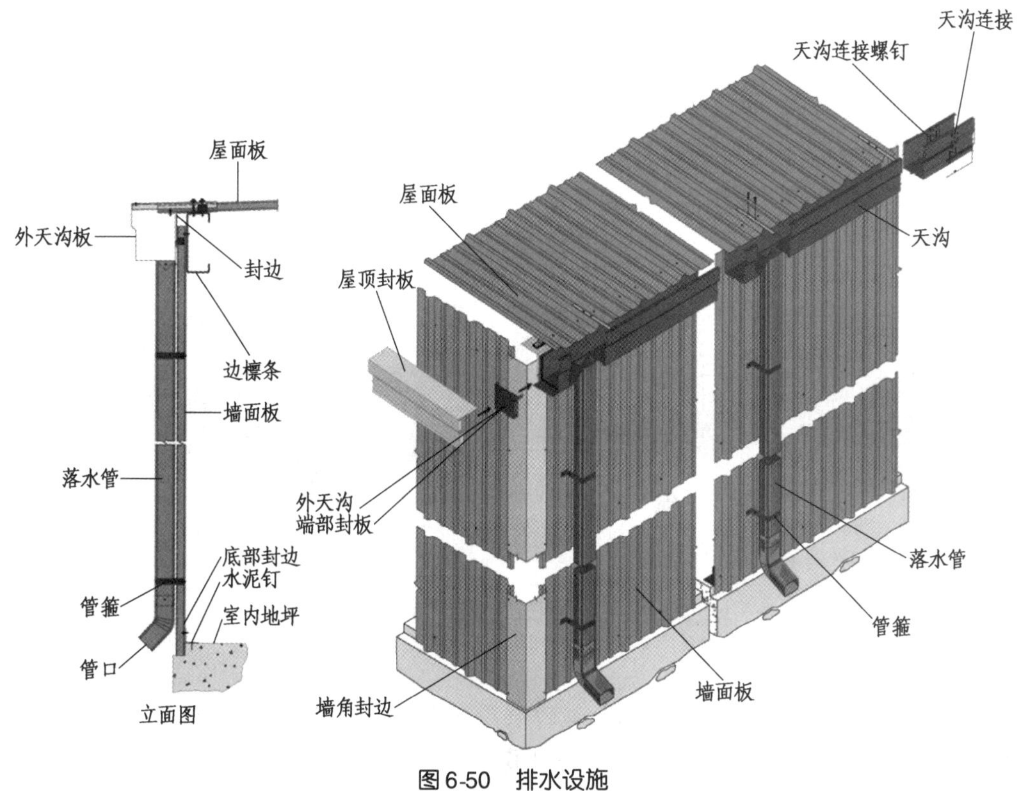

天沟连接
天沟连接螺钉
屋面板
外天沟板
封边
边檩条
墙面板
落水管
底部封边水泥钉
管箍
室内地坪
管口
立面图
屋面板
屋顶封板
天沟
外天沟端部封板
落水管
管箍
墙面板
墙角封边

图 6-50　排水设施

6.8 压型钢板、保温夹心板构造

采用彩色压型钢板或保温夹芯板做建筑的维护结构屋面与墙面,是钢结构工业厂房与民用建筑的常用做法,它具有施工简便、施工周期较短、经济实用的特点。屋面与墙面的承重结构是轻钢龙骨组成的檩条体系。

6.8.1 压型金属板的类型

压型金属板(图6-51)是以冷轧薄钢板为基板,经镀锌或镀锌后覆以彩色涂层再经辊弯成型的波纹板材,具有成型灵活、施工速度快、外形美观、重量轻,易于工业化、商品化生产等特点,广泛用作建筑屋面及墙面围护材料。

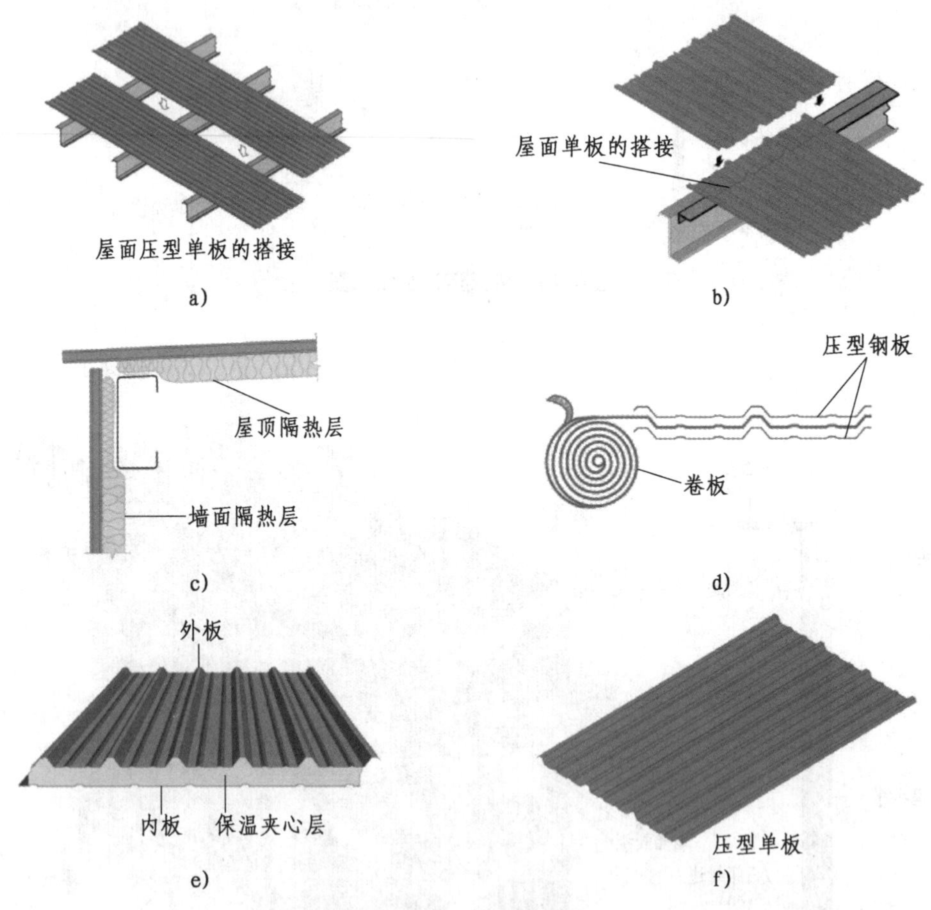
屋面压型单板的搭接
a)
屋面单板的搭接
b)
屋顶隔热层
墙面隔热层
c)
压型钢板
卷板
d)
外板
内板
保温夹心层
e)
压型单板
f)

图6-51 压型金属板的不同类型

1)镀锌压型钢板

镀锌压型钢板,其基板为热镀锌板,镀锌层重应不小于275g/m²(双面),产品标准应符合《连续热镀锌和锌合金镀层钢板及钢带》(GB/T 2518—2019)的要求。

2）涂层压型钢板

为在热镀锌基板上增加彩色涂层的薄板压型而成，其产品标准应符合《彩色涂层钢板及钢带》（GB/T 12754—2019）的要求。

钢板和钢带的分类及代号见表6-2。

钢板和钢带的分类及代号　　表6-2

分类方法	类　别	代　号
按用途分	建筑外用	JW
	建筑内用	JN
	家用电器	JD
按表面状态分	涂层板	TC
	印花板	YH
	压花板	YaH
按涂料种类分	外用聚酯	WZ
	内用聚酯	NZ
	硅改性聚酯	GZ
	外用丙烯酸	WB
	内用丙烯酸	NB
	塑料溶胶	SJ
	有机溶胶	YJ
按基材类别分	低碳钢冷轧钢带	DL
	小锌花平整钢带	XP
	大锌花平整钢带	DP
	锌铁合金钢带	XT
	电镀锌钢带	DX

3）锌铝复合涂层压型钢板

锌铝复合涂层压型钢板为无紧固件扣压式压型钢板，其使用寿命更长，但要求基板为专用的、强度等级更高的冷轧薄钢板。压型钢板根据其波形截面可分为：①高波板，波高大于75mm，适用于作屋面板；②中波板，波高50～75mm，适用于作楼面板及中小跨度的屋面板；③低波板，波高小于50mm，适用于作墙面板。

6.8.2　压型钢板

压型钢板是采用镀锌钢板、冷轧钢板、彩色钢板等作原料，经辊压冷弯成各种波形的压型板，具有轻质高强、美观耐用、施工简便和抗震防火的特点。它的加工和安装已做到标准化、工厂化和装配化。

压型钢板的截面呈波形，从单波到6波，板宽360～900mm。大波为2波，波高75～130mm，小波（4～7波）波高14～38mm，中波波高达51mm。板厚0.6～1.6mm（一般可用0.6～1.0mm）。压型钢板的最大允许檩距，可根据支承条件、荷载及芯板厚度，由产品规格中选用。压型钢板用于建筑屋面或墙面时其厚度不宜小于0.4mm。压型钢板的重量为

$0.07 \sim 0.14kN/m^2$。分长尺和短尺两种。一般采用长尺,板的纵向可不搭接。适用于平波的梯形屋架和门式刚架。

由热轧薄钢板经冷压或冷轧成型的压型钢板,具有较大宽度,其曲折外形大大增加了钢板在其平面外的惯性矩、刚度和抗弯能力。主要用于屋面板、墙板、楼板(在其上浇混凝土或钢筋混凝土叠合面层成为组合楼板,用于多层及高层房屋结构)等。它具有重量轻、强度和刚度大、施工简便和美观等优点。压型钢板表面可以涂漆、镀锌、涂有机层(也称彩色钢板);有保温要求时尚可与保温材料结合制成组合板(也称复合板或夹心板)。压型钢板通常可压或轧成V形、肋形、加劲的肋形、波形或其他需要的外形。板厚对屋面板和墙板通常用0.4~1.6mm,对楼板可达2~3mm以上;波高一般为10~200mm,由承重和使用要求确定。

6.8.3 压型钢板的表示方法

压型钢板用YX$H-S-B$表示。YX是压(Ya)、型(Xing)的汉语拼音字母;H是压型钢板波高;S是压型钢板的波距;B是压型钢板的有效覆盖宽度;t是压型钢板的厚度,如图6-52所示。压型钢板的厚度通常是在说明材料性能时说明。

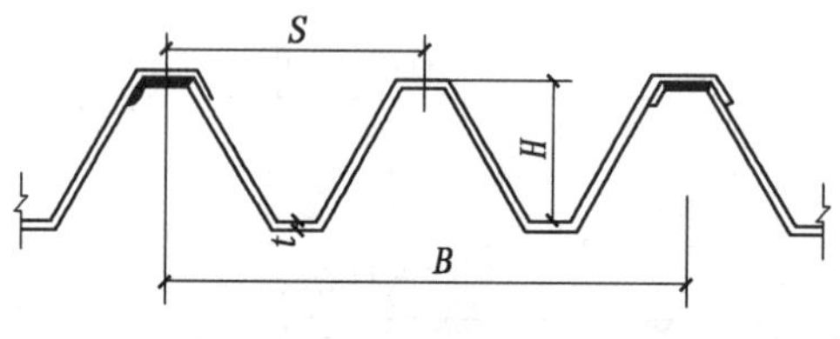
S
H
t
B

图6-52 压型钢板的截面形状

标记示例:YX130-300-600表示压型钢板的波高为130mm,波距为300mm,有效的覆盖宽度为600mm,见图6-53。

标记示例:YX173-300-300,表示压型钢板的波高为173mm,波距为300mm,有效的覆盖宽度为300mm,见图6-54。

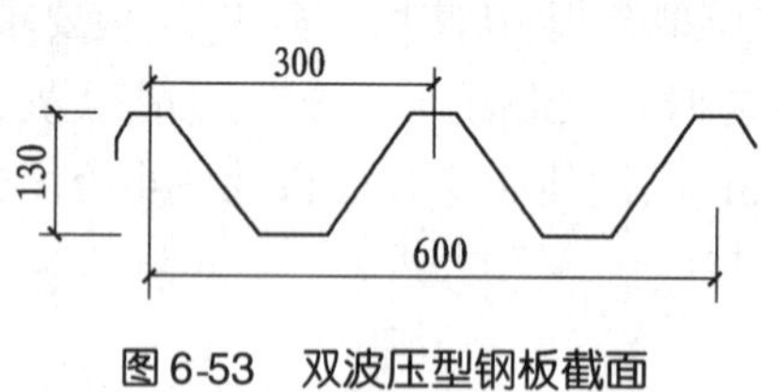
300
130
600

图6-53 双波压型钢板截面

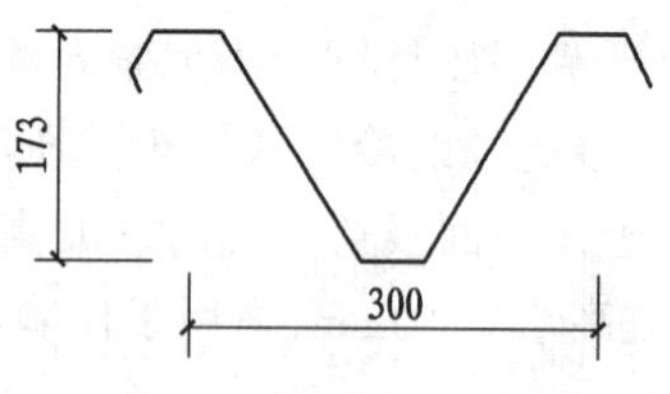
173
300

图6-54 单波压型钢板截面

6.8.4 彩涂钢板

在连续机组上以冷轧带钢、镀锌带钢(电镀锌和热镀锌)为基板,经过表面预处理(脱脂和化学处理),用辊涂的方法,涂上一层或多层液态涂料,经过烘烤和冷却所得的板材即为涂层钢板。由于涂层可以有各种不同的颜色,习惯上把涂层钢板称为彩色涂层钢板(图6-55)。建筑用彩色涂层钢板的厚度包括基材和涂层两部分,基材厚度范围为0.38~1.2mm,材质为热镀锌钢板,必要时可镀铝锌。

6.8.5 彩涂钢板的分类

按用途分:建筑外用(JW)、建筑内用(JN)和家用电器(JD)。

按表面状态分:涂层板(TC)、印花板(YH)和压花板(YaH)。

彩色涂层板可以用多种涂料和基底板材制作,只用于建筑物的围护和装饰。

其标记方式:钢板用途代号—表面状态代号—涂料代号—基材代号—板厚×板宽×板长。

6.8.6 压型钢板纵向连接

压型钢板纵向连接(图6-56)应位于檩条或墙梁处,两块板均应伸至支撑构件上,搭接长度:高波屋面板为350mm,屋面坡度小于等于10%的低波屋面板为250mm,屋面坡度大于等于10%的低波屋面板为200mm;墙板为120mm;屋面搭接时,板缝间需通长设密封胶带。

图6-55 彩色涂层钢板

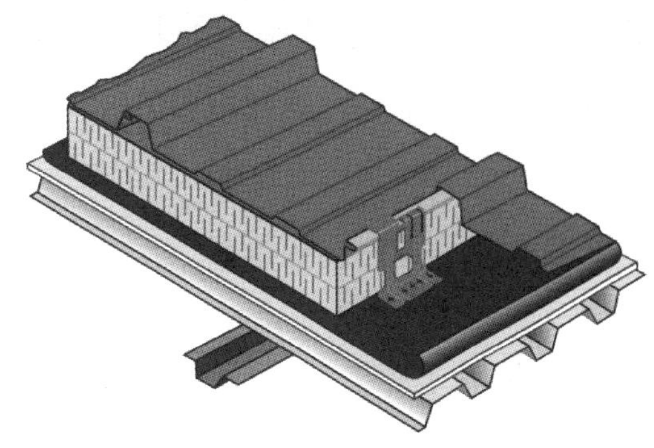

图6-56 屋面板的连接

1)自攻螺钉

用于压型钢板、夹心板、异型板等与檩条、墙梁及钢支架连接。位于檩条与墙梁上的板与板的纵向连接处,连接间距小于等于350mm,并且每块板与同一根檩条或墙梁的连接不得少于三点;在板中间非纵向连接处,板材与檩条或墙梁的连接点不得少于两点;在屋脊、檐口处的连接点可以适当加密。

2)拉铆钉

用于板与板连接,拉铆钉间距一般为100~500mm。

3)膨胀螺栓

用于彩色钢板、连接构件与砌体或混凝土结构连接固定,中距小于等于350mm。

6.8.7 夹心板

夹心板是指彩色涂层钢板面层及底板与保温芯材通过黏结剂复合而成的保温复合维护板材;根据其芯材的不同分为硬质聚氨酯夹心板、聚苯乙烯夹芯板、岩棉夹芯板。

夹心板的厚度为30~250mm,建筑围护通常采用的夹芯板厚度范围为50~100mm,彩色钢板厚度为0.5mm、0.6mm;如条件容许,经过计算,屋面板底板和墙板内侧墙也可采用0.4mm厚彩色钢板。

夹心板屋面的纵向搭接应位于檩条处,两块板均应伸入支撑构件上,每块板支承长度大于等于50mm,为此搭接处应改为双檩条或一侧加焊通长角钢。

夹心板纵向搭接长度(面层彩色钢板):屋面坡度大于等于200mm,屋面坡度小于等于10%时为250mm。搭接部位均应设密封胶带。连接方式通常为插入式。其纵向连接较为不易,故插入式连接的墙板应避免纵向连接。

夹心板的横向连接为搭接,尺寸按具体板型决定。夹心板墙面一般为插接,连接方向宜与主导方向一致。

屋面板编号:由产品代号及规格尺寸组成。

墙面板编号:由产品代号、连接代号及规格尺寸组成。

产品代号:硬质聚氨酯夹芯板为JYJB;聚苯乙烯夹芯板为JJB;岩棉夹芯板为JYB。

连接代号:插接式挂件连接为Qa;插接式紧固件连接为Qb;拼接式紧固件连接为Qc。

标记示例:波高为42mm,波与波间距为333mm,单块夹芯板有效宽度为1000mm的硬质聚氨酯夹芯屋面板,其板型编号为:JYJB42-333-1000;单块夹芯板有效宽度为1000mm、插接式挂件连接的硬质聚氨酯夹芯板墙板,其板型编号为:JYJB-Qa1000。

夹芯板的重量为0.12~0.25kN/m^2。一般采用长尺,板长不超过12m,板的纵向可不搭接,也适用于平坡的梯形屋架和门式刚架。

6.8.8 压型金属板配件

泛水板、包角板一般采用与压型金属板相同的材料,用弯板机加工。由于泛水板、包角板等配件(包括落水管、天沟等)都是根据工程对象、具体条件单独设计,故除外形尺寸偏差外,不能有统一的要求和标准。

压型金属板之间的连接除了板间的搭接外,还需使用连接件,国内常用的主要连接件及性能如表6-3所示。

压型金属板常用的主要连接件　　表6-3

名　称	性　能	用　途
单向固定螺栓	抗剪力2.7t 抗拉力1.5t	屋面高波压型金属板与固定支架的连接
单向连接螺栓	抗剪力1.34t 抗拉力0.8t	屋面高波压型金属板侧向搭接部位的连接
连接螺栓	—	屋面高波压型金属板与屋面檐口挡水板、封檐板的连接
自攻螺钉 (二次攻)	表面硬度: HRC50~58	墙面压型金属板与墙梁的连接
钩螺栓	—	屋面低波压型金属板与檩条的连接,墙面压型金属板与墙梁的连接
铝合金拉铆钉	拉剪力0.2t 抗拉力0.3t	屋面低波压型金属板、墙面压型金属板侧向搭接部位连接,泛水板之间,包角板之间或泛水板、包角板与压型金属板之间搭接部位的连接

6.8.9 压型钢板、保温夹心板构造识读

压型钢板、保温夹心板构造识读见图纸6-37~图纸6-42。

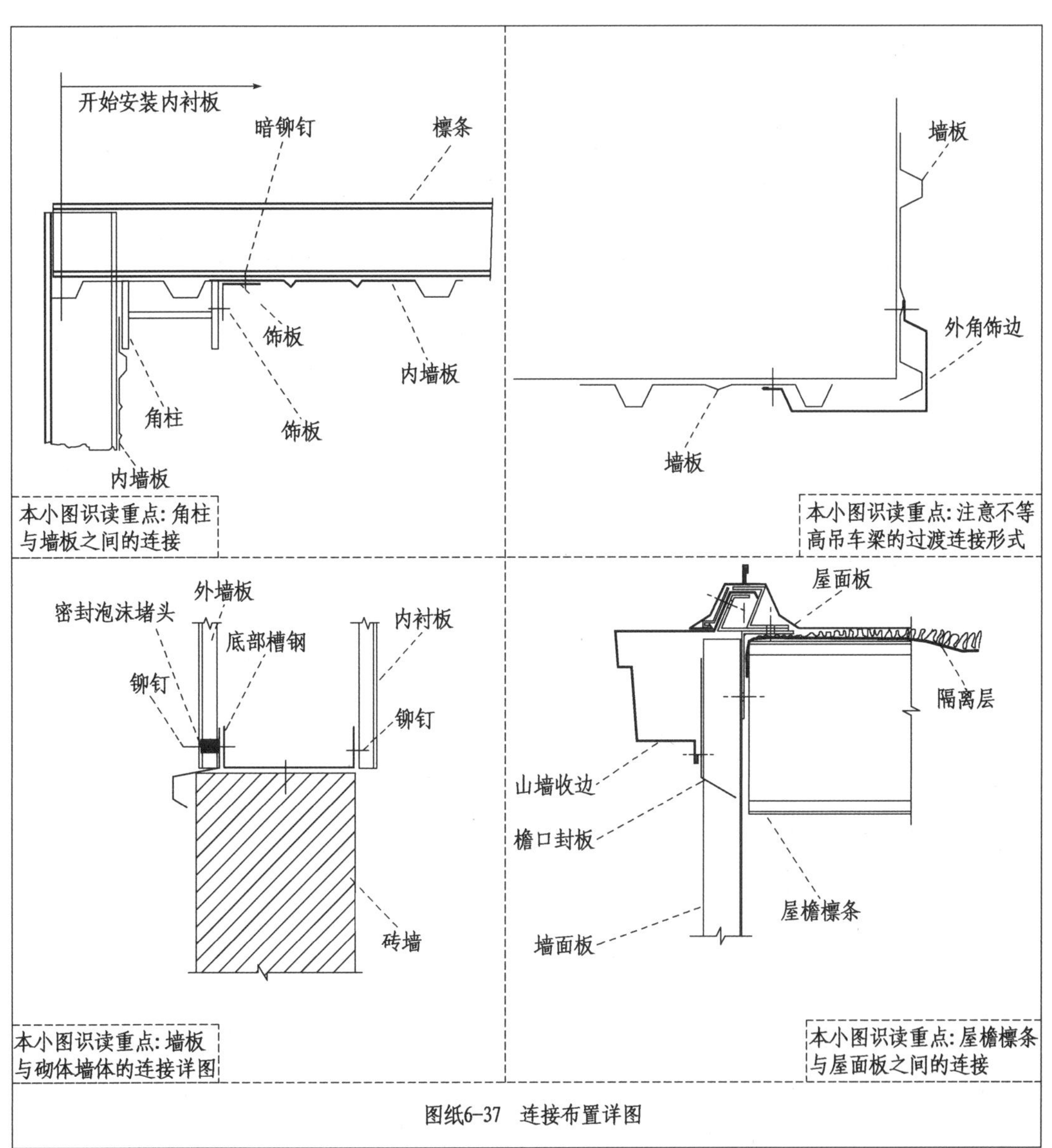
开始安装内衬板
暗铆钉
檩条
饰板
内墙板
角柱
饰板
内墙板
本小图识读重点：角柱与墙板之间的连接
墙板
外角饰边
墙板
本小图识读重点：注意不等高吊车梁的过渡连接形式
外墙板
密封泡沫堵头
底部槽钢
内衬板
铆钉
铆钉
砖墙
本小图识读重点：墙板与砌体墙体的连接详图
屋面板
隔离层
山墙收边
檐口封板
屋檐檩条
墙面板
本小图识读重点：屋檐檩条与屋面板之间的连接

图纸6-37　连接布置详图

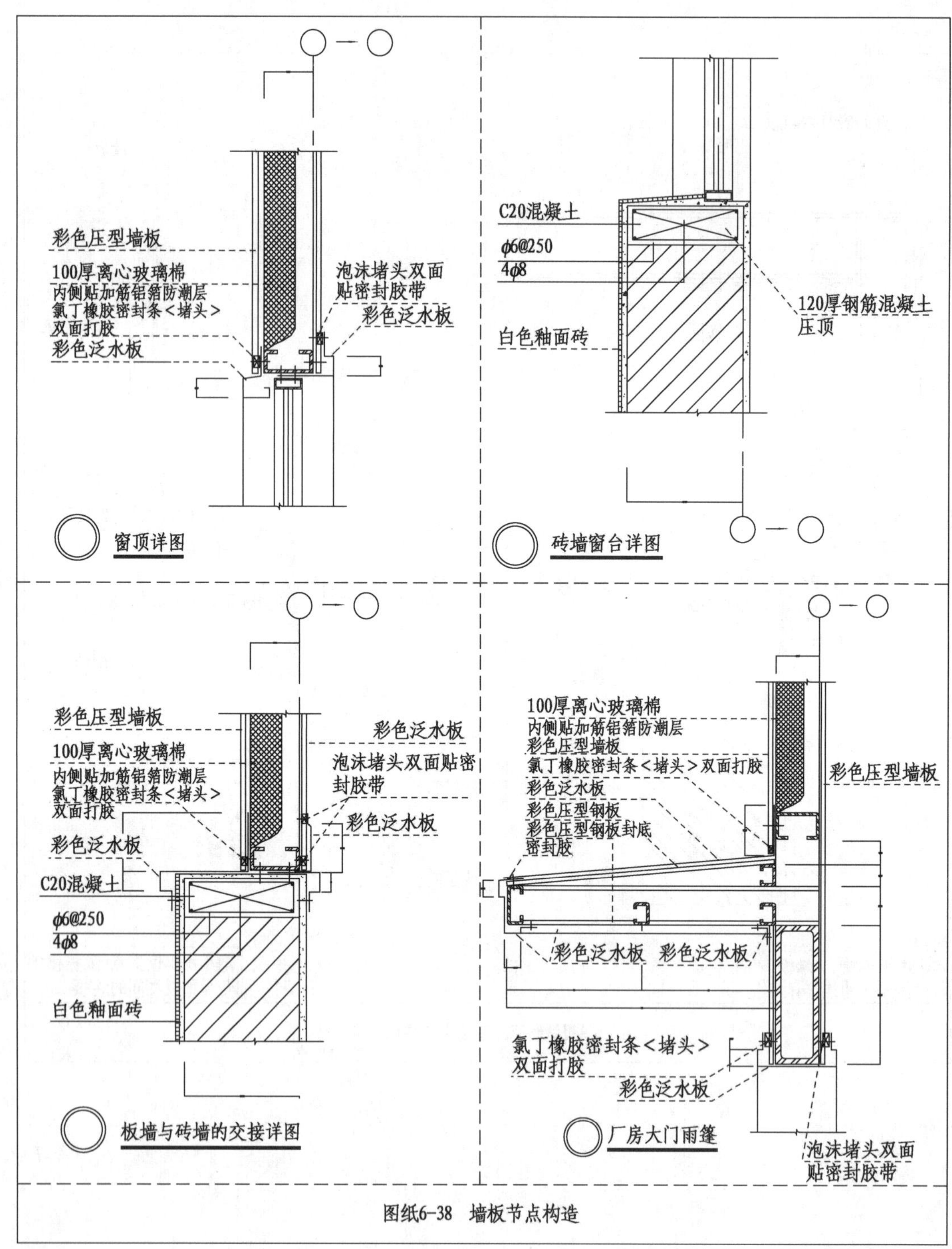
彩色压型墙板
100厚离心玻璃棉
内侧贴加筋铝箔防潮层
氯丁橡胶密封条<堵头>
双面打胶
彩色泛水板
泡沫堵头双面
贴密封胶带
彩色泛水板
窗顶详图
C20混凝土
ϕ6@250
4ϕ8
白色釉面砖
120厚钢筋混凝土
压顶
砖墙窗台详图
彩色压型墙板
100厚离心玻璃棉
内侧贴加筋铝箔防潮层
氯丁橡胶密封条<堵头>
双面打胶
彩色泛水板
C20混凝土
ϕ6@250
4ϕ8
白色釉面砖
彩色泛水板
泡沫堵头双面贴密
封胶带
彩色泛水板
板墙与砖墙的交接详图
100厚离心玻璃棉
内侧贴加筋铝箔防潮层
彩色压型墙板
氯丁橡胶密封条<堵头>双面打胶
彩色泛水板
彩色压型钢板
彩色压型钢板封底
密封胶
彩色压型墙板
彩色泛水板
彩色泛水板
氯丁橡胶密封条<堵头>
双面打胶
彩色泛水板
泡沫堵头双面
贴密封胶带
厂房大门雨篷

图纸6-38　墙板节点构造

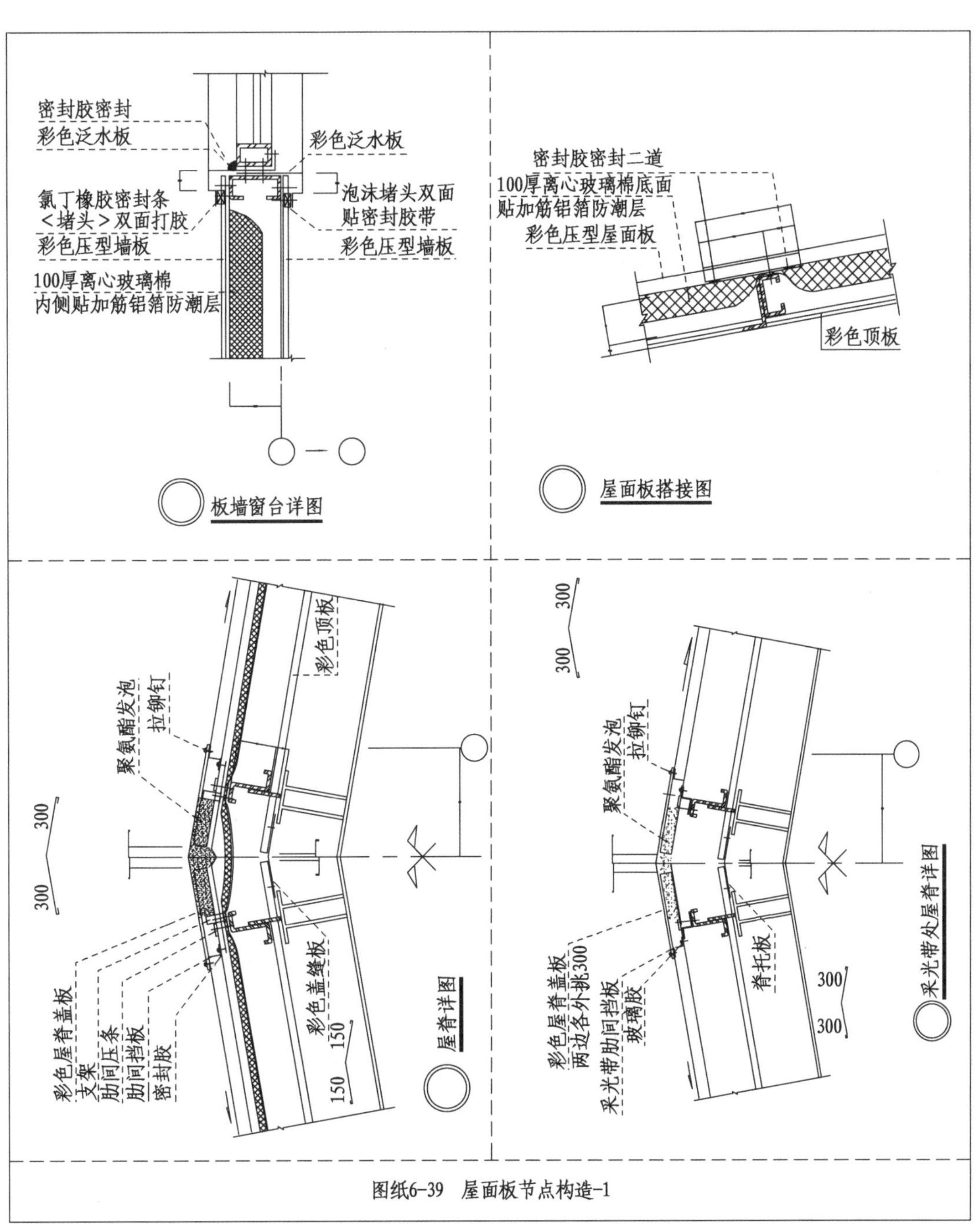
密封胶密封
彩色泛水板
彩色泛水板
氯丁橡胶密封条
＜堵头＞双面打胶
泡沫堵头双面
贴密封胶带
彩色压型墙板
彩色压型墙板
100厚离心玻璃棉
内侧贴加筋铝箔防潮层
板墙窗台详图
密封胶密封二道
100厚离心玻璃棉底面
贴加筋铝箔防潮层
彩色压型屋面板
彩色顶板
屋面板搭接图
300
300
彩色顶板
聚氨酯发泡
拉铆钉
彩色屋脊盖板
支架
肋间压条
肋间挡板
密封胶
彩色盖缝板
150
150
屋脊详图
300
300
聚氨酯发泡
拉铆钉
彩色屋脊盖板
两边各外挑300
采光带肋间挡板
玻璃胶
脊托板
300
300
采光带处屋脊详图

图纸6-39　屋面板节点构造-1

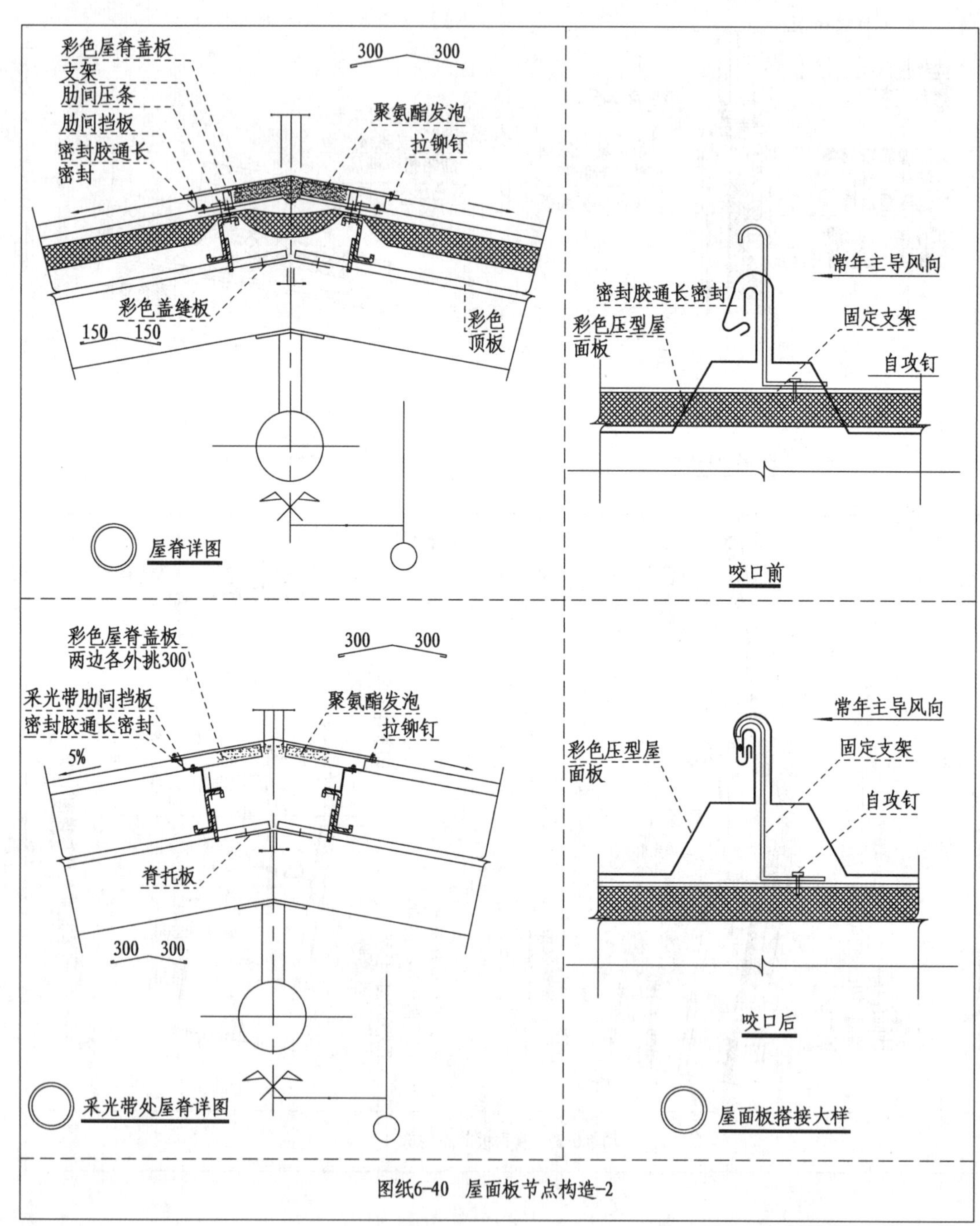
彩色屋脊盖板
支架
肋间压条
肋间挡板
密封胶通长
密封
300 300
聚氨酯发泡
拉铆钉
彩色盖缝板
150 150
彩色
顶板
屋脊详图
常年主导风向
密封胶通长密封
彩色压型屋
面板
固定支架
自攻钉
咬口前
彩色屋脊盖板
两边各外挑300
300 300
采光带肋间挡板
密封胶通长密封
聚氨酯发泡
拉铆钉
5%
脊托板
300 300
采光带处屋脊详图
常年主导风向
彩色压型屋
面板
固定支架
自攻钉
咬口后
屋面板搭接大样

图纸6-40 屋面板节点构造-2

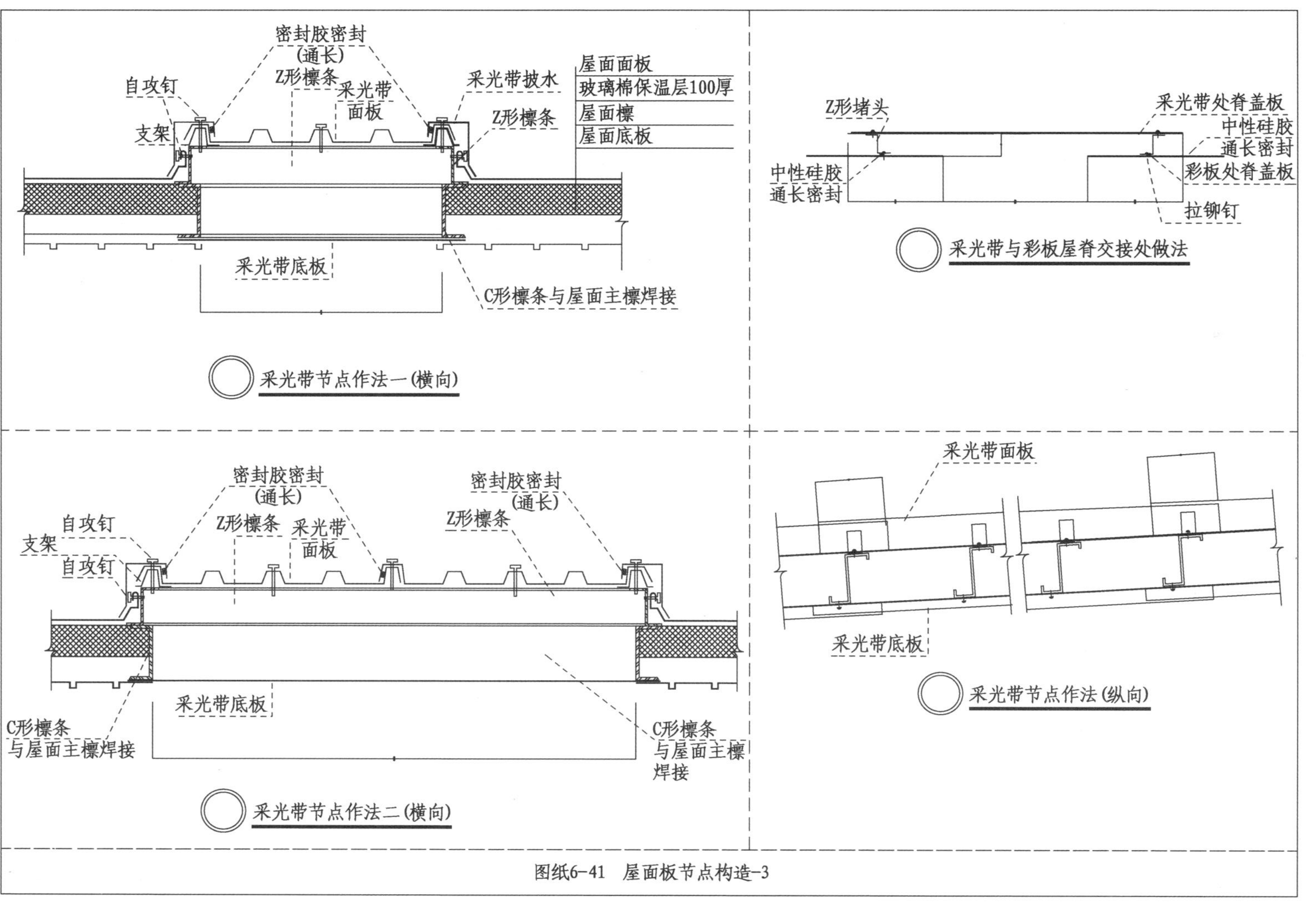
密封胶密封
(通长)
Z形檩条
采光带
面板
自攻钉
支架
采光带披水
Z形檩条
屋面面板
玻璃棉保温层100厚
屋面檩
屋面底板
采光带底板
C形檩条与屋面主檩焊接
采光带节点作法一(横向)
Z形堵头
中性硅胶
通长密封
采光带处脊盖板
中性硅胶
通长密封
彩板处脊盖板
拉铆钉
采光带与彩板屋脊交接处做法
密封胶密封
(通长)
Z形檩条
采光带
面板
密封胶密封
(通长)
Z形檩条
自攻钉
支架
自攻钉
采光带底板
C形檩条
与屋面主檩焊接
C形檩条
与屋面主檩
焊接
采光带节点作法二(横向)
采光带面板
采光带底板
采光带节点作法(纵向)

图纸6-41 屋面板节点构造-3

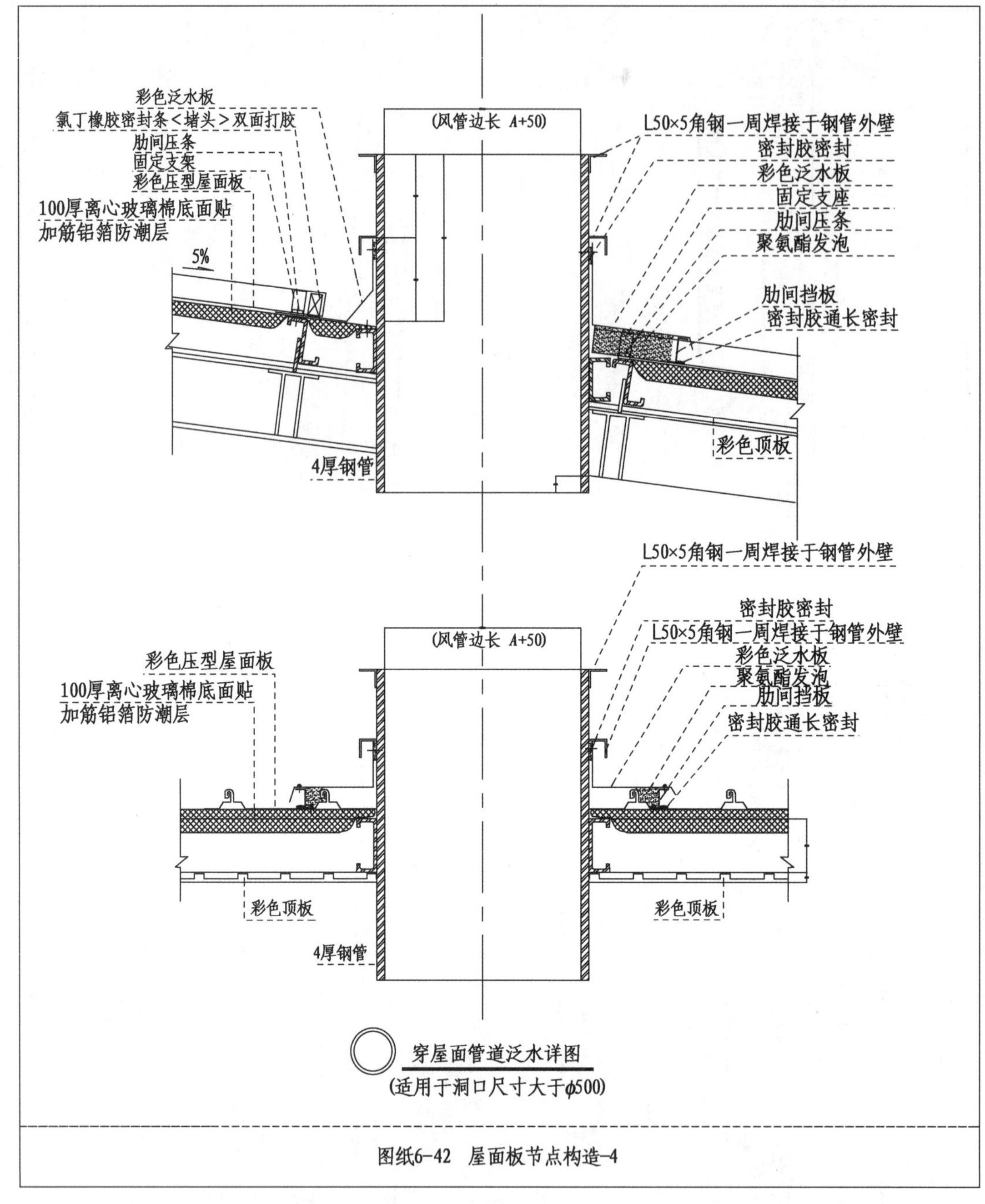
彩色泛水板
氯丁橡胶密封条<堵头>双面打胶
肋间压条
固定支架
彩色压型屋面板
100厚离心玻璃棉底面贴
加筋铝箔防潮层
5%
(风管边长 A+50)
L50×5角钢一周焊接于钢管外壁
密封胶密封
彩色泛水板
固定支座
肋间压条
聚氨酯发泡
肋间挡板
密封胶通长密封
彩色顶板
4厚钢管
L50×5角钢一周焊接于钢管外壁
密封胶密封
L50×5角钢一周焊接于钢管外壁
彩色泛水板
聚氨酯发泡
肋间挡板
密封胶通长密封
彩色压型屋面板
100厚离心玻璃棉底面贴
加筋铝箔防潮层
(风管边长 A+50)
彩色顶板
彩色顶板
4厚钢管
穿屋面管道泛水详图
(适用于洞口尺寸大于ϕ500)

图纸6-42 屋面板节点构造-4

6.9 门式刚架施工图的内容

6.9.1 钢结构设计图纸的内容

钢结构设计图内容一般包括:图纸目录;设计总说明;柱脚锚栓布置图;纵、横、立面图;构件布置图;节点详图;构件图;钢材及高强度螺栓估算表。

1）设计总说明

(1)设计依据:工程设计合同书有关设计文件,岩土工程报告、设计基础资料及有关设计规范、规程等。

(2)设计荷载资料:各种荷载的取值;抗震设防类别和抗震设防烈度。

(3)设计简介:简述工程概况,设计假定、特点和设计要求及使用程序等。

(4)材料的选用:对各部分构建选用的钢材应按主次分别提出钢材质量等级和牌号以及性能的要求。相应钢材等级性能选用配套的焊条和焊丝的牌号及性能要求,选用高强度螺栓和普通螺栓的性能级别等。

(5)制作安装:①制作的技术要求及允许偏差;②螺栓连接的精度和施拧要求;③焊缝质量要求和焊缝检验等级要求;④防腐和防火措施;⑤运输和安装要求;⑥需要做试验的特殊说明。

2）柱脚锚栓布置图

按一定比例绘制柱网平面布置图。在该图上标注出各个柱脚锚栓的位置,也就是相对于纵横轴线的位置尺寸,并在基础剖面上标注出锚栓空间位置标高,标明锚栓规格数量及埋设深度。

3）纵、横、立面图

当房屋钢结构比较高大或平面布置比较复杂柱网不太规则,或立面高低错落,为表达清楚整个结构体系的全貌,绘制纵、横、立面图,主要表达结构的外形轮廓,相关尺寸和标高,纵横轴线编号及跨度尺寸和高度尺寸,剖面选择具有代表性的或需要特殊表示清楚的地方。

4）结构布置图

结构布置图主要表达各个构件在平面中所处的位置并对各种构件选用的截面进行编号。

屋盖平面布置图:包括屋架布置图(或钢架布置图)、屋盖檩条布置图和屋盖支撑布置图。屋盖檩条布置图主要表明檩条间距和编号以及檩条之间设置的直拉条、斜拉条布置和编号。屋盖支撑布置图主要表示屋盖水平支撑、纵向刚性支撑、屋面梁的隅撑的布置图及编号。

柱子平面布置图主要表示钢柱(或门式钢架)和山墙柱的布置及编号。其纵剖面表示柱间支撑及墙梁布置与编号,包括墙梁的直拉条和斜拉条布置与编号,柱隅撑布置与编号。横剖面重点表示山墙柱间支撑、墙梁及拉条面布置与编号。

吊车梁平面布置表示吊车梁、车挡及其支撑布置与编号。

5）节点详图

节点详图在设计阶段应表示清楚各构件间的相互连接关系及其构造特点,节点上应标明在整个结构物的相关位置,即应标出轴线编号、相关尺寸、主要控制标高、构件编号或截面规格、节点板厚度及加劲肋做法。构件与节点板采用焊接连接时,应标明焊脚尺寸及焊缝符号。构件采用螺栓连接时,应标明螺栓是何种螺栓,螺栓直径、数量。设计阶段的节点详图具体构造做法必须交代清楚。

绘制那些节点图,主要为相同构件的拼接处;不同构件的连接处;不同构件材料连接处;需要特殊说明的地方。

节点的圈法:应根据设计者要表达清楚其设计意图来圈定范围,重要的位置或连接较多的部分可圈较大范围,以便看清楚其全貌,如屋脊与山墙部分,纵横墙及柱与山墙部位等。

一般是在平面布置图或立面图上圈定节点，重要的典型安装拼接节点应绘制节点详图。

6）构件图

格构式构件图包括平面桁架和立体桁架以及截面较为复杂的组合构件等需要绘制构件图，门式刚架由于采用变截面，故也可以绘制构件图以便通过构件图表达构件外形、几何尺寸及构件中杆件(或板件)的截面尺寸，以方便绘制施工图。

平面或立体桁架构件图。一般杆件均用单线绘制，弦杆必须注明重心距，其几何尺寸应以重心线为准。

当桁架构件图为轴对称时，分为左侧标注杆件截面大小，右侧标注杆件内力。当桁架构件图为不对称时，则杆件上方标注杆件截面大小，下方标注杆件内力。

柱子构件图一般按其外形分拼装单元竖放绘制，在支承吊车梁肢和支承屋架肢上用双线，腹杆用单实线绘制，并绘制各截面变化处的各个剖面，注明相应的规格尺寸、柱段控制标高和轴线编号的相关尺寸。柱子尽量全长绘制，反映柱子全貌，如果竖放绘制有困难，可以整根柱子平放绘制，柱顶放在左侧，柱脚放在右侧，尺寸和标高均应标注清楚。

门式刚架构件图可利用对称性绘制，主要标注其变截面柱和变截面斜梁的外形和几何尺寸，定位轴线和标高，以及柱截面与定位轴线的相关尺寸等。

高层钢结构中特殊构件宜绘制构件图。

6.9.2 钢结构施工详图设计的深度

钢结构施工详图编制的依据是钢结构设计图。钢结构施工详图的深度按便于加工制作的原则，对构件的构造予以完善，根据需要按钢结构设计图提供的内力进行焊缝计算或螺栓连接计算，确定杆件长度和连接板尺寸。并考虑运输和安装的能力确定构件的分段。

通过制图将构件的整体形象，构件中各零件的加工尺寸和要求，零件间的连接方法等详尽地介绍给构件制作人员。将构件所处的平面和立面位置，以及构件之间、构件与外部其他构件之间的连接方法等详尽地介绍给构件的安装人员。

绘制钢结构施工详图时，必须对钢结构加工制作、生产程序和安装方法有所了解，才能使绘制的施工详图实用。

绘制钢结构施工详图的关键在于“详”字。图纸是直接下料的依据，故尺寸标注要详细准确，图纸表达要“意图明确”“语言精练”，要争取用最少的图形，最清楚地表达设计意图，以减少绘制图纸工作量，达到提高设计人员劳动效率的目的。

6.9.3 钢结构施工详图的图纸绘制

钢结构施工详图的图纸内容包括：图纸目录；施工详图总说明；锚栓布置图；构件布置图；安装节点图；构件详图。

1）总说明

施工总说明是对加工制造和安装人员要强调的技术条件和提出施工安装的要求，具体内容如下：

(1)详图的设计依据是设计图样。

(2)简述工程概况。

(3)结构选用钢材的材质和牌号要求。

(4)焊接材料的材质和牌号要求,或螺栓连接的性能等级和精度类别要求。

(5)结构构件在加工制作过程中的技术要求和注意事项。

(6)结构安装过程中的技术要求和注意事项。

(7)对构件质量检验的手段、等级要求以及检验的依据。

(8)构件的分段要求及注意事项。

(9)钢结构的除锈和防腐以及防火要求。

(10)其他方面的特殊要求与说明。

2)锚栓布置图

锚栓布置图是根据设计图样进行设计,必须表明整个结构物的定位轴线和标高。在施工锚栓详图中必须表明锚栓中心与定位轴线的关系尺寸、锚栓之间的定位尺寸。绘制详图标明锚栓螺栓长度,在螺栓处的螺栓直径及埋设深度的圆钢直径、埋设深度以及锚固弯钩长度,标明双螺栓及其规格,如果同一根柱脚有多个锚栓则在锚栓之间应设置固定架,把锚栓的相对位置固定好,固定架应有较好的刚度,固定架表面标明其标高位置,然后列出材料表。

3)结构布置图

构件在结构布置图中必须进行编号,在编号前必须熟悉每个构件的结构形式、构造情况、所用材料、几何尺寸、与其他构件连接形式等,并按构件所处地位的重要程度分类,依次绘构件的编号。

(1)构件编号的原则

对于结构形式、各部分构造、几何尺寸、材料截面、零件加工、焊脚尺寸和长度完全一样的可以编为同一个号,否则应另行编号。

对超长度、超高度、超宽度或箱形构件,若需要分段、分片运输时,应将各段、各片分别编号。

一般选用汉语拼音字母作为编号的字首,编号用阿拉伯数字按构件主次顺序进行标注,而且只在构件的主要投影面上标注一次,必要时再以底视图或侧视图补充投影,但不应重复。

各项构件的编号必须连接,例如上、下弦系杆,上、下弦水平支撑等的编号必须各自按顺序编号,不应出现反复、跳跃编号。

(2)构件编号

对于厂房柱网系统的构件编号,柱子是主要构件,柱间支撑次之,故应先编柱子编号,后编支撑编号。

对于屋盖体系:先下弦平面图,后上弦平面图。依次对屋架、托梁、垂直支撑、系杆和水平支撑进行编号,后对檩条及拉条编号。

(3)构件表

在结构布置图中必须列出构件表,构件表中要标明构件编号、构件名称、构件截面、构件数量、构件单重和总重,以便于阅图者统计。

4)安装节点图

(1)安装节点包含的内容。安装节点图用以表明各构件间相互连接情况,构件与外部构件的连接形式、连接方式、控制尺寸和有关标高;对屋盖强调上弦和下弦水平支撑就位后角钢的肢尖朝向;表明构件的现场或工厂的拼接节点;表明构件上的开孔(洞)及局部加强对构造处理;表明构件上加劲肋的做法;表明抗剪键等布置与连接构造。

(2)安装节点按适当比例绘制，要注明安装及构造要求的有关尺寸及有关标高。

(3)安装节点圈定方法与绘制要求。选比较复杂结构的安装节点，以便提供安装时使用；与不同结构材料连接的节点；与相邻结构系统连接比较复杂的节点；构件在安装时的拼接接头；与节点连接的构件较多的节点。

5）构件详图绘制

(1)图形简化。为减少绘图工作量，应尽量将图形相同和图形相反的构件合并画在一个图上。若构件本身存在对称关系，可以绘制构件的一半。

(2)图形分类排版。尽量将同一个构件集中绘制在一张或几张图上，板面图形排放应做到：满而不挤，井然有序，详图中应突出主视图位置，剖面图放在其余位置，图形要清晰、醒目，并符合视觉比例要求。图形中线条粗、细、实、虚线要明显区别，层次要分明，尺寸线与图形大小和粗细要适中。

(3)构件详图应依据布置图的构件编号按类别顺序绘制，构件主投影面的位置应与布置图一致。构件主投影面应标注加工尺寸线、装配尺寸线和安装尺寸线三道尺寸，明显分开标注。

(4)较长且复杂的格构式柱，若因图幅不能垂直绘制，可以横放绘制，一般柱脚应置于图纸右侧。

(5)大型格构式构件在绘制详图时应在图纸的左上角绘制单线几何图形，表明其几何尺寸及杆件内力值，一般构件可直接绘制详图。

(6)零件编号。对多图形的图面，应按从左至右，自上而下的顺序编零件号。先对主材编号，后其他零件编号。先型材，后板材、钢管等，先大后小，先厚后薄。两根构件相反，只给正当构件零件编号。对称关系的零件应编为同一零件号。当一根构件分画于两张图上时，应视作同一张图纸进行编号。

第 7 章　多层与高层民用钢结构

7.1　多层与高层民用钢结构概述

高层民用钢结构[1]一般是指 10 层及 10 层以上或房屋高度大于 28m 的住宅建筑以及房屋高度大于 24m 的其他高层民用建筑，主要采用型钢、钢板连接或焊接成构件，再经连接而成的结构体系。高层民用钢结构常采用钢框架结构、钢框架—支撑结构、钢框架—混凝土核心筒（剪力墙）结构等形式。钢框架—混凝土核心筒（剪力墙）结构在现代高层、超高层建筑中应用广泛，属于钢—混凝土混合结构，使钢材和混凝土优势互补，充分发挥材料效能。

7.1.1　多层与高层结构类型

按抗侧力结构的特点，多、高层钢结构的结构体系可按表 7-1 进行分类。

多、高层钢结构体系分类　　表 7-1

结构体系		支撑、墙体和筒形式	抗侧力体系类别
框架、轻型框架	—	—	单重
框—排架	—	纵向柱间支撑	单重
支撑结构	中心支撑	普通钢支撑，消能支撑（防屈曲支撑等）	单重
	偏心支撑	普通钢支撑	单重
框架—支撑、轻型框架—支撑	中心支撑	普通钢支撑，消能支撑（防屈曲支撑等）	单重或双重
	偏心支撑	普通钢支撑	单重或双重
框架—剪力墙板		钢板墙，延性墙板	单重或双重
筒体结构	筒体	普通桁架筒 密柱深梁筒 斜交网格筒 剪力墙板筒	单重
	框架—筒体		单重或双重
	筒中筒		双重
	束筒		双重
巨型结构	巨型框架	—	单重
	巨型框架—支撑		单重或双重
	巨型支撑		单重或双重

注：1. 框—排架结构包括由框架与排架侧向连接组成的侧向框—排架结构和下部为框架上部顶层为排架的竖向框—排架结构。

2. 因刚度需要，高层建筑钢结构可设置外伸臂桁架和周边桁架，外伸臂桁架设置处宜同时有周边桁架，外伸臂桁架应贯穿整个楼层，伸臂桁架的尺度要与相连构件尺度相协调。

[1]引自《高层民用建筑钢结构技术规程》（JGJ 99—2015）。

7.1.2 结构布置原则

建筑平面宜简单、规则,结构平面布置宜对称,水平荷载的合力作用线宜接近抗侧力结构的刚度中心;高层钢结构两个主轴方向动力特性宜相近。

结构竖向体形应力求规则、均匀,避免有过大的外挑和内收;结构竖向布置宜使侧向刚度和受剪承载力沿竖向均匀变化,避免因突变导致过大的应力集中和塑性变形集中。

采用框架结构体系时,高层建筑不应采用单跨结构,多层建筑的甲、乙类建筑不宜采用单跨结构。

高层钢结构宜选用风压较小的平面形状和横风向振动效应较小的建筑体型(圆形或正多边形平面),并应考虑相邻高层建筑对风荷载的影响。

支撑布置平面上宜均匀、分散,沿竖向宜连续布置,不连续时应适当增加错开支撑及错开支撑之间的上下楼层水平刚度;设置地下室时,支撑应延伸至基础。

1)多层钢结构房屋

(1)框架体系

框架结构(图7-1)是最早用于高层建筑的结构形式,柱距一般在6~9m范围内,次梁间距一般以3~4m为宜。

框架结构的主要优点是平面布置较灵活、刚度分布均匀、延性较大、自振周期较长、对地震作用不敏感。

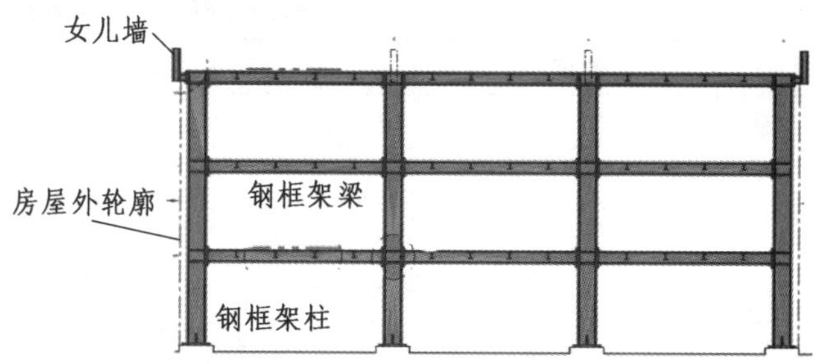
女儿墙
房屋外轮廓
钢框架梁
钢框架柱

图7-1 多层钢框架结构房屋

(2)斜撑体系

框架结构上设置适当的支撑或剪力墙,用于地震区时,具有双重设防的优点,可用于40~60层及以下的高层建筑。结构及其受力特点如下:

①内部设置剪力墙式的内筒,与其他竖向构件共同承受竖向荷载;②外筒体采用密排框架柱和各层楼盖处的深梁刚接,形成一个悬臂筒(竖直方向)以承受侧向荷载;③同时设置刚性楼面结构作为框筒的横隔。

(3)多层钢结构体系

①3层以下,可采用钢框架、轻钢龙骨(冷弯薄壁型钢)体系;②4~6层,可采用钢框架—支撑体系、钢框架结构体系;③7~12层,可采用钢框架—支撑体系,优先采用交叉支撑。

2)高层民用钢结构体系

高层民用钢结构的结构体系主要有框架结构体系、框架—支撑(剪力墙板)结构体系、筒体结构体系(框筒、筒中筒、桁架筒、束筒等)和巨型框架结构体系。

(1)框架结构体系

框架结构体系(图7-2)是沿房屋纵横方向由多榀平面框架构成的结构。这类结构的抗侧力能力主要取决于梁柱构件和节点的强度与延性,故节点常采用刚性连接节点。

图7-2 框架结构体系

(2)框架—支撑结构体系

框架—支撑结构体系(图7-3)是在框架体系中沿结构的纵、横两个方向均匀布置一定数量的支撑所形成的结构体系。支撑体系的布置由建筑要求及结构功能来确定。

支撑类型的选择与是否抗震有关,也与建筑的层高、柱距以及建筑使用要求有关。

图7-3 框架—支撑结构体系

①中心支撑。

中心支撑(图7-4)指斜杆、横梁及柱汇交于一点的支撑体系,或两根斜杆与横杆汇交于一点,也可与柱子汇交于一点,但汇交时均无偏心距。

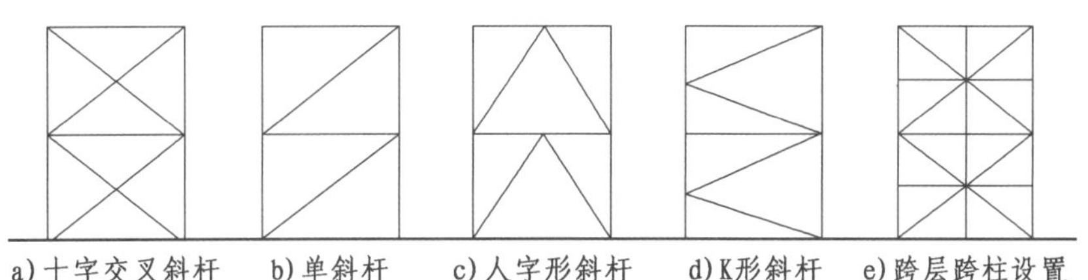
a)十字交叉斜杆
b)单斜杆
c)人字形斜杆
d)K形斜杆
e)跨层跨柱设置

图7-4 中心支撑

②偏心支撑。

偏心支撑(图7-5)指支撑斜杆的两端,至少有一端与梁相交(不在柱节点处),另一端可在梁与柱交点处连接,或偏离另一根支撑斜杆一段长度与梁连接,并在支撑斜杆杆端与柱子之间构成耗能梁段,或在两根支撑与杆之间构成耗能梁段的支撑。

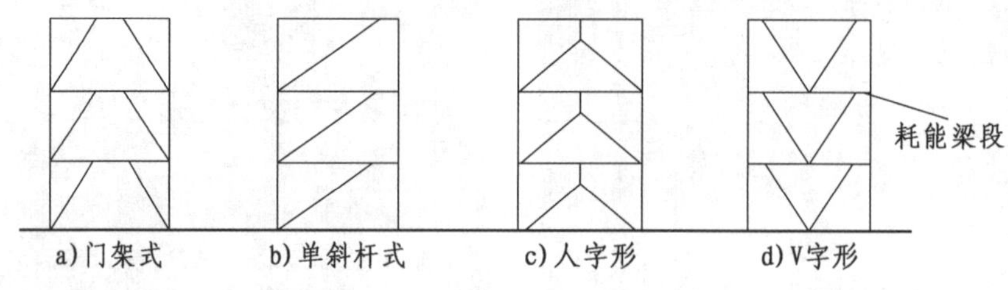
耗能梁段
a)门架式
b)单斜杆式
c)人字形
d)V字形

图7-5 偏心支撑

(3)框架—剪力墙板体系

框架—剪力墙板体系(图7-6)以钢框架为主体,并配置一定数量的剪力墙板。剪力墙板主要类型:钢板剪力墙板;内藏钢板支撑剪力墙板;带竖缝钢筋混凝土剪力墙板。

图7-6 框架—剪力墙板结构体系

(4)筒体结构体系

筒体结构体系分为框架筒、桁架筒、筒中筒及束筒等体系。

框筒体系:外围布置间距较小的钢柱,每层有较大刚度的裙梁,由此组成框架筒组成的钢筒体结构体系。

筒中筒体系:内外布置间距较小的钢柱,而形成框筒,此时内外筒共同承受水平侧力的结构体系。

桁架筒体系:为了增加框筒结构的刚度,增大抗水平剪力的能力,在外框筒设置斜向支撑,组成大桁架式的筒体结构体系。

束筒体系:在平面内布置几束钢框架筒体,形成多束筒体共同承担水平剪力的结构体系。每束筒体的平面布置,平面可以是矩形、三角形、圆形等形状,具体形状可由建筑使用功能要求而定。

(5)巨型框架结构体系

巨型框架结构体系由柱距较大的立体桁架柱及立体桁架梁构成。

7.1.3 多层与高层民用钢结构布置

钢结构设计的基本原则:结构必须有足够的强度、刚度和稳定性,整个结构安全可靠;结构应符合建筑物的使用要求,有良好的耐久性;结构方案尽可能节约钢材,减轻钢结构重量;尽可能缩短制造、安装时间,节约工时;结构构件应便于运输、便于维护;在可能条件下,尽量注意美观,特别是外露结构,有一定建筑美学要求。按照上述原则,根据实际案例原建筑设计的布置和功能要求,综合考虑了结构的经济性、建筑设计的特点和施工合理性等因素,采用钢框架—支撑和钢框架—剪力墙结构体系,并分别进行了布置。

1)梁柱体系

平面采用普通梁格体系。梁采用热轧焊接 H 形截面钢梁,柱为焊接箱型钢柱。整个结构设计成刚性框架结构,竖向荷载由梁、板、柱承担。框架的梁与梁、梁与柱、柱与基础均按刚性连接设计,现场连接采用高强度螺栓与焊接共同作用。次梁为 H 形截面单跨简支梁,设计主次梁时均不考虑楼盖与钢梁的组合作用。

2)抗剪体系

在全部水平风荷载和地震作用下,上述结构体系局部刚度较弱,因此钢框架—支撑结构体系通过布置中心支撑来抵抗水平荷载。钢框架—剪力墙结构体系的中间部分电梯井与楼梯间布置钢筋混凝土剪力墙,来抵抗水平外力的冲击。

3)楼盖体系

一般各层楼(屋)盖均采用钢筋混凝土楼(屋)盖,楼板厚度依结构计算定为 110 ~ 140mm。在结构计算中,认为楼盖刚度足够大,符合平面内无限刚性的假定。

4)基础形式

钢框架—支撑采用柱下独基,钢框架—剪力墙采用柱下独基与筏板基础。

5)内外墙体系

钢框架—剪力墙结构采用蒸压轻质加气混凝土板材(简称 ALC 板材),外墙板厚为 200mm,内墙板厚为 100mm。ALC 是蒸压轻质混凝土(Autoclaved Lightweight Concrete)的简称,是高性能蒸压加气混凝土的一种。ALC 板材(图 7-7)以粉煤灰(或硅砂)、水泥、石灰等为主原料,经过高压蒸汽养护而成的多气孔混凝土成型板材(内含经过处理的钢筋增强)。ALC 板材既可做墙体材料,又可做屋面板,是一种性能优越的新型建材。

图 7-7 ALC 板材

7.2 多层与高层民用钢结构的柱脚构造

7.2.1 柱脚概述

柱脚(图7-8)是将柱子的内力可靠地传递给基础,并与基础有牢固的连接。柱脚的具体构造取决于柱的截面形式及柱与基础的连接方式。柱与基础的连接方式有刚接和铰接两种形式。刚接柱脚与混凝土基础的连接方式有支承式(也称外露式)、埋入式(也称插入式)、外包式三种。框架结构大多采用刚接柱脚,铰接柱脚宜为支承式。

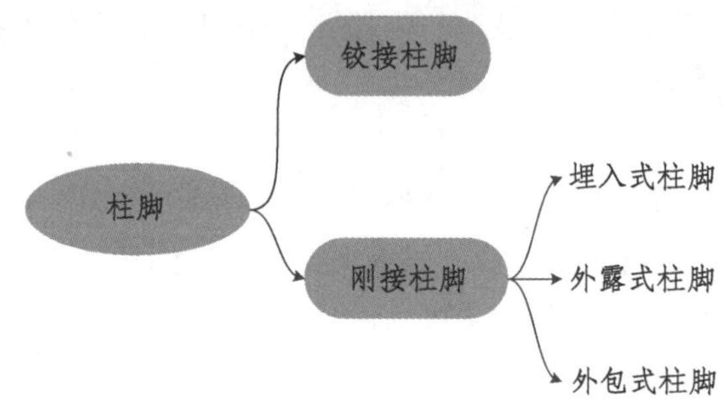
铰接柱脚
柱脚
刚接柱脚
埋入式柱脚
外露式柱脚
外包式柱脚

图7-8 柱脚分类

当柱在荷载组合下出现拉力时,可采用预埋锚栓或柱翼缘设置焊钉等办法。外包式基础的传力方式与埋入式相似,因外包层混凝土层较薄,需配筋加强。

1）埋入式柱脚

埋入式柱脚(图7-9)将钢柱底端插入钢筋混凝土基础梁或地下室墙体内的一种刚性柱脚,通过柱身与混凝土之间的接触传力,可以承受较大的柱脚反力,主要用于多高层民用钢结构工程中。埋入式柱脚的常见形式(图纸7-1、图纸7-4)。

图7-9 埋入式柱脚

2）外露式柱脚

外露式柱脚的常见形式见图纸 7-1。柱脚铰接时（图纸 7-2），常采用双锚栓或四锚栓，取决于钢柱的截面高度。柱脚刚性连接时，常采用带靴梁的构造。

3）外包式柱脚

外包式柱脚是将钢柱柱底板放置在混凝土基础顶面，由基础的钢筋混凝土短柱将钢柱包裹住的一种连接方式。外包式柱脚的常见形式见图纸 7-1 和图纸 7-3。

7.2.2 轴心受压柱的柱脚

轴心受压柱的柱脚可以是铰接柱脚，如图纸 7-2 所示；也可以是刚接柱脚，如图纸 7-3 所示。最常用的铰接柱脚是由靴梁和底板组成的柱脚，如图纸 7-2e）所示。柱身的压力通过与靴梁连接的竖向焊缝先传给靴梁，这样柱的压力就可向两侧分布开来，然后再通过与底板连接的水平焊缝经底板到基础。当底板的底面尺寸较大时，为了提高底板的抗弯能力，可在靴梁之间设置隔板。柱脚通过埋设在基础里的锚栓固定。按照构造要求采用 2 ~ 4 个直径为 20 ~ 25mm 的锚栓。为了便于安装，底板上的锚栓孔径为锚栓直径的 1.5 ~ 2 倍，套在锚栓上的零件板是在柱脚安装定位后焊上。图纸 7-1b）是附加槽钢后的刚性柱脚，为了加强槽钢翼缘的抗弯能力，在槽钢下面焊以肋板。柱脚锚栓分布在底板的四周以便使柱脚不能转动。

7.2.3 压弯构件的柱脚

压弯构件与基础的连接也有铰接柱脚和刚接柱脚两种类型。铰接柱脚不受弯矩，柱脚构造和计算方法与轴心受压柱的柱脚基本相同。刚接柱脚因同时承受压力和弯矩，构造上要保证传力明确，柱脚与基础之间的连接要兼顾强度和刚度，并要便于制造和安装。无论铰接还是刚接，柱脚都要传递剪力。对于一般单层厂房来说，剪力通常不大，底板与基础之间的摩擦一般满足钢结构设计标准的要求。

7.2.4 柱脚节点图

柱脚节点图如图纸 7-1 ~ 图纸 7-4 所示。

7.2.5 柱脚节点图识读示例

柱脚节点图识读示例如图纸 7-5 ~ 图纸 7-9 所示。

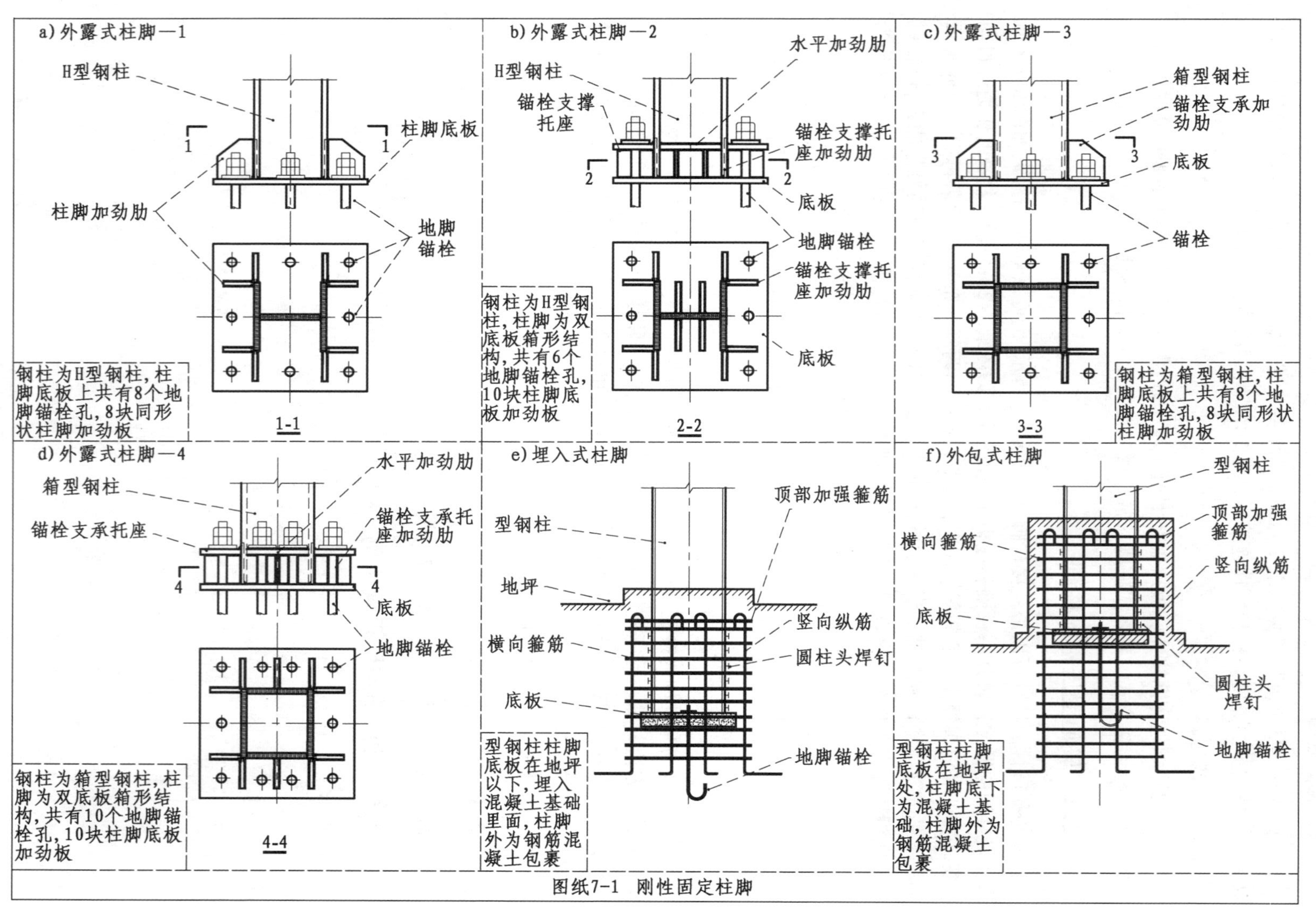
a) 外露式柱脚—1
H型钢柱
柱脚底板
柱脚加劲肋
地脚锚栓
1-1
钢柱为H型钢柱，柱脚底板上共有8个地脚锚栓孔，8块同形状柱脚加劲板
b) 外露式柱脚—2
H型钢柱
水平加劲肋
锚栓支撑托座
锚栓支撑托座加劲肋
底板
地脚锚栓
锚栓支撑托座加劲肋
底板
2-2
钢柱为H型钢柱，柱脚为双底板箱形结构，共有6个地脚锚栓孔，10块柱脚底板加劲板
c) 外露式柱脚—3
箱型钢柱
锚栓支承加劲肋
底板
锚栓
3-3
钢柱为箱型钢柱，柱脚底板上共有8个地脚锚栓孔，8块同形状柱脚加劲板
d) 外露式柱脚—4
箱型钢柱
水平加劲肋
锚栓支承托座
锚栓支承托座加劲肋
底板
地脚锚栓
4-4
钢柱为箱型钢柱，柱脚为双底板箱形结构，共有10个地脚锚栓孔，10块柱脚底板加劲板
e) 埋入式柱脚
型钢柱
顶部加强箍筋
地坪
竖向纵筋
横向箍筋
圆柱头焊钉
底板
地脚锚栓
型钢柱柱脚底板在地坪以下，埋入混凝土基础里面，柱脚外为钢筋混凝土包裹
f) 外包式柱脚
型钢柱
顶部加强箍筋
横向箍筋
竖向纵筋
底板
圆柱头焊钉
地脚锚栓
型钢柱柱脚底板在地坪处，柱脚底下为混凝土基础，柱脚外为钢筋混凝土包裹

图纸7-1 刚性固定柱脚

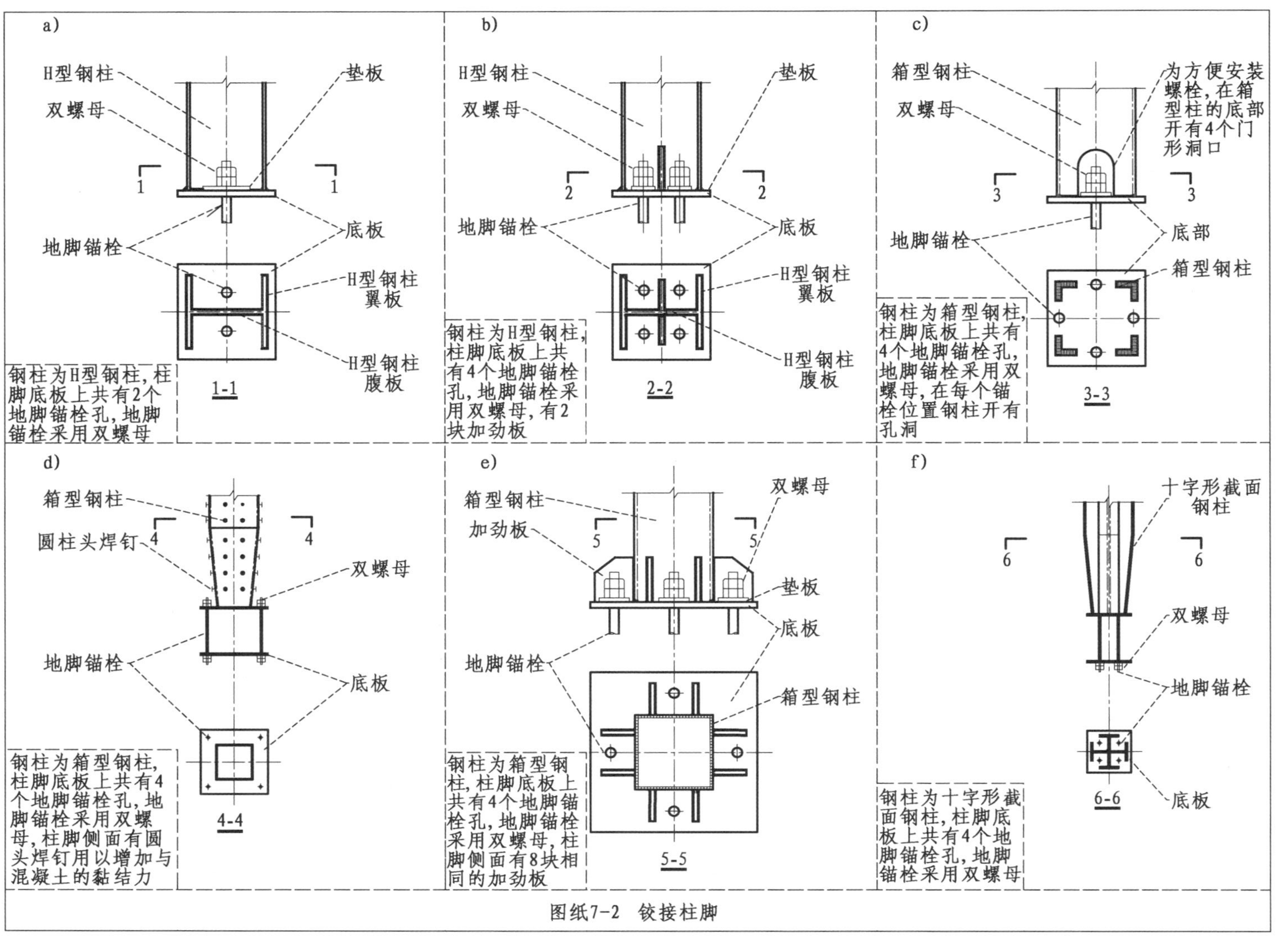
a)
H型钢柱
双螺母
垫板
1
1
地脚锚栓
底板
H型钢柱翼板
H型钢柱腹板
1-1
钢柱为H型钢柱，柱脚底板上共有2个地脚锚栓孔，地脚锚栓采用双螺母
b)
H型钢柱
双螺母
垫板
2
2
地脚锚栓
底板
H型钢柱翼板
H型钢柱腹板
2-2
钢柱为H型钢柱，柱脚底板上共有4个地脚锚栓孔，地脚锚栓采用双螺母，有2块加劲板
c)
箱型钢柱
双螺母
为方便安装螺栓，在箱型柱的底部开有4个门形洞口
3
3
地脚锚栓
底部
箱型钢柱
3-3
钢柱为箱型钢柱，柱脚底板上共有4个地脚锚栓孔，地脚锚栓采用双螺母，在每个锚栓位置钢柱开有孔洞
d)
箱型钢柱
圆柱头焊钉
4
4
双螺母
地脚锚栓
底板
4-4
钢柱为箱型钢柱，柱脚底板上共有4个地脚锚栓孔，地脚锚栓采用双螺母，柱脚侧面有圆头焊钉用以增加与混凝土的黏结力
e)
箱型钢柱
加劲板
5
5
双螺母
垫板
底板
地脚锚栓
箱型钢柱
5-5
钢柱为箱型钢柱，柱脚底板上共有4个地脚锚栓孔，地脚锚栓采用双螺母，柱脚侧面有8块相同的加劲板
f)
十字形截面钢柱
6
6
双螺母
地脚锚栓
底板
6-6
钢柱为十字形截面钢柱，柱脚底板上共有4个地脚锚栓孔，地脚锚栓采用双螺母

图纸7-2 铰接柱脚

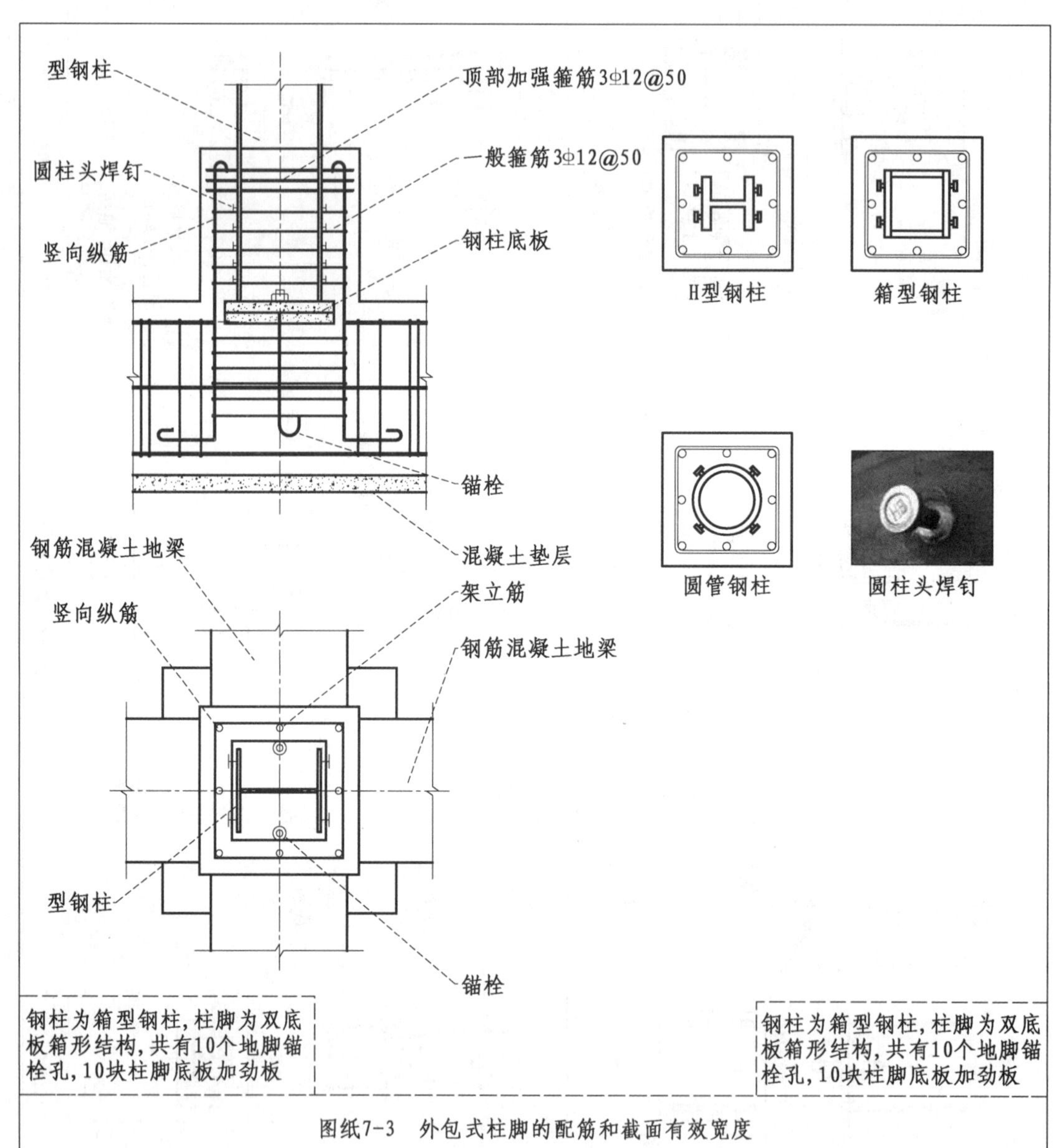
型钢柱
顶部加强箍筋3⌀12@50
圆柱头焊钉
一般箍筋3⌀12@50
竖向纵筋
钢柱底板
锚栓
混凝土垫层
钢筋混凝土地梁
竖向纵筋
架立筋
钢筋混凝土地梁
型钢柱
锚栓
H型钢柱
箱型钢柱
圆管钢柱
圆柱头焊钉

钢柱为箱型钢柱,柱脚为双底板箱形结构,共有10个地脚锚栓孔,10块柱脚底板加劲板

钢柱为箱型钢柱,柱脚为双底板箱形结构,共有10个地脚锚栓孔,10块柱脚底板加劲板

图纸7-3　外包式柱脚的配筋和截面有效宽度

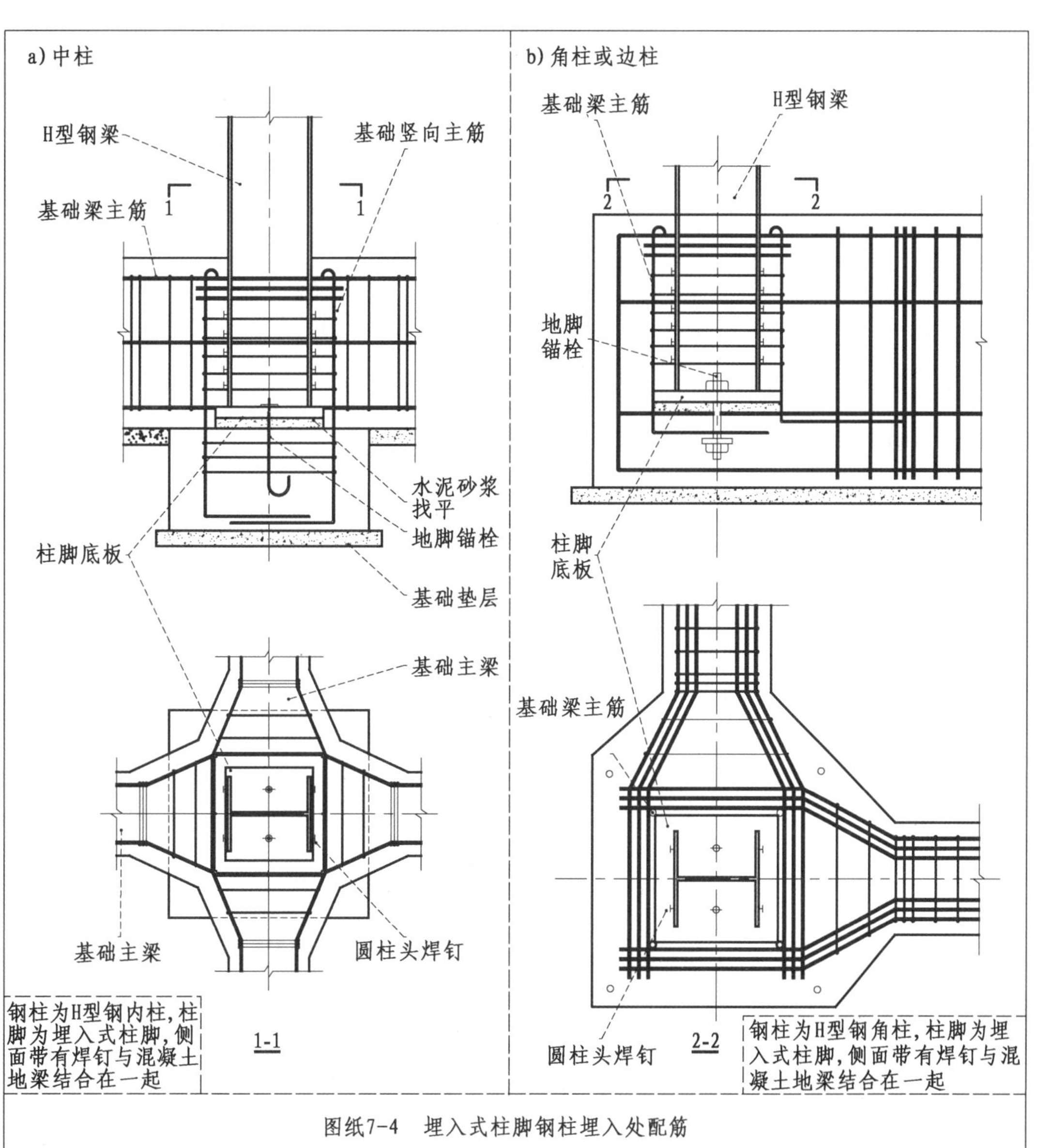
a) 中柱
H型钢梁
基础竖向主筋
基础梁主筋
1
1
水泥砂浆
找平
地脚锚栓
柱脚底板
基础垫层
基础主梁
基础主梁
圆柱头焊钉
钢柱为H型钢内柱，柱脚为埋入式柱脚，侧面带有焊钉与混凝土地梁结合在一起
1-1
b) 角柱或边柱
基础梁主筋
H型钢梁
2
2
地脚
锚栓
柱脚
底板
基础梁主筋
圆柱头焊钉
2-2
钢柱为H型钢角柱，柱脚为埋入式柱脚，侧面带有焊钉与混凝土地梁结合在一起

图纸7-4　埋入式柱脚钢柱埋入处配筋

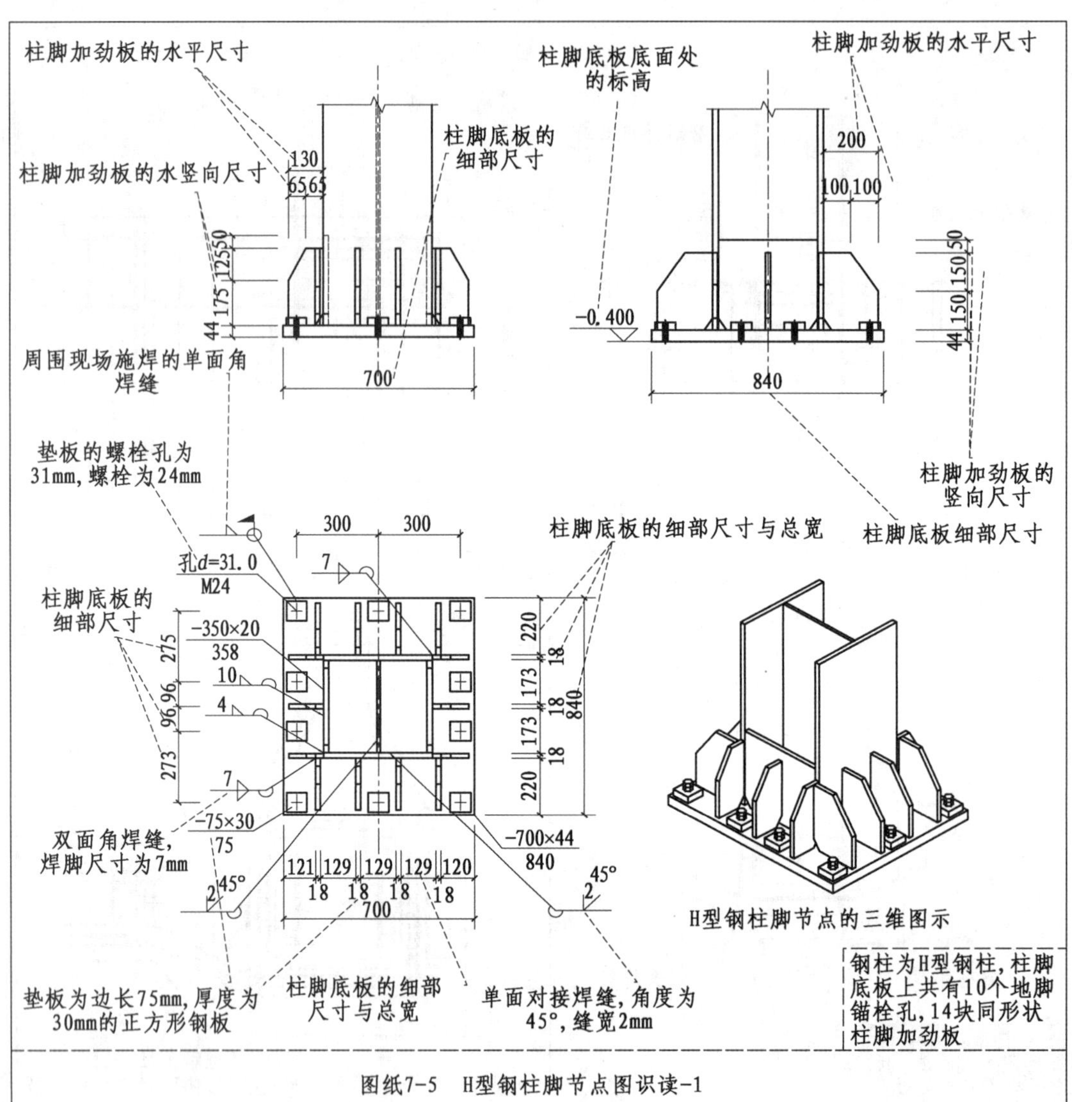
柱脚加劲板的水平尺寸
柱脚加劲板的水竖向尺寸
柱脚底板的细部尺寸
柱脚底板底面处的标高
柱脚加劲板的水平尺寸
130
65 65
200
100 100
50
125
175
44
-0.400
50
150
150
150
44
700
840
周围现场施焊的单面角焊缝
柱脚加劲板的竖向尺寸
垫板的螺栓孔为31mm，螺栓为24mm
柱脚底板细部尺寸
柱脚底板的细部尺寸与总宽
孔d=31.0
M24
300
300
7
柱脚底板的细部尺寸
-350×20
358
10
4
7
275
96
96
273
220
18
173
18
173
18
220
840
双面角焊缝，焊脚尺寸为7mm
-75×30
75
-700×44
840
121
129
129
129
120
18
18
18
18
700
2
45°
H型钢柱脚节点的三维图示
钢柱为H型钢柱，柱脚底板上共有10个地脚锚栓孔，14块同形状柱脚加劲板
垫板为边长75mm，厚度为30mm的正方形钢板
柱脚底板的细部尺寸与总宽
单面对接焊缝，角度为45°，缝宽2mm

图纸7-5 H型钢柱脚节点图识读-1

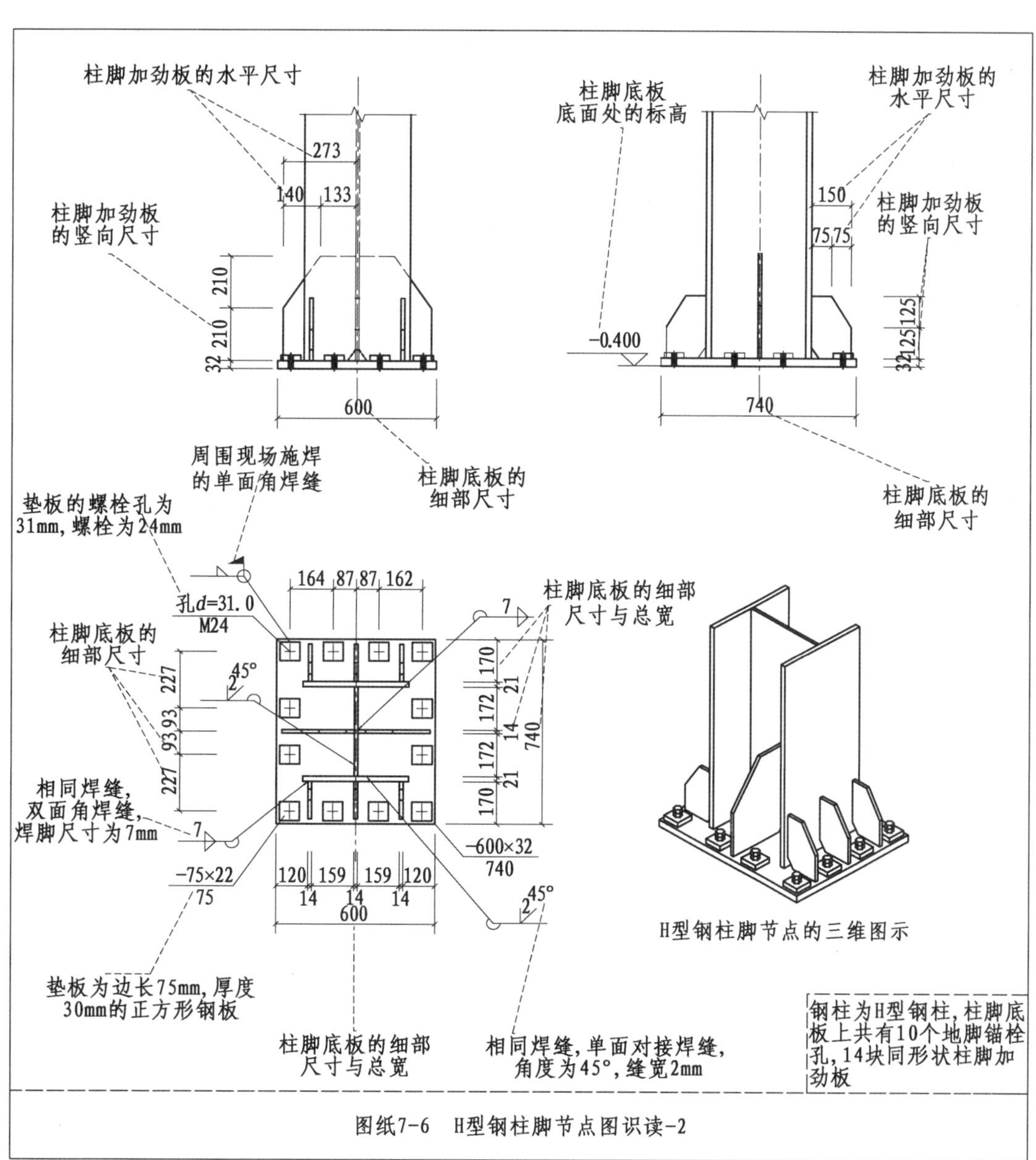
柱脚加劲板的水平尺寸
273
140
133
柱脚加劲板
的竖向尺寸
210
210
32
600
柱脚底板
底面处的标高
柱脚加劲板的
水平尺寸
150
柱脚加劲板
的竖向尺寸
75 75
125
125
32
-0.400
740
周围现场施焊
的单面角焊缝
柱脚底板的
细部尺寸
柱脚底板的
细部尺寸
垫板的螺栓孔为
31mm，螺栓为24mm
孔d=31.0
M24
164 87 87 162
7
柱脚底板的细部
尺寸与总宽
柱脚底板的
细部尺寸
45°
2
227
93
93
227
170
21
172
14
172
21
170
740
相同焊缝，
双面角焊缝，
焊脚尺寸为7mm
7
-600×32
740
-75×22
75
120 159 159 120
14 14 14
600
45°
2
H型钢柱脚节点的三维图示
垫板为边长75mm，厚度
30mm的正方形钢板
柱脚底板的细部
尺寸与总宽
相同焊缝，单面对接焊缝，
角度为45°，缝宽2mm
钢柱为H型钢柱，柱脚底板上共有10个地脚锚栓孔，14块同形状柱脚加劲板

图纸7-6　H型钢柱脚节点图识读-2

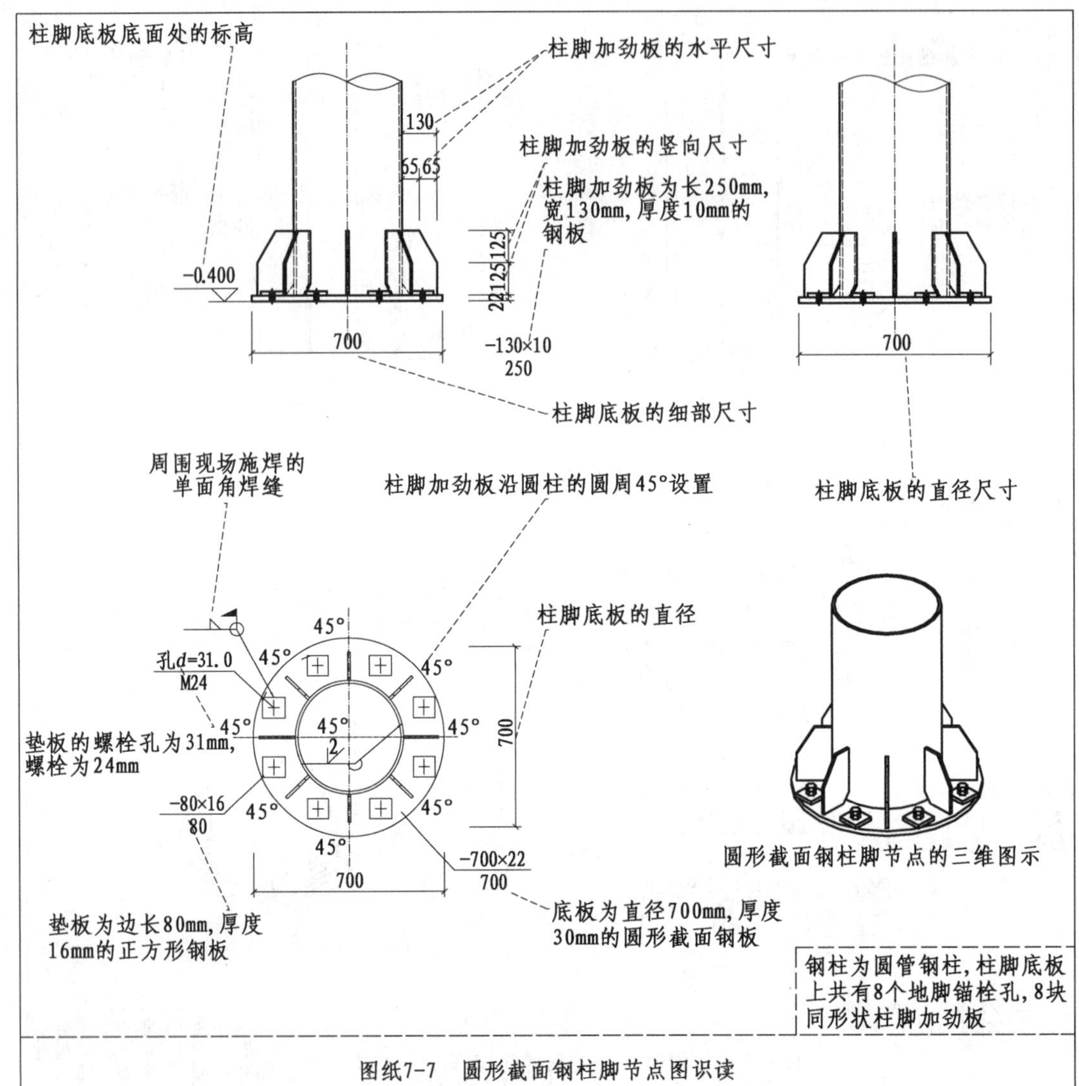
柱脚底板底面处的标高
柱脚加劲板的水平尺寸
130
65 65
柱脚加劲板的竖向尺寸
柱脚加劲板为长250mm,宽130mm,厚度10mm的钢板
-0.400
700
-130×10
250
700
柱脚底板的细部尺寸
周围现场施焊的单面角焊缝
柱脚加劲板沿圆柱的圆周45°设置
柱脚底板的直径尺寸
柱脚底板的直径
孔d=31.0
M24
垫板的螺栓孔为31mm,螺栓为24mm
-80×16
80
45°
2
700
-700×22
700
垫板为边长80mm,厚度16mm的正方形钢板
底板为直径700mm,厚度30mm的圆形截面钢板
圆形截面钢柱脚节点的三维图示
钢柱为圆管钢柱,柱脚底板上共有8个地脚锚栓孔,8块同形状柱脚加劲板

图纸7-7　圆形截面钢柱脚节点图识读

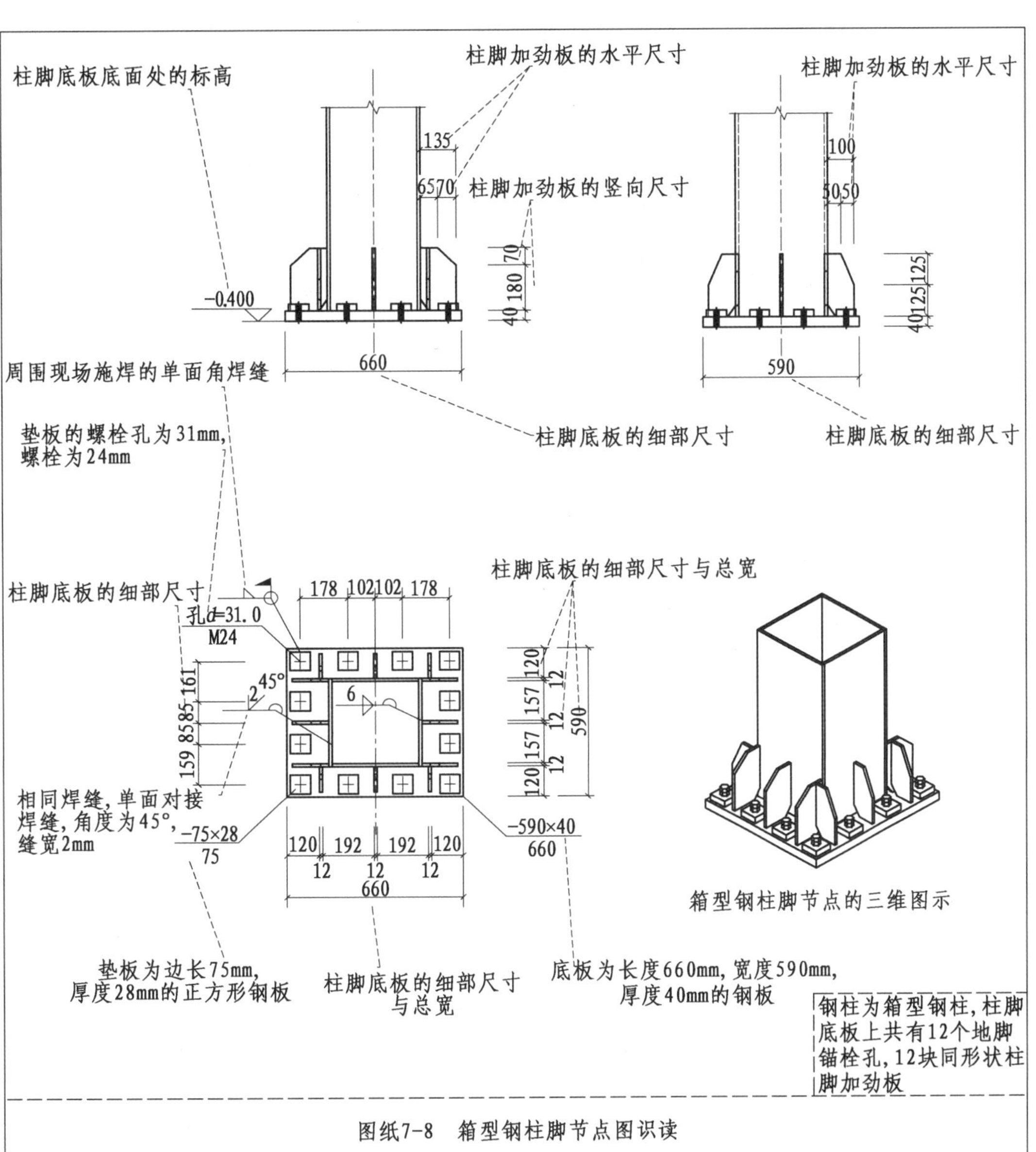

柱脚底板底面处的标高
柱脚加劲板的水平尺寸
135
6570
柱脚加劲板的竖向尺寸
70
180
40
-0.400
660
柱脚加劲板的水平尺寸
100
5050
125
125
40
590
周围现场施焊的单面角焊缝
柱脚底板的细部尺寸
柱脚底板的细部尺寸
垫板的螺栓孔为31mm,
螺栓为24mm
柱脚底板的细部尺寸
孔d=31.0
M24
178 102 102 178
45°
2
6
161
85 85
159
159
相同焊缝,单面对接
焊缝,角度为45°,
缝宽2mm
-75×28
75
120 192 192 120
12 12 12
660
柱脚底板的细部尺寸与总宽
120
12
157
12
157
12
120
590
-590×40
660
箱型钢柱脚节点的三维图示
垫板为边长75mm,
厚度28mm的正方形钢板
柱脚底板的细部尺寸
与总宽
底板为长度660mm,宽度590mm,
厚度40mm的钢板
钢柱为箱型钢柱,柱脚
底板上共有12个地脚
锚栓孔,12块同形状柱
脚加劲板

图纸7-8　箱型钢柱脚节点图识读

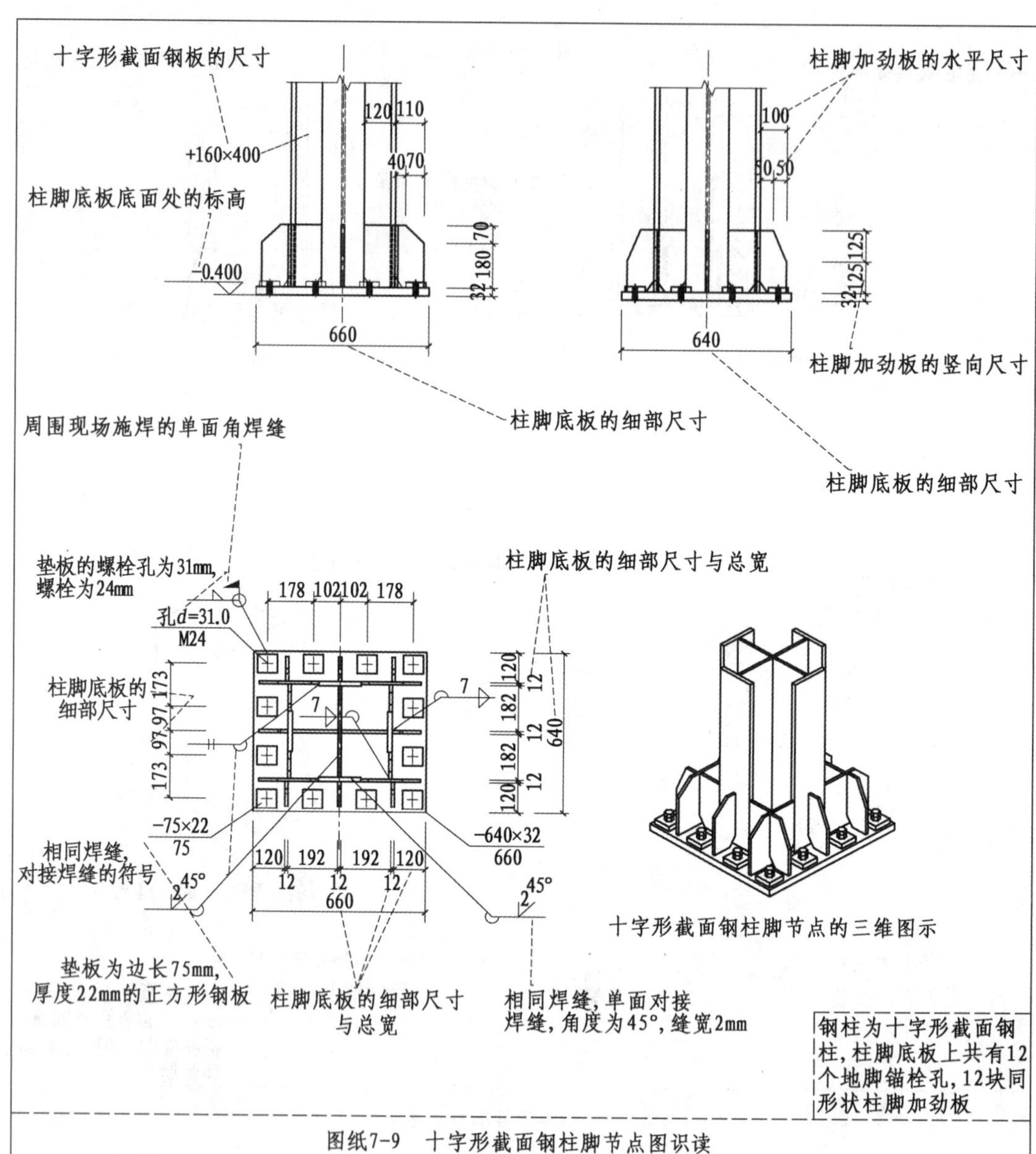
十字形截面钢板的尺寸
+160×400
120 110
4070
柱脚底板底面处的标高
-0.400
70
180
32
660
柱脚加劲板的水平尺寸
100
50 50
125
125
32
640
柱脚加劲板的竖向尺寸
柱脚底板的细部尺寸
柱脚底板的细部尺寸
周围现场施焊的单面角焊缝
垫板的螺栓孔为31mm,
螺栓为24mm
孔d=31.0
M24
178 102 102 178
柱脚底板的细部尺寸
173 97 97 173
−75×22
75
相同焊缝,
对接焊缝的符号
45°
2
120 192 192 120
12 12 12
660
7
7
柱脚底板的细部尺寸与总宽
120 12 182 12 182 12 120
640
−640×32
660
45°
2
垫板为边长75mm,
厚度22mm的正方形钢板
柱脚底板的细部尺寸
与总宽
相同焊缝,单面对接
焊缝,角度为45°,缝宽2mm
十字形截面钢柱脚节点的三维图示
钢柱为十字形截面钢柱,柱脚底板上共有12个地脚锚栓孔,12块同形状柱脚加劲板

图纸7-9　十字形截面钢柱脚节点图识读

7.3 多层与高层民用钢结构的柱构造

柱子的拼接可采用全螺栓连接(图 7-10、图纸 7-10)、栓—焊混合连接(图纸 7-10、图纸 7-12、图纸 7-13)、全焊接连接(图纸 7-11)。柱的拼接分为工厂拼接和工地拼接两种情况。工厂拼接时宜全部采用焊接连接,同时注意同一截面的焊缝不宜过多,以免产生过大的应力集中的情况。工地拼接时,接头处应位于弯矩较小处。

钢柱之间的连接常采用坡口电焊连接。主梁与钢柱间的连接,一般上、下翼缘用坡口电焊连接,而腹板用高强螺栓连接。

图 7-10　H 形截面柱

7.3.1 钢柱连接节点图

柱的拼接如图纸 7-10 ~ 图纸 7-12 所示。

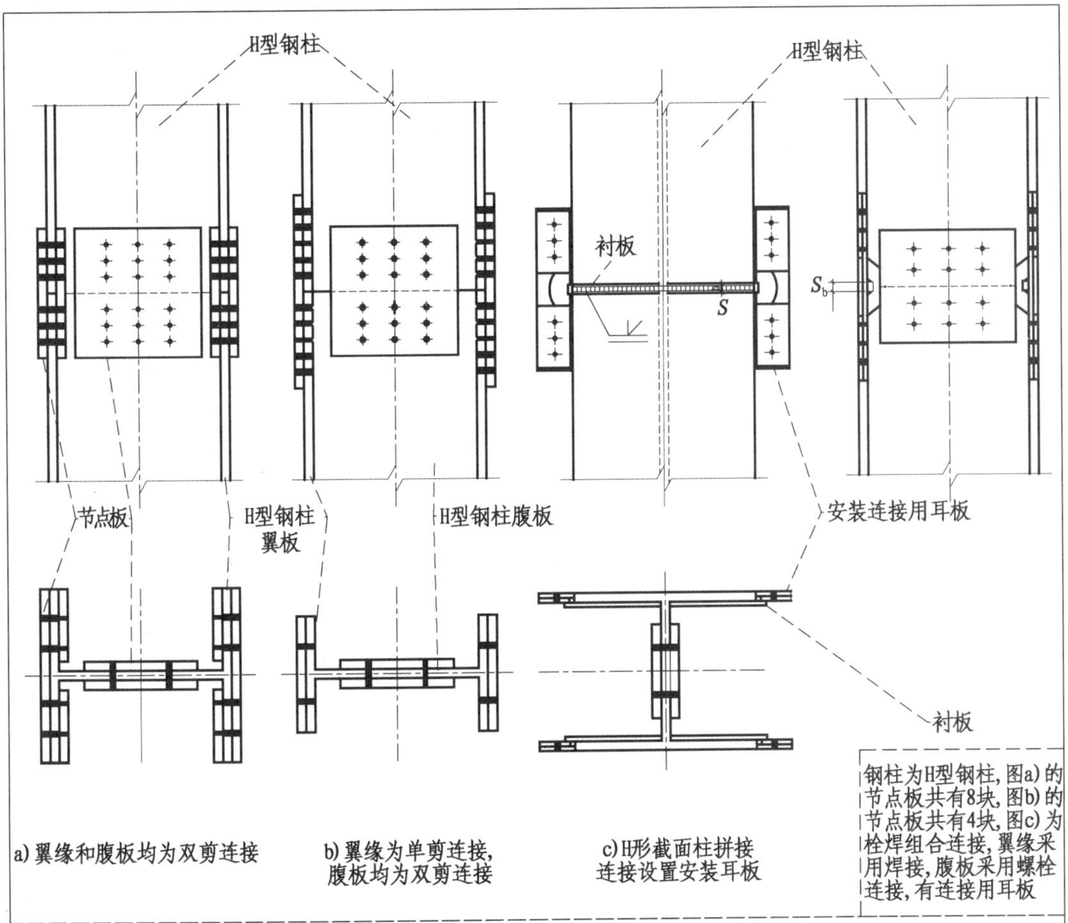

H型钢柱

H型钢柱

衬板

S_b

S

节点板

H型钢柱翼板

H型钢柱腹板

安装连接用耳板

衬板

a) 翼缘和腹板均为双剪连接

b) 翼缘为单剪连接,腹板均为双剪连接

c) H形截面柱拼接连接设置安装耳板

钢柱为H型钢柱,图a)的节点板共有8块,图b)的节点板共有4块,图c)为栓焊组合连接,翼缘采用焊接,腹板采用螺栓连接,有连接用耳板

图纸7-10　柱的拼接-1

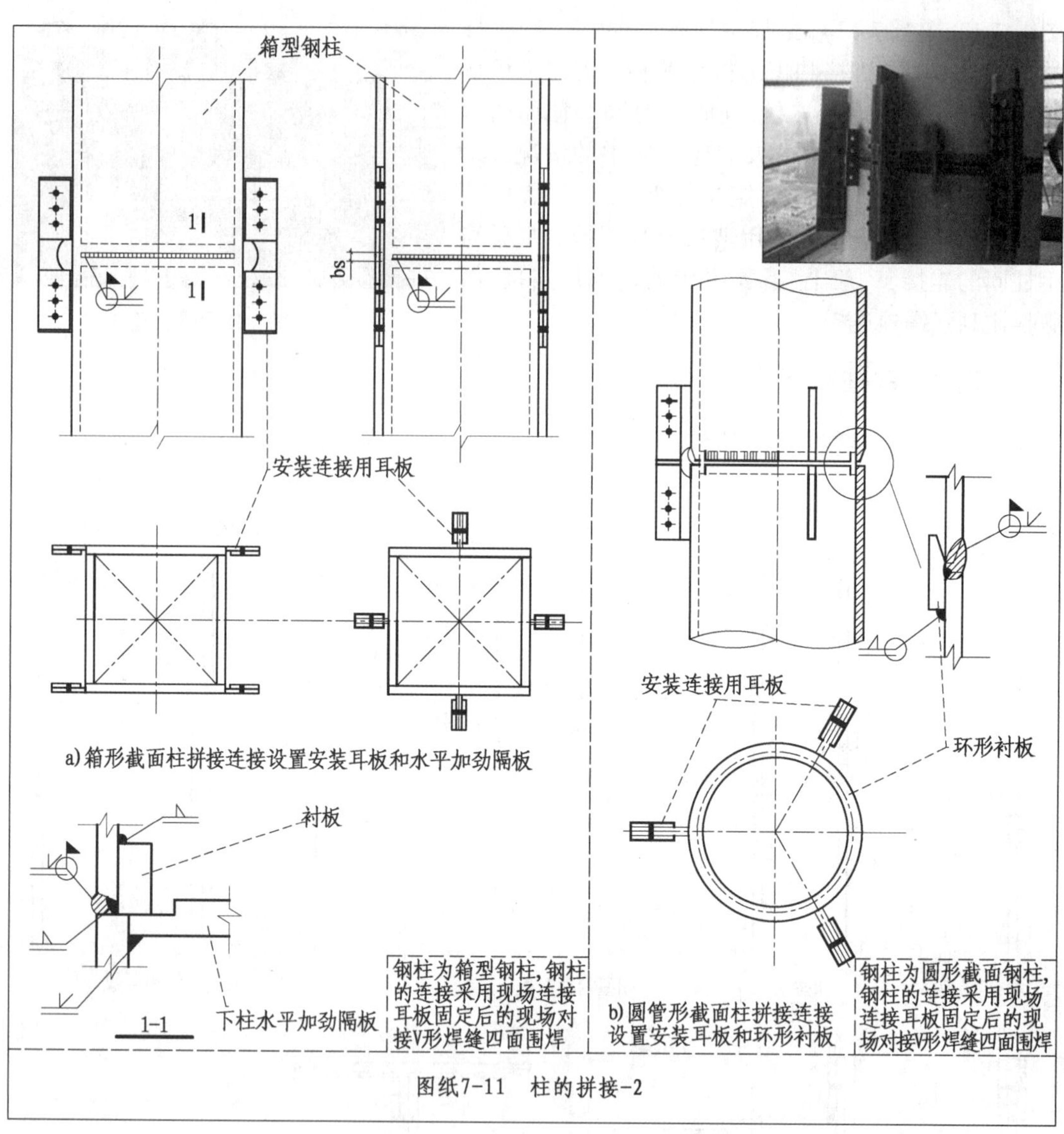

箱型钢柱
1
1
bs
安装连接用耳板
a)箱形截面柱拼接连接设置安装耳板和水平加劲隔板
衬板
下柱水平加劲隔板
1-1
钢柱为箱型钢柱,钢柱的连接采用现场连接耳板固定后的现场对接V形焊缝四面围焊
安装连接用耳板
环形衬板
b)圆管形截面柱拼接连接设置安装耳板和环形衬板
钢柱为圆形截面钢柱,钢柱的连接采用现场连接耳板固定后的现场对接V形焊缝四面围焊

图纸7-11　柱的拼接-2

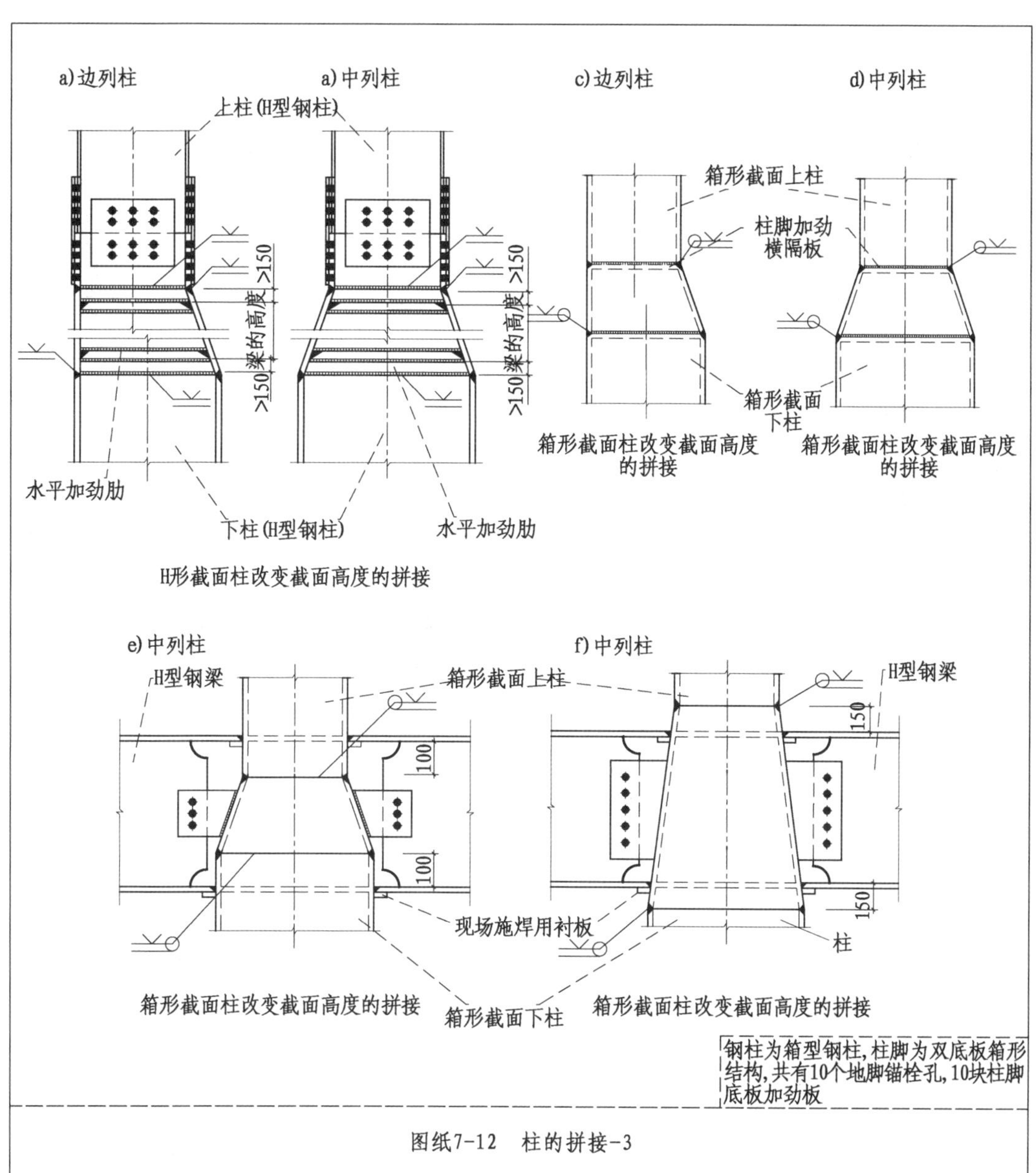
a) 边列柱
a) 中列柱
c) 边列柱
d) 中列柱
上柱 (H型钢柱)
箱形截面上柱
柱脚加劲横隔板
>150
梁的高度
>150
水平加劲肋
下柱 (H型钢柱)
水平加劲肋
H形截面柱改变截面高度的拼接
箱形截面下柱
箱形截面柱改变截面高度的拼接
箱形截面柱改变截面高度的拼接
e) 中列柱
f) 中列柱
H型钢梁
箱形截面上柱
H型钢梁
100
100
150
150
现场施焊用衬板
柱
箱形截面柱改变截面高度的拼接
箱形截面下柱
箱形截面柱改变截面高度的拼接
钢柱为箱型钢柱，柱脚为双底板箱形结构，共有10个地脚锚栓孔，10块柱脚底板加劲板

图纸7-12　柱的拼接-3

7.3.2　钢柱节点识读示例

钢柱详图识读示例如图纸 7-13 和图纸 7-14 所示。

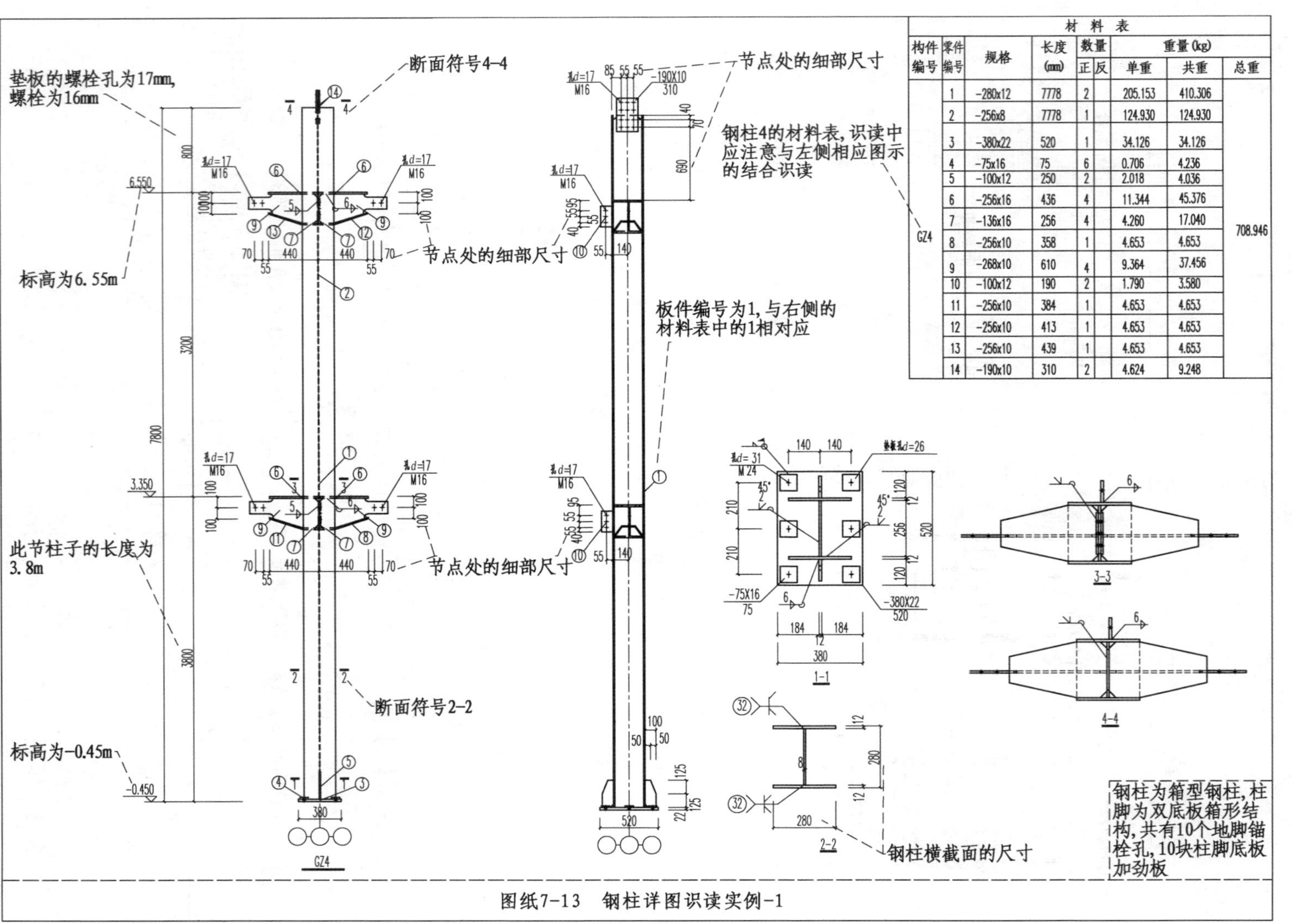

垫板的螺栓孔为17mm,
螺栓为16mm
断面符号4-4
标高为6.55m
节点处的细部尺寸
此节柱子的长度为
3.8m
断面符号2-2
标高为-0.45m
节点处的细部尺寸
钢柱4的材料表,识读中
应注意与左侧相应图示
的结合识读
板件编号为1,与右侧的
材料表中的1相对应
钢柱横截面的尺寸
钢柱为箱型钢柱,柱
脚为双底板箱形结
构,共有10个地脚锚
栓孔,10块柱脚底板
加劲板
GZ4
1-1
2-2
3-3
4-4

材 料 表

构件编号	零件编号	规格	长度(mm)	数量 正	数量 反	重量(kg) 单重	重量(kg) 共重	重量(kg) 总重
GZ4	1	-280x12	7778	2		205.153	410.306	708.946
	2	-256x8	7778	1		124.930	124.930	
	3	-380x22	520	1		34.126	34.126	
	4	-75x16	75	6		0.706	4.236	
	5	-100x12	250	2		2.018	4.036	
	6	-256x16	436	4		11.344	45.376	
	7	-136x16	256	4		4.260	17.040	
	8	-256x10	358	1		4.653	4.653	
	9	-268x10	610	4		9.364	37.456	
	10	-100x12	190	2		1.790	3.580	
	11	-256x10	384	1		4.653	4.653	
	12	-256x10	413	1		4.653	4.653	
	13	-256x10	439	1		4.653	4.653	
	14	-190x10	310	2		4.624	9.248	

图纸7-13　钢柱详图识读实例-1

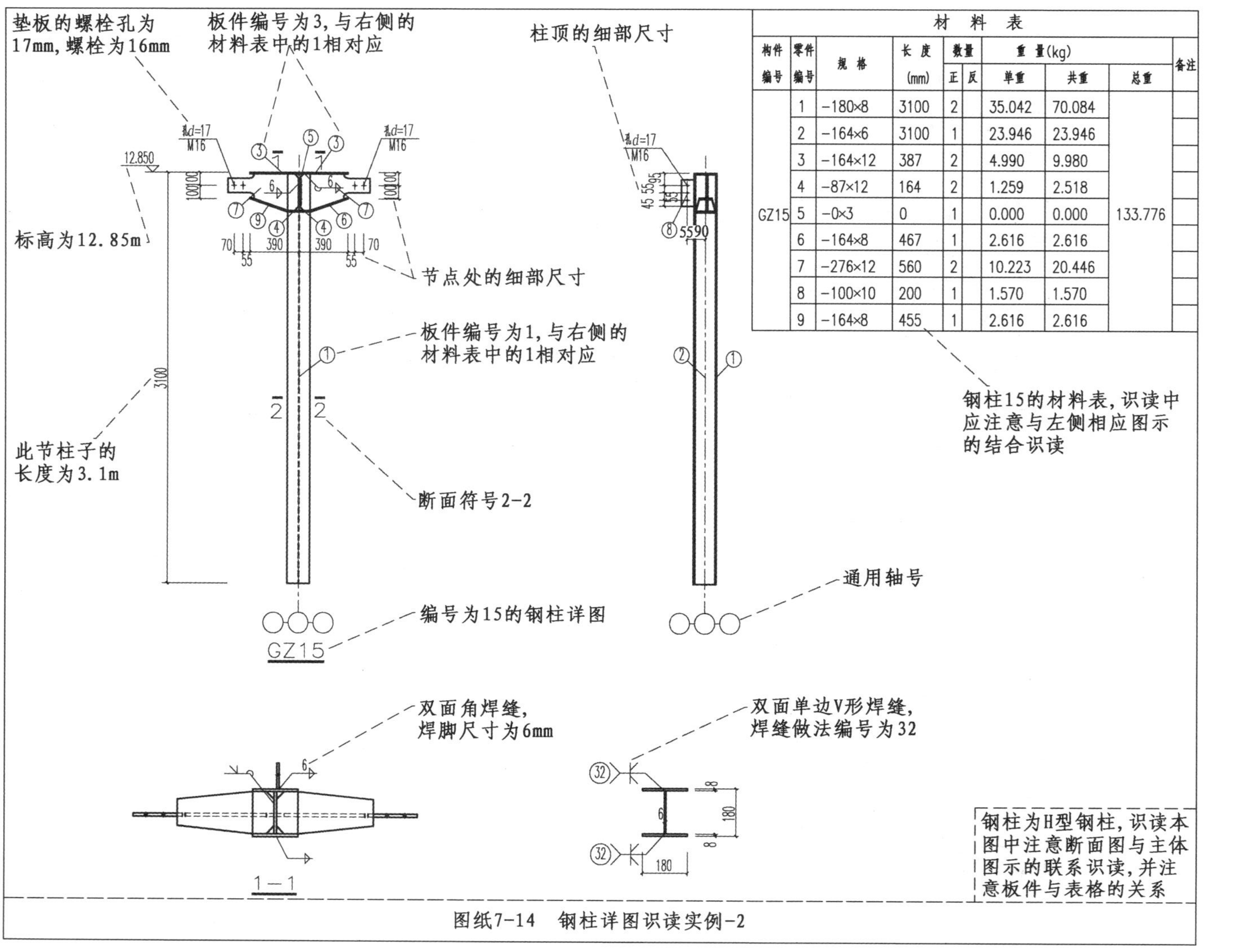

垫板的螺栓孔为
17mm,螺栓为16mm
板件编号为3,与右侧的
材料表中的1相对应
柱顶的细部尺寸
孔d=17
M16
12.850
标高为12.85m
节点处的细部尺寸
板件编号为1,与右侧的
材料表中的1相对应
3100
此节柱子的
长度为3.1m
断面符号2-2
编号为15的钢柱详图
GZ15
通用轴号
钢柱15的材料表,识读中
应注意与左侧相应图示
的结合识读
双面角焊缝,
焊脚尺寸为6mm
双面单边V形焊缝,
焊缝做法编号为32
1—1
钢柱为H型钢柱,识读本
图中注意断面图与主体
图示的联系识读,并注
意板件与表格的关系

材料表

构件编号	零件编号	规格	长度(mm)	数量 正	数量 反	重量(kg) 单重	重量(kg) 共重	重量(kg) 总重	备注
GZ15	1	−180×8	3100	2		35.042	70.084	133.776	
	2	−164×6	3100	1		23.946	23.946		
	3	−164×12	387	2		4.990	9.980		
	4	−87×12	164	2		1.259	2.518		
	5	−0×3	0	1		0.000	0.000		
	6	−164×8	467	1		2.616	2.616		
	7	−276×12	560	2		10.223	20.446		
	8	−100×10	200	1		1.570	1.570		
	9	−164×8	455	1		2.616	2.616		

图纸7-14 钢柱详图识读实例-2

7.4 多层与高层民用钢结构的梁构造

7.4.1 梁的拼接

梁的拼接（图7-11）根据施工条件的不同分为工厂拼接和工地拼接。

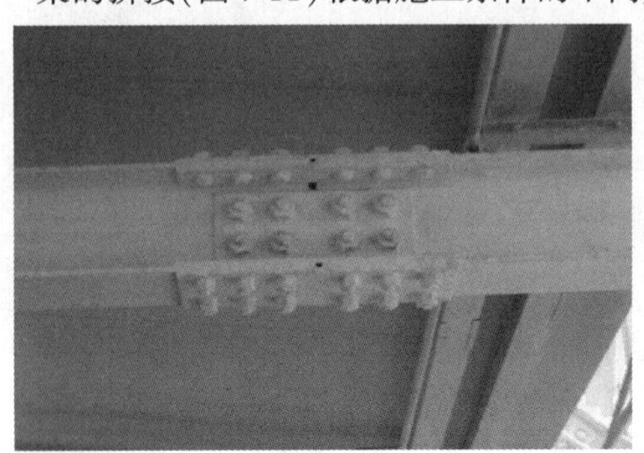

图7-11 梁的拼接

楼盖构造见图7-12。

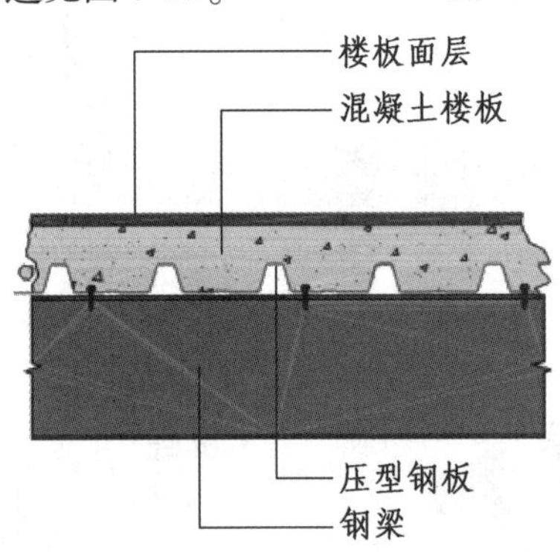
楼板面层
混凝土楼板
压型钢板
钢梁

图7-12 楼盖构造

1）工厂拼接

工厂拼接是因受到钢材规格或现有钢材尺寸限制而做的拼接（图纸7-15），翼缘和腹板的工厂拼接位置最好错开，并应与加劲肋和连接次梁的位置错开，以避免焊缝集中。在工厂制造时，一般先将梁的翼缘板和腹板分别接长，然后再拼装成整体，可以减少梁的焊接应力。翼缘和腹板的拼接焊缝一般都采用正面对接焊缝，在施焊时采用引弧板。

2）工地拼接

工地拼接是因受运输或安装条件限制而做的拼接（图纸7-16），此时需将梁在工厂分成几段制作，然后再运往工地。对于仅受运输条件限制的梁段，可以在工地地面上拼装，焊接成整体，然后吊装；对于受吊装能力限制而分成的梁段，则必须分段吊装，在高空进行拼接和焊接。工地拼接一般应使翼缘和腹板在同一截面或接近于同一截面处断开，以便于分段运输。

将梁的上下翼缘板和腹板的拼接位置适当错开，可避免焊缝集中在同一截面。此类梁段有伸出的翼缘板，运输过程中必须注意防止碰撞损坏。对于铆接梁和较重要的或受动力荷载作用的焊接大型梁,其工地拼接一般采用高强度螺栓连接。

采用高强度螺栓连接的焊接梁的工地拼接如图纸 7-16 所示。在拼接处同时有弯矩和剪力的作用。设计时必须使拼接板和高强度螺杆都具有足够的强度,满足承载力要求,并保证梁的整体性。梁的腹板开洞的目的是为了机电专业的管线布设需求,开洞后应对梁补强处理(图纸 7-18)。

7.4.2 梁与梁的连接

主次梁相互连接的构造与次梁的计算简图有关。次梁可以简支于主梁,也可以在和主梁连接处做成连续的。就主次梁相对位置的不同,连接构造可以区分为叠接和侧面连接(图纸 7-17)。

1)次梁为简支梁

(1)叠接:次梁直接放在主梁上(图 7-13),用螺栓或焊缝固定其相互位置,不需计算。为避免主梁腹板局部压力过大,在主梁相应位置应设支承加劲肋。叠接构造的优点是简单、安装方便。缺点是主次梁所占净空大,不宜用于楼层梁系。

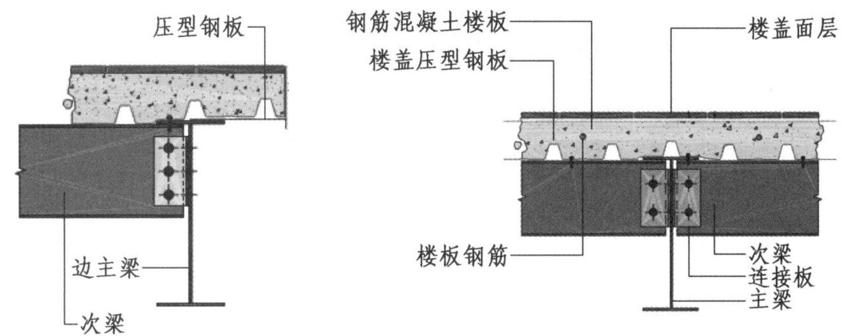
压型钢板
边主梁
次梁
钢筋混凝土楼板
楼盖压型钢板
楼盖面层
楼板钢筋
次梁
连接板
主梁

图 7-13 主次梁连接

(2)侧面连接:图纸 7-17、图纸 7-19 为几种典型的主次梁连接。

2)次梁为连续梁

(1)叠接:次梁连续通过,不在主梁上断开。当次梁需要拼接时,拼接位置可设在弯矩较小处。主梁和次梁之间可用螺栓或焊缝固定它们之间的相互位置。

(2)侧面连接:侧面连接是将次梁支座压力传给主梁,而次梁端弯矩则传给邻跨次梁,相互平衡(图 7-13、图 7-14)。

图 7-14 主次梁构造

7.4.3 钢梁连接节点图

钢梁连接节点图如图纸 7-15 ~ 图纸 7-19 所示。

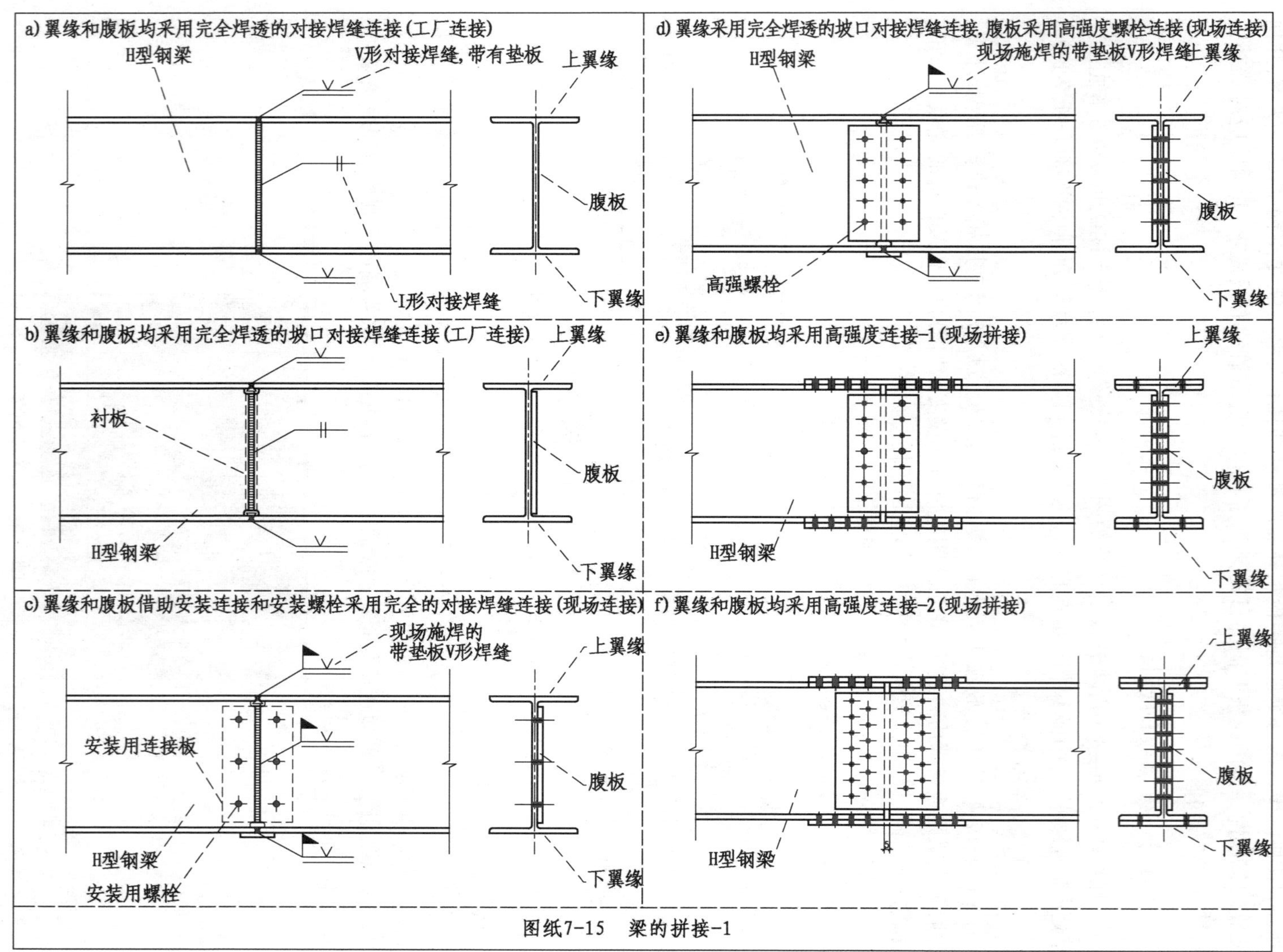
a) 翼缘和腹板均采用完全焊透的对接焊缝连接(工厂连接)
H型钢梁
V形对接焊缝，带有垫板
上翼缘
腹板
I形对接焊缝
下翼缘
b) 翼缘和腹板均采用完全焊透的坡口对接焊缝连接(工厂连接)
上翼缘
衬板
腹板
H型钢梁
下翼缘
c) 翼缘和腹板借助安装连接和安装螺栓采用完全的对接焊缝连接(现场连接)
现场施焊的
带垫板V形焊缝
上翼缘
安装用连接板
腹板
H型钢梁
安装用螺栓
下翼缘
d) 翼缘采用完全焊透的坡口对接焊缝连接，腹板采用高强度螺栓连接(现场连接)
H型钢梁
现场施焊的带垫板V形焊缝
上翼缘
腹板
高强螺栓
下翼缘
e) 翼缘和腹板均采用高强度连接-1(现场拼接)
上翼缘
腹板
H型钢梁
下翼缘
f) 翼缘和腹板均采用高强度连接-2(现场拼接)
上翼缘
腹板
H型钢梁
下翼缘

图纸7-15　梁的拼接-1

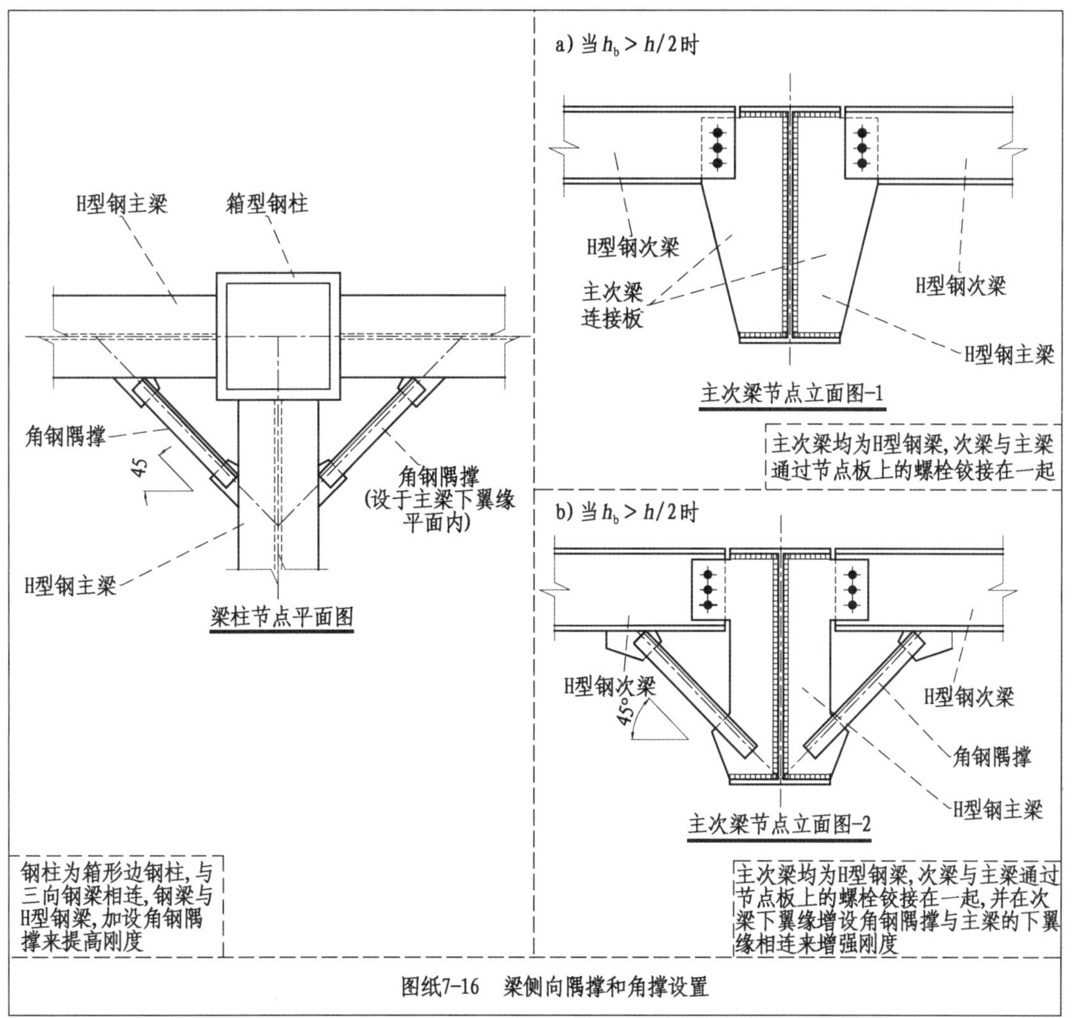
H型钢主梁
箱型钢柱
角钢隅撑
45
角钢隅撑
(设于主梁下翼缘
平面内)
H型钢主梁
梁柱节点平面图
钢柱为箱形边钢柱,与
三向钢梁相连,钢梁与
H型钢梁,加设角钢隅
撑来提高刚度
a) 当$h_b > h/2$时
H型钢次梁
主次梁
连接板
H型钢次梁
H型钢主梁
主次梁节点立面图-1
主次梁均为H型钢梁,次梁与主梁
通过节点板上的螺栓铰接在一起
b) 当$h_b > h/2$时
H型钢次梁
45°
H型钢次梁
角钢隅撑
H型钢主梁
主次梁节点立面图-2
主次梁均为H型钢梁,次梁与主梁通过
节点板上的螺栓铰接在一起,并在次
梁下翼缘增设角钢隅撑与主梁的下翼
缘相连来增强刚度

图纸7-16　梁侧向隅撑和角撑设置

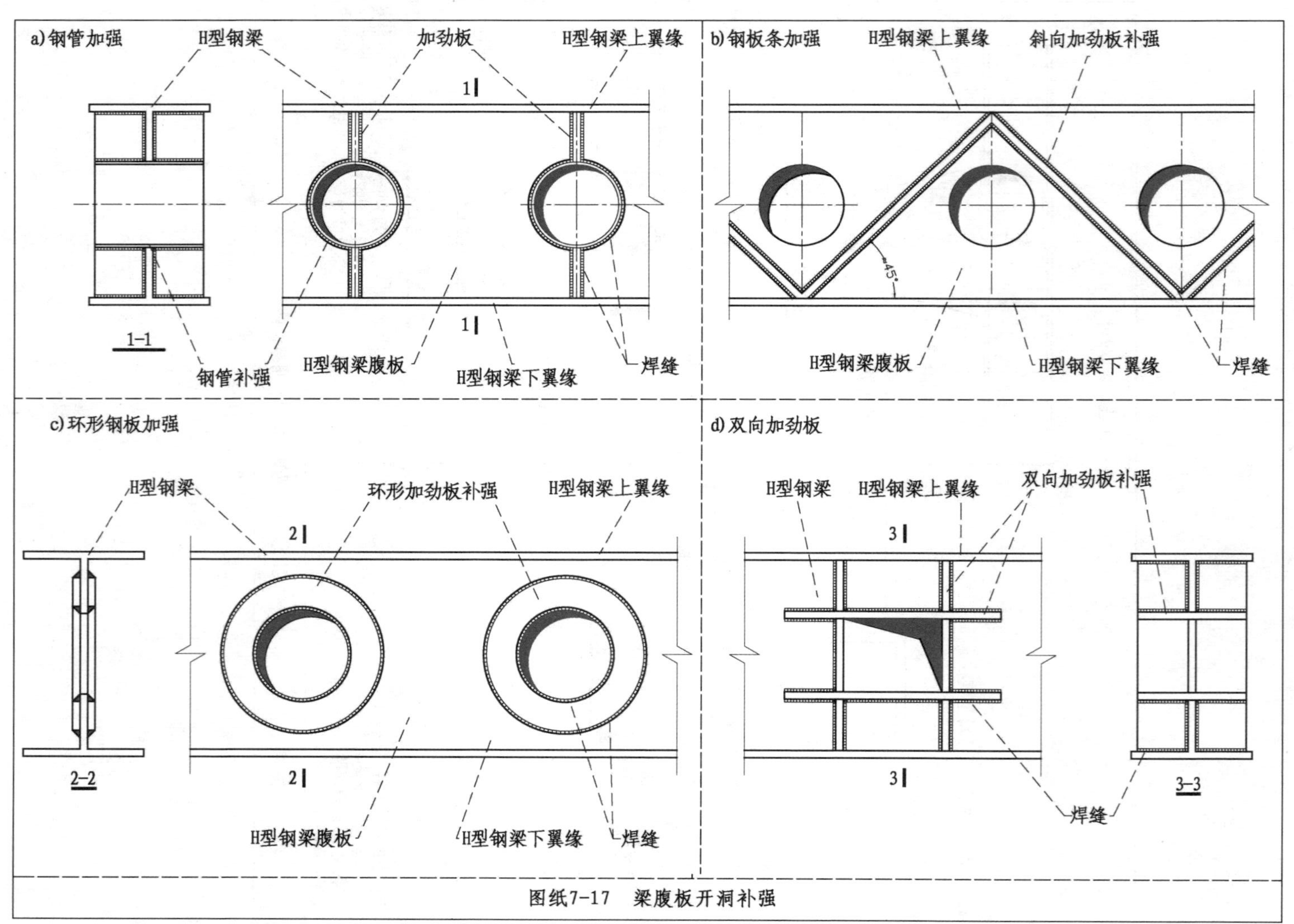
a) 钢管加强
H型钢梁
加劲板
H型钢梁上翼缘
1
1
1-1
钢管补强
H型钢梁腹板
H型钢梁下翼缘
焊缝
b) 钢板条加强
H型钢梁上翼缘
斜向加劲板补强
45°
H型钢梁腹板
H型钢梁下翼缘
焊缝
c) 环形钢板加强
H型钢梁
环形加劲板补强
H型钢梁上翼缘
2
2
2-2
H型钢梁腹板
H型钢梁下翼缘
焊缝
d) 双向加劲板
H型钢梁
H型钢梁上翼缘
双向加劲板补强
3
3
3-3
焊缝

图纸7-17　梁腹板开洞补强

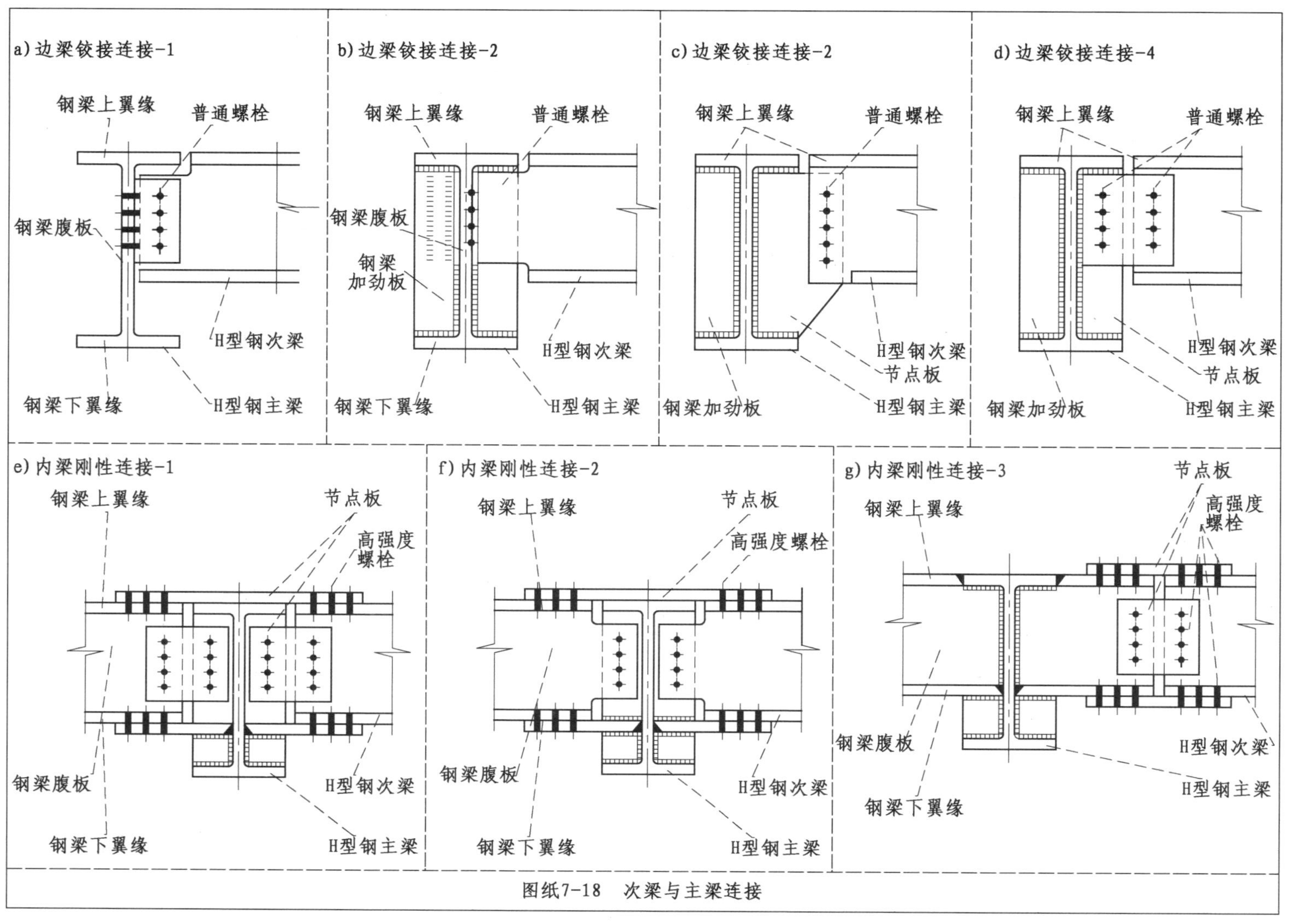
a) 边梁铰接连接-1
钢梁上翼缘
普通螺栓
钢梁腹板
H型钢次梁
钢梁下翼缘
H型钢主梁
b) 边梁铰接连接-2
钢梁上翼缘
普通螺栓
钢梁腹板
钢梁
加劲板
H型钢次梁
钢梁下翼缘
H型钢主梁
c) 边梁铰接连接-2
钢梁上翼缘
普通螺栓
H型钢次梁
节点板
钢梁加劲板
H型钢主梁
d) 边梁铰接连接-4
钢梁上翼缘
普通螺栓
H型钢次梁
节点板
钢梁加劲板
H型钢主梁
e) 内梁刚性连接-1
钢梁上翼缘
节点板
高强度
螺栓
钢梁腹板
H型钢次梁
钢梁下翼缘
H型钢主梁
f) 内梁刚性连接-2
钢梁上翼缘
节点板
高强度螺栓
钢梁腹板
H型钢次梁
钢梁下翼缘
H型钢主梁
g) 内梁刚性连接-3
节点板
钢梁上翼缘
高强度
螺栓
钢梁腹板
H型钢次梁
H型钢主梁
钢梁下翼缘

图纸7-18 次梁与主梁连接

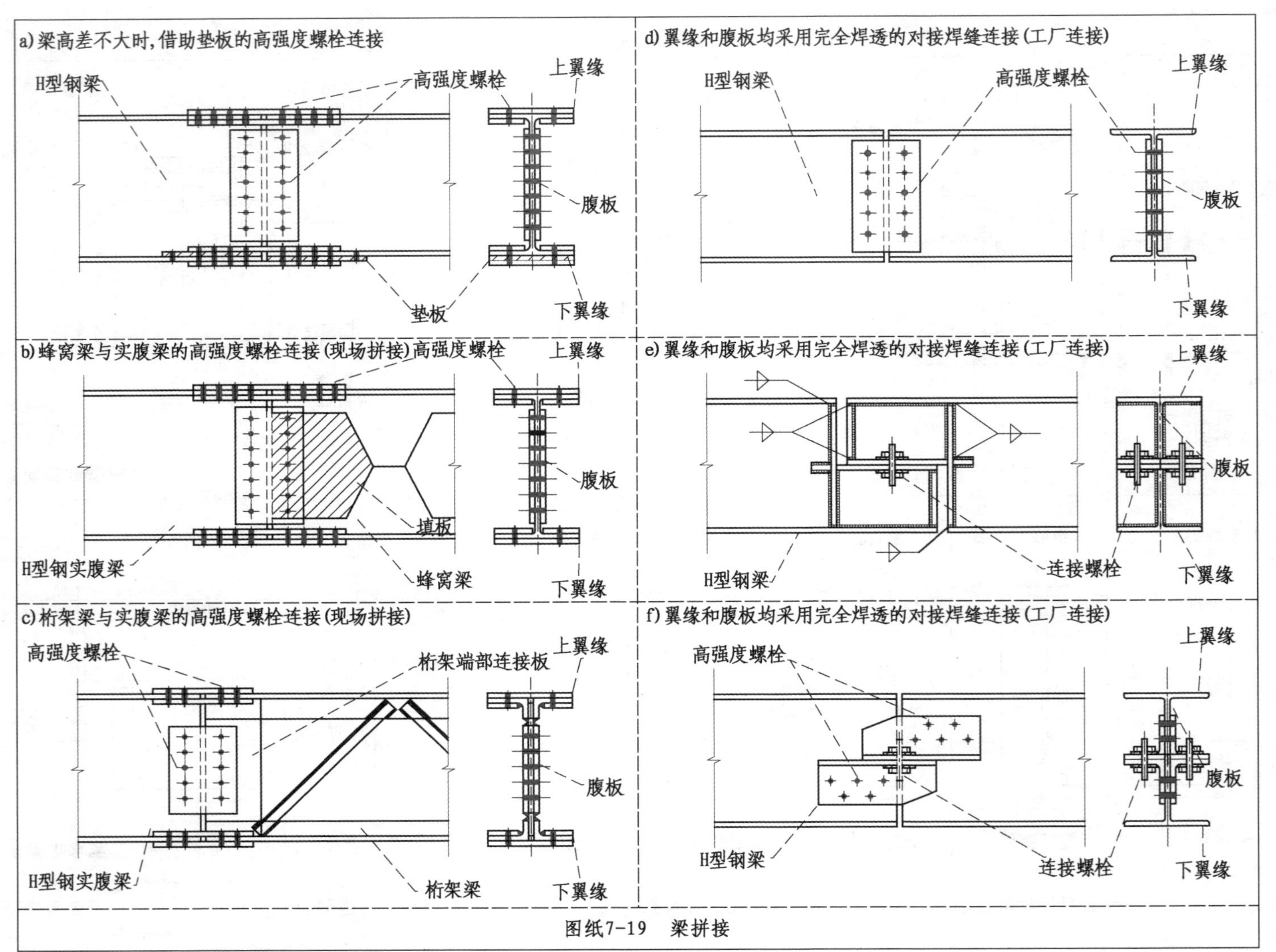
a) 梁高差不大时,借助垫板的高强度螺栓连接
H型钢梁
高强度螺栓
上翼缘
腹板
垫板
下翼缘
b) 蜂窝梁与实腹梁的高强度螺栓连接(现场拼接)
高强度螺栓
上翼缘
腹板
填板
H型钢实腹梁
蜂窝梁
下翼缘
c) 桁架梁与实腹梁的高强度螺栓连接(现场拼接)
高强度螺栓
桁架端部连接板
上翼缘
腹板
H型钢实腹梁
桁架梁
下翼缘
d) 翼缘和腹板均采用完全焊透的对接焊缝连接(工厂连接)
H型钢梁
高强度螺栓
上翼缘
腹板
下翼缘
e) 翼缘和腹板均采用完全焊透的对接焊缝连接(工厂连接)
上翼缘
腹板
H型钢梁
连接螺栓
下翼缘
f) 翼缘和腹板均采用完全焊透的对接焊缝连接(工厂连接)
上翼缘
高强度螺栓
腹板
H型钢梁
连接螺栓
下翼缘

图纸7-19　梁拼接

7.4.4 钢梁节点识读示例

主次梁节点识读示例如图纸7-20所示。

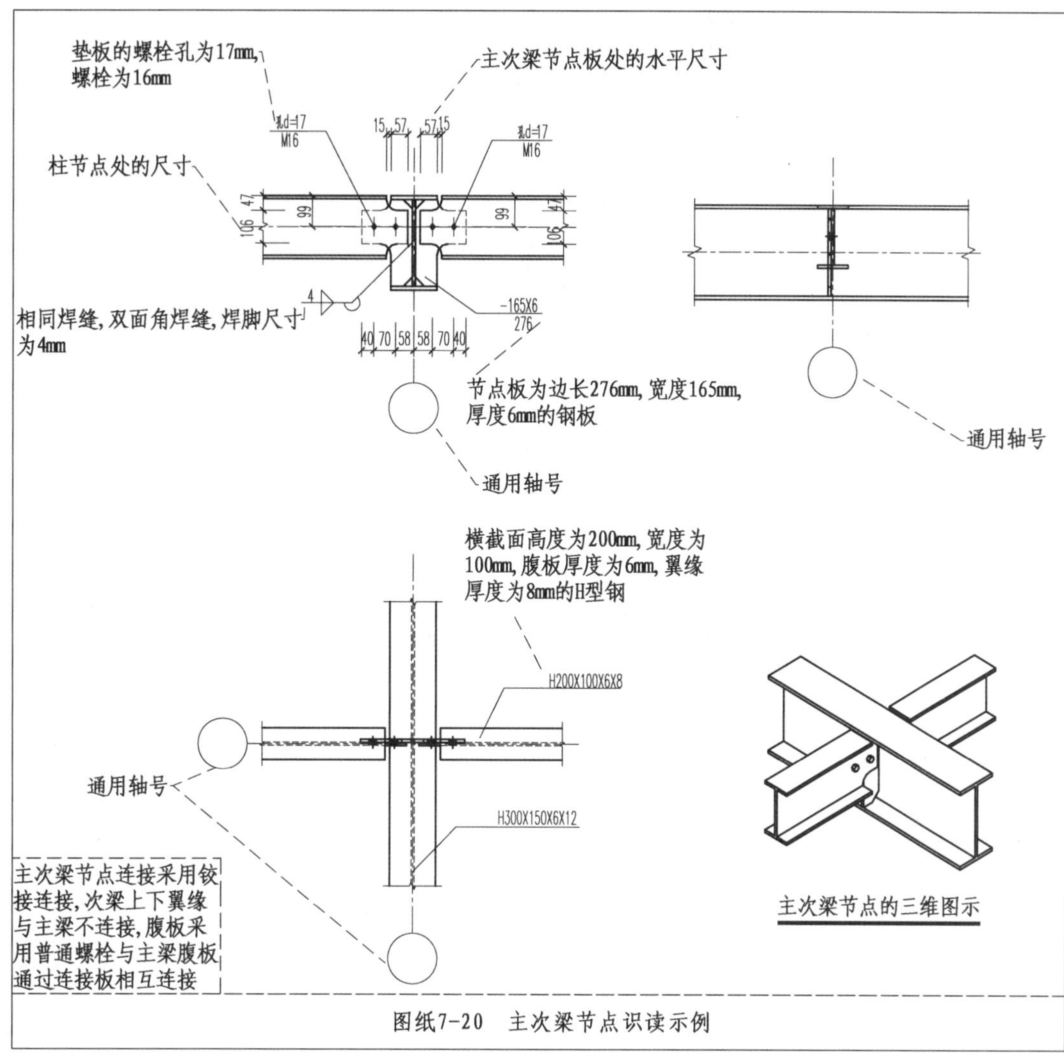

垫板的螺栓孔为17mm,
螺栓为16mm
主次梁节点板处的水平尺寸
孔d=17
M16
15 57 57 15
孔d=17
M16
柱节点处的尺寸
47
99
106
99
47
106
相同焊缝,双面角焊缝,焊脚尺寸
为4mm
4
−165X6
276
40 70 58 58 70 40
节点板为边长276mm,宽度165mm,
厚度6mm的钢板
通用轴号
通用轴号
横截面高度为200mm,宽度为
100mm,腹板厚度为6mm,翼缘
厚度为8mm的H型钢
H200X100X6X8
通用轴号
H300X150X6X12
主次梁节点连接采用铰
接连接,次梁上下翼缘
与主梁不连接,腹板采
用普通螺栓与主梁腹板
通过连接板相互连接
主次梁节点的三维图示

图纸7-20 主次梁节点识读示例

7.5 多层与高层民用钢结构的梁柱节点构造

7.5.1 梁与柱的连接形式分类

1)按连接转动刚度的不同分类

梁与柱的连接形式分为刚性连接、半刚性连接、铰接连接。

2)刚性连接

刚性连接形式分为完全焊接(图7-15)、完全栓接(图7-16)、栓焊连接(图7-17)。

图7-15　完全焊接

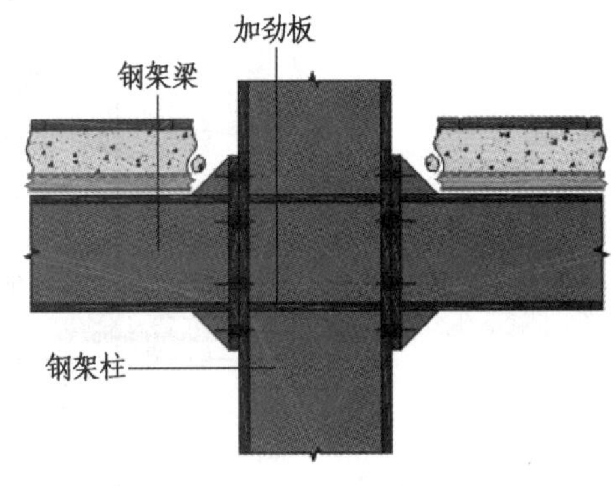
加劲板
钢架梁
钢架柱

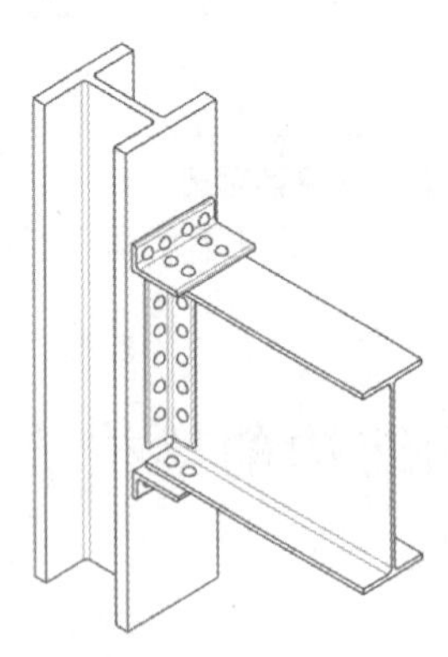

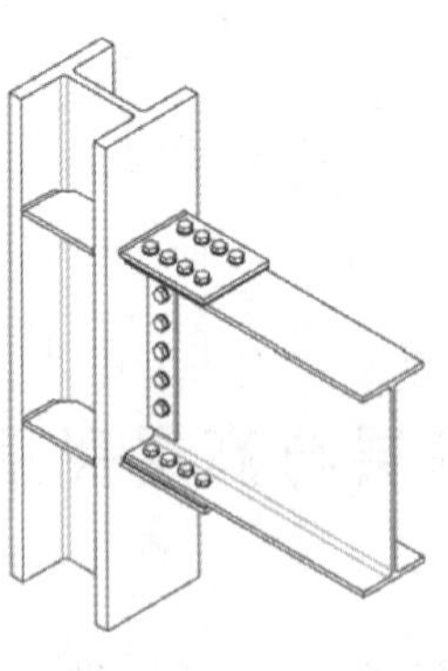

图7-16　完全栓接

(1)完全焊接

梁翼缘与柱翼缘间采用全熔透坡口焊缝,并按规定设置衬板,由于框架梁端垂直于工字形柱腹板,柱在梁翼缘对应位置设置横向加劲肋,要求加劲肋厚度不应小于梁翼缘厚度。

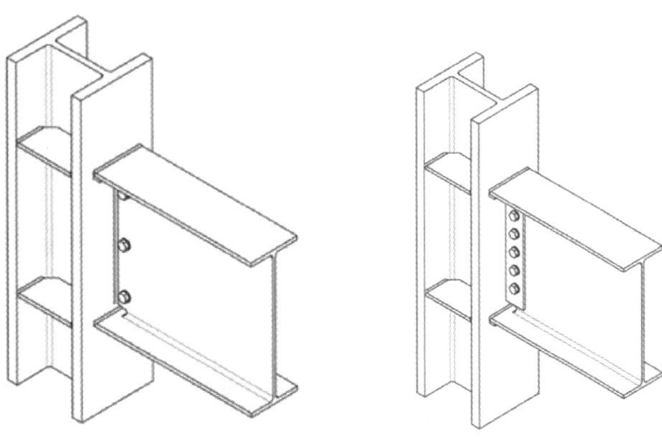

图 7-17　栓焊连接

(2)完全栓接

所有的螺栓都采用高强摩擦型螺栓连接;当梁翼缘提供的塑性截面模量小于梁全截面塑性截面模量的 70% 时,梁腹板与柱的连接螺栓不得少于两列;即便计算只需一列时,仍应布置两列。

(3)栓焊连接

一般钢结构构件的翼缘板采用焊接连接方式,腹板采用螺栓连接方式。这种连接方式,可以在钢结构安装中,先行连接腹板固定构件位置,然后再进行工地现场焊接作业,提高了施工效率。

3)半刚性连接

竖向荷载下可看作梁简支于柱,水平荷载下起刚性节点作用,适于层数不多或水平力不大的建筑,半刚性连接(图 7-18)必须有抵抗弯矩的能力,但无需达到刚性连接水准。

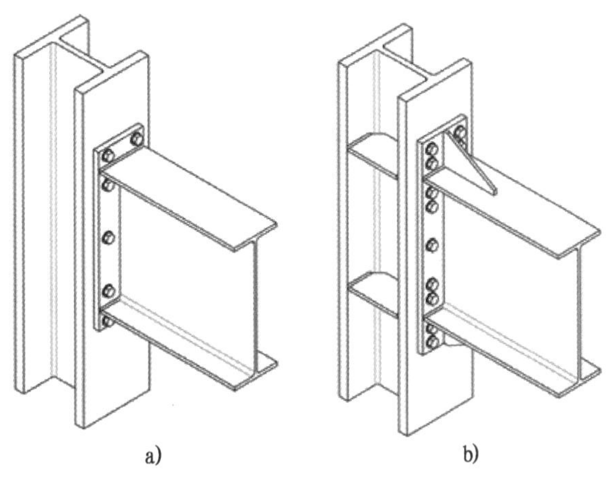
a)
b)

图 7-18　半刚性连接

4)铰接连接

铰接只能传递剪力,不能传递弯矩作用,属于柔性连接,通常采用螺栓连接方式。

7.5.2　梁柱节点图

梁柱节点图如图纸 7-21 ~ 图纸 7-28 所示。

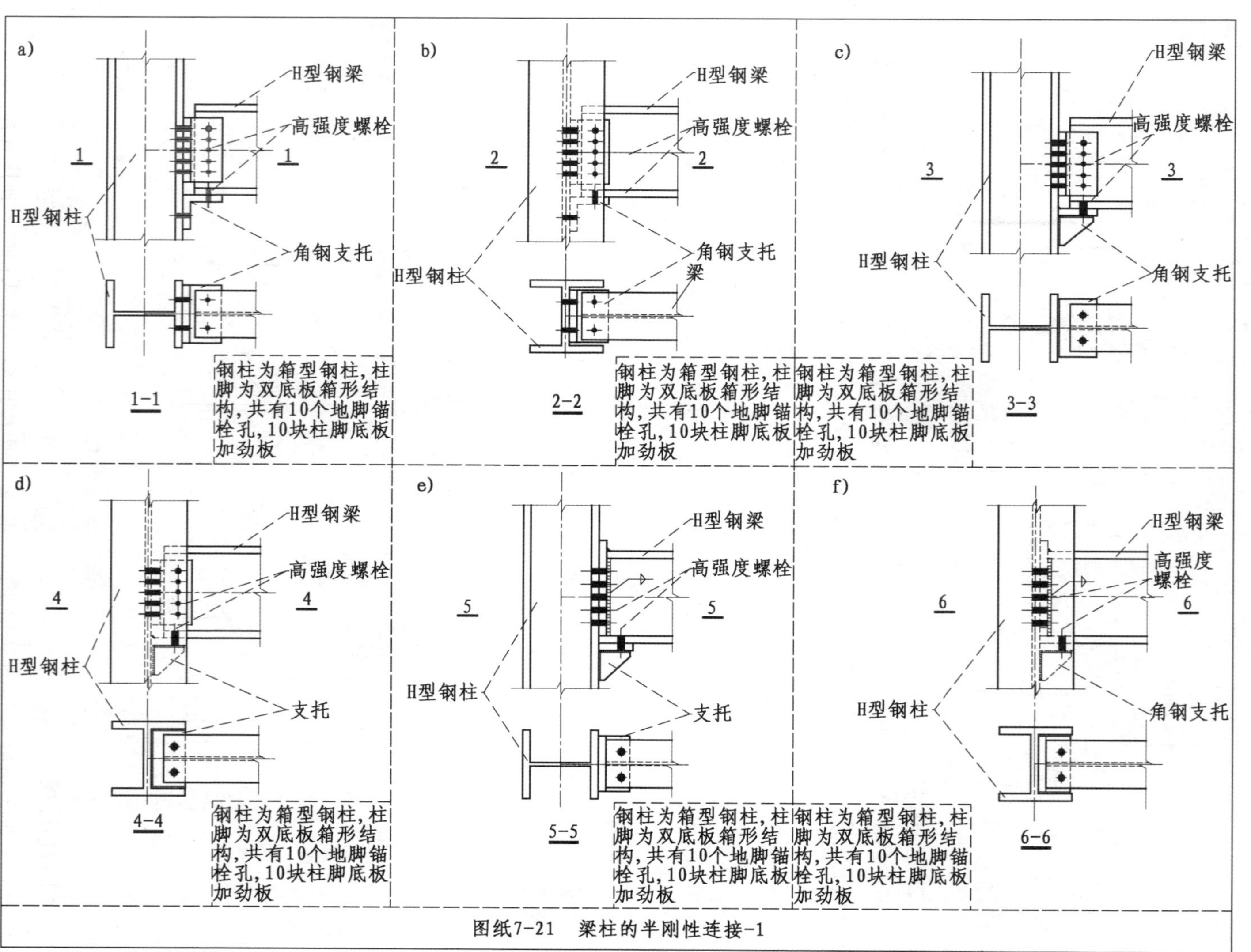
a)
H型钢梁
高强度螺栓
1
1
H型钢柱
角钢支托
1-1
钢柱为箱型钢柱，柱脚为双底板箱形结构，共有10个地脚锚栓孔，10块柱脚底板加劲板
b)
H型钢梁
高强度螺栓
2
2
H型钢柱
角钢支托
梁
2-2
钢柱为箱型钢柱，柱脚为双底板箱形结构，共有10个地脚锚栓孔，10块柱脚底板加劲板
c)
H型钢梁
高强度螺栓
3
3
H型钢柱
角钢支托
3-3
钢柱为箱型钢柱，柱脚为双底板箱形结构，共有10个地脚锚栓孔，10块柱脚底板加劲板
d)
H型钢梁
高强度螺栓
4
4
H型钢柱
支托
4-4
钢柱为箱型钢柱，柱脚为双底板箱形结构，共有10个地脚锚栓孔，10块柱脚底板加劲板
e)
H型钢梁
高强度螺栓
5
5
H型钢柱
支托
5-5
钢柱为箱型钢柱，柱脚为双底板箱形结构，共有10个地脚锚栓孔，10块柱脚底板加劲板
f)
H型钢梁
高强度螺栓
6
6
H型钢柱
角钢支托
6-6
钢柱为箱型钢柱，柱脚为双底板箱形结构，共有10个地脚锚栓孔，10块柱脚底板加劲板

图纸7-21　梁柱的半刚性连接-1

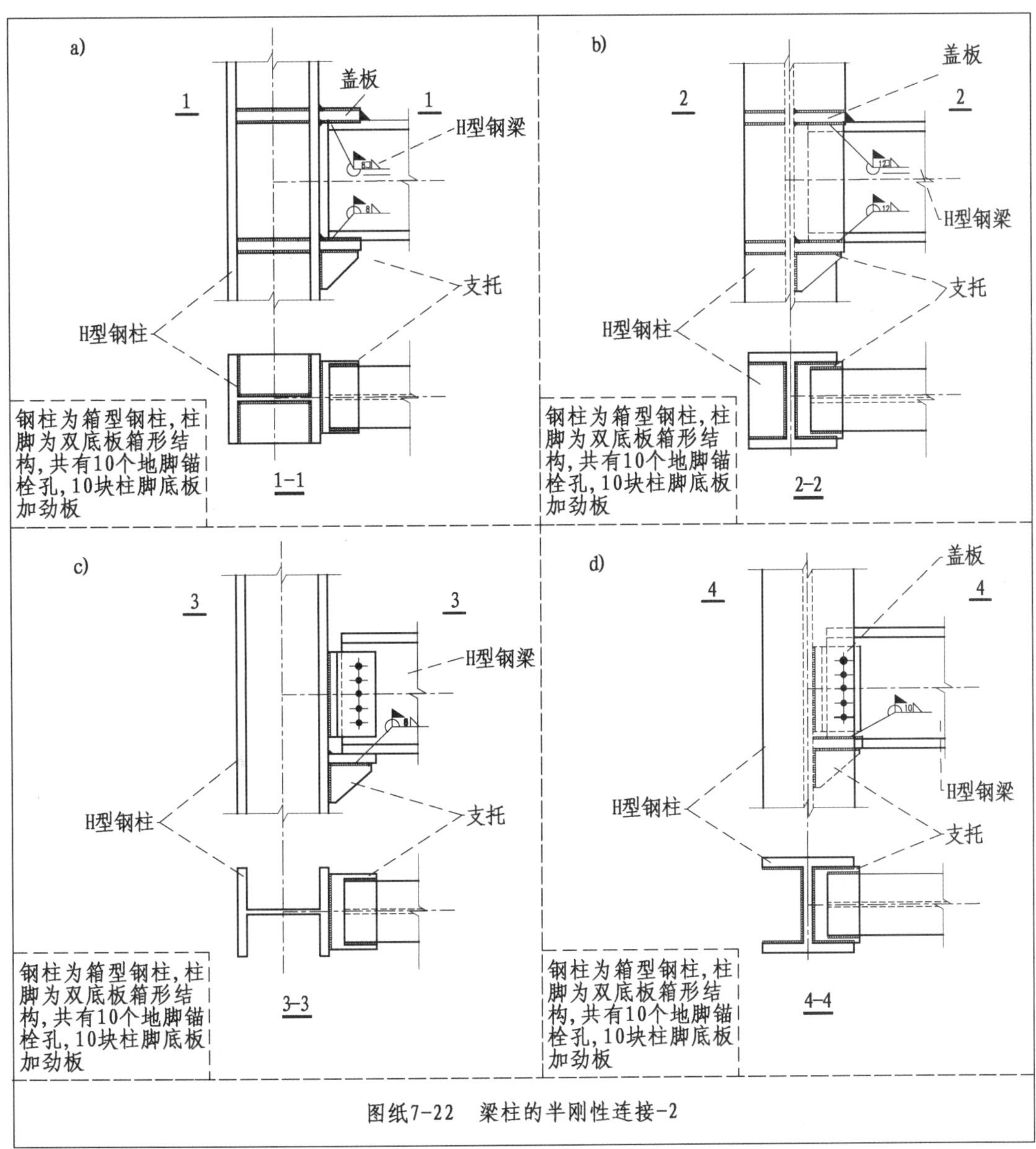
a)
1
盖板
1
H型钢梁
支托
H型钢柱
钢柱为箱型钢柱，柱脚为双底板箱形结构，共有10个地脚锚栓孔，10块柱脚底板加劲板
1-1
b)
盖板
2
2
H型钢梁
支托
H型钢柱
钢柱为箱型钢柱，柱脚为双底板箱形结构，共有10个地脚锚栓孔，10块柱脚底板加劲板
2-2
c)
3
3
H型钢梁
H型钢柱
支托
钢柱为箱型钢柱，柱脚为双底板箱形结构，共有10个地脚锚栓孔，10块柱脚底板加劲板
3-3
d)
盖板
4
4
H型钢柱
H型钢梁
支托
钢柱为箱型钢柱，柱脚为双底板箱形结构，共有10个地脚锚栓孔，10块柱脚底板加劲板
4-4

图纸7-22　梁柱的半刚性连接-2

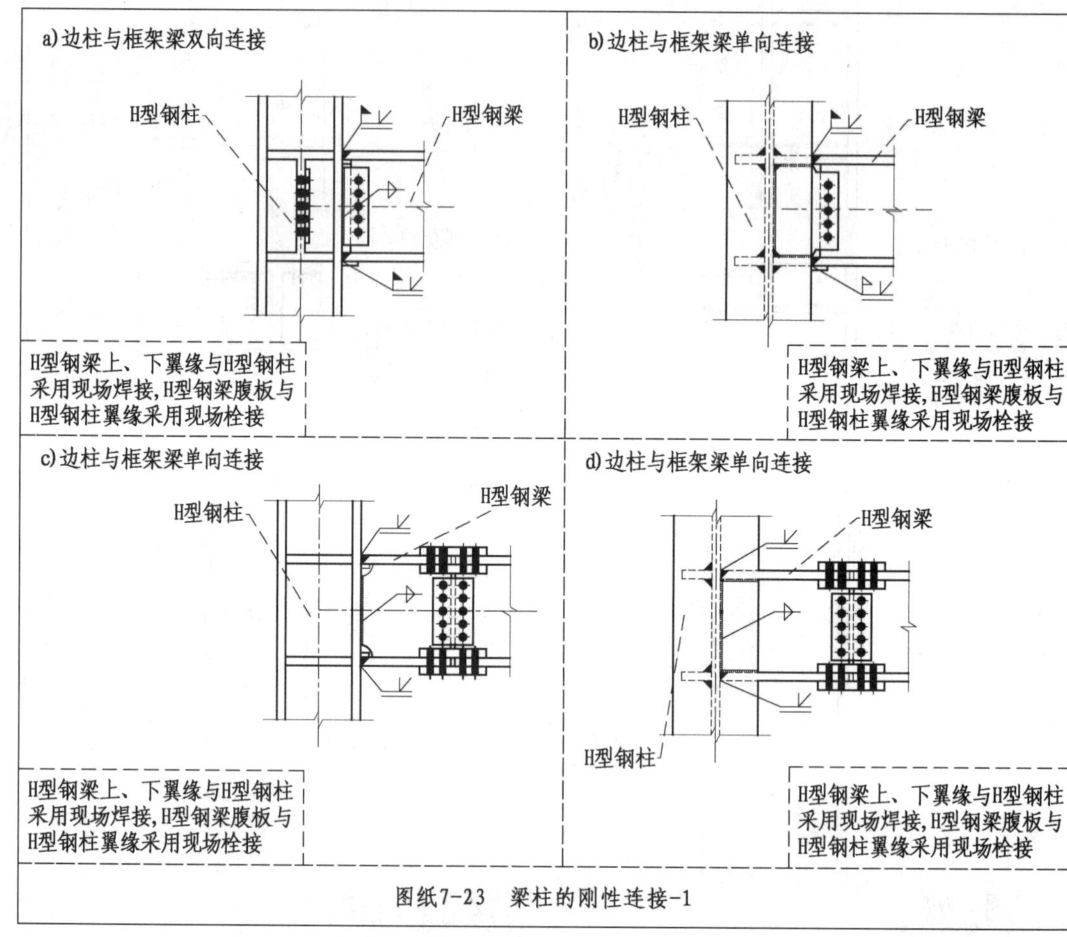
a)边柱与框架梁双向连接
H型钢柱
H型钢梁
H型钢梁上、下翼缘与H型钢柱采用现场焊接,H型钢梁腹板与H型钢柱翼缘采用现场栓接
b)边柱与框架梁单向连接
H型钢柱
H型钢梁
H型钢梁上、下翼缘与H型钢柱采用现场焊接,H型钢梁腹板与H型钢柱翼缘采用现场栓接
c)边柱与框架梁单向连接
H型钢柱
H型钢梁
H型钢梁上、下翼缘与H型钢柱采用现场焊接,H型钢梁腹板与H型钢柱翼缘采用现场栓接
d)边柱与框架梁单向连接
H型钢梁
H型钢柱
H型钢梁上、下翼缘与H型钢柱采用现场焊接,H型钢梁腹板与H型钢柱翼缘采用现场栓接

图纸7-23　梁柱的刚性连接-1

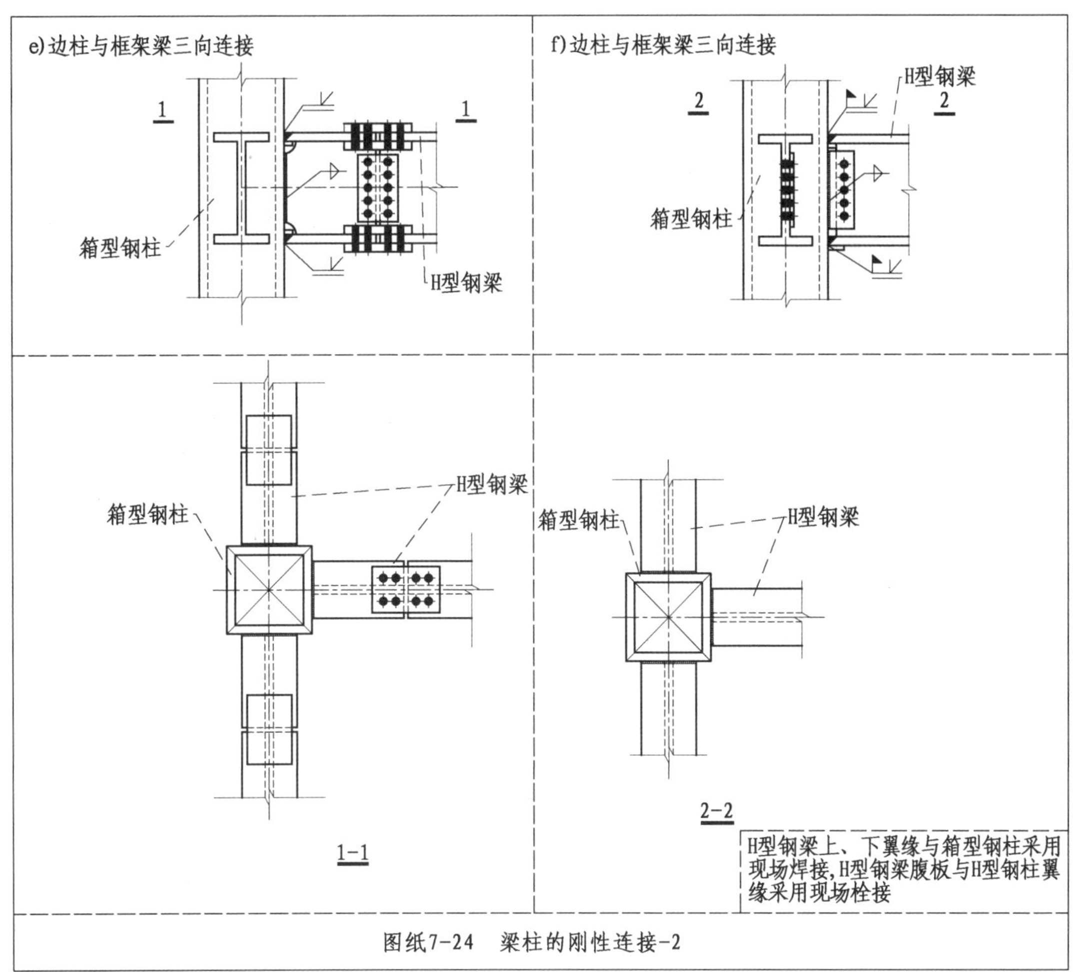
e)边柱与框架梁三向连接
1
1
箱型钢柱
H型钢梁
f)边柱与框架梁三向连接
2
2
H型钢梁
箱型钢柱
箱型钢柱
H型钢梁
1-1
箱型钢柱
H型钢梁
2-2
H型钢梁上、下翼缘与箱型钢柱采用现场焊接，H型钢梁腹板与H型钢柱翼缘采用现场栓接

图纸7-24 梁柱的刚性连接-2

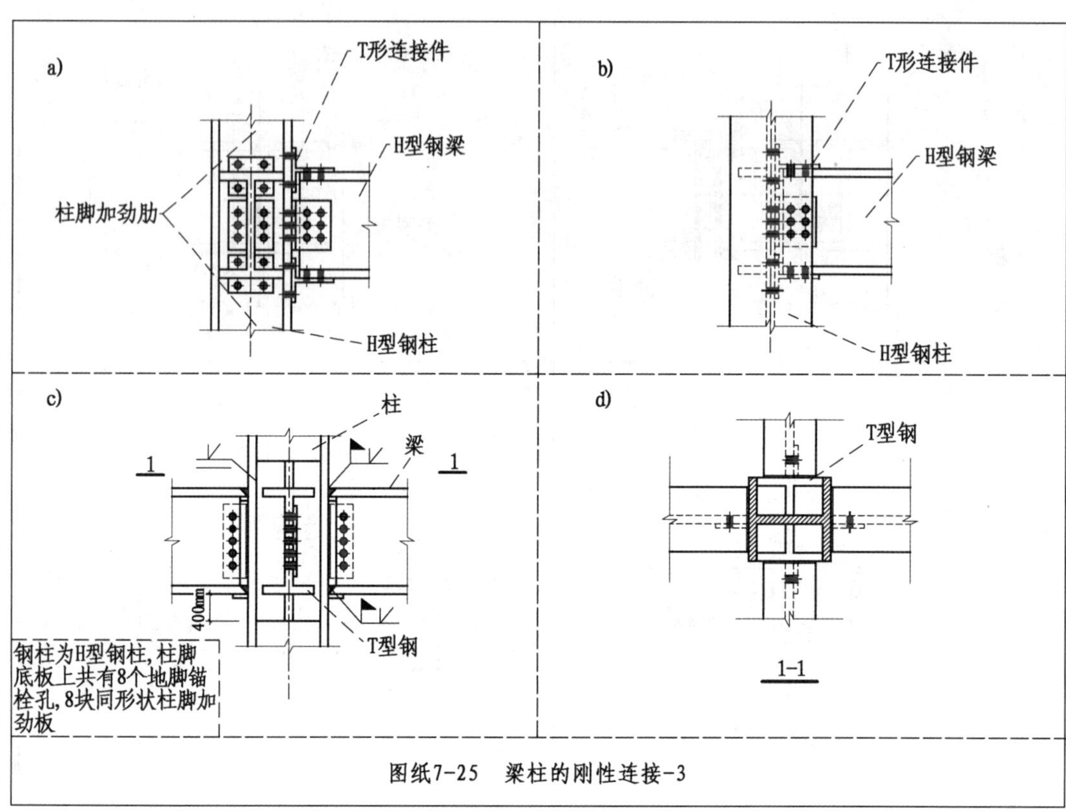
a)
T形连接件
H型钢梁
柱脚加劲肋
H型钢柱
b)
T形连接件
H型钢梁
H型钢柱
c)
柱
梁
1
1
400mm
T型钢
钢柱为H型钢柱，柱脚底板上共有8个地脚锚栓孔，8块同形状柱脚加劲板
d)
T型钢
1-1

图纸7-25　梁柱的刚性连接-3

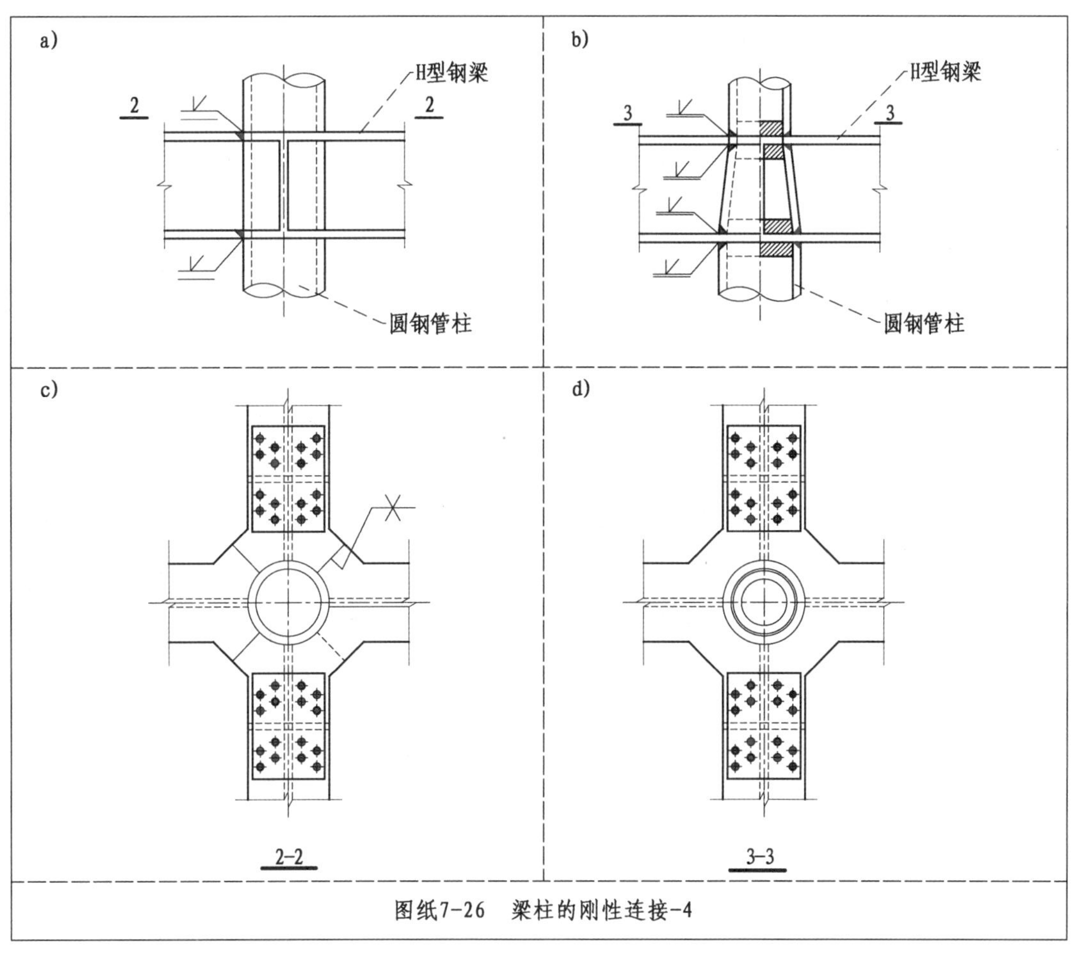
a)
H型钢梁
2
2
圆钢管柱
b)
H型钢梁
3
3
圆钢管柱
c)
2-2
d)
3-3

图纸7-26　梁柱的刚性连接-4

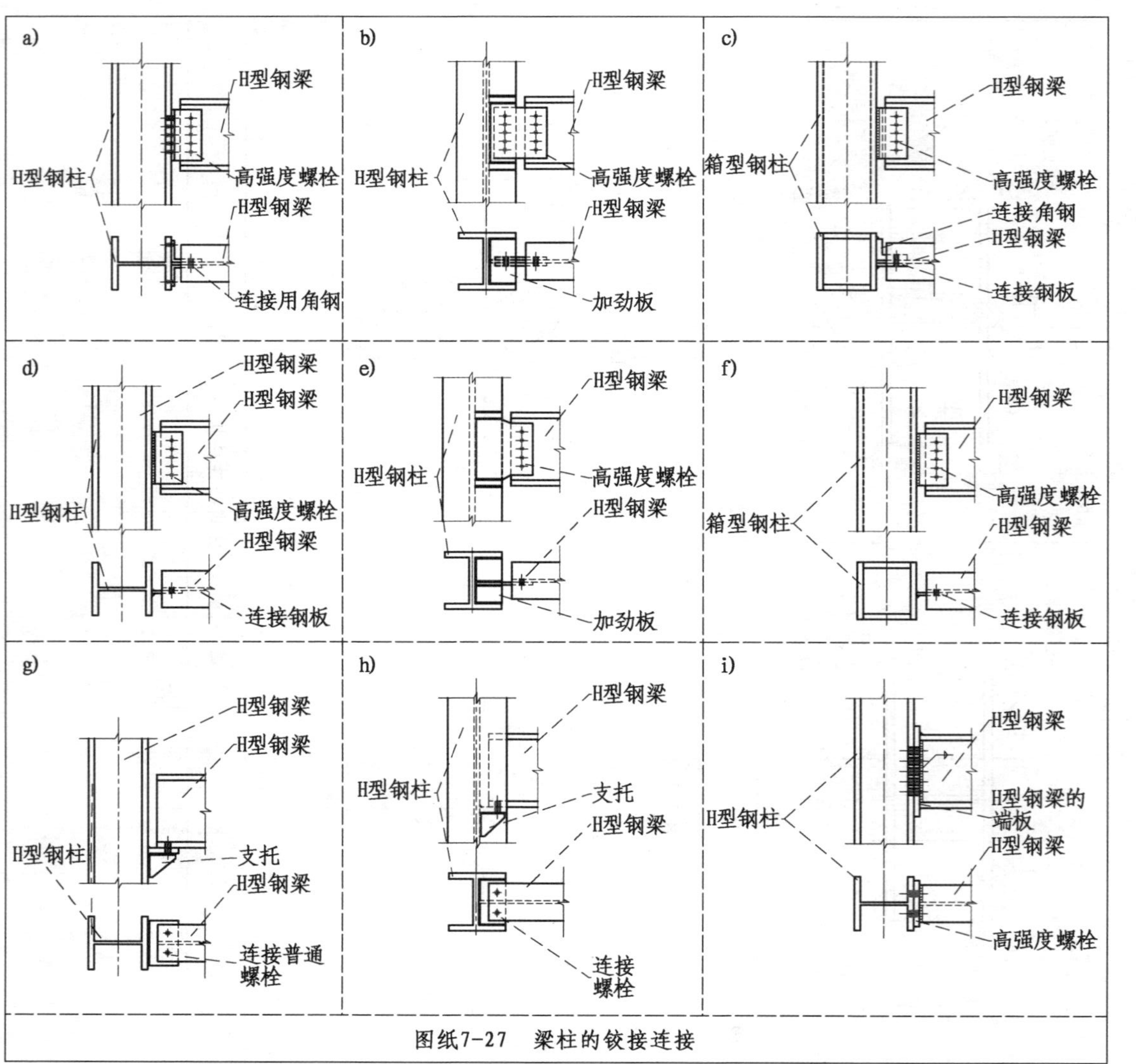
a)
H型钢梁
H型钢柱
高强度螺栓
H型钢梁
连接用角钢
b)
H型钢梁
H型钢柱
高强度螺栓
H型钢梁
加劲板
c)
H型钢梁
箱型钢柱
高强度螺栓
连接角钢
H型钢梁
连接钢板
d)
H型钢梁
H型钢梁
H型钢柱
高强度螺栓
H型钢梁
连接钢板
e)
H型钢梁
H型钢柱
高强度螺栓
H型钢梁
加劲板
f)
H型钢梁
高强度螺栓
箱型钢柱
H型钢梁
连接钢板
g)
H型钢梁
H型钢梁
H型钢柱
支托
H型钢梁
连接普通螺栓
h)
H型钢梁
H型钢柱
支托
H型钢梁
连接螺栓
i)
H型钢梁
H型钢柱
H型钢梁的端板
H型钢梁
高强度螺栓
图纸7-27 梁柱的铰接连接

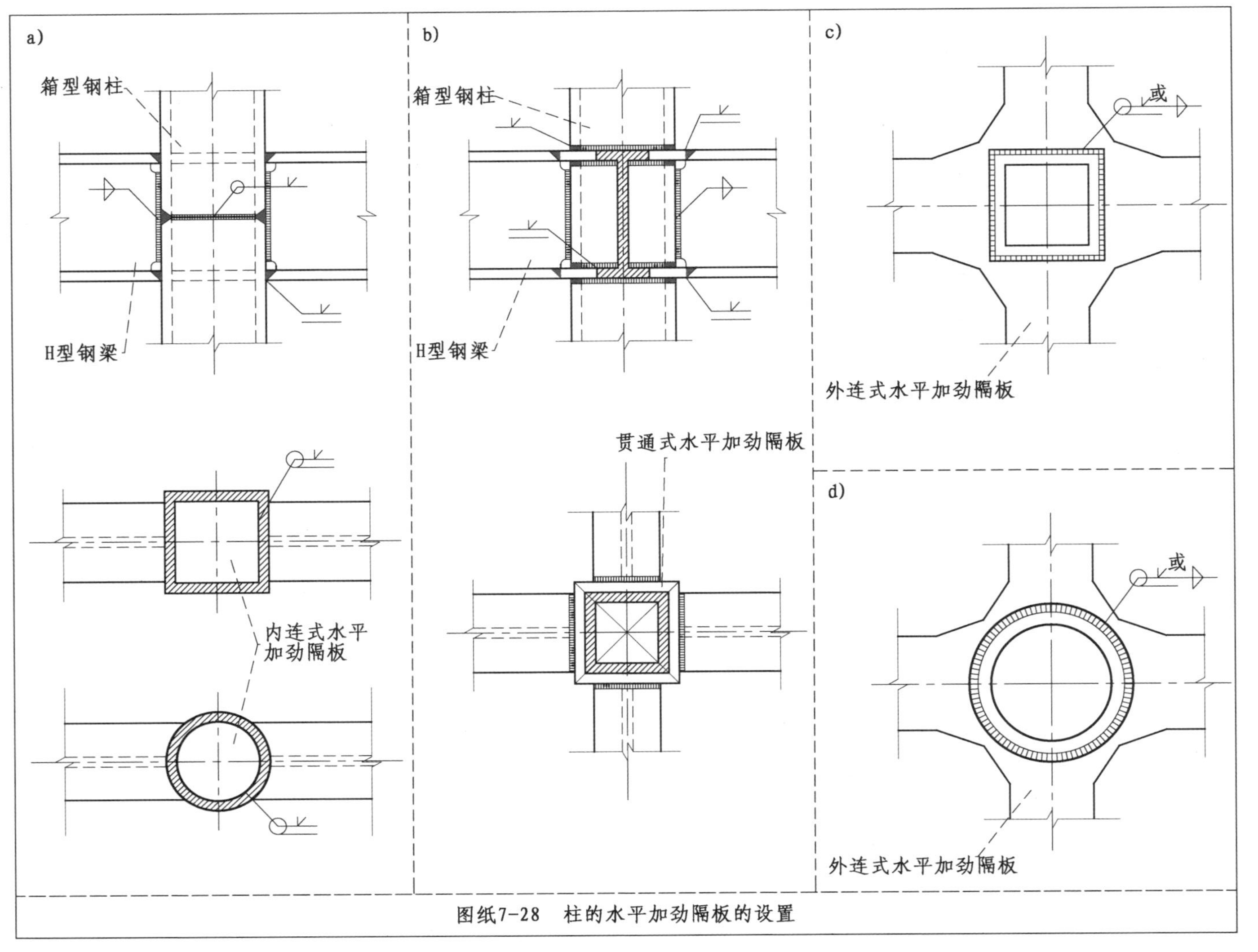
a)
箱型钢柱
H型钢梁
内连式水平
加劲隔板
b)
箱型钢柱
H型钢梁
贯通式水平加劲隔板
c)
或
外连式水平加劲隔板
d)
或
外连式水平加劲隔板

图纸7-28　柱的水平加劲隔板的设置

7.5.3 梁柱节点识读示例

梁柱节点识读示例如图纸 7-29 ~ 图纸 7-32 所示。

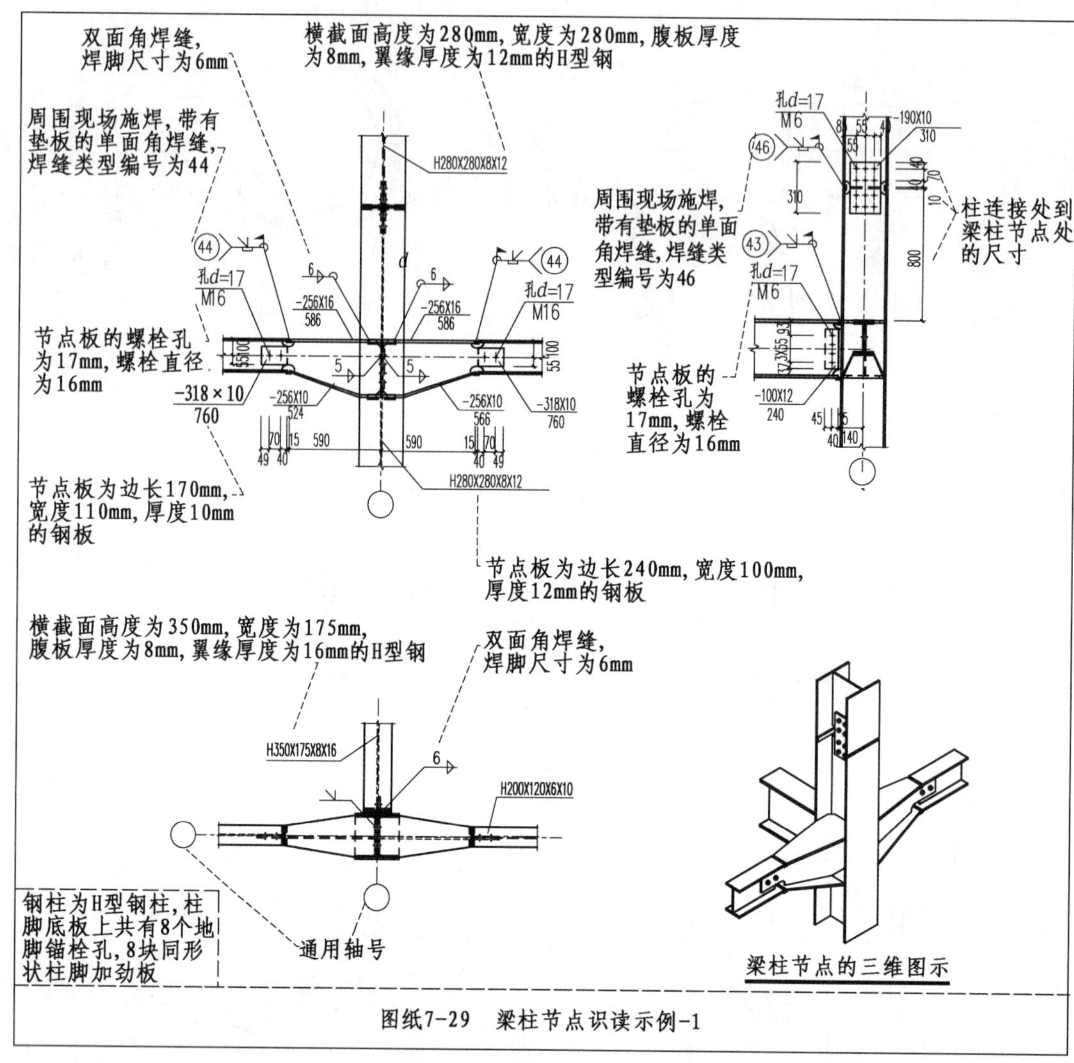
双面角焊缝,
焊脚尺寸为6mm
横截面高度为280mm,宽度为280mm,腹板厚度
为8mm,翼缘厚度为12mm的H型钢
周围现场施焊,带有
垫板的单面角焊缝,
焊缝类型编号为44
H280X280X8X12
44
孔d=17
M16
6
d
−256X16
586
节点板的螺栓孔
为17mm,螺栓直径
为16mm
−318×10
760
−256X10
524
590
566
−318X10
760
H280X280X8X12
节点板为边长170mm,
宽度110mm,厚度10mm
的钢板
节点板为边长240mm,宽度100mm,
厚度12mm的钢板
孔d=17
M6
−190X10
310
46
周围现场施焊,
带有垫板的单面
角焊缝,焊缝类
型编号为46
43
柱连接处到
梁柱节点处
的尺寸
800
节点板的
螺栓孔为
17mm,螺栓
直径为16mm
−100X12
240
140
横截面高度为350mm,宽度为175mm,
腹板厚度为8mm,翼缘厚度为16mm的H型钢
双面角焊缝,
焊脚尺寸为6mm
H350X175X8X16
H200X120X6X10
钢柱为H型钢柱,柱
脚底板上共有8个地
脚锚栓孔,8块同形
状柱脚加劲板
通用轴号
梁柱节点的三维图示

图纸7-29　梁柱节点识读示例-1

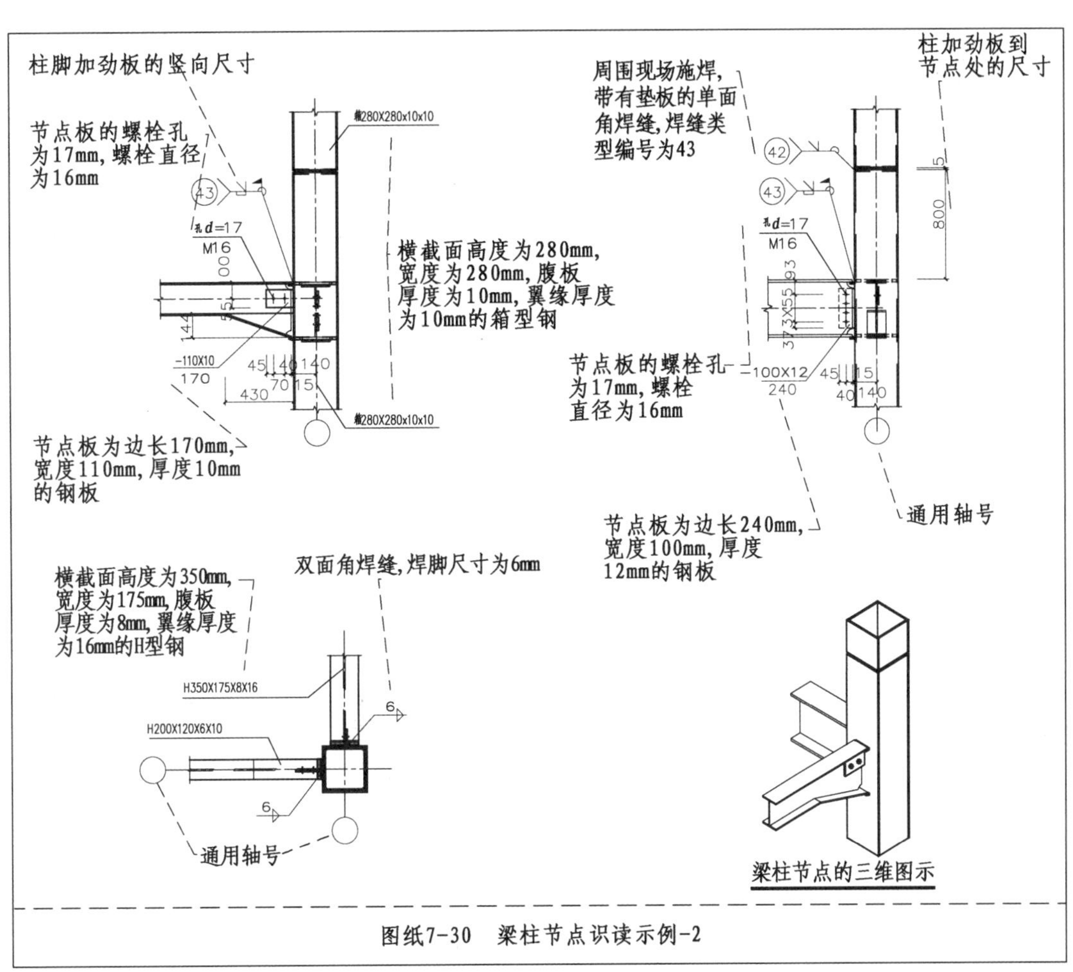

柱脚加劲板的竖向尺寸
节点板的螺栓孔为17mm，螺栓直径为16mm
横截面高度为280mm，宽度为280mm，腹板厚度为10mm，翼缘厚度为10mm的箱型钢
节点板为边长170mm，宽度110mm，厚度10mm的钢板
周围现场施焊，带有垫板的单面角焊缝，焊缝类型编号为43
柱加劲板到节点处的尺寸
节点板的螺栓孔为17mm，螺栓直径为16mm
节点板为边长240mm，宽度100mm，厚度12mm的钢板
通用轴号
横截面高度为350mm，宽度为175mm，腹板厚度为8mm，翼缘厚度为16mm的H型钢
双面角焊缝，焊脚尺寸为6mm
H350X175X8X16
H200X120X6X10
通用轴号
梁柱节点的三维图示
M16
800

图纸7-30　梁柱节点识读示例-2

第7章　多层与高层民用钢结构

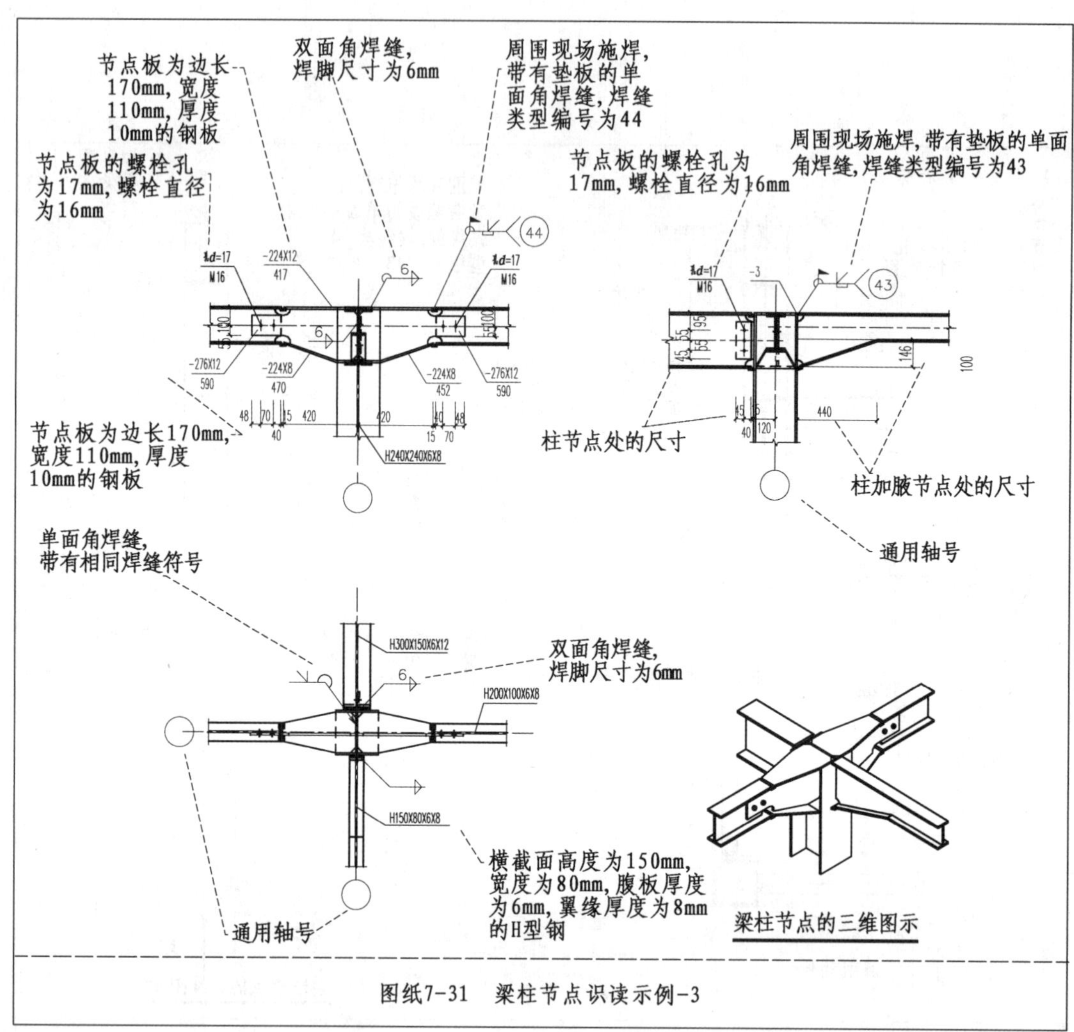
节点板为边长170mm，宽度110mm，厚度10mm的钢板
双面角焊缝，焊脚尺寸为6mm
周围现场施焊，带有垫板的单面角焊缝，焊缝类型编号为44
节点板的螺栓孔为17mm，螺栓直径为16mm
节点板的螺栓孔为17mm，螺栓直径为16mm
周围现场施焊，带有垫板的单面角焊缝，焊缝类型编号为43
节点板为边长170mm，宽度110mm，厚度10mm的钢板
柱节点处的尺寸
柱加腋节点处的尺寸
通用轴号
单面角焊缝，带有相同焊缝符号
双面角焊缝，焊脚尺寸为6mm
横截面高度为150mm，宽度为80mm，腹板厚度为6mm，翼缘厚度为8mm的H型钢
通用轴号
梁柱节点的三维图示
H240X240X6X8
H300X150X6X12
H200X100X6X8
H150X80X6X8

图纸7-31 梁柱节点识读示例-3

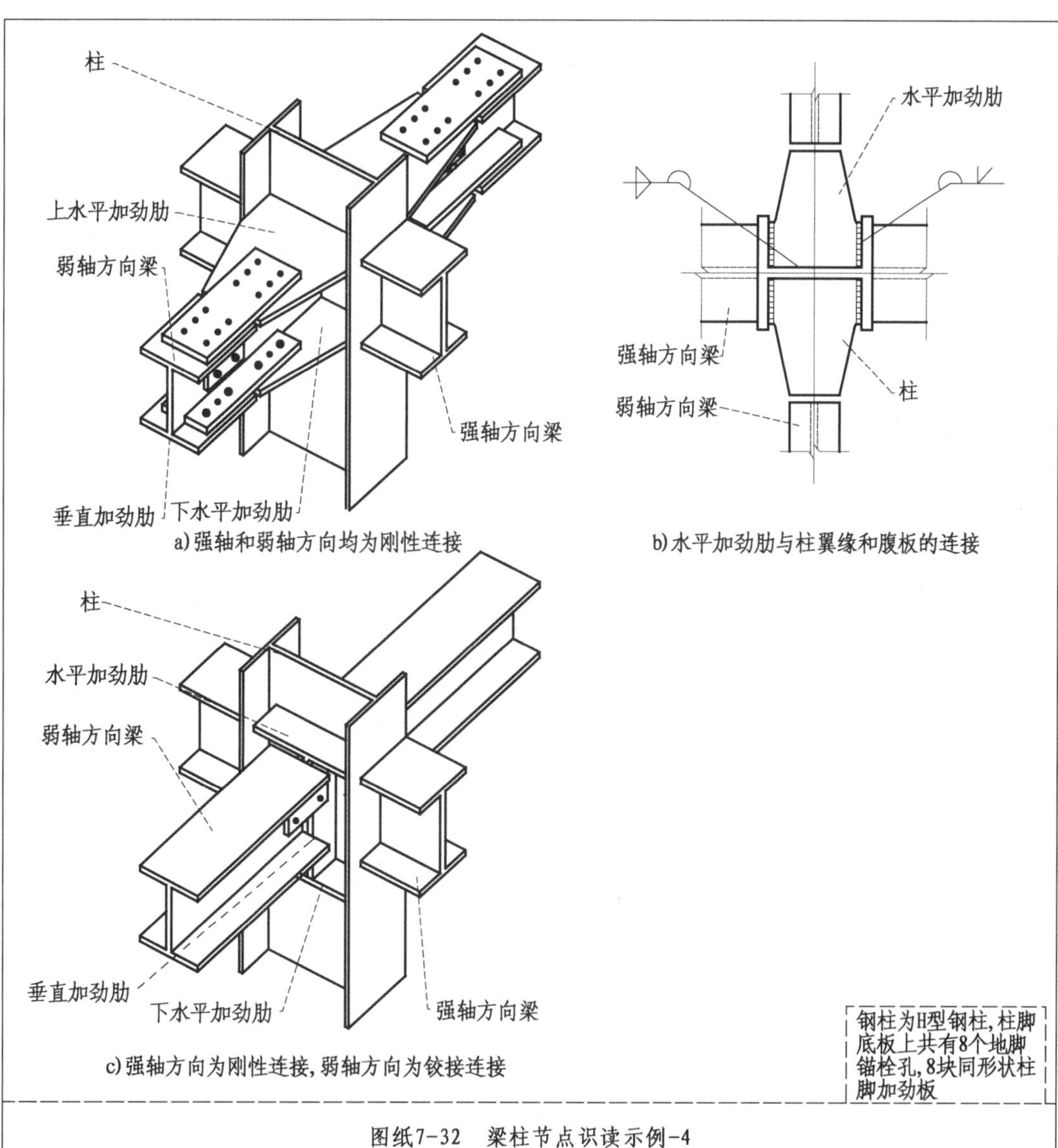
柱
上水平加劲肋
弱轴方向梁
强轴方向梁
垂直加劲肋
下水平加劲肋
a)强轴和弱轴方向均为刚性连接
水平加劲肋
强轴方向梁
柱
弱轴方向梁
b)水平加劲肋与柱翼缘和腹板的连接
柱
水平加劲肋
弱轴方向梁
垂直加劲肋
下水平加劲肋
强轴方向梁
c)强轴方向为刚性连接，弱轴方向为铰接连接
钢柱为H型钢柱，柱脚底板上共有8个地脚锚栓孔，8块同形状柱脚加劲板

图纸7-32　梁柱节点识读示例-4

7.6 多层与高层民用钢结构的支撑构造

7.6.1 水平支撑

水平支撑(图7-19)一般指支撑系统与地面平行或基本平行的,与竖向支撑相对而言的。竖向支撑是指该系统组成的平面与地面垂直或与屋架所在的平面垂直。

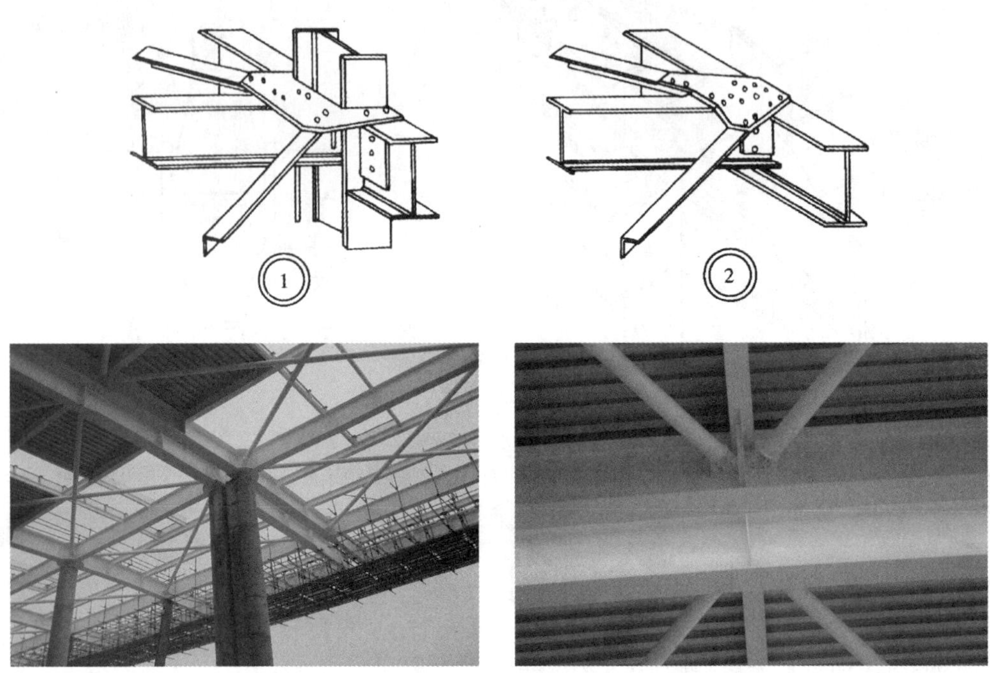
1
2

图7-19 楼盖水平支撑

7.6.2 竖向支撑

竖向支撑包括中心支撑(图7-4)和偏心支撑(图7-5)。布置方法:可在建筑物纵向的一部分柱间布置,也可在横向或纵横两向布置;在平面上可沿外墙布置,也可沿内墙布置。竖向支撑实例见图7-20~图7-22。

图7-20 竖向支撑实例-1

图 7-21　竖向支撑实例-2

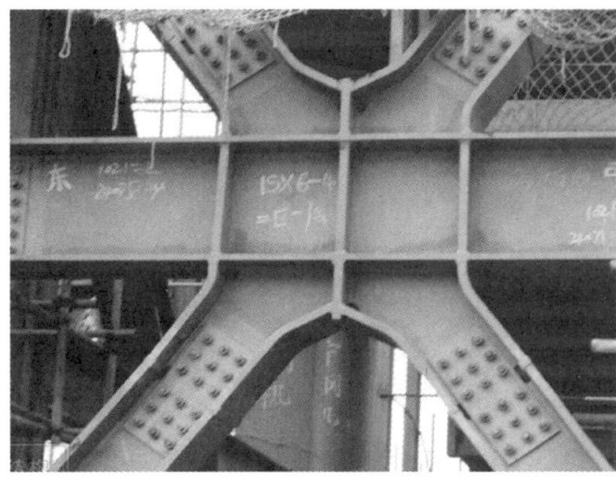

图 7-22　竖向支撑实例-3

7.6.3　支撑节点图

支撑节点图如图纸 7-33 ~ 图纸 7-39 所示。

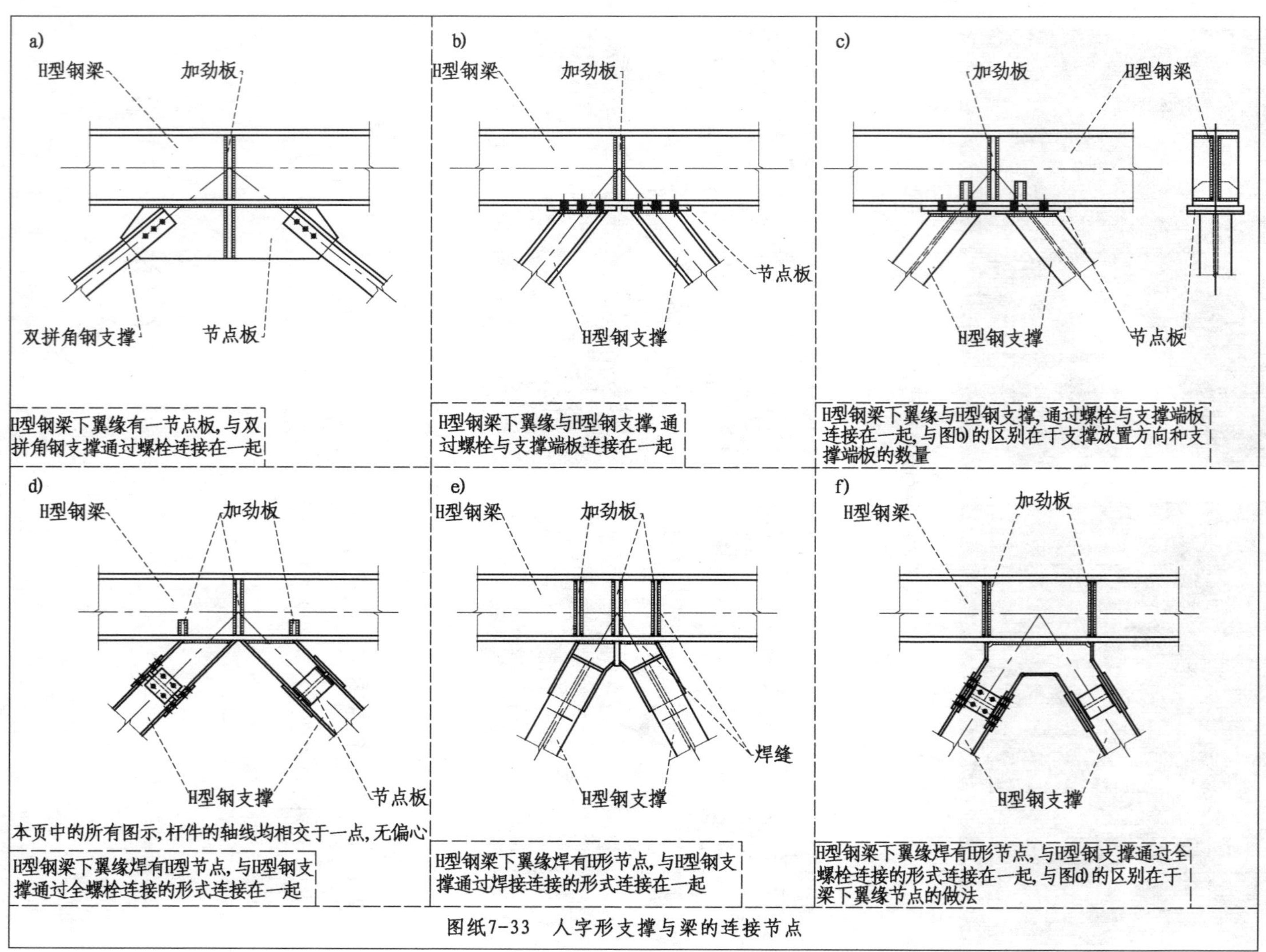
a)
H型钢梁
加劲板
双拼角钢支撑
节点板
H型钢梁下翼缘有一节点板,与双拼角钢支撑通过螺栓连接在一起
b)
H型钢梁
加劲板
节点板
H型钢支撑
H型钢梁下翼缘与H型钢支撑,通过螺栓与支撑端板连接在一起
c)
加劲板
H型钢梁
H型钢支撑
节点板
H型钢梁下翼缘与H型钢支撑,通过螺栓与支撑端板连接在一起,与图b)的区别在于支撑放置方向和支撑端板的数量
d)
H型钢梁
加劲板
H型钢支撑
节点板
本页中的所有图示,杆件的轴线均相交于一点,无偏心
H型钢梁下翼缘焊有H型节点,与H型钢支撑通过全螺栓连接的形式连接在一起
e)
H型钢梁
加劲板
焊缝
H型钢支撑
H型钢梁下翼缘焊有H形节点,与H型钢支撑通过焊接连接的形式连接在一起
f)
H型钢梁
加劲板
H型钢支撑
H型钢梁下翼缘焊有H形节点,与H型钢支撑通过全螺栓连接的形式连接在一起,与图d)的区别在于梁下翼缘节点的做法

图纸7-33　人字形支撑与梁的连接节点

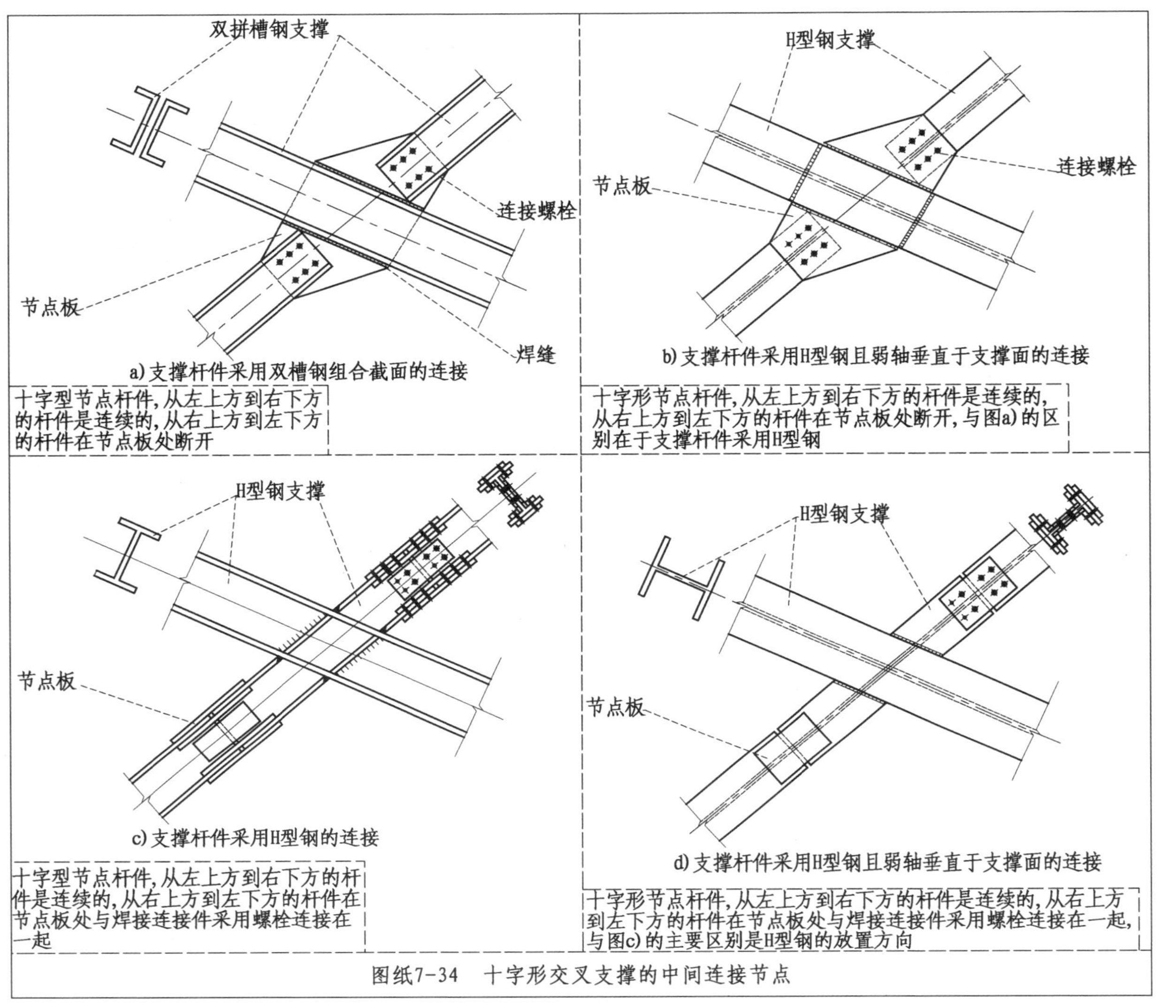
双拼槽钢支撑
连接螺栓
节点板
焊缝
a) 支撑杆件采用双槽钢组合截面的连接
十字型节点杆件，从左上方到右下方的杆件是连续的，从右上方到左下方的杆件在节点板处断开
H型钢支撑
连接螺栓
节点板
b) 支撑杆件采用H型钢且弱轴垂直于支撑面的连接
十字形节点杆件，从左上方到右下方的杆件是连续的，从右上方到左下方的杆件在节点板处断开，与图a) 的区别在于支撑杆件采用H型钢
H型钢支撑
节点板
c) 支撑杆件采用H型钢的连接
十字型节点杆件，从左上方到右下方的杆件是连续的，从右上方到左下方的杆件在节点板处与焊接连接件采用螺栓连接在一起
H型钢支撑
节点板
d) 支撑杆件采用H型钢且弱轴垂直于支撑面的连接
十字形节点杆件，从左上方到右下方的杆件是连续的，从右上方到左下方的杆件在节点板处与焊接连接件采用螺栓连接在一起，与图c) 的主要区别是H型钢的放置方向

图纸7-34　十字形交叉支撑的中间连接节点

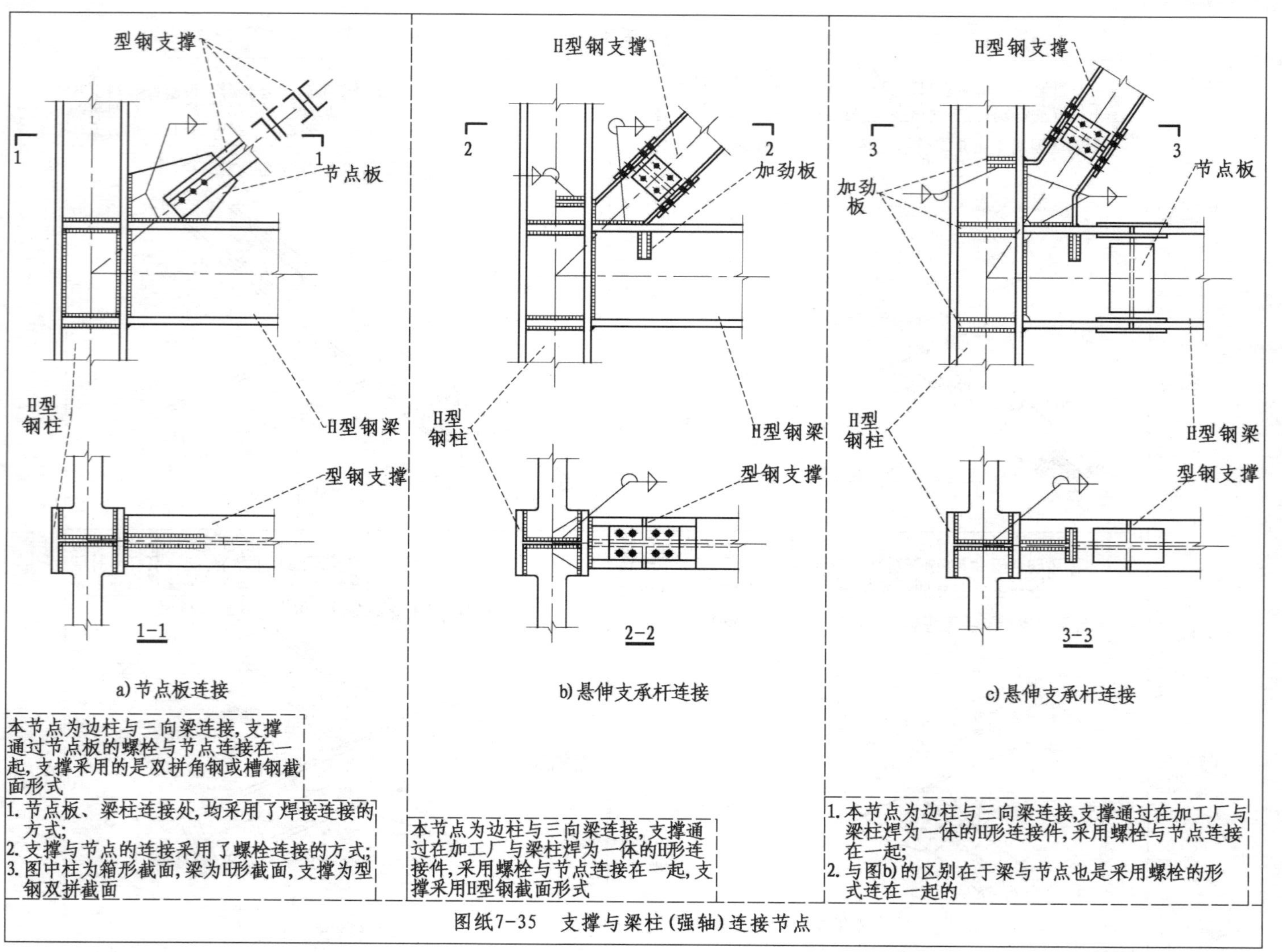
型钢支撑
节点板
H型钢柱
H型钢梁
型钢支撑
1-1
a) 节点板连接
本节点为边柱与三向梁连接，支撑通过节点板的螺栓与节点连接在一起，支撑采用的是双拼角钢或槽钢截面形式
1. 节点板、梁柱连接处，均采用了焊接连接的方式；
2. 支撑与节点的连接采用了螺栓连接的方式；
3. 图中柱为箱形截面，梁为H形截面，支撑为型钢双拼截面
H型钢支撑
加劲板
H型钢柱
H型钢梁
型钢支撑
2-2
b) 悬伸支承杆连接
本节点为边柱与三向梁连接，支撑通过在加工厂与梁柱焊为一体的H形连接件，采用螺栓与节点连接在一起，支撑采用H型钢截面形式
H型钢支撑
节点板
加劲板
H型钢柱
H型钢梁
型钢支撑
3-3
c) 悬伸支承杆连接
1. 本节点为边柱与三向梁连接，支撑通过在加工厂与梁柱焊为一体的H形连接件，采用螺栓与节点连接在一起；
2. 与图b) 的区别在于梁与节点也是采用螺栓的形式连在一起的
图纸7-35　支撑与梁柱(强轴)连接节点

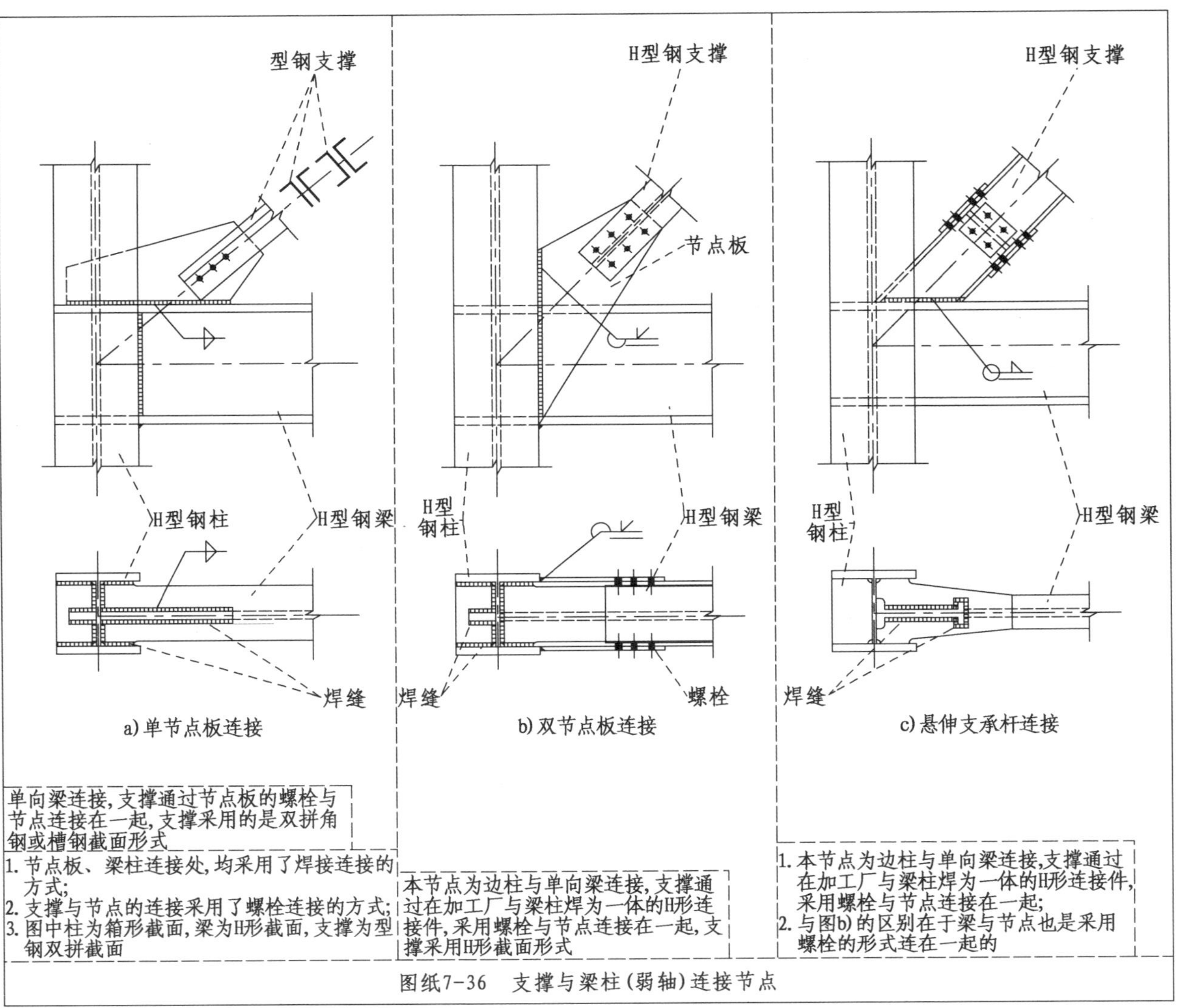

型钢支撑
H型钢柱
H型钢梁
焊缝
a) 单节点板连接
单向梁连接，支撑通过节点板的螺栓与节点连接在一起，支撑采用的是双拼角钢或槽钢截面形式
1. 节点板、梁柱连接处，均采用了焊接连接的方式；
2. 支撑与节点的连接采用了螺栓连接的方式；
3. 图中柱为箱形截面，梁为H形截面，支撑为型钢双拼截面
H型钢支撑
节点板
H型钢柱
H型钢梁
焊缝
螺栓
b) 双节点板连接
本节点为边柱与单向梁连接，支撑通过在加工厂与梁柱焊为一体的H形连接件，采用螺栓与节点连接在一起，支撑采用H形截面形式
H型钢支撑
H型钢柱
H型钢梁
焊缝
c) 悬伸支承杆连接
1. 本节点为边柱与单向梁连接，支撑通过在加工厂与梁柱焊为一体的H形连接件，采用螺栓与节点连接在一起；
2. 与图b) 的区别在于梁与节点也是采用螺栓的形式连在一起的

图纸7-36　支撑与梁柱（弱轴）连接节点

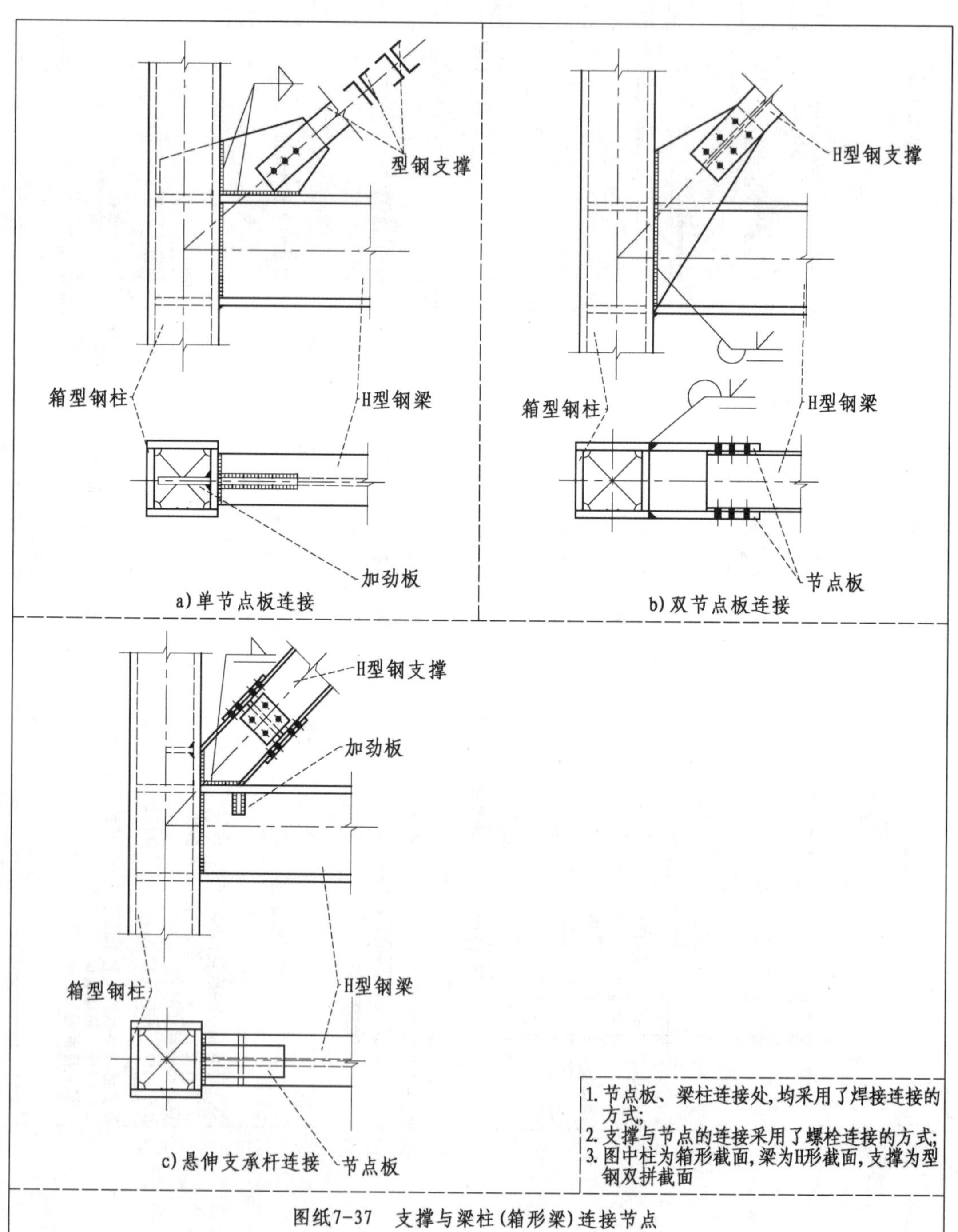
型钢支撑
箱型钢柱
H型钢梁
加劲板
a)单节点板连接
H型钢支撑
箱型钢柱
H型钢梁
节点板
b)双节点板连接
H型钢支撑
加劲板
箱型钢柱
H型钢梁
c)悬伸支承杆连接
节点板
1. 节点板、梁柱连接处,均采用了焊接连接的方式;
2. 支撑与节点的连接采用了螺栓连接的方式;
3. 图中柱为箱形截面,梁为H形截面,支撑为型钢双拼截面

图纸7-37　支撑与梁柱(箱形梁)连接节点

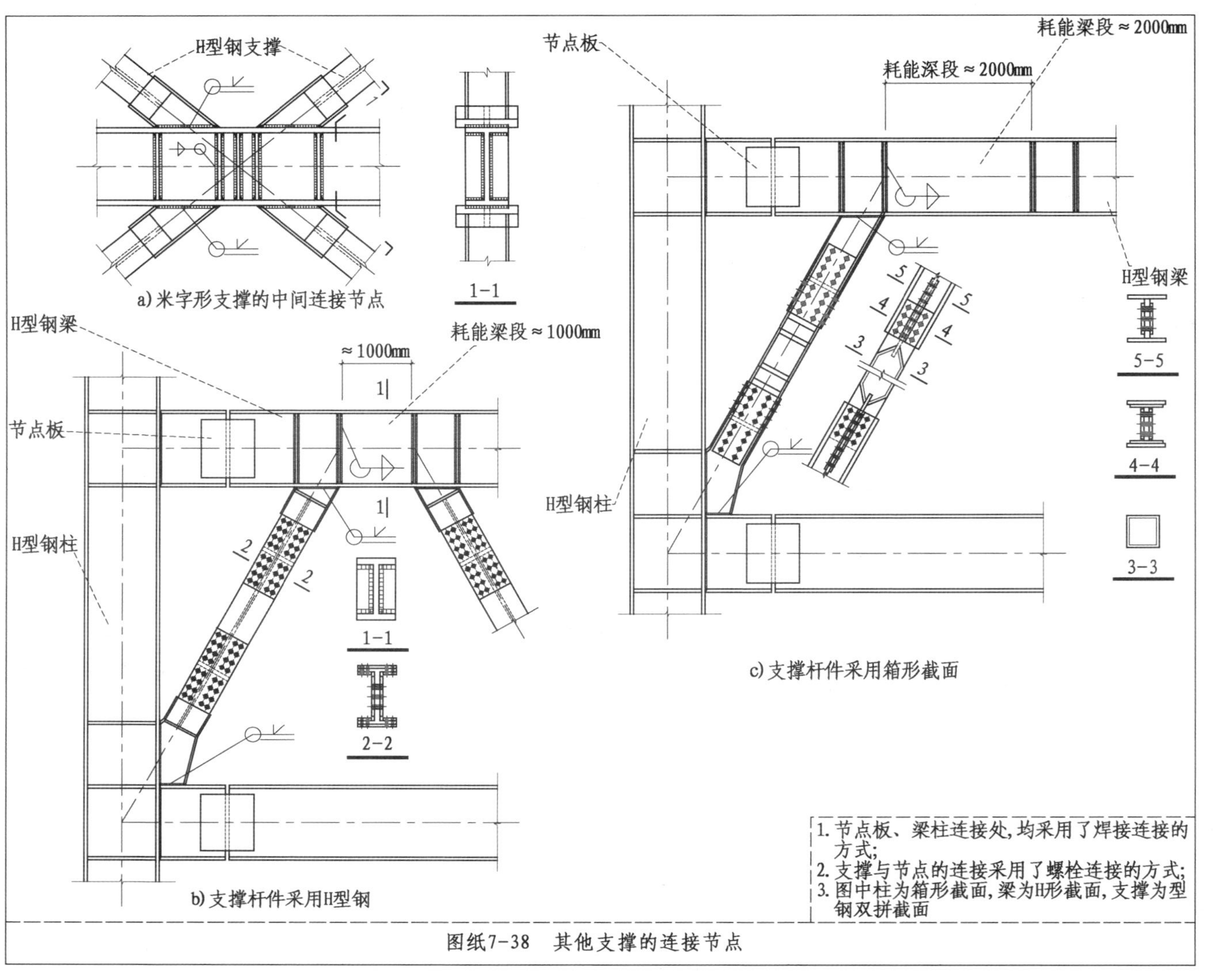
H型钢支撑
1-1
a) 米字形支撑的中间连接节点
H型钢梁
耗能梁段≈1000mm
≈1000mm
1
节点板
H型钢柱
2
2
1-1
2-2
b) 支撑杆件采用H型钢
节点板
耗能梁段≈2000mm
耗能深段≈2000mm
H型钢梁
5
4
3
H型钢柱
5-5
4-4
3-3
c) 支撑杆件采用箱形截面
1. 节点板、梁柱连接处，均采用了焊接连接的方式；
2. 支撑与节点的连接采用了螺栓连接的方式；
3. 图中柱为箱形截面，梁为H形截面，支撑为型钢双拼截面

图纸7-38 其他支撑的连接节点

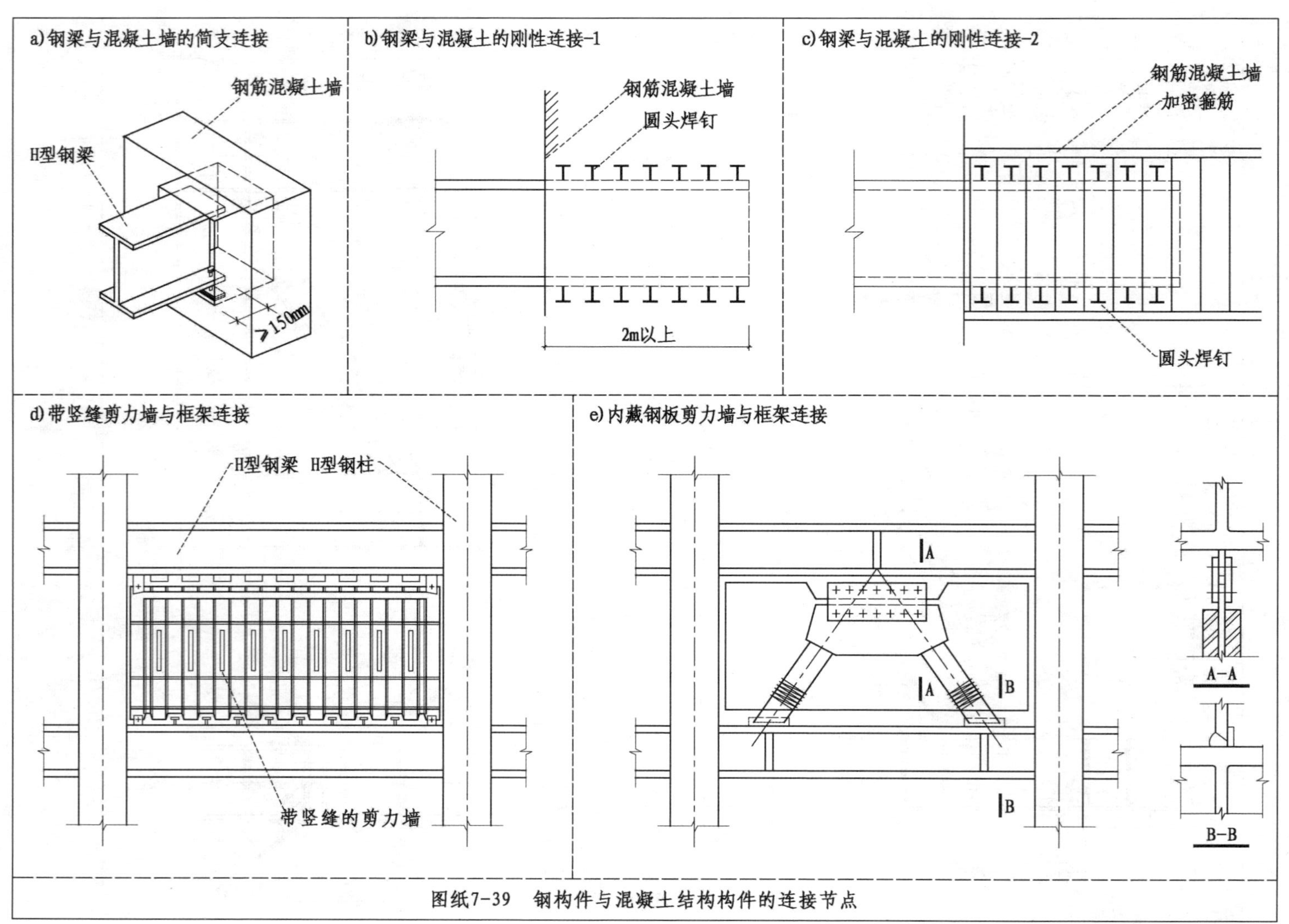
a) 钢梁与混凝土墙的简支连接
钢筋混凝土墙
H型钢梁
≥150mm
b) 钢梁与混凝土的刚性连接-1
钢筋混凝土墙
圆头焊钉
2m以上
c) 钢梁与混凝土的刚性连接-2
钢筋混凝土墙
加密箍筋
圆头焊钉
d) 带竖缝剪力墙与框架连接
H型钢梁
H型钢柱
带竖缝的剪力墙
e) 内藏钢板剪力墙与框架连接
A
B
A-A
B-B

图纸7-39　钢构件与混凝土结构构件的连接节点

第8章　网格结构

8.1　网格结构概述

8.1.1　网格结构

网格结构是由多根杆件按照某种特定规律的几何图形通过节点连接起来的空间结构。

网格结构可以分为网架和网壳(图8-1)。

网架是平板型网格结构,包括双层网架、多层网架。

网壳是曲面型网格结构,包括单层网壳、双层网壳。

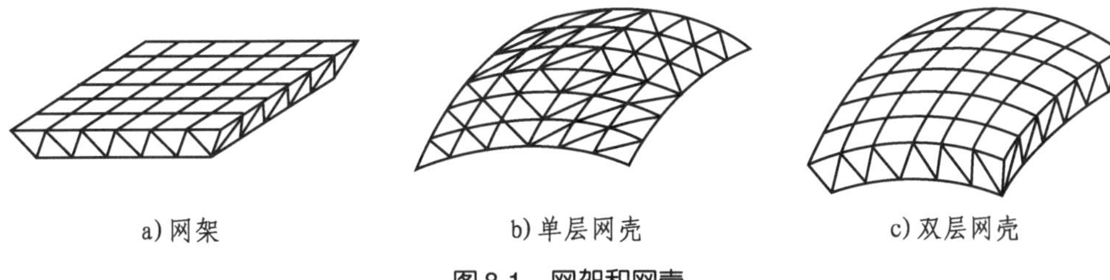

a) 网架　　b) 单层网壳　　c) 双层网壳

图8-1　网架和网壳

8.1.2　网架结构体系与分类

1)平面桁架体系

由一些相互交叉的平面桁架组成,一般斜腹杆受拉,竖杆受压,斜腹杆与弦杆之间夹角宜在40°~60°之间。该体系的网架有以下四种,如图8-2、图8-3所示。

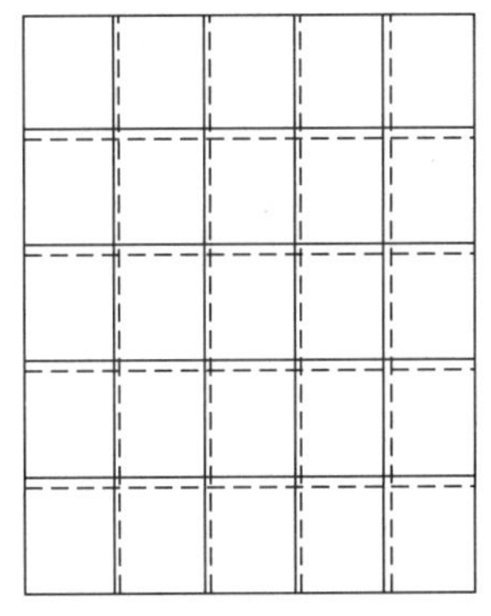

a) 两向正交正放网架

b) 两向正交斜放网架

图8-2　两向正交正放网架与两向正交斜放网架

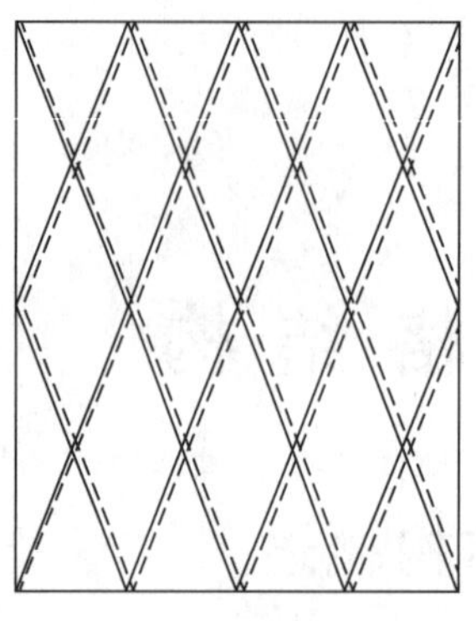

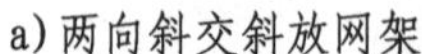

a)两向斜交斜放网架

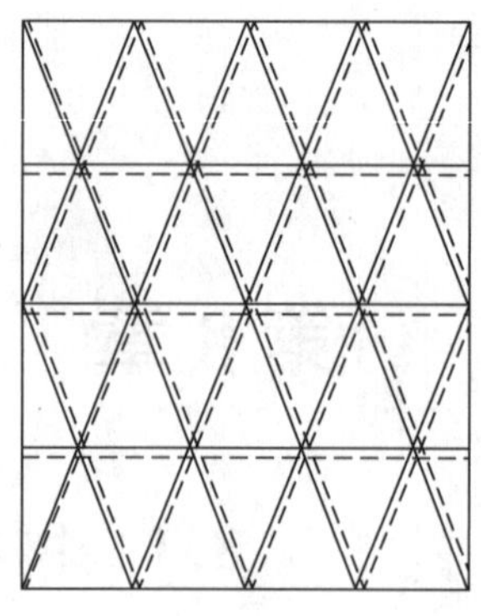

b)三向网架

图 8-3　两向斜交斜放网架与三向网架

2）四角锥体系

四角锥体系网架的上、下弦均呈正方形(或接近正方形的矩形)网格，相互错开半格，使下弦网格的角点对准上弦网格的形心，再在上下弦节点间用腹杆连接起来，即形成四角锥体系网架。四角锥体系网架如图 8-4 ~ 图 8-6 所示。

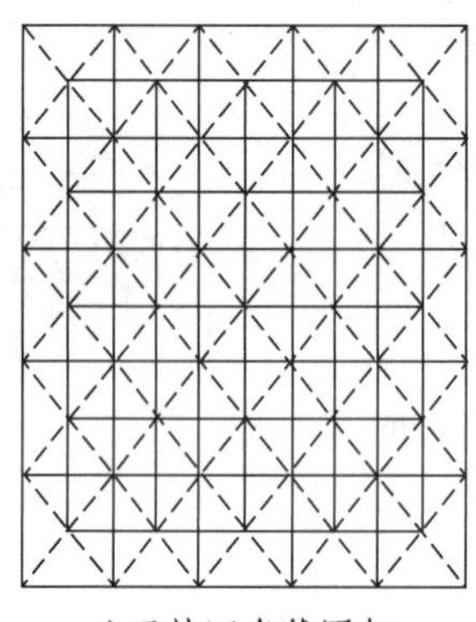

a)正放四角锥网架

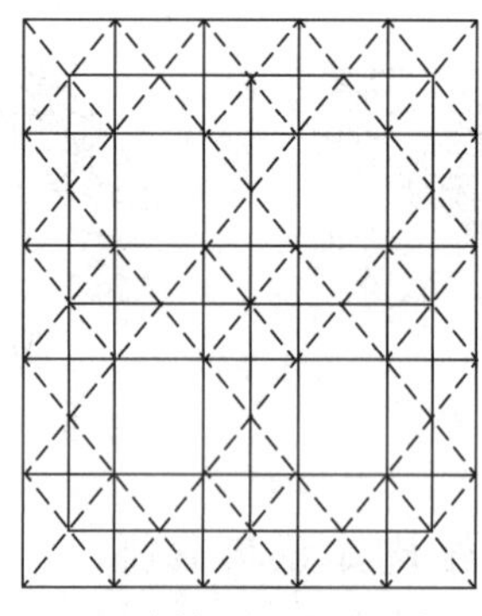

b)正放抽空四角锥网架

图 8-4　正放四角锥网架与正放抽空四角锥网架

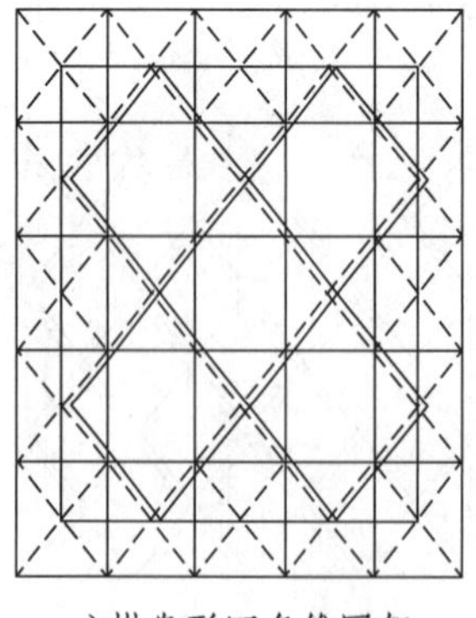

a)棋盘形四角锥网架

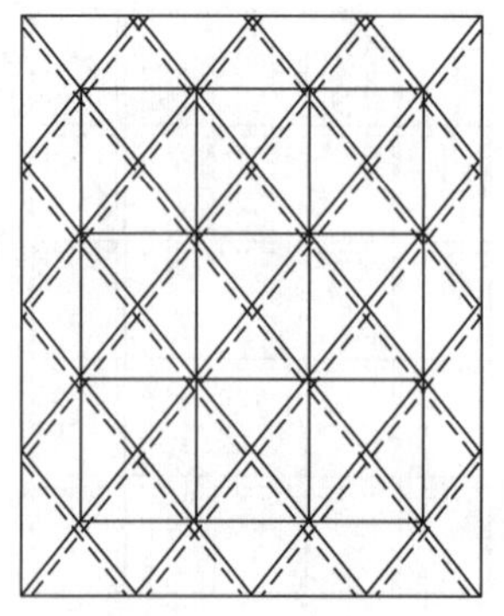

b)星形四角锥网架

图 8-5　棋盘形四角锥网架与星形四角锥网架

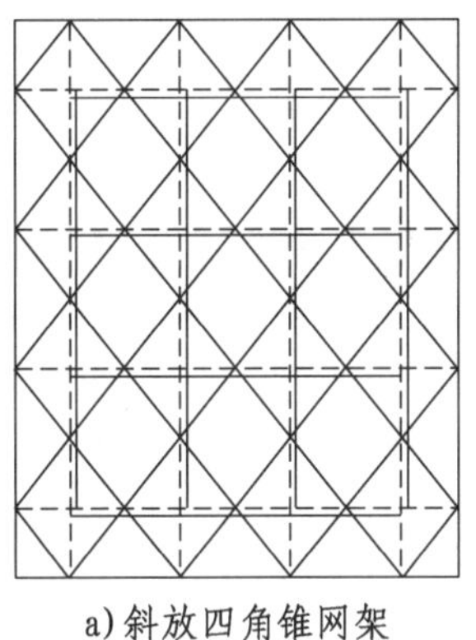

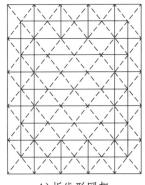

a)斜放四角锥网架　　b)折线形网架

图 8-6　斜放四角锥网架与折线形网架

3）三角锥体系

三角锥体系基本单元是倒置的三角锥体。锥底的正三角形的三边为网架的上弦杆,其棱为网架的腹杆。随着三角锥单元体布置的不同,上下弦网格可为正三角形或六边形,从而构成不同的三角锥网架。三角锥体系网架的形式,如图 8-7 和图 8-8 所示。

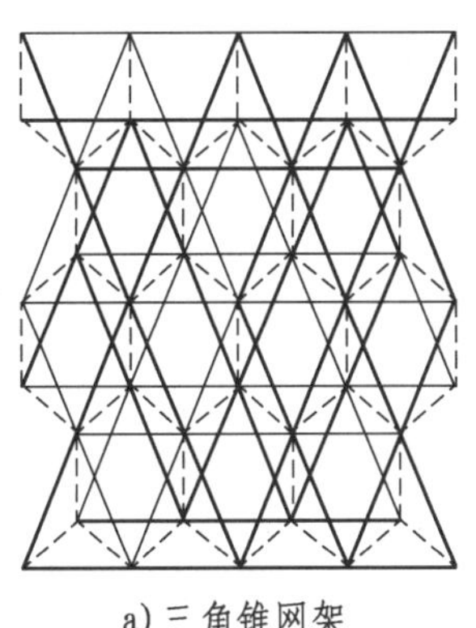

a)三角锥网架

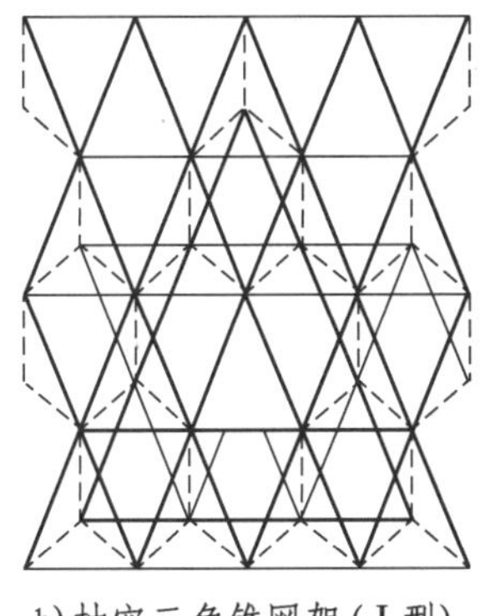

b)抽空三角锥网架(Ⅰ型)

图 8-7　三角锥网架与抽空三角锥网架(Ⅰ型)

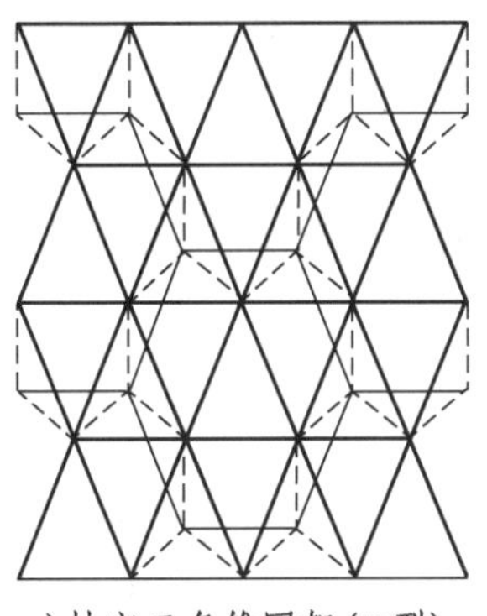

a)抽空三角锥网架(Ⅱ型)

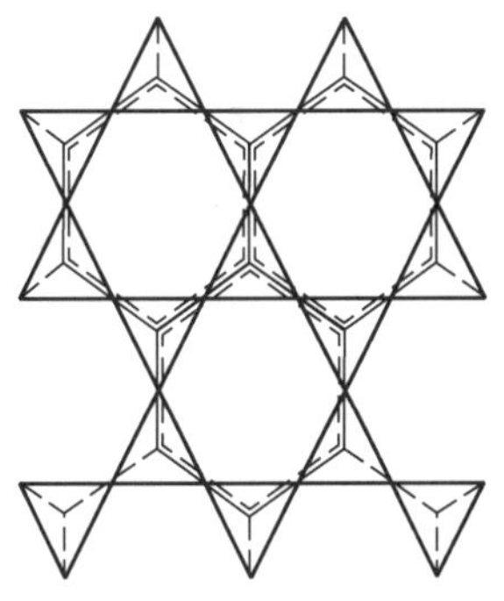

b)蜂窝形三角锥网架

图 8-8　抽空三角锥网架(Ⅱ型)与蜂窝形三角锥网架

8.1.3 网架支承形式

1）周边支承

周边支承网架（图8-9）是目前采用较多的一种形式，所有边界节点都搁置在柱或梁上，传力直接，网架受力均匀，当网架周边支承于柱顶时，网格宽度可与柱距一致；当网架支承于圈梁时，网格的划分比较灵活，可不受柱距影响。

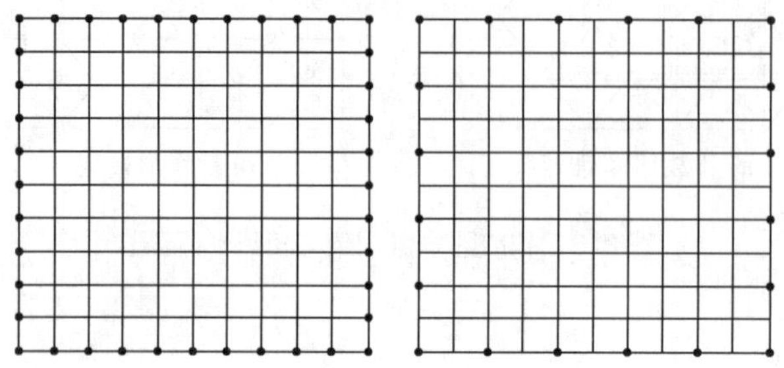

图8-9 周边支承网架

2）三边支承，一边开口

在矩形平面的建筑中，由于考虑扩建的可能性或由于建筑功能的要求，需要在一边或两对边上开口（图8-10），因而使网架仅在三边或两对边上支承，另一边或两对边为自由边。自由边的存在对网架的受力是不利的，为此应对自由边作出特殊处理。以及可在自由边附近增加网架层数或在自由边加设托梁或托架。对中、小型网架，亦可采用增加网架高度或局部加大杆件截面的办法予以加强。

3）两对边支承

两对边支承见图8-11。

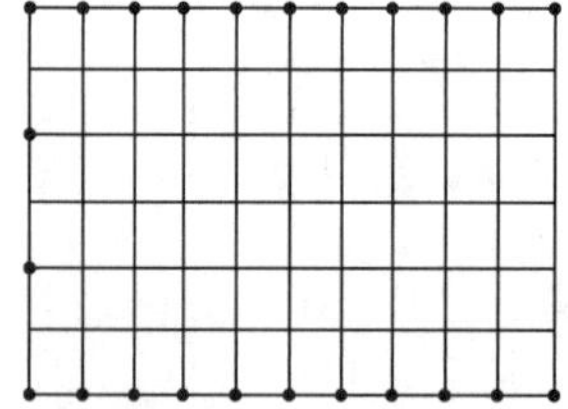

图8-10 三边支承、一边开口网格

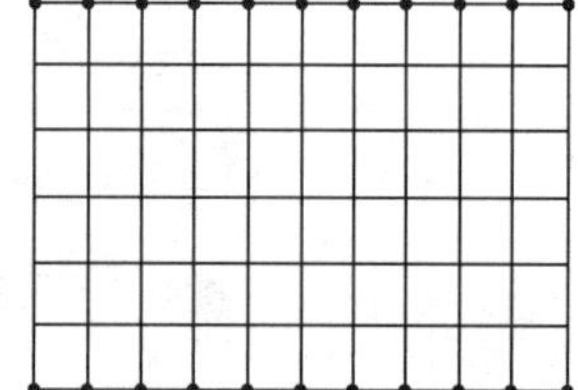

图8-11 对边支承网格

4）四点支承

四点支承（图8-12）是由于支承点处集中受力较大，宜在周边设置悬挑，以减小网架跨中杆件的内力和挠度。

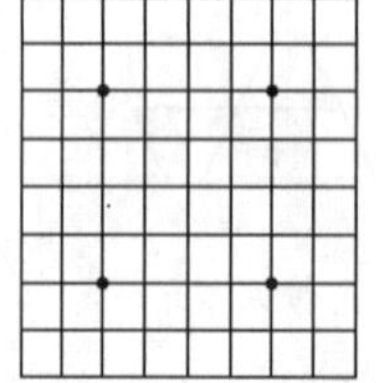

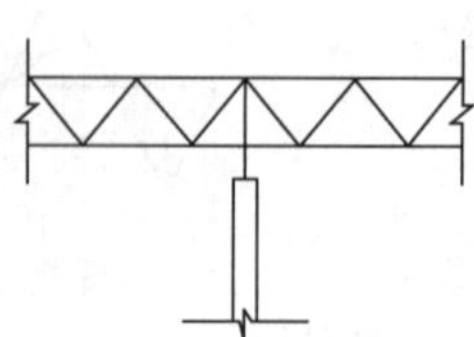

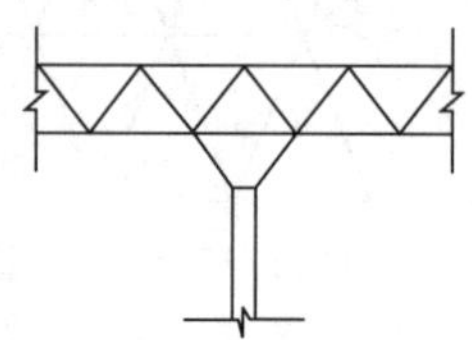

图8-12 四点支承网格

5）周边支承与点支承相结合

在点支承网架(图 8-13)中,当周边没有围护结构和抗风柱时,可采用点支承与周边支承相结合的形式。这种支承方法适用于工业厂房和展览厅等公共建筑。

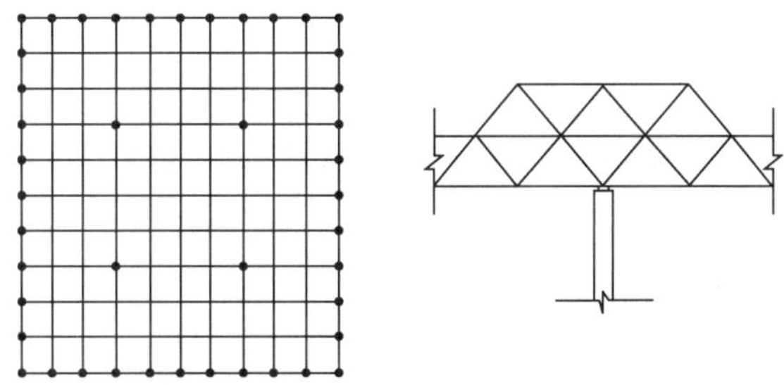

图 8-13　周边支承与点支承相结合网格

8.2　网 架 结 构

8.2.1　网架结构平面布置图

网架结构平面布置图见图 8-14。网架结构实例见图 8-15。

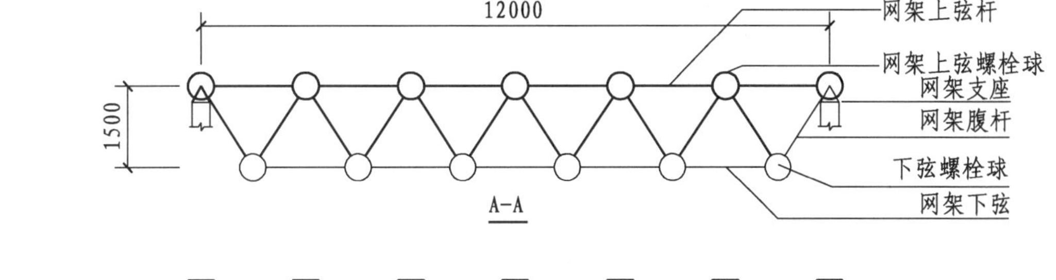

12000
1500
网架上弦杆
网架上弦螺栓球
网架支座
网架腹杆
下弦螺栓球
网架下弦
A-A

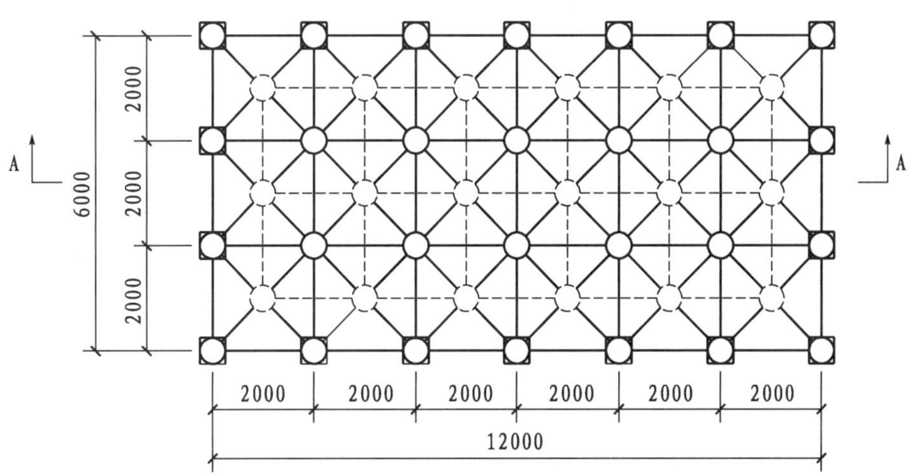

A
A
6000
2000
2000
2000
2000
2000
2000
2000
2000
2000
12000

图 8-14　网架结构平面布置图(尺寸单位:mm)

钢筋混凝土立柱
网架上弦杆
顶层螺栓球
网架下弦杆
网架腹杆
底层螺栓球

图 8-15　网架结构实例

8.2.2　网架安装图

图 8-16 ~ 图 8-18 中杆件上所标为安装杆件编号,其中 S❶ 代表上(Shang)弦杆,X 代表下(Xia)弦杆,F 代表腹(Fu)杆,紧跟字母后面的一个数字表示杆件的规格,杆件具体规格详见后面的杆件明细表;图中圆圈中所标编号为螺栓球规格,字母表示螺栓球规格,A 为 100,B 为 120 等,后面的数字为不同种类。

(1)网架上弦安装图,如图 8-16 所示。

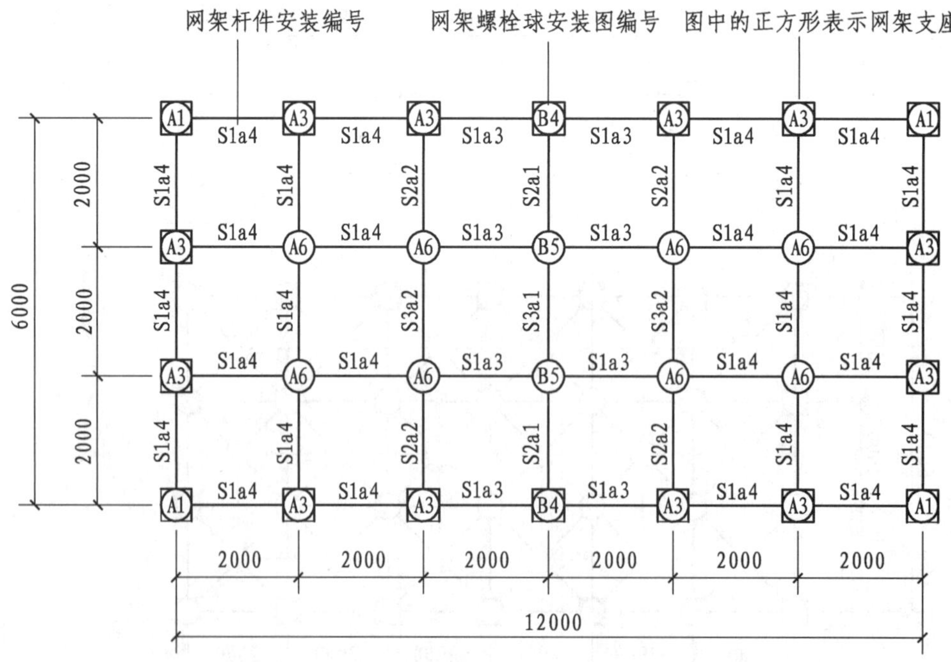
网架杆件安装编号
网架螺栓球安装图编号
图中的正方形表示网架支座
A1 A3 A3 B4 A3 A3 A1
S1a4 S1a4 S1a3 S1a3 S1a4 S1a4
S1a4 S1a4 S2a2 S2a1 S2a2 S1a4 S1a4
A3 A6 A6 B5 A6 A6 A3
S1a4 S1a4 S1a3 S1a3 S1a4 S1a4
S1a4 S1a4 S3a2 S3a1 S3a2 S1a4 S1a4
A3 A6 A6 B5 A6 A6 A3
S1a4 S1a4 S1a3 S1a3 S1a4 S1a4
S1a4 S1a4 S2a2 S2a1 S2a2 S1a4 S1a4
A1 A3 A3 B4 A3 A3 A1
S1a4 S1a4 S1a3 S1a3 S1a4 S1a4
2000
2000
2000
6000
2000 2000 2000 2000 2000 2000
12000

图 8-16　网架上弦安装图(尺寸单位:mm)

❶S 为汉字“上”的拼音 Shang 的首字母,余类同。

(2)网架下弦安装图,如图 8-17 所示。

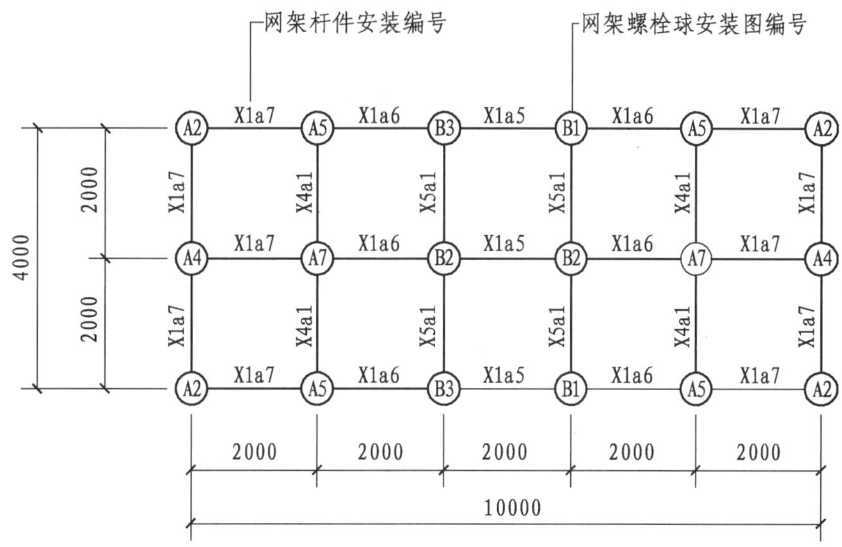
网架杆件安装编号
网架螺栓球安装图编号
A2 X1a7 A5 X1a6 B3 X1a5 B1 X1a6 A5 X1a7 A2
X1a7 X4a1 X5a1 X5a1 X4a1 X1a7
A4 X1a7 A7 X1a6 B2 X1a5 B2 X1a6 A7 X1a7 A4
X1a7 X4a1 X5a1 X5a1 X4a1 X1a7
A2 X1a7 A5 X1a6 B3 X1a5 B1 X1a6 A5 X1a7 A2
4000
2000
2000
2000 2000 2000 2000 2000
10000

图 8-17　网架下弦安装图(尺寸单位:mm)

(3)网架腹杆安装图,如图 8-18 所示。

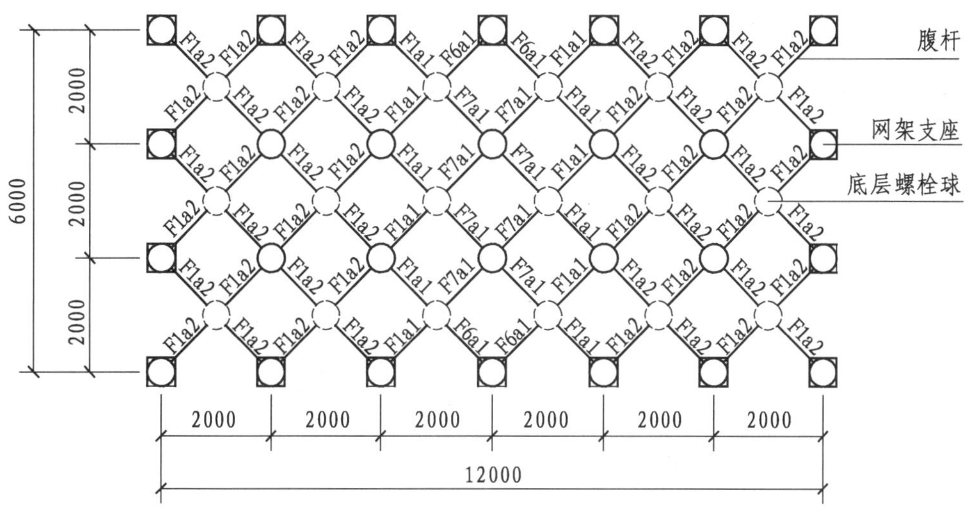
腹杆
网架支座
底层螺栓球
F1a2 F1a1 F6a1 F7a1
6000
2000
2000
2000
2000 2000 2000 2000 2000 2000
12000

图 8-18　网架腹杆安装图(尺寸单位:mm)

8.3　网 架 配 件

8.3.1　钢网架螺栓球节点

螺栓球节点:由螺栓球、高强度螺栓、套筒、紧固螺钉和锥头或封板等零部件组成的节点,如图 8-19 所示。

螺栓球:连接各杆件的零件。

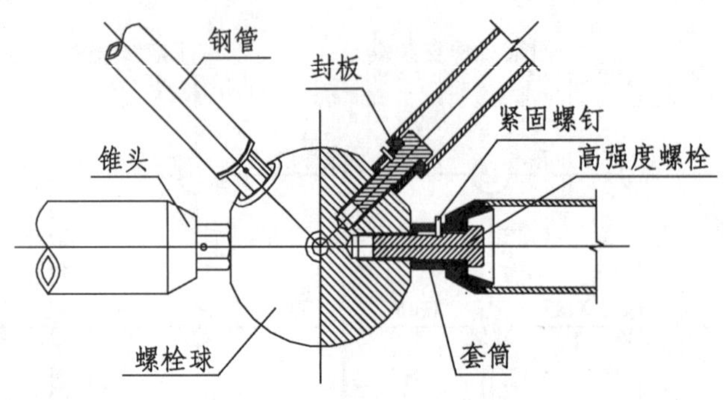
钢管
封板
紧固螺钉
锥头
高强度螺栓
螺栓球
套筒

图 8-19　螺栓球节点

套筒:承受压力和拧紧高强度螺栓的零件。

锥头或封板:钢管端部的连接件。较大直径的钢管,采用锥头后可以避免杆件端部相碰。

紧固螺钉:拧套筒时可以带动高强度螺栓拧紧的零件。

1)网架螺栓球

在图 8-20 中,基准孔应该垂直纸面向里的;A2 为球的编号,BS100 代表球径是 100mm,工艺孔 M20 代表基准孔直径为 20mm;为了更好地传递压力,与杆件相连的球面需削平,为了方便统一制作,一般一种球径都有一个相应的削平量,比如图中 100 球径的球面均削 5mm。后面的"水平角"表示此孔与球中心线在纸面上的角度,"倾角"表示此孔与纸面的夹角。

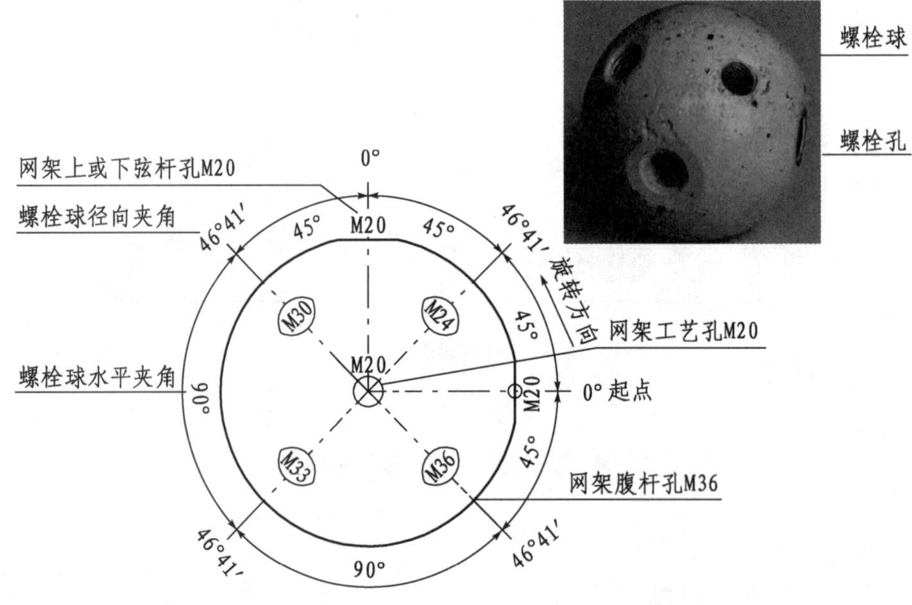
螺栓球
螺栓孔
网架上或下弦杆孔M20
螺栓球径向夹角
0°
M20
45°
45°
46°41′
46°41′
旋转方向
M30
M24
45°
网架工艺孔M20
螺栓球水平夹角
90°
M20
M20
0°起点
M33
M36
45°
网架腹杆孔M36
46°41′
46°41′
90°
螺栓球编号为A2及大小ϕ100
编号:A2(BS100)

图 8-20　螺栓球设计图及实例照片

图 8-20 中的角度含义见表 8-1。

角度含义 表 8-1

螺孔号	劈面量	螺孔径	水平角	倾角
1	5mm	M20	0°	0°
2	5mm	M24	45°	46°41′
3	5mm	M20	90°	0°
4	5mm	M30	135°	46°41′
5	5mm	M33	225°	46°41′
6	5mm	M36	315°	46°41′

2）螺栓球规格系列的代号

螺栓球规格系列的代号表示如下：

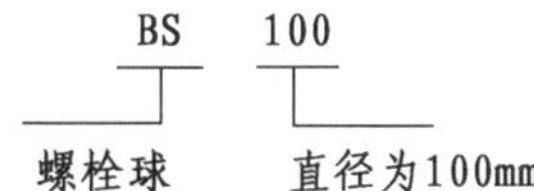
BS
100
螺栓球
直径为100mm

意为外径为 100mm 的螺栓球。

螺栓球规格系列见表 8-2。

螺栓球规格系列 表 8-2

螺栓球代号	螺栓球直径(mm)	螺栓球代号	螺栓球直径(mm)
BS100	100	BS170	170
BS105	105	BS180	180
BS110	110	BS190	190
BS115	115	BS200	200
BS120	120	BS210	210
BS125	125	BS220	220
BS130	130	BS240	240
BS140	140	BS260	260
BS150	150	BS280	280
BS160	160	BS300	300

高强度螺栓示意图如图 8-21 所示。高强度螺栓球规格系列见表 8-3。

网架用高强度螺栓见图 8-21。

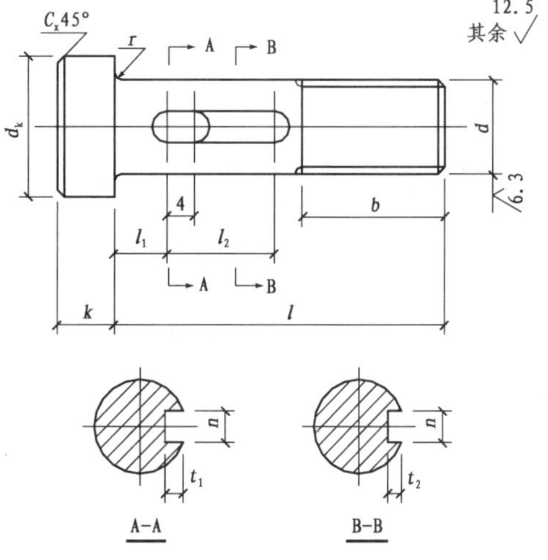
$C_x45°$
r
A
B
12.5
其余
d_k
d
6.3
4
b
l_1
l_2
k
l
n
t_1
t_2
A-A
B-B

图 8-21　高强度螺栓示意图

高强度螺栓球规格系列（单位：mm） 表 8-3

强度等级	d	P	b	d_k	C	k	r	l	l_1	l_2	n	t_1	t_2
10.9S	12	1.75	15	18	1.5	6.4	0.8	50	18	10	3.3	28	2.3
	14	2	17	21	1.5	7.5	0.8	54	18	10	3.3	28	2.3
	16	2	20	24	1.5	10	0.8	62	22	13	3.3	28	2.3
	20	2.5	25	30	1.5	12.5	1.0	73	24	16	5.3	3.3	28
	22	2.5	27	34	2	14	1.0	75	24	16	5.3	3.3	28
	24	3	30	36	2	15	1.5	82	24	18	5.3	3.3	28
	27	3	33	41	2	17	1.5	90	28	20	6.3	4.38	3.3
	30	3.5	37	46	2.5	18.7	1.5	98	28	24	6.3	4.38	3.3
	33	3.5	40	50	2.5	21	1.5	101	28	24	6.3	4.38	3.3
	36	4	44	55	2.5	22.5	2	125	43	28	8.36	5.38	4.38
9.8S	39	4	47	60	3	25	2	128	43	26	8.36	5.38	4.38
	42	4.5	50	65	3	26	2	136	43	30	8.36	5.38	4.38
	45	4.5	55	70	3	28	2	142	48	30	8.36	5.38	4.38
	48	5	58	75	3	30	2	148	48	30	8.36	5.38	4.38
	52	5	62	80	3	33	2	162	48	38	8.36	5.38	4.38
	56	4	66	90	3	35	2.5	172	52	42	8.36	5.38	4.38
	60	4	70	95	3.5	38	2.5	186	52	57	8.36	5.38	4.38
	64×4	4	74	100	3.5	40	2.5	205	58	57	8.36	5.38	4.38

注：1. P 为螺纹的螺距。

2. 表中尺寸可根据实际需要做适当调整，但套筒和封板等也应做相应调整，使与其配套使用。

3）高强度螺栓

高强度螺栓推荐材料按表 8-4 采用。

高强度螺栓推荐材料 表 8-4

螺纹规格	性能等级	推荐材料	标准编号
M12～M24	10.9S	20MnTiB、40Cr、35CrMo	GB/T 3077
M27～M36		35VB、40Cr、35CrMo	GB/T 3077
M39～M64×4	9.8S	35CrMo、40Cr	GB/T 3077

4）螺栓球

螺栓球宜采用《优质碳素结构钢》（GB/T 699—2015）的 45 号钢锻造成型。螺栓球允许偏差见表 8-5。

螺栓球允许偏差(单位:mm) 表 8-5

项目		允许偏差
毛坯球直径	$D \leqslant 120$	+2.0 −1.0
	$120 < D$	+3.0 −1.5
球的圆度	$D \leqslant 120$	1.5
	$120 < D \leqslant 250$	2.5
	$120 < D$	3.0
同一轴线上两铣平面平行度	$D \leqslant 120$	0.2
	$120 < D$	0.3
铣平面距球中心距离 a		±0.2
相邻两螺纹孔夹角 θ		±30
两铣平面与螺栓孔轴线垂直度		0.5% r

注:表中几何参数见图 8-22。

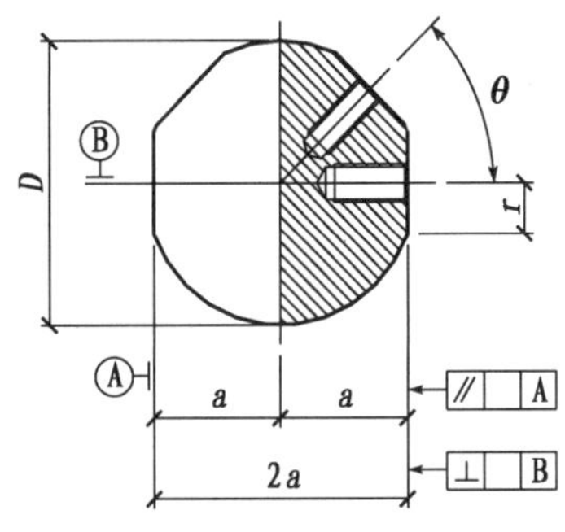

θ
B
D
r
A
a
a
2a
// A
⊥ B

图 8-22　螺栓球

螺纹应符合《普通螺纹　基本尺寸》(GB/T 196—2003)的规定,螺纹公差应符合《普通螺纹　公差》(GB/T 197—2018)中 6H 级的规定。

8.3.2　封板与锥头

封板或锥头宜选用与钢管一致的材料,锥头宜采用模锻成型,具体参数见表 8-6。

封板或锥头底板及螺栓旋入球体最小长度(单位:mm) 表 8-6

螺栓规格	M12	M14	M16	M20	M22	M24	M27	M30	M33
封板/锥头底厚	12		14	16			20		
旋入球体长度	13	15	18	22	24	26	30	33	36
螺栓规格	M36	M39	M42	M45	M48	M52	M56×4	M60×4	M64×4
封板锥头底厚	30			35			40		45
旋入球体长度	40	43	46	50	53	57	62	66	70

注:1. 一般钢管直径大于等于 $\phi 76$ 时,其端部宜采用锥头连接。
2. 工程实际采用的封板或锥头底厚宜大于表中数值。但应注意厚度变化时其他相关零件尺寸也要相应调整。

1)网架锥头

锥头的形式如图 8-23 所示,图中 D_1 为相应管径的外径大小,D_2 为内径大小,h_1 为锥头底厚,d_1 为锥头端头大小,d_2 为相应螺栓孔大小,H 为锥头长度;如 $\phi159\times6$,螺栓为 M36 的锥头尺寸表示为 $D_1/H/h_1$: 159/86/30,锥头的尺寸根据不同厂家的配件库各不相同。锥头材质为 Q235B 及 Q355B。

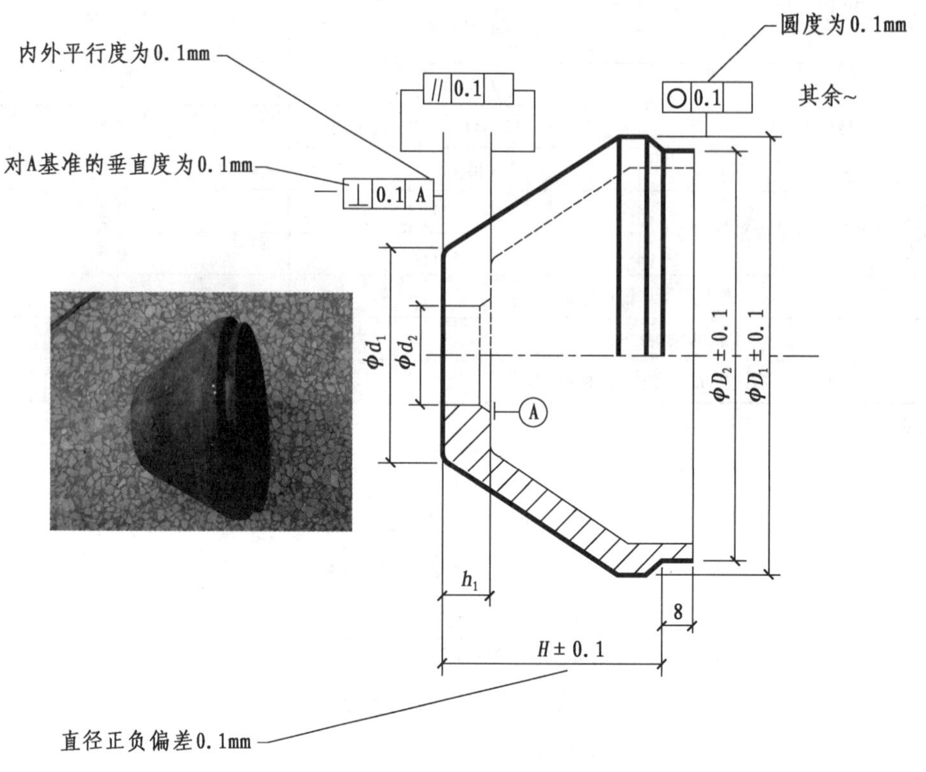
圆度为0.1mm
内外平行度为0.1mm
其余~
对A基准的垂直度为0.1mm
0.1
0.1
0.1 A
φd1
φd2
A
φD2±0.1
φD1±0.1
h1
8
H±0.1
直径正负偏差0.1mm

图8-23 网架锥头大样(尺寸单位:mm)

2)网架封板

封板的形式如图 8-24 所示,图中 D 为相应管径的外径大小,h 为封板底厚,d_1 为封板内径大小,d_2 为相应螺栓孔大小,L 为封板长度;如 $\phi60\times3.5$,螺栓为 M20 的封板尺寸表示为 $D/h/L/$M:60/10/20/M20,封板的尺寸根据不同厂家的配件库各不相同。封板材质为 Q235B 及 Q355B。

3)套筒

套筒材料当中心孔径为 D13 ~34 时,可采用 Q235 并应符合《碳素结构钢》(GB/T 700—2006)的规定;当中心孔径为 D37 ~65 时,可采用 Q355 并应符合《低合金高强度结构钢》(GB/T 1591—2018)的规定。

套筒长度 m 的允许偏差为 ±0.2mm,如图 8-25 所示。套筒两端平面与套筒轴线的垂直度允许偏差为其外接圆半径 r 的 0.5%,如图 8-25 所示。套筒内孔中心至侧面距离 S 的允许偏差为 ±0.5mm,如图 8-25 所示。

套筒的形式如图 8-26 所示,图中 H 为长度,S 为对边尺寸,d 为相应螺栓孔径。表示为 $d/H/S$(内孔直径/长度/对边尺寸),如 M24 的套筒:25.5/35/36。

表 8-7 为封板、锥头、套筒、销钉明细表。表示方法、具体尺寸、如何表示可与图 8-23、图 8-24及图 8-26 相对照理解。

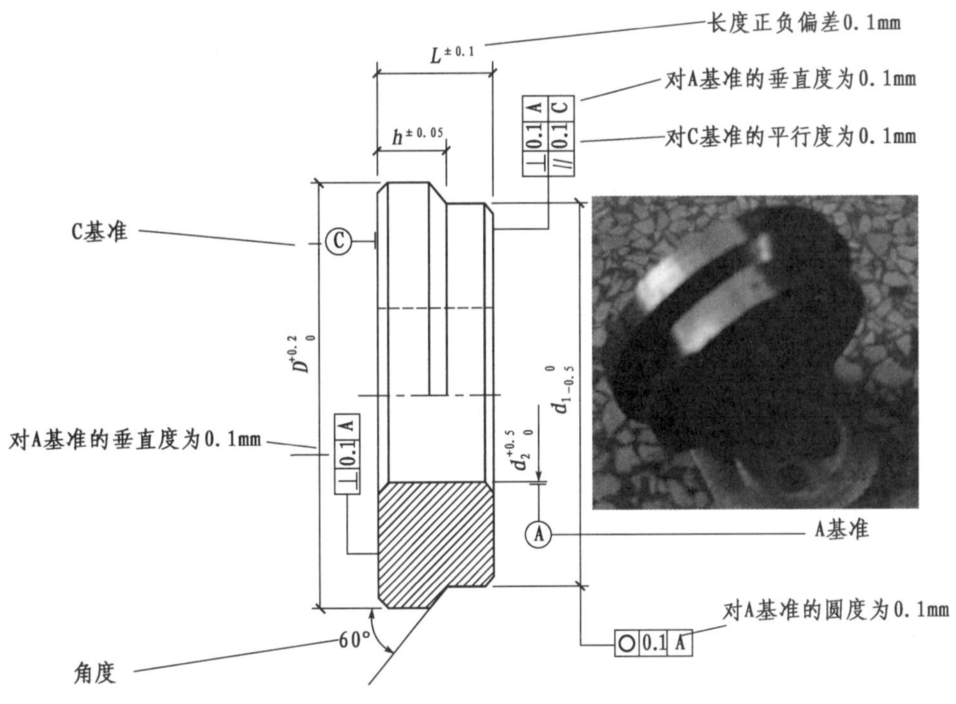
长度正负偏差0.1mm
对A基准的垂直度为0.1mm
对C基准的平行度为0.1mm
C基准
对A基准的垂直度为0.1mm
A基准
对A基准的圆度为0.1mm
角度
60°

图 8-24　网架封板大样(尺寸单位:mm)

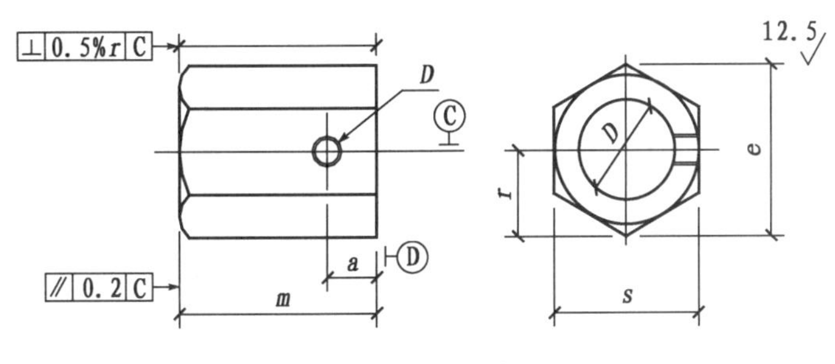

图 8-25　套筒

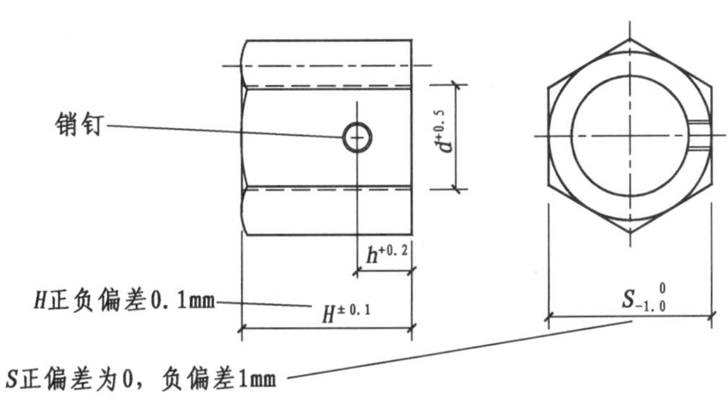
销钉
H正负偏差0.1mm
S正偏差为0，负偏差1mm

图 8-26　网架套筒大样

第8章　网格结构

封板、锥头、套筒、销钉明细表　　表 8-7

封板			锥头			套筒		
$D/h/L$	数量	重量(kg)	$D_1/H/h_1$	数量	重量(kg)	$d_1/H/S$ 内孔/长/对边	数量	重量(kg)
60/8/15	230	76				21.5/35/32	230	55
			75/57/15	12	12	21.5/35/32	12	3
			88/57/15	6	8	21.5/35/32	6	1
			114/67/20	8	17	25.5/35/36	8	2
			140/77/20 159/82/30	8 8	28 42	31.5/35/46 37.5/50/55	8 8	4 8
	230	76	159/82/30	16 58	88 195	40.5/60/55	16 288	20 94

套筒系列见表 8-8。套筒示意图如图 8-27 所示。

套筒系列(单位:mm)　　表 8-8

螺栓规格	M12	M14	M16	M20	M22	M24	M27	M30	M33
D	13	15	17	21	23	25	28	31	34
D_0	M5			M6			M8		
S	21	24	27	34	36	41	46	50	55
e_{min}	22.78	26.17	29.56	37.29	39.55	45.20	50.85	55.37	60.79
m	25	27	30	35		40		45	
a	8					10			
螺栓规格	M36	M39	M42	M45	M48	M52	M56×4	M60×4	M64×4
D	37	40	43	46	49	53	57	51	65
D_0	M10								
S	60	65	70	75	80	85	90	95	100
e_{min}	66.44	72.02	76.95	82.60	88.25	93.56	99.21	104.86	110.51
m	55		60			70		90	
a	15								

注:对于受压杆件的套筒应根据其传递的最大压力值验算端部有效承压面积。

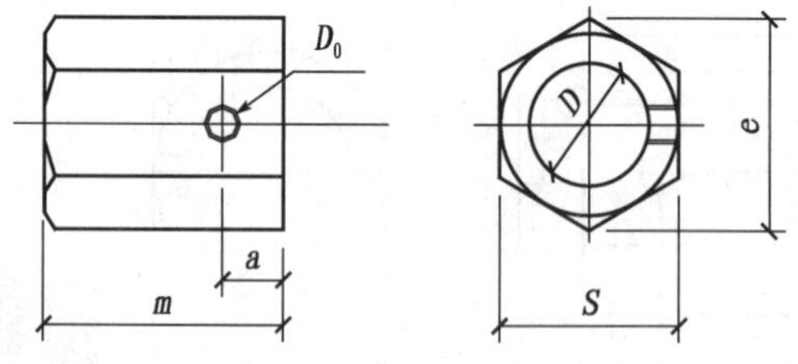

D_0
a
m
D
e
S

图 8-27　套筒示意图

4)紧固螺钉

材料宜采用《合金结构钢》(GB/T 3077—2015)规定的 40Cr 或 40B 钢。紧固螺钉的螺纹公差带应符合《普通螺纹　公差》(GB/T 197—2018)中 6G 级的规定。紧固螺钉热处理后的硬度应为 36～42HRC。

5）封板杆件

封板杆件制作详图如图 8-28 所示。

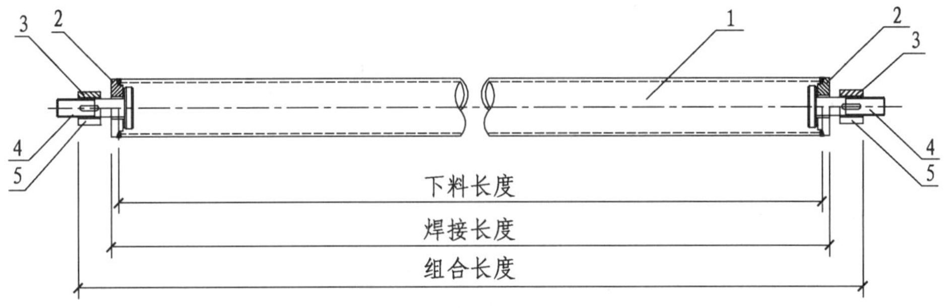

3
2
1
2
3
4
5
4
5
下料长度
焊接长度
组合长度

图 8-28　封板杆件制作详图

1-杆件；2-封板；3-套筒；4-高强度螺栓；5-紧固螺钉

6）锥头杆件

锚头杆件制作详图如图 8-29 所示。

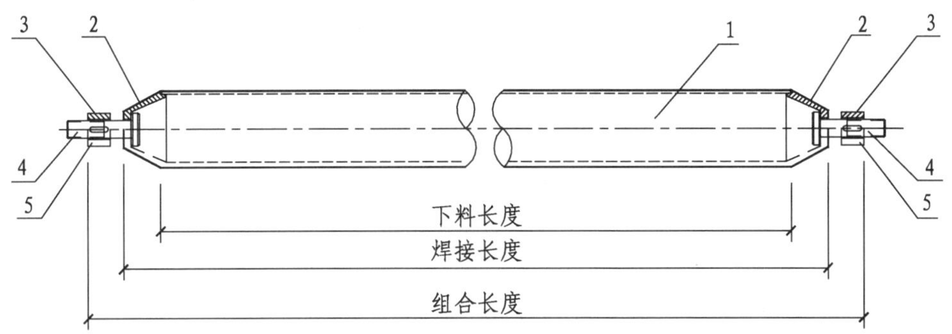

3
2
1
2
3
4
5
4
5
下料长度
焊接长度
组合长度

图 8-29　锥头杆件制作详图

1-杆件；2-锥头；3-套筒；4-高强度螺栓；5-紧固螺钉

8.3.3 网架杆件明细

网架杆件明细见表 8-9。

网架杆件明细表　　表 8-9

杆件编号	规　格	理论长度（mm）	组合长度（mm）	焊接长度（mm）	下料长度（mm）	数量（个）	杆重（kg）	高强度螺栓（副）
F1a1	60×3.50	2062	1932	1862	1847	12	111	2M20
F1a2	60×3.50	2062	1972	1902	1887	48	454	2M20
S1a3	60×3.50	2000	1870	1800	1785	8	72	2M20
S1a4	60×3.50	2000	1910	1840	1825	28	256	2M20
X1a5	60×3.50	2000	1830	1760	1745	3	29	2M20
X1a6	60×3.50	2000	1870	1800	1785	6	54	2M20
X1a7	60×3.50	2000	1910	1840	1825	10	91	2M20
S2a1	75.5×3.75	2000	1830	1760	1646	2	22	2M20
S2a2	75.5×3.75	2000	1910	1840	1726	4	47	2M20

续上表

杆件编号	规　格	理论长度（mm）	组合长度（mm）	焊接长度（mm）	下料长度（mm）	数量（个）	杆重（kg）	高强度螺栓（副）
S3a1	88.5×4.00	2000	1830	1760	1646	1	14	2M20
S3a2	88.5×4.00	2000	1910	1840	1726	2	30	2M20
X4a1	114×4.00	2000	1910	1840	1706	4	76	2M24
X5a1	140×4.50	2000	1830	1760	1606	4	99	2M30
F6a1	159×6.00	2062	1892	1792	1628	4	151	2M36
F7a1	159×8.00	2062	1892	1772	1608	8	394	2M39
总计		2213				144	1897	

表8-9中理论长度为螺栓球中心到螺栓球中心的长度，其他长度可以参见图8-28、图8-29。网架杆件的材质为Q235B及Q355B。

网架杆件常用规格为ϕ48×3.5；ϕ60×3.5；ϕ75×3.75；ϕ88.5×4；ϕ114×4；ϕ140×4.5；ϕ159×6；ϕ159×8；ϕ159×10；ϕ159×12；ϕ168×12；ϕ168×14；ϕ168×16；ϕ219×12；ϕ219×14；ϕ219×16；ϕ219×20等。

8.4　网架构配件连接

8.4.1　高强度螺栓与螺栓球的连接(锥头型)

高强度螺栓与螺栓球的连接(锥头型)如图纸8-1所示。

8.4.2　高强度螺栓与螺栓球的连接(封板型)

高强度螺栓与螺栓球的连接(封板型)如图纸8-2所示。

8.4.3　网架整体结构连接

网架结构如图8-30所示。网架结构图片如图8-31所示。

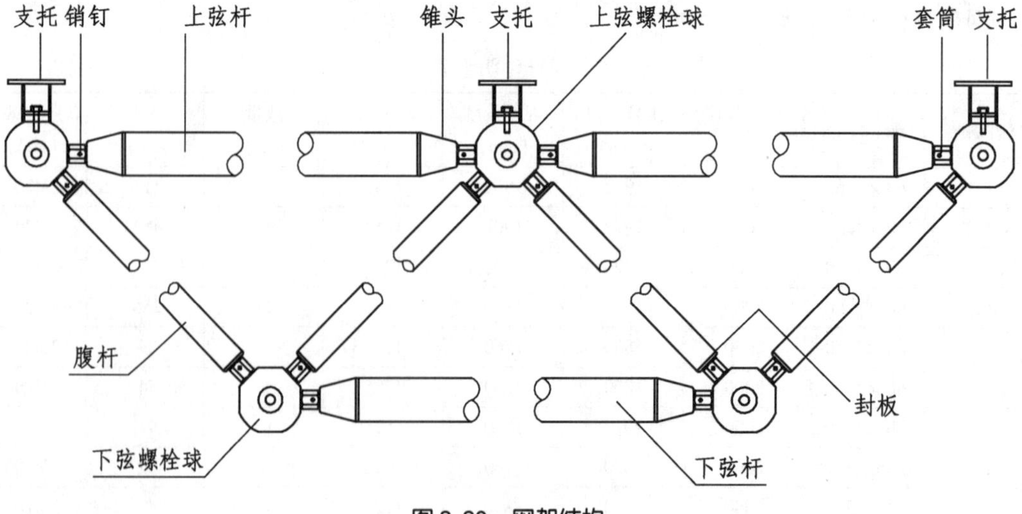

图8-30　网架结构

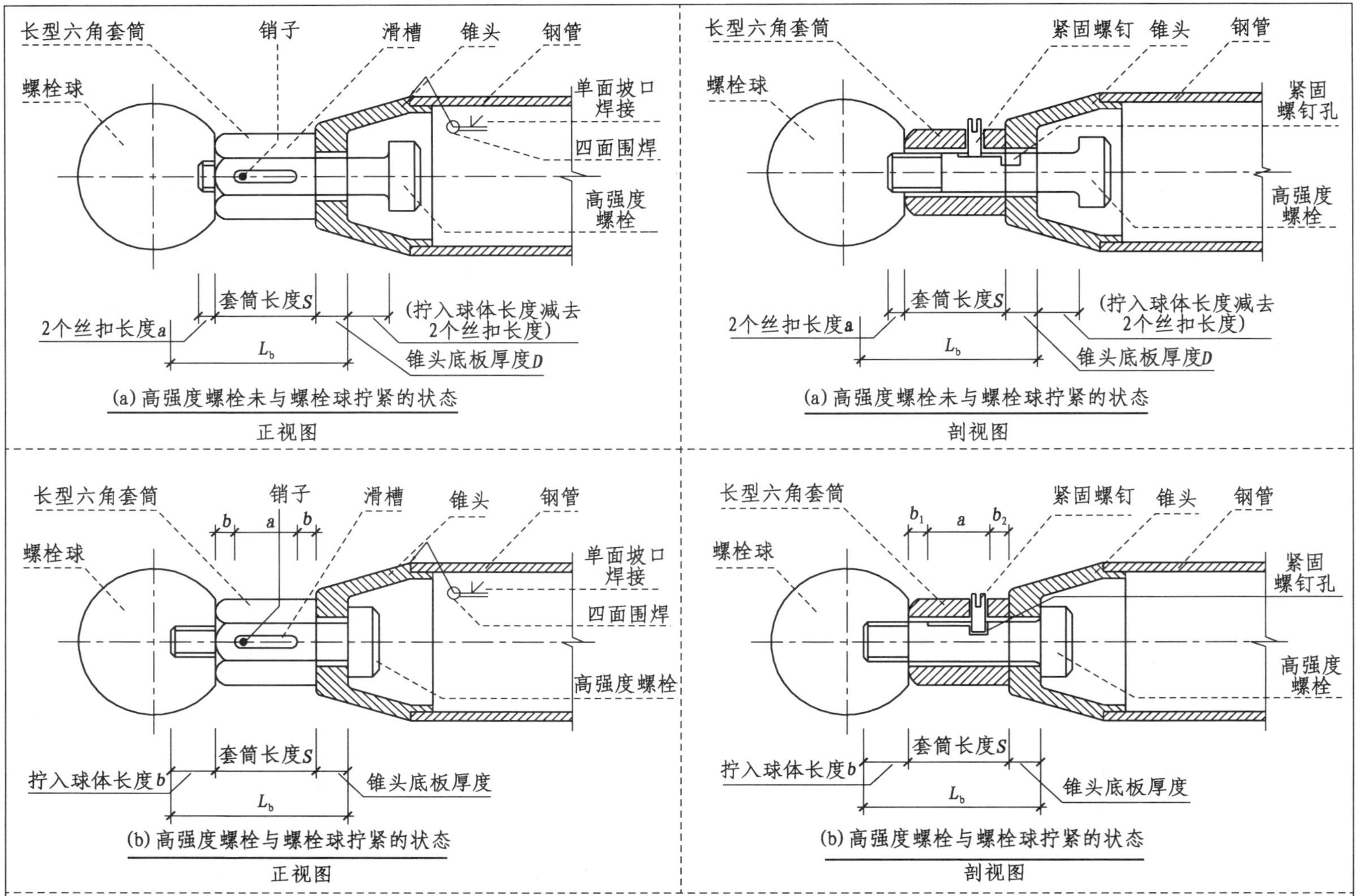

长型六角套筒
销子
滑槽
锥头
钢管
螺栓球
单面坡口焊接
四面围焊
高强度螺栓
套筒长度S
2个丝扣长度a
(拧入球体长度减去2个丝扣长度)
L_b
锥头底板厚度D

(a)高强度螺栓未与螺栓球拧紧的状态

正视图

长型六角套筒
紧固螺钉
锥头
钢管
螺栓球
紧固螺钉孔
高强度螺栓
套筒长度S
2个丝扣长度a
(拧入球体长度减去2个丝扣长度)
L_b
锥头底板厚度D

(a)高强度螺栓未与螺栓球拧紧的状态

剖视图

长型六角套筒
销子
滑槽
锥头
钢管
螺栓球
b
a
b
单面坡口焊接
四面围焊
高强度螺栓
套筒长度S
拧入球体长度b
L_b
锥头底板厚度

(b)高强度螺栓与螺栓球拧紧的状态

正视图

长型六角套筒
紧固螺钉
锥头
钢管
螺栓球
b_1
a
b_2
紧固螺钉孔
高强度螺栓
套筒长度S
拧入球体长度b
L_b
锥头底板厚度

(b)高强度螺栓与螺栓球拧紧的状态

剖视图

图纸8-1　高强度螺栓与螺栓球的连接(锥头型)

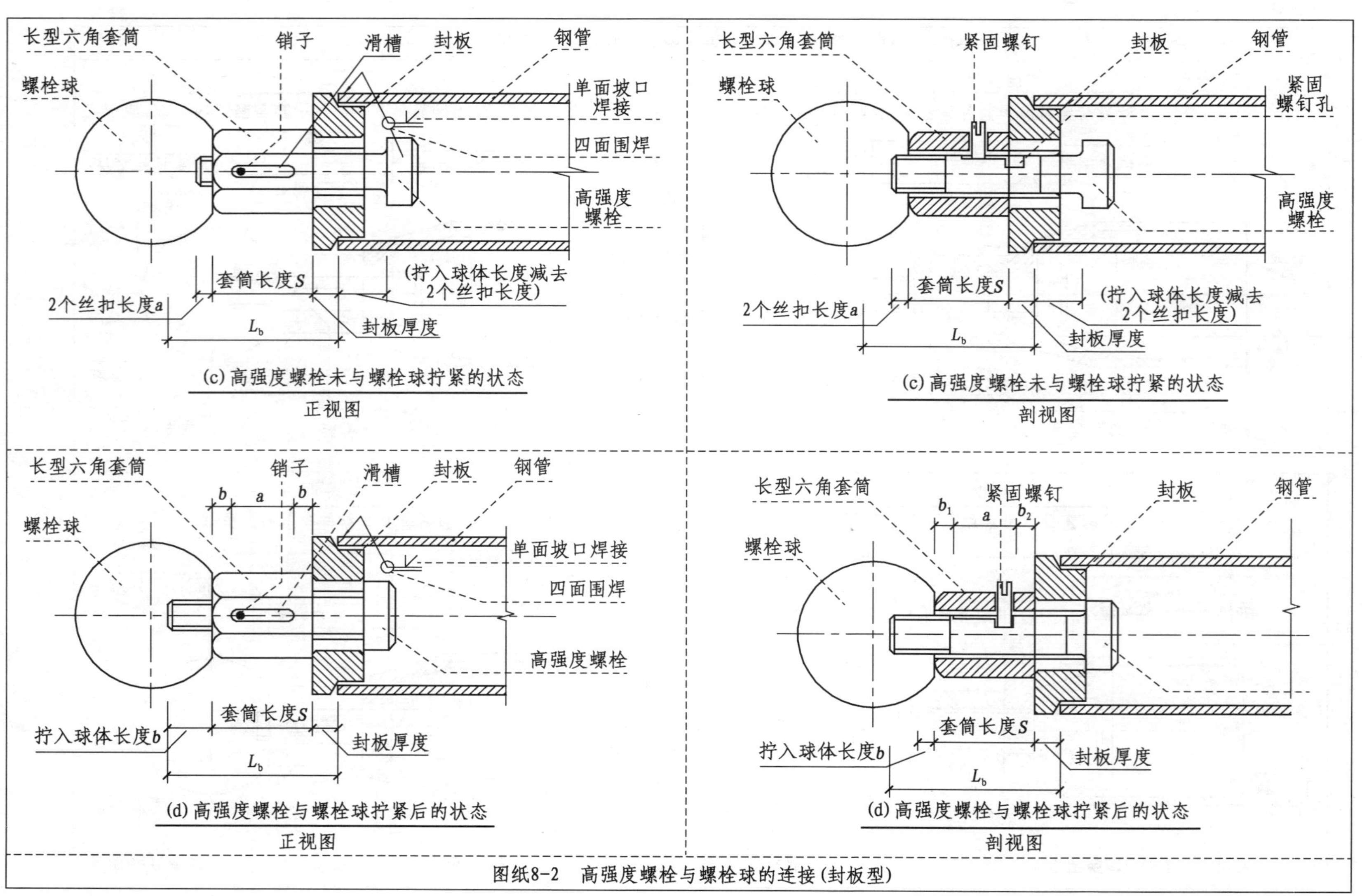
长型六角套筒
销子
滑槽
封板
钢管
螺栓球
单面坡口焊接
四面围焊
高强度螺栓
套筒长度S
(拧入球体长度减去2个丝扣长度)
2个丝扣长度a
L_b
封板厚度
(c) 高强度螺栓未与螺栓球拧紧的状态
正视图
长型六角套筒
紧固螺钉
封板
钢管
螺栓球
紧固螺钉孔
高强度螺栓
套筒长度S
(拧入球体长度减去2个丝扣长度)
2个丝扣长度a
L_b
封板厚度
(c) 高强度螺栓未与螺栓球拧紧的状态
剖视图
长型六角套筒
销子
滑槽
封板
钢管
b
a
b
螺栓球
单面坡口焊接
四面围焊
高强度螺栓
套筒长度S
拧入球体长度b
封板厚度
L_b
(d) 高强度螺栓与螺栓球拧紧后的状态
正视图
长型六角套筒
紧固螺钉
封板
钢管
b_1
a
b_2
螺栓球
套筒长度S
拧入球体长度b
封板厚度
L_b
(d) 高强度螺栓与螺栓球拧紧后的状态
剖视图

图纸8-2　高强度螺栓与螺栓球的连接(封板型)

图 8-31　网架结构图片

8.4.4　网架局部结构连接

网架结构节点如图 8-32 所示。网架结构节点图片如图 8-33 所示。网架结构托板式节点如图 8-34 所示。网架结构托板式节点图片如图 8-35 所示。

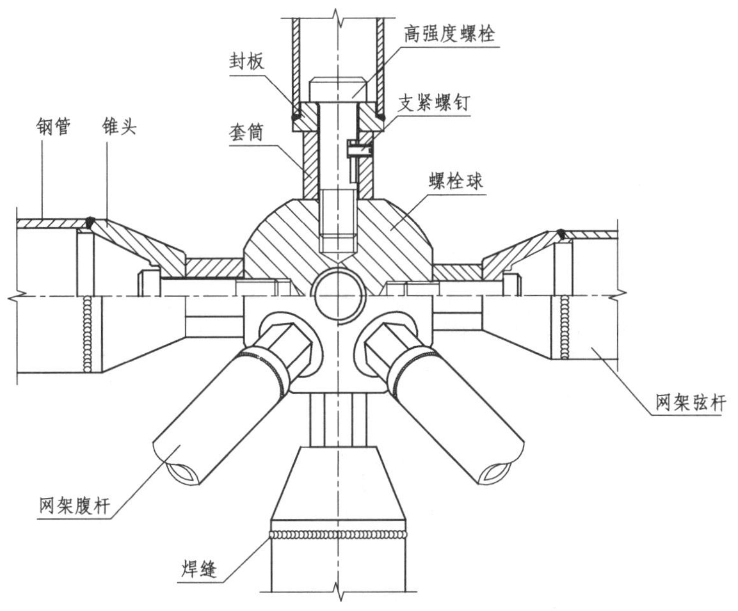
高强度螺栓
封板
支紧螺钉
钢管
锥头
套筒
螺栓球
网架弦杆
网架腹杆
焊缝

图 8-32　网架结构节点

图 8-33　网架结构节点图片

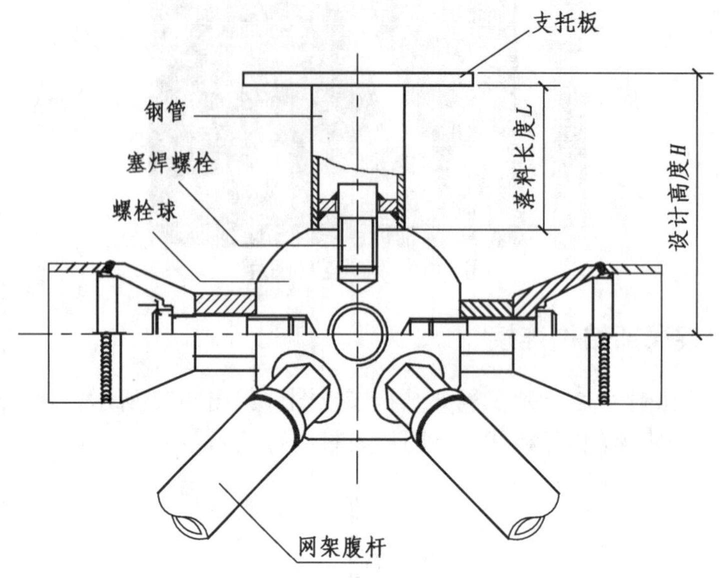
支托板
钢管
塞焊螺栓
螺栓球
落料长度L
设计高度H
网架腹杆

图 8-34　网架结构托板式节点

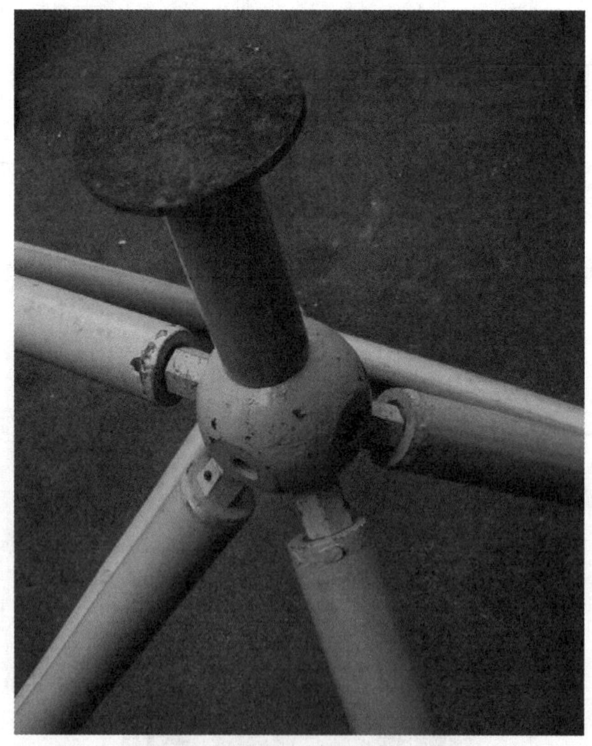

图 8-35　网架结构托板式节点图片

8.5 网 架 支 座

8.5.1 钢管支座

钢管支座如图 8-36 所示。

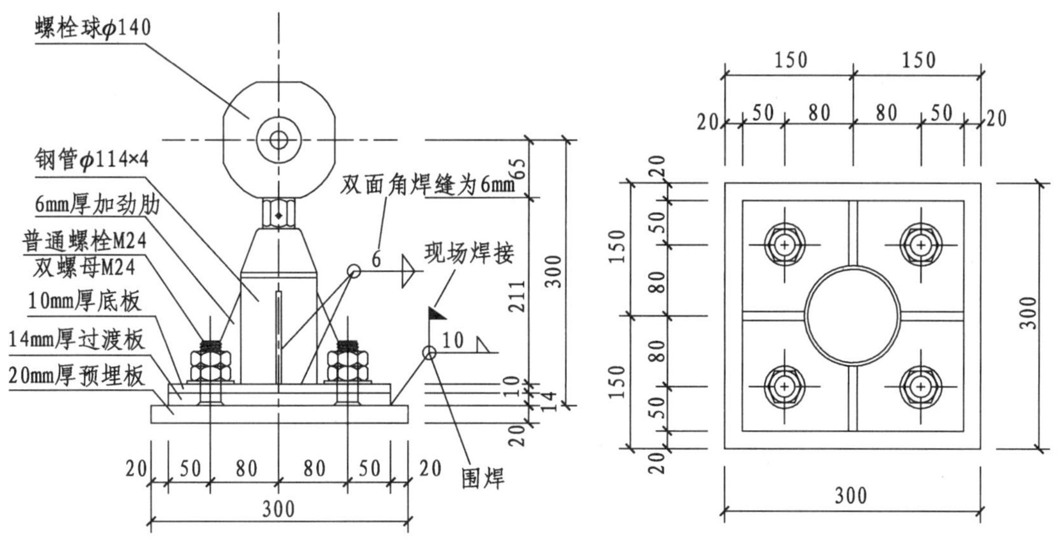

螺栓球φ140
钢管φ114×4
6mm厚加劲肋
普通螺栓M24
双螺母M24
10mm厚底板
14mm厚过渡板
20mm厚预埋板
双面角焊缝为6mm
现场焊接
围焊

图 8-36 钢管支座(尺寸单位:mm)

8.5.2 板式橡胶支座

板式橡胶支座如图 8-37 所示。

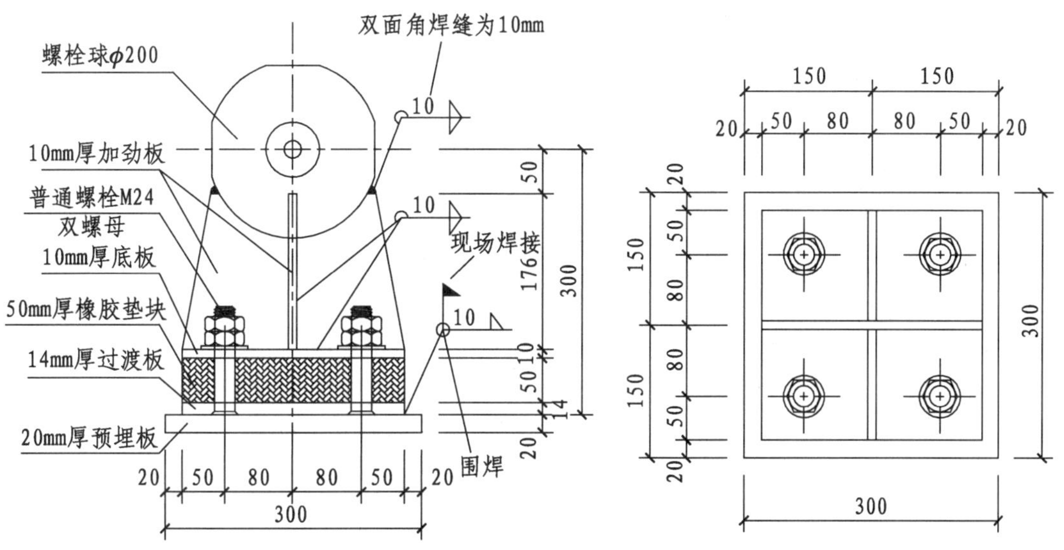

螺栓球φ200
10mm厚加劲板
普通螺栓M24
双螺母
10mm厚底板
50mm厚橡胶垫块
14mm厚过渡板
20mm厚预埋板
双面角焊缝为10mm
现场焊接
围焊

图 8-37 板式橡胶支座(尺寸单位:mm)

8.5.3 板式支座

板式支座如图 8-38 所示。

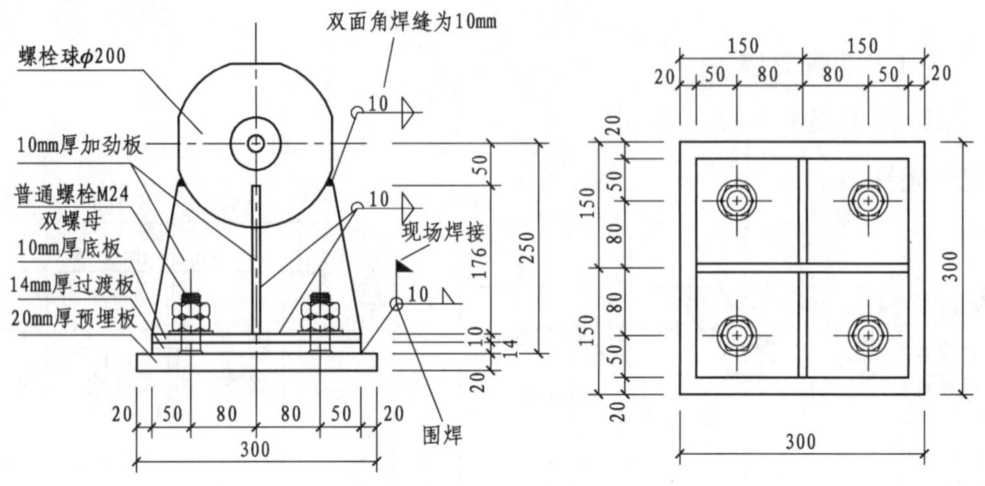
双面角焊缝为10mm
螺栓球φ200
10mm厚加劲板
普通螺栓M24
双螺母
10mm厚底板
14mm厚过渡板
20mm厚预埋板
现场焊接
围焊
300

图 8-38 板式支座(尺寸单位:mm)

8.6 网架与屋面板连接

8.6.1 网架侧封连接节点

网架侧封连接节点如图 8-39 所示。

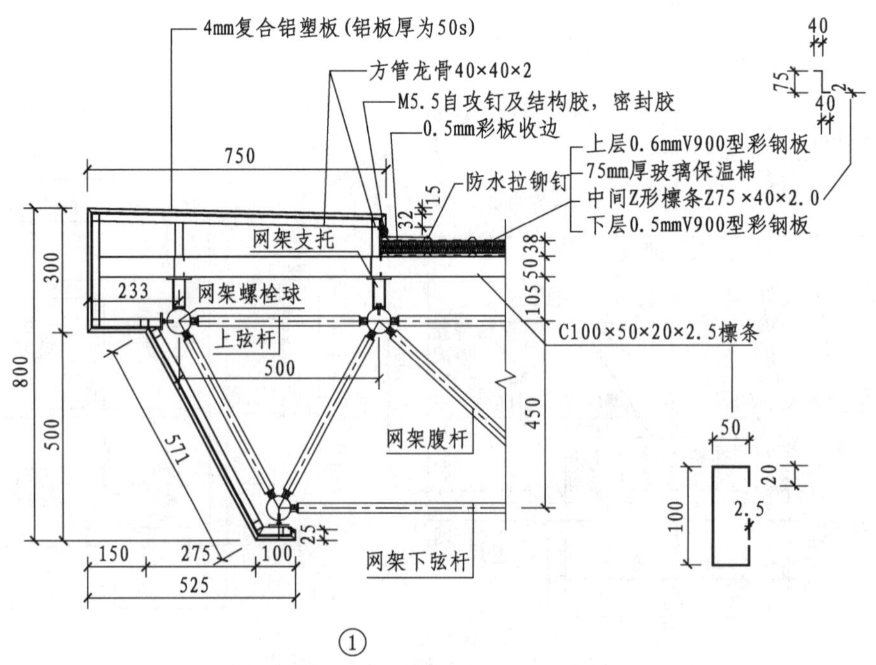
4mm复合铝塑板(铝板厚为50s)
方管龙骨40×40×2
M5.5自攻钉及结构胶，密封胶
0.5mm彩板收边
防水拉铆钉
上层0.6mmV900型彩钢板
75mm厚玻璃保温棉
中间Z形檩条Z75×40×2.0
下层0.5mmV900型彩钢板
网架支托
网架螺栓球
上弦杆
网架腹杆
网架下弦杆
C100×50×20×2.5檩条
①

图 8-39 网架侧封连接节点(尺寸单位:mm)

8.6.2 网架檐口连接节点

网架檐口连接节点如图 8-40 所示。

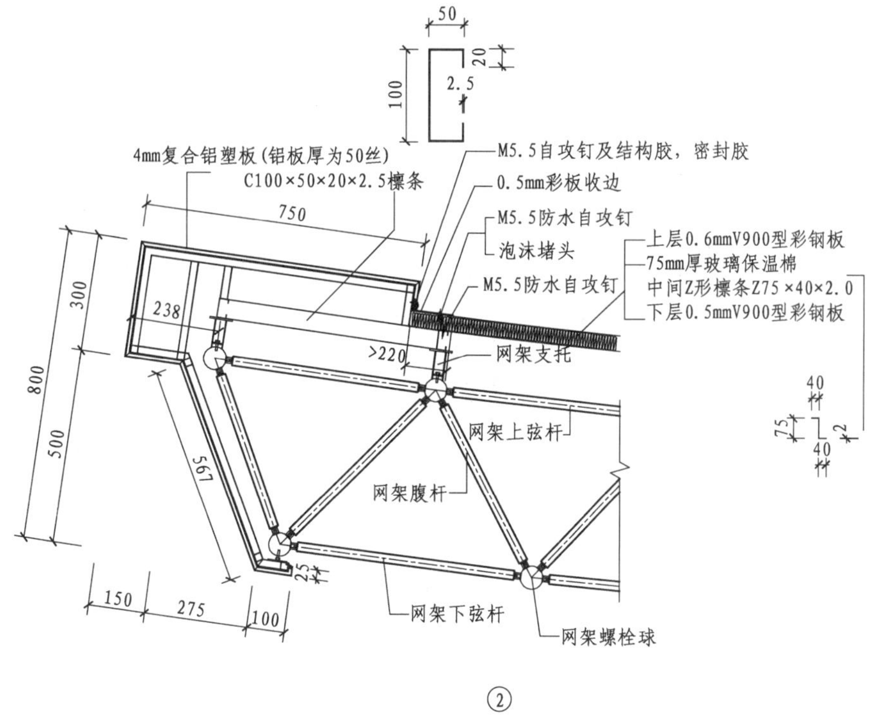

50
20
100
2.5
4mm复合铝塑板(铝板厚为50丝)
C100×50×20×2.5檩条
M5.5自攻钉及结构胶，密封胶
0.5mm彩板收边
M5.5防水自攻钉
泡沫堵头
上层0.6mmV900型彩钢板
75mm厚玻璃保温棉
中间Z形檩条Z75×40×2.0
下层0.5mmV900型彩钢板
M5.5防水自攻钉
750
300
238
800
500
>220
网架支托
网架上弦杆
40
75
2
40
567
网架腹杆
25
150
275
100
网架下弦杆
网架螺栓球
②

图 8-40 网架檐口连接节点(尺寸单位:mm)

8.6.3 网架中天沟处连接节点

网架中天沟处连接节点如图 8-41 所示。

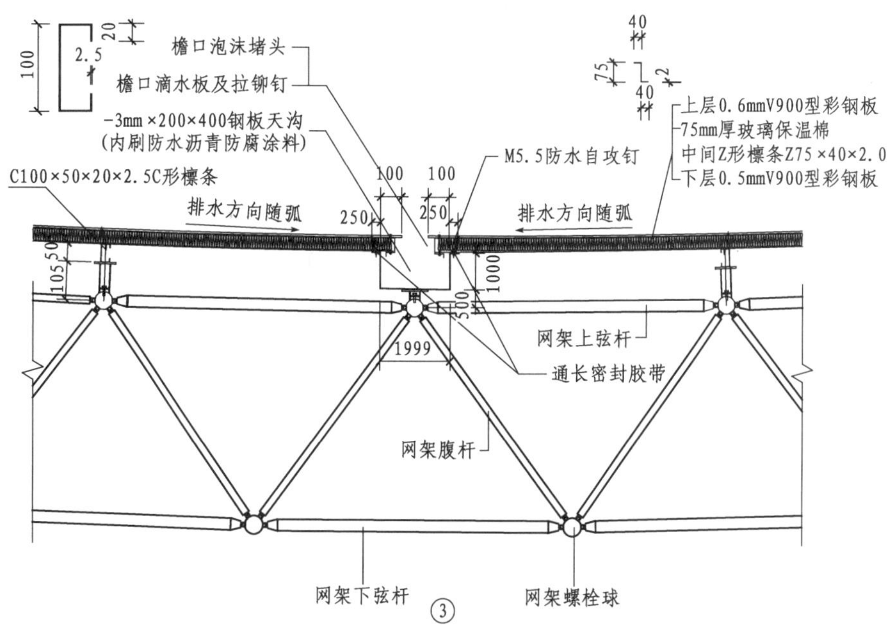

100
2.5
20
檐口泡沫堵头
檐口滴水板及拉铆钉
-3mm×200×400钢板天沟
(内刷防水沥青防腐涂料)
C100×50×20×2.5C形檩条
40
75
2
40
上层0.6mmV900型彩钢板
75mm厚玻璃保温棉
中间Z形檩条Z75×40×2.0
下层0.5mmV900型彩钢板
M5.5防水自攻钉
100
100
排水方向随弧
250
250
排水方向随弧
50
105
1000
500
1999
网架上弦杆
通长密封胶带
网架腹杆
网架下弦杆
网架螺栓球
③

图 8-41 网架中天沟处连接节点(尺寸单位:mm)

第8章

网格结构

8.6.4 网架边天沟处连接节点

网架边天沟处连接节点如图 8-42 所示。

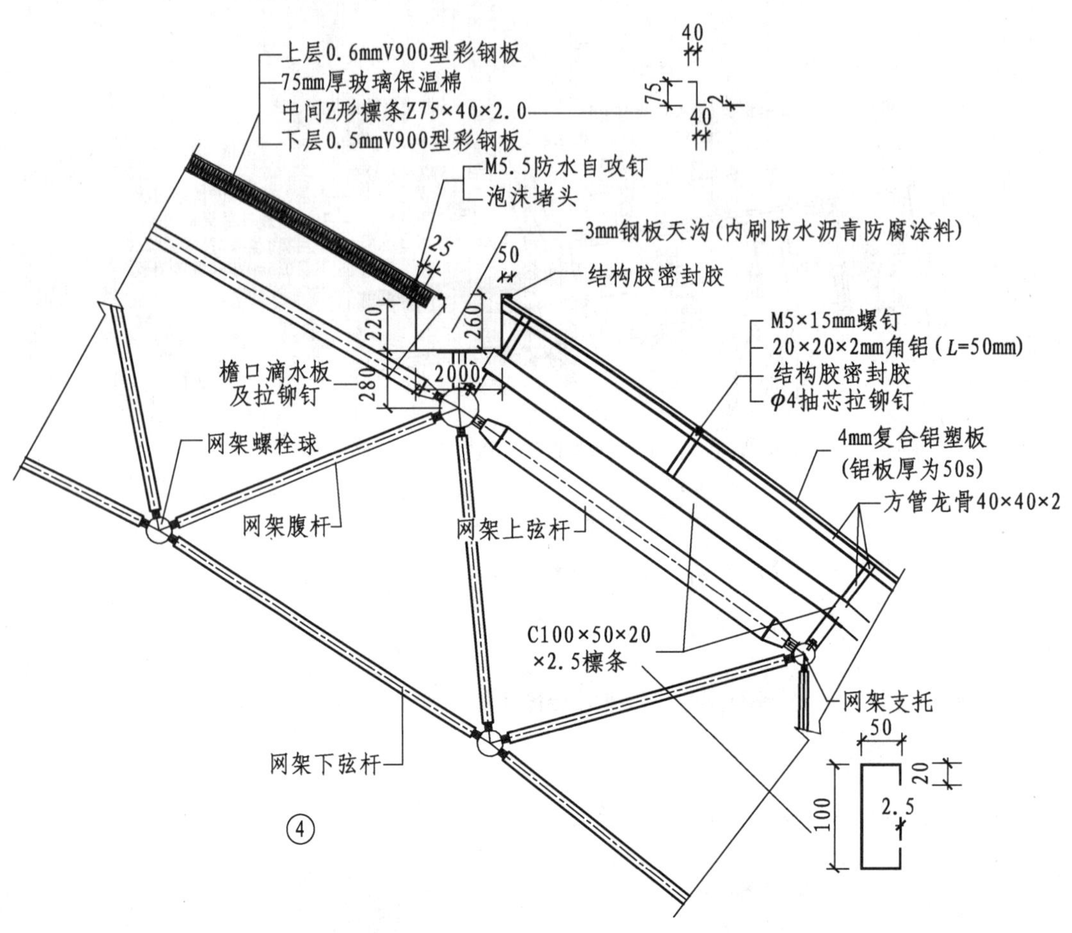
上层0.6mmV900型彩钢板
75mm厚玻璃保温棉
中间Z形檩条Z75×40×2.0
下层0.5mmV900型彩钢板
M5.5防水自攻钉
泡沫堵头
-3mm钢板天沟(内刷防水沥青防腐涂料)
结构胶密封胶
M5×15mm螺钉
20×20×2mm角铝(L=50mm)
结构胶密封胶
φ4抽芯拉铆钉
4mm复合铝塑板
(铝板厚为50s)
方管龙骨40×40×2
檐口滴水板
及拉铆钉
网架螺栓球
网架腹杆
网架上弦杆
C100×50×20
×2.5檩条
网架支托
网架下弦杆
40
75
2
40
25
50
220
260
280
2000
50
20
100
2.5
④

图 8-42　网架边天沟处连接节点(尺寸单位:mm)

8.7 网架检修马道

8.7.1 网架检修马道正放图

网架检修马道正放图如图 8-43 所示。网架检修马道实例图片如图 8-44 所示。

8.7.2 网架检修马道悬挂图

网架检修马道悬挂图如图 8-45 所示。

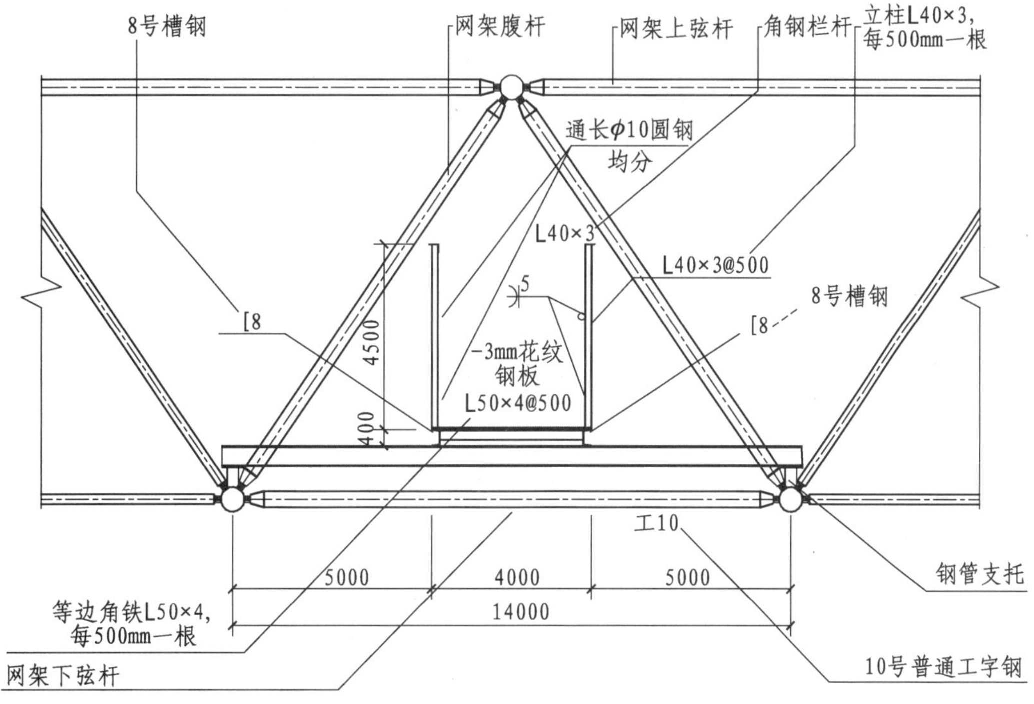
8号槽钢
网架腹杆
网架上弦杆
角钢栏杆
立柱L40×3,
每500mm一根
通长φ10圆钢
均分
L40×3
L40×3@500
8号槽钢
[8
[8
4500
400
5
-3mm花纹
钢板
L50×4@500
工10
5000
4000
5000
14000
钢管支托
等边角铁L50×4,
每500mm一根
网架下弦杆
10号普通工字钢

图 8-43　网架检修马道正放图(尺寸单位:mm)

图 8-44　网架检修马道图片

8.8 管　桁　架

8.8.1 管桁架的发展与应用

桁架指由杆件在端部相互连接而组成的网格结构,管桁架是结构杆件均为管杆件。桁架杆件在仅承受节点荷载情况下,只受轴线拉力或压力,应力在截面上均匀分布,可发挥材料的作用,这些特点使得桁架结构用料经济,结构自重小。

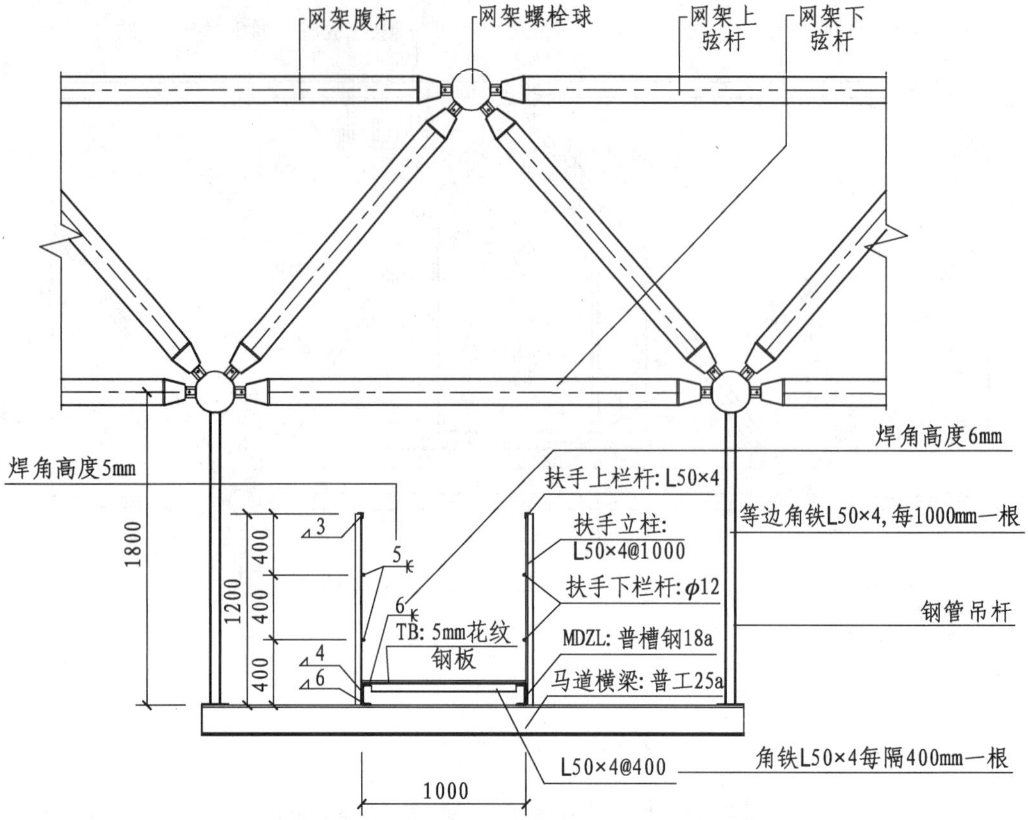

网架腹杆
网架螺栓球
网架上弦杆
网架下弦杆
焊角高度6mm
焊角高度5mm
扶手上栏杆: L50×4
等边角铁L50×4,每1000mm一根
扶手立柱: L50×4@1000
扶手下栏杆: ϕ12
钢管吊杆
TB: 5mm花纹钢板
MDZL: 普槽钢18a
马道横梁: 普工25a
L50×4@400
角铁L50×4每隔400mm一根
1800
1200
400
400
400
1000

图8-45　网架检修马道悬挂图(尺寸单位:mm)

管桁架易于构成各种外形以适应不同的用途,譬如可做简支桁架、拱、框架及塔架等,因而桁架结构在现今大跨度的场馆建筑,如会展中心、体育场馆或其他一些大型公共建筑中得到了广泛运用。桁架结构用料经济、结构自重轻,易于构成各种外形以适应不同的用途,如可以做成简支桁架、拱、框架及塔架等。

21世纪以来,管桁架被越来越广泛地应用在管桁架工程,在建筑结构中所占的比例越来越大,在工业厂房、汽车等行业设备平台生产线、物流仓储、公共建筑体育馆、商务会所、高铁站台(图8-46、图8-47)、航站楼、地铁站台、高层建筑等结构中得到广泛应用。钢管结构的最大优点是能将人们对建筑物的功能要求、感观要求以及经济效益要求完美地结合在一起。

图8-46　济南西站

图 8-47　上海虹桥站

8.8.2　管桁架结构特点

与网架结构相比，管桁架结构省去下弦纵向杆件和网架的球节点，可满足各种不同建筑形式的要求，尤其是构筑圆拱和任意曲线形状比网架结构更有优势，其各向稳定性相同，节省材料用量。钢管桁架结构是在网架结构的基础上发展起来的，与网架结构相比具有其独特的优越性和实用性，结构用钢量也较经济。

与传统的开口截面(H 型钢和工字钢)钢桁架相比，管桁架结构截面材料绕中和轴较均匀分布，使截面同时具有良好的抗压和抗弯扭承载能力及较大刚度，可不用节点板，构造简单。最重要的是管桁架结构外形美观，便于造型，有一定装饰效果。

管桁架结构整体性能好，扭转刚度大且外形美观，制作、安装、翻身、起吊都比较容易；由冷弯薄壁型钢制作的钢管屋架，具有结构轻、刚度好、节省钢材，并能充分发挥材料强度等优点，尤其是在由长细比控制的压杆及支撑系统中采用更为经济。目前采用这种结构的建筑物基本属于公共建筑。该结构具有造型美观(可建成平板形、圆拱形、任意曲线形)、制作安装方便、结构稳定性好、屋盖刚度大、经济效果好等优点。

大部分桁架结构中的杆件均在节点处采用焊接连接，在焊接之前，需预先按将要焊接的各杆件焊缝形状进行腹杆及弦杆的下料切割，这就需要对腹杆端头进行相贯线切割及弦杆的开槽切割。由于桁架结构中各杆件与杆件之间是以相贯线形式相交，杆件端头断面形状比较复杂，因此在实际切割加工中一般采用机械自动切割加工和人工手工切割加工两种方法进行加工。

8.9　管桁架结构分类与节点形式

8.9.1　管桁架结构形式

管桁架结构是基于桁架结构的结构形式，因此管桁架结构形式与桁架的形式基本相同，其外形与它的用途有关。一般分为三角形(图 8-48 ~ 图 8-50)、梯形(图 8-51)、平行弦(图 8-52、图 8-53)及拱形桁架(图 8-54)。

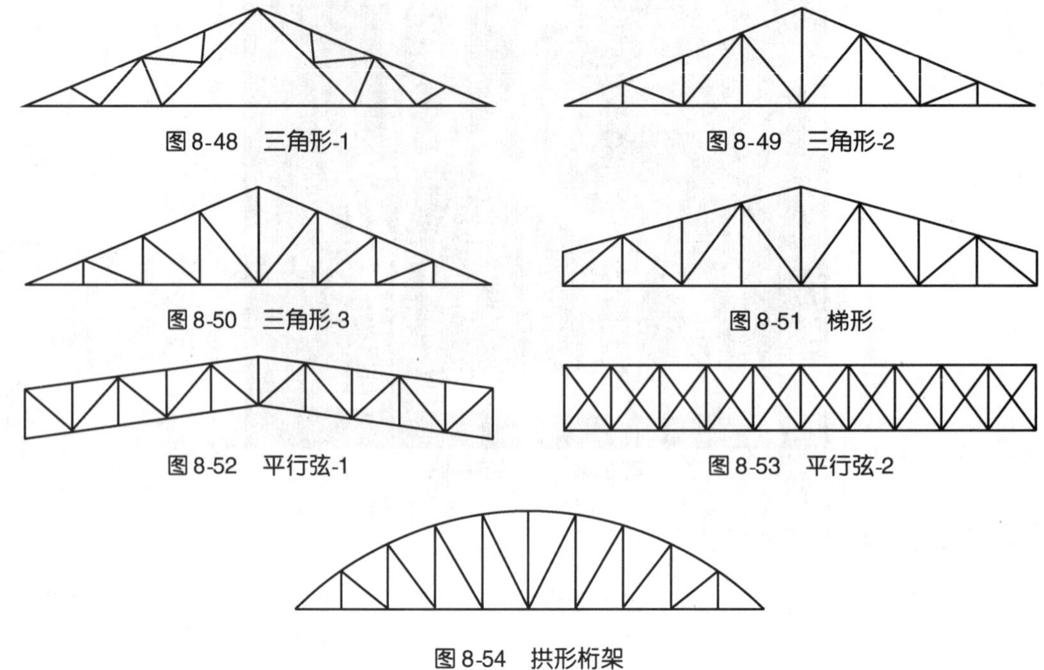

图 8-48　三角形-1

图 8-49　三角形-2

图 8-50　三角形-3

图 8-51　梯形

图 8-52　平行弦-1

图 8-53　平行弦-2

图 8-54　拱形桁架

8.9.2　管桁架结构的分类

管桁架结构根据受力特性和杆件布置不同，分为平面管桁架结构和空间管桁架结构。如平面桁架(图 8-55)、正三角空间桁架(图 8-56)及倒三角空间桁架[1](图 8-57)。

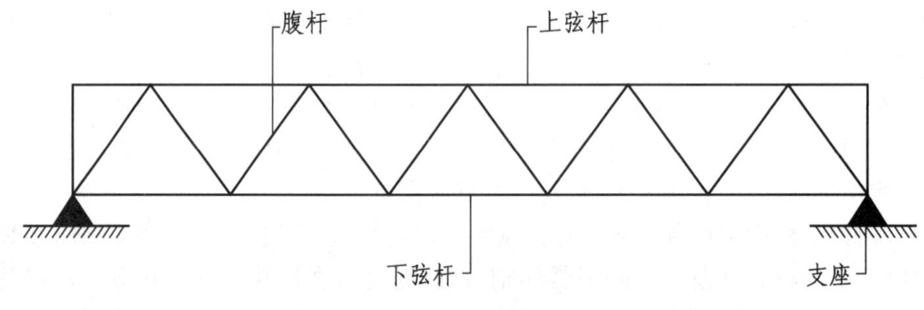
腹杆
上弦杆
下弦杆
支座

图 8-55　平面桁架

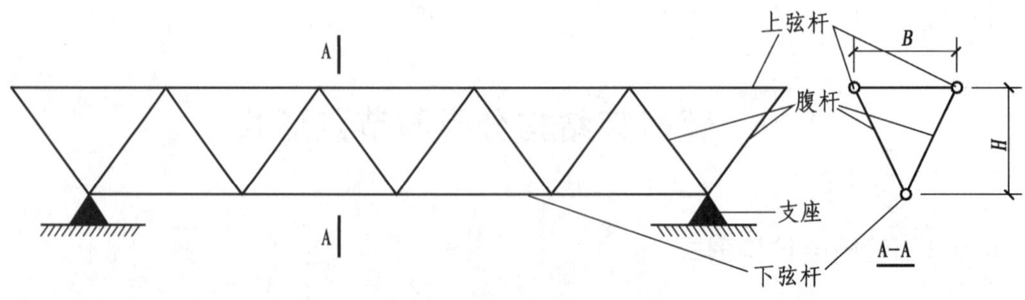
A
A
上弦杆
B
腹杆
H
支座
下弦杆
A-A

图 8-56　正三角空间桁架

[1]图 8-56 与图 8-57 的区别在于断面图上下弦杆的数目不同。

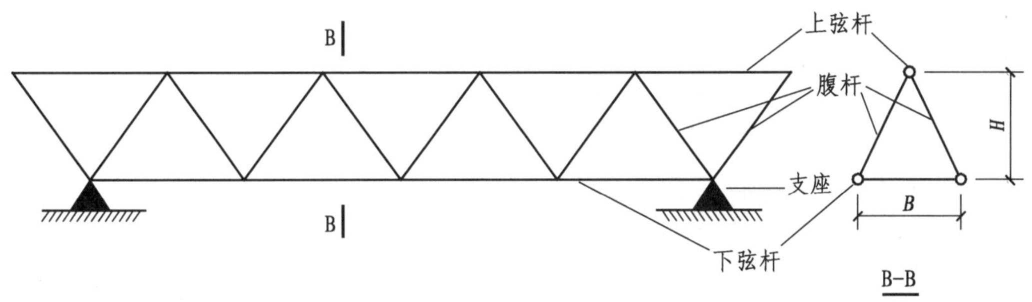
B
B
上弦杆
腹杆
支座
下弦杆
H
B
B—B

图 8-57　倒三角空间桁架

按连接构件的截面形式可分为圆形、矩形、方形等(图 8-58)。

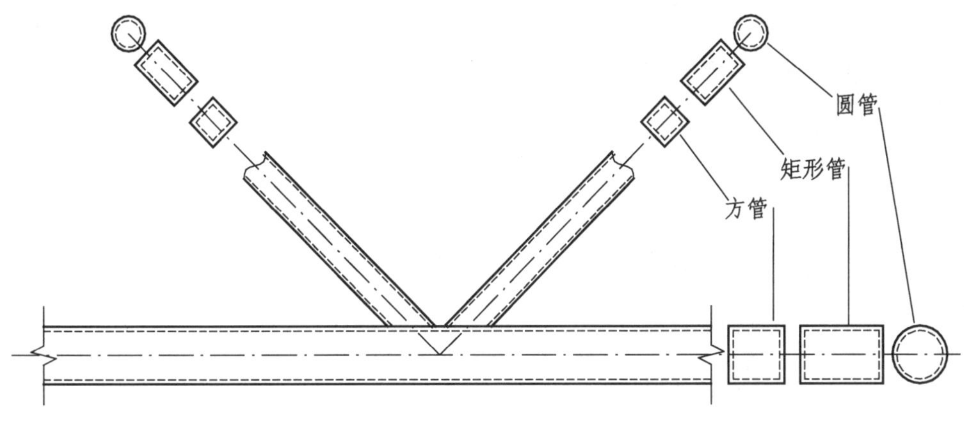
圆管
矩形管
方管

图 8-58　按截面形式分类的管桁架结构

按桁架的外形可分为直线型(图 8-53)与曲线型管桁架结构(图 8-54)。

8.9.3　管桁架的节点形式

管桁架的节点形式包括:X 形节点、T 形(或 Y 形)节点、K 形节点、TT 形节点、KK 形节点。

X 形节点如图 8-59 所示;T 形(或 Y 形)节点如图 8-60、图 8-61 所示。

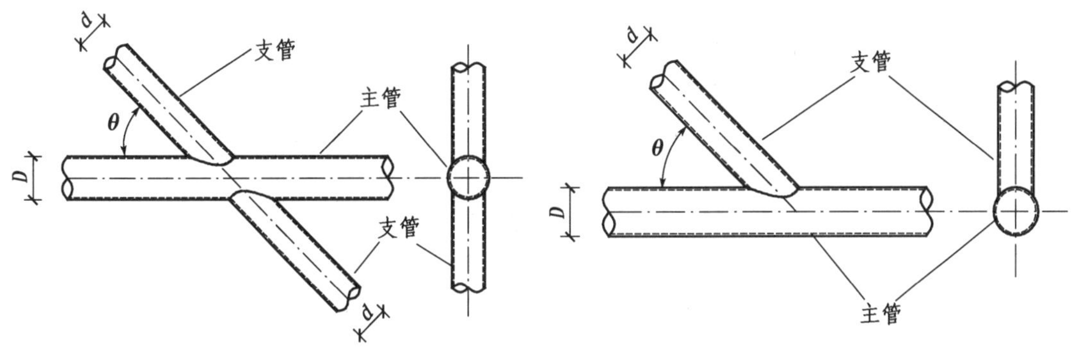
d
支管
θ
主管
D
支管
d
d
支管
θ
D
主管

图 8-59　X 形节点　　　　图 8-60　Y 形节点

K 形节点如图 8-62、图 8-63 所示;TT 形节点如图 8-64 所示;KK 形节点如图 8-65、图 8-66所示。

图 8-61　T 形节点实例

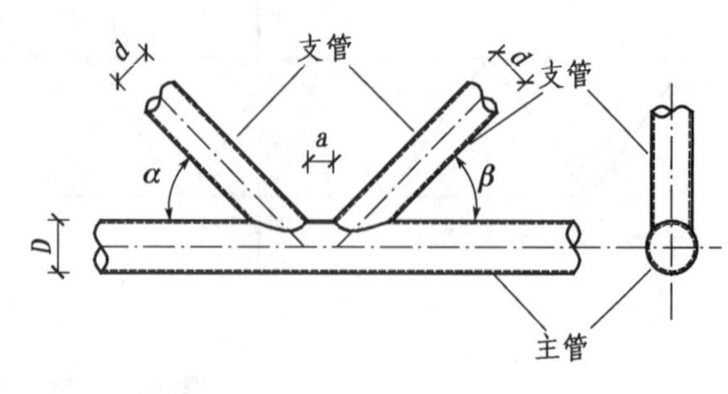

支管
支管
d
d
a
α
β
D
主管

图 8-62　K 形节点

图 8-63　K 形节点实例

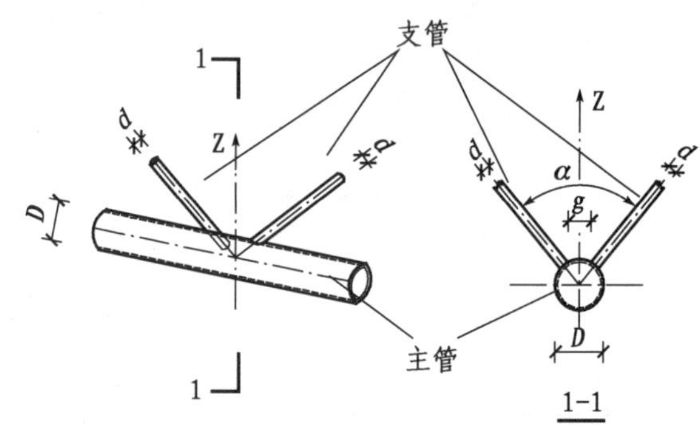

支管
1
1
Z
d
d
D
主管
α
g
D
1-1

图 8-64　TT 形节点

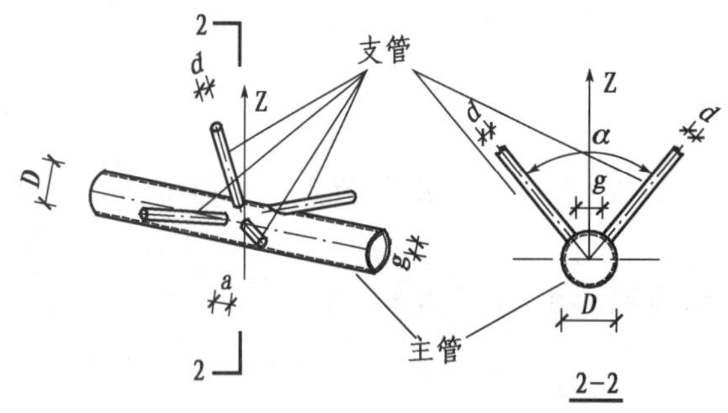

2
2
d
Z
支管
D
g
a
主管
α
g
D
2-2

图 8-65　KK 形节点

图 8-66　KK 形节点实例

8.10　管桁架相贯线焊接

钢管端部的相贯线焊缝位置沿支管周边分为趾部 A、侧面 B、跟部 C 三个区域(图 8-67);A 区采用对接坡口焊缝,B 区采用带坡口的角焊缝,弦管与腹管的 A 区、B 区,焊缝质量等级为二级;C 区采用角焊缝,B 区、C 区相接处焊缝应圆滑过渡(图 8-68 ~ 图 8-72);当支管厚度小于 6mm 时可不切坡口,采用周围角焊缝。

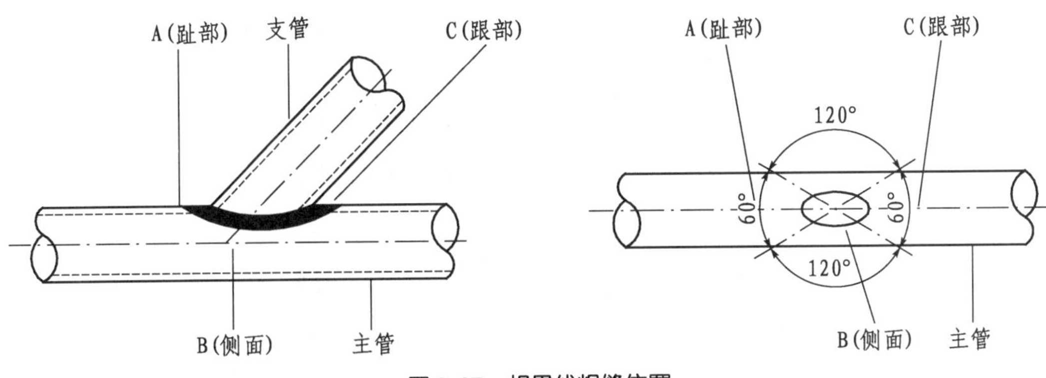
A(趾部)
支管
C(跟部)
B(侧面)
主管
A(趾部)
C(跟部)
120°
60°
60°
120°
B(侧面)
主管

图 8-67　相贯线焊缝位置

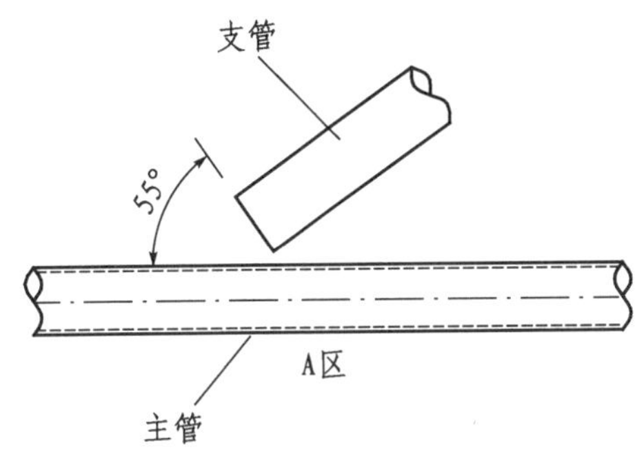
支管
55°
A区
主管

图 8-68　相贯线的 A 区

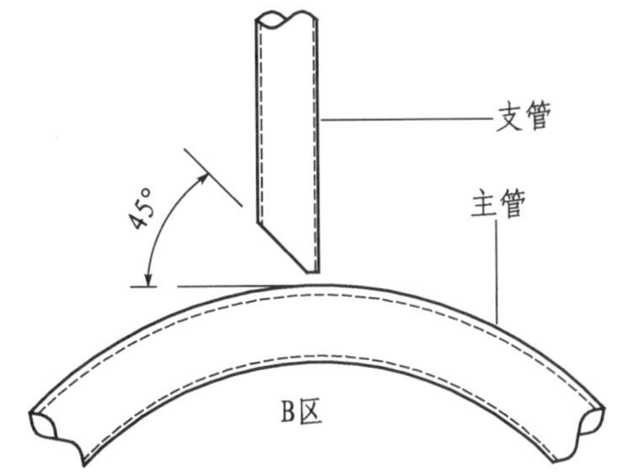
支管
45°
主管
B区

图 8-69　相贯线的 B 区

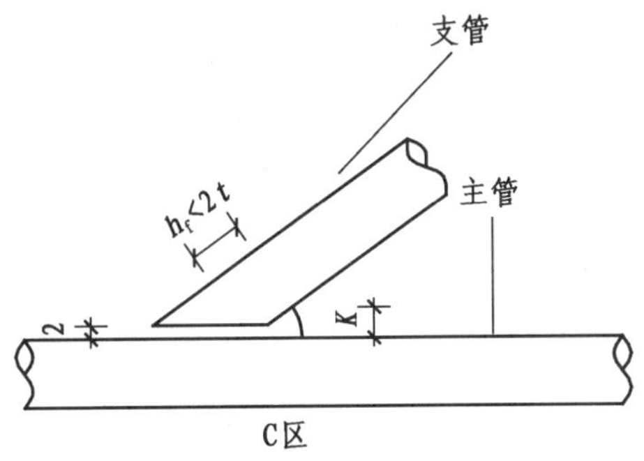
支管
主管
h_f<2t
2
K
C区

图 8-70　相贯线的 C 区

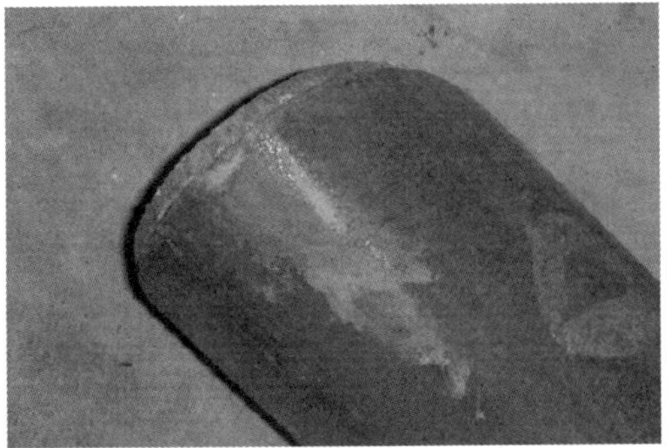

图 8-71　相贯线切割实例

图 8-72　相贯线焊接实例

8.11　管桁架连接

8.11.1　法兰连接

法兰连接如图 8-73 ~ 图 8-77 所示。

图 8-73　法兰实例

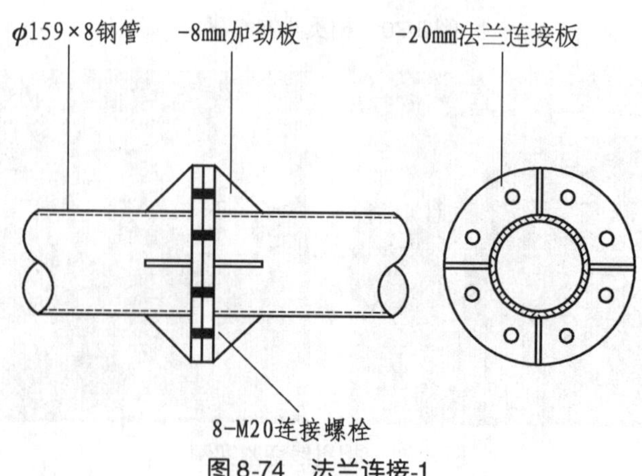

φ159×8钢管
-8mm加劲板
-20mm法兰连接板
8-M20连接螺栓

图 8-74　法兰连接-1

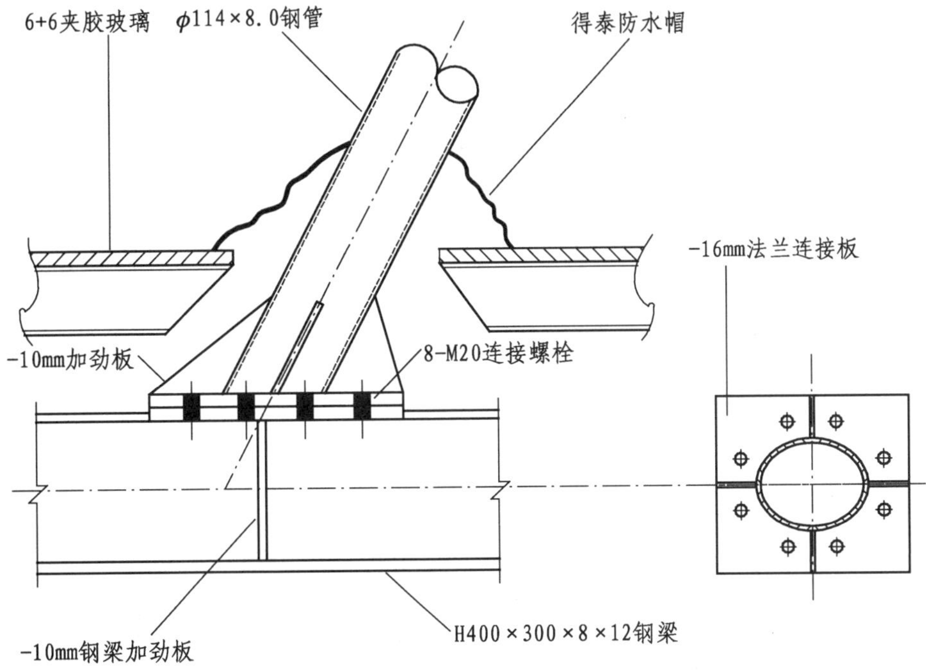
6+6夹胶玻璃
φ114×8.0钢管
得泰防水帽
-16mm法兰连接板
-10mm加劲板
8-M20连接螺栓
-10mm钢梁加劲板
H400×300×8×12钢梁

图8-75　法兰连接-2

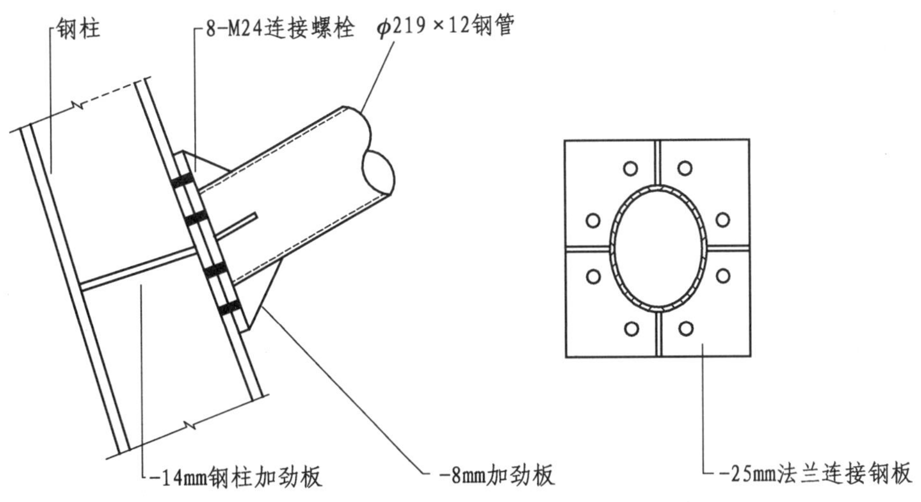
钢柱
8-M24连接螺栓
φ219×12钢管
-14mm钢柱加劲板
-8mm加劲板
-25mm法兰连接钢板

图8-76　法兰连接-3

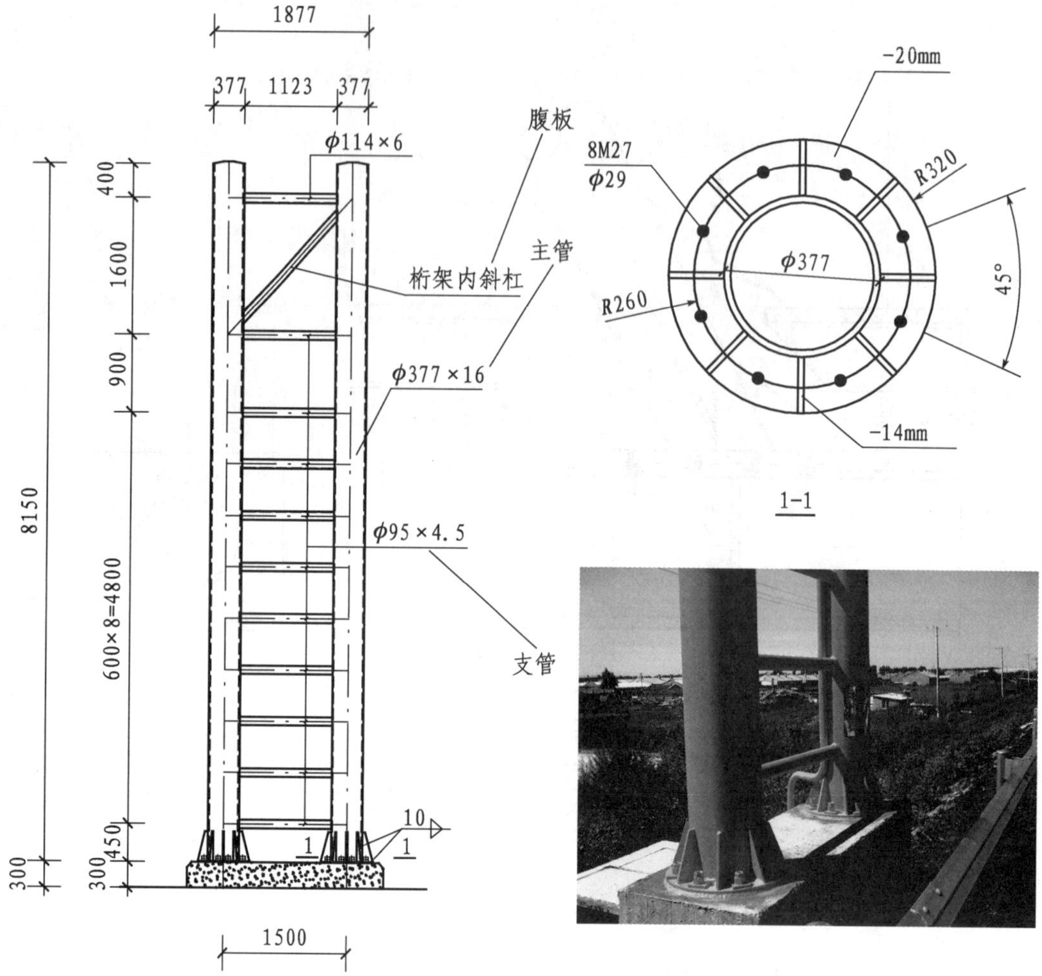

图8-77　法兰连接-4(尺寸单位:mm)

8.11.2　销钉连接

销钉连接如图8-78～图8-84所示。

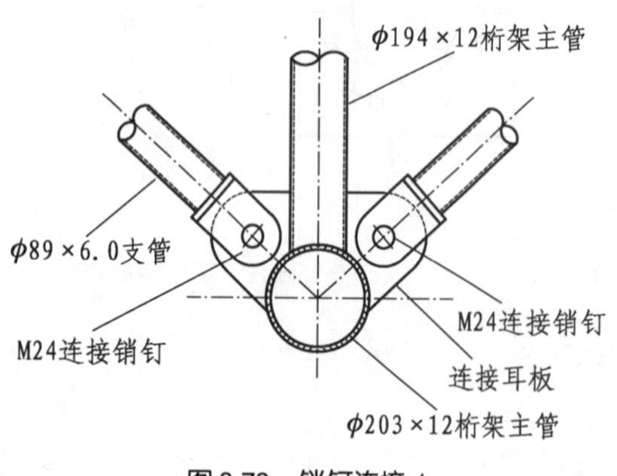
φ194×12桁架主管
φ89×6.0支管
M24连接销钉
M24连接销钉
连接耳板
φ203×12桁架主管

图8-78　销钉连接-1

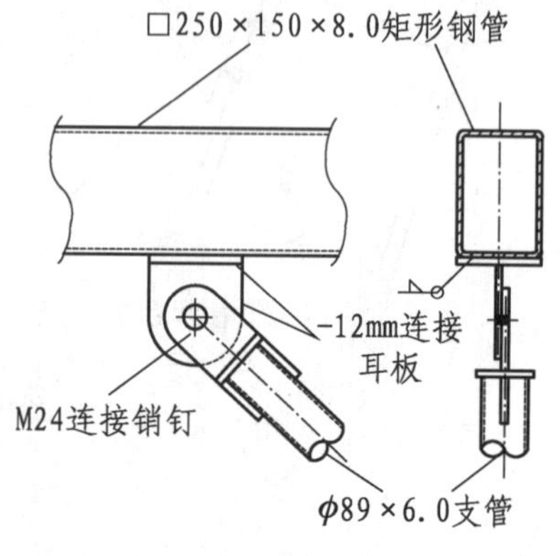
□250×150×8.0矩形钢管
-12mm连接
耳板
M24连接销钉
φ89×6.0支管

图8-79　销钉连接-2

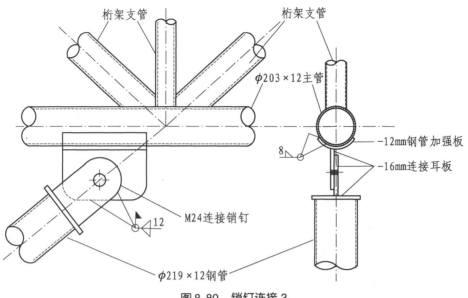

桁架支管
桁架支管
ϕ203×12主管
-12mm钢管加强板
-16mm连接耳板
M24连接销钉
ϕ219×12钢管

图 8-80　销钉连接-3

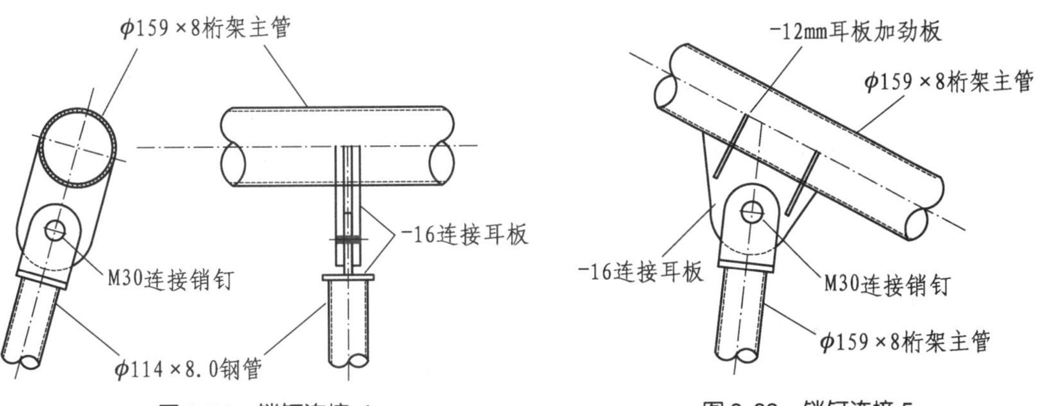
ϕ159×8桁架主管
-16连接耳板
M30连接销钉
ϕ114×8.0钢管
-12mm耳板加劲板
ϕ159×8桁架主管
-16连接耳板
M30连接销钉
ϕ159×8桁架主管

图 8-81　销钉连接-4

图 8-82　销钉连接-5

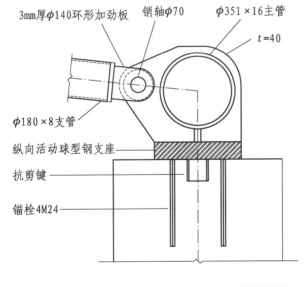

3mm厚ϕ140环形加劲板
销轴ϕ70
ϕ351×16主管
t=40
ϕ180×8支管
纵向活动球型钢支座
抗剪键
锚栓4M24

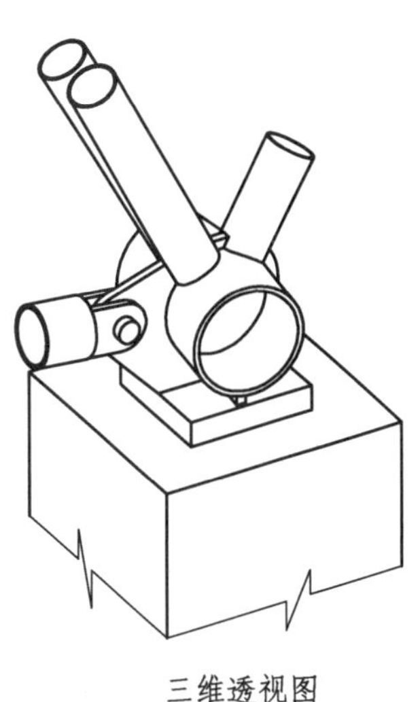

三维透视图

图 8-83　销钉连接-6

图 8-84 销钉连接实例

8.11.3 铸钢节点连接

铸钢节点连接如图 8-85 ~ 图 8-87 所示。

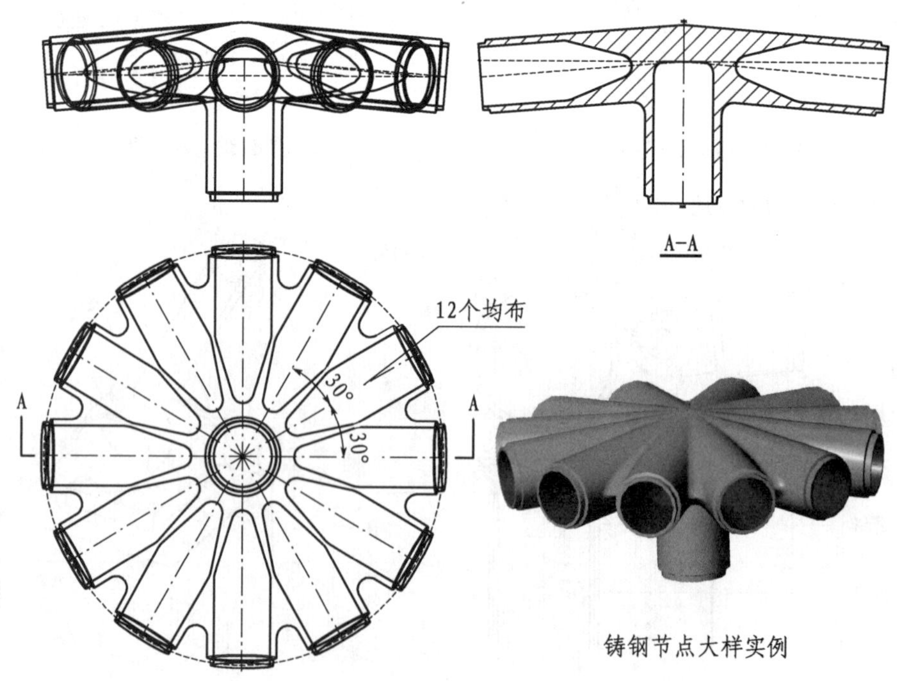
A-A
12个均布
30°
30°
A
A
铸钢节点大样实例

图 8-85 铸钢节点大样-1

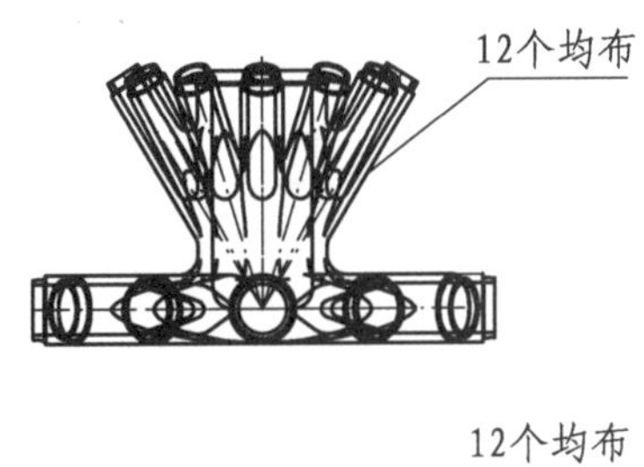
12个均布

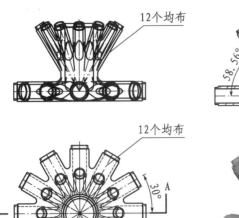

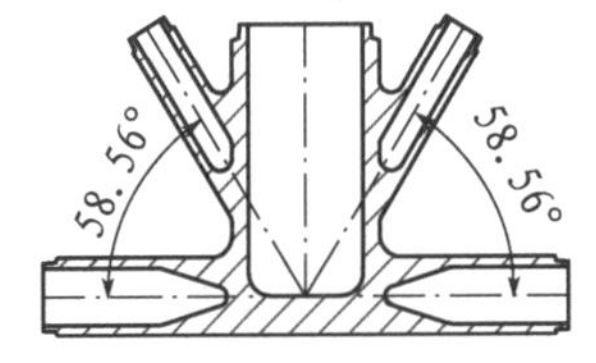
58.56°
58.56°

A-A

12个均布

A

A

30°

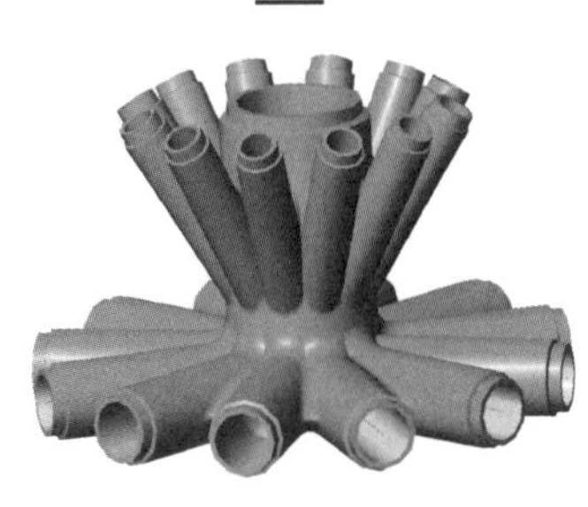

铸钢节点大样实例

图 8-86　铸钢节点大样-2

图 8-87　铸钢节点实例